# 轻松学会
## 西门子S7-200PLC

隋振有　编著

中国电力出版社
CHINA ELECTRIC POWER PRESS

## 内 容 提 要

本书系统地介绍了西门子 S7-200 PLC 的基础知识、硬件结构、软件资源和 PLC 的选型安装、运行调试及维护。本书从实际应用出发，以 S7-200 为样机，探讨了其软、硬件配置和应用中的一些技术问题。以西门子推出的 STEP7-Micro/WIN32 为例，重点探讨了编程技术、编程技巧，为解决编写 PLC 应用程序提出"结合继电器工作原理展开图编制梯形图"这一有待深入讨论的课题，供读者参考。

本书可供广大电气工程技术人员、工控技术人员、维修电工以及相关专业师生阅读参考。

## 图书在版编目（CIP）数据

轻松学会西门子 S7-200 PLC/隋振有编著 ·—北京：中国电力出版社，2012.11

ISBN 978 - 7 - 5123 - 3760 - 2

Ⅰ.①轻… Ⅱ.①隋… Ⅲ.①plc 技术 Ⅳ.①TM571.6

中国版本图书馆 CIP 数据核字（2012）第 279676 号

中国电力出版社出版、发行

（北京市东城区北京站西街 19 号　100005　http：//www.cepp.sgcc.com.cn）

航远印刷有限公司印刷

各地新华书店经售

\*

2013 年 3 月第一版　2013 年 3 月北京第一次印刷

787 毫米×1092 毫米　16 开本　22.5 印张　601 千字

印数 0001—3000 册　定价 **48.00** 元

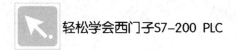轻松学会西门子S7–200 PLC

# 前　言

英国数学家布尔总结论述了逻辑代数，为研制二值逻辑元器件提供了理论基础和数学模型，为研发数字电子计算机（PC）、可编程序控制器（PLC）奠定了理论和物质基础。

PLC是具有计算机功能的控制装置，其功能强大，性能优良，完全可以替代继电器控制应用的所有领域。它的问世，使自动控制技术进入了信息化智能控制时代。深入地学习掌握它，是更新技术的需要，是普及应用 PLC 的需要，是适应科学技术发展的需要。

随着可编程序控制器通信功能的增强，小型可编程序控制器在系统集成中的应用已越来越多，但主流应用依然以单机设备的自动化控制为主。且由于不同品牌的市场策略、系统集成能力，不同产品的市场定位和性能的不同，在各个设备制造业的应用表现也有不同。机床、电梯、印刷机械行业中主要是三菱；起重机械行业中主要是西门子、三菱；纺织行业中主要是西门子、欧姆龙、三菱；包装机械中主要是三菱、欧姆龙、西门子、松下；塑料、烟草机械中主要是西门子；橡胶机械中主要是欧姆龙、西门子、三菱。综合来看，西门子 S7-200 PLC 的应用仍是十分广泛的。

本书从西门子 S7-200 PLC 的基础知识入手，系统地介绍了 PLC 在硬件结构、软件资源以及选型安装、运行调试等方面技术。本书结合实际探讨了 S7-200 PLC 的软硬件配置、编程技术及应用技术，供读者参考。希望能帮助大家轻松学会 PLC 编程技术，触类旁通掌握 PLC 的应用。

本书面向广大技术工人、工程技术人员、工业控制专业的广大学生和高等职业学校的学生。

由于编写时间仓促，加上作者水平所限，书中难免存在错漏，还望广大读者批评指正。

编　者

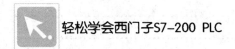

# 第 3 章

# PLC 的硬件

## 第 6 章

# PLC 编程软件及其应用

## 第 7 章

# PLC 编程技术

# 第 8 章

# PLC 的选用

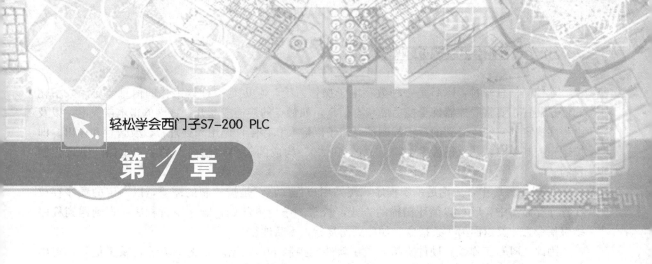

# 第1章

# 可编程序控制器基础知识

可编程序控制器是以计算机为基础的专用控制装置，自1966年，美国通用汽车（GM）公司委托美国数据设备公司（DEC）研制成功第一台可编程序控制器以来，近50年，可编程序控制器得到迅速发展。至今，生产厂商已有200多家，400余种规格的产品。在美国、日本、德国等发达国家所生产的可编程序控制器，质量优良，功能强大，专用性突出，各有特长，被应用在电力生产、电力拖动、机床控制、石油化工、交通运输、汽车制造工业等领域的控制技术中。

1987年，国际电工委员会（IEC）颁布的《可编程序控制器标准草案》第三版中，对可编程序控制器给出如下定义。

可编程序控制器是一种数字运算操作的电子系统，专为工业环境下应用设计。它采用可编程的存储器，存储执行逻辑运算、顺序控制、定时、计数和算术运算等操作指令，并通过数字式、模拟式输入/输出，控制各类机械和生产过程。可编程序控制器和它的有关设备，应按易于和工业控制系统联成一体，并易于扩充功能的原则设计。

1980年美国电气制造商协会（NEMA）给它起了个名字叫Programmable Controller，简称PC。由于我国已经把个人计算机称为PC，为了避免学术名词的混淆，则把可编程序控制器称为Programmable Logic Controller，简称"PLC"。

可编程序控制器（PLC）的产品达几百种。在机型上，有微型PLC、小型PLC、中型PLC和大型PLC。机型不同，功能不同。随着机型的增大，功能也不断增强。对于同一种机型，比如都为小型机，却因生产厂家不同，设计理念不同，在功能上存在一定的差异。但是，它们的基本结构、工作原理和基本功能是相同的。只要能熟练地应用一种型号的PLC，对其他型号的PLC也就能基本理解，做到触类旁通，举一反三。

除微型PLC是一块高度集成的电路板，小型乃至中型以上的PLC都已模块化，则以主机模块为基本的控制系统，然后，再根据功能的需要，配置扩展功能模块。

## 1.1 PLC的工作原理和控制过程

### 1.1.1 PLC的工作原理

从逻辑电路角度看，PLC是由定时器、计数器、中间继电器、输入寄存器、输出寄存器等器件组成的。这些器件由存储器及其中的信息构成，有许多常开触点、常闭触点和线圈，通过程序语言编程，使它们成为功能各异的继电器，并将它们连接成内部逻辑控制电路。

从控制信息来看，PLC是一种数字电子操作系统，它更是一种数字化的信息装置。数字化的信息装置，要将受控器件受控后的状态信息，如触点的接通或断开，线圈的得电或失电，以及由程序决定的它们应受到的逻辑控制信息，予以输入和存储，调用和处理，以及暂存和输出。即按逻辑控制要求，在执行程序中，用"1"和"0"构成的编码控制内部的逻辑电路，实现控制目的。

在PLC系统中，无论是系统程序，还是用户程序，都是按控制的需要，以一定的顺序存放在程序存储器中，PLC以循环扫描的方式，从第1条指令开始，顺序执行程序，直到遇到程序结束指令，才又返回第1条指令。如此周而复始，不断地循环。

因此，PLC工作是在硬件支持下，在软件的控制下，以循环扫描的方式，采集信号，集中输入，经映像存储，逻辑处理，对应暂存，集中输出，执行控制任务。

进一步来讲，PLC系统在内部时钟和控制器共同发出的控制信号控制下，以严格的时序执行程序中的每一条指令，以及组成指令的每一个信号；当发生系统规定的中断事件时，相关部件向CPU发出中断请求，在CPU的统一控制下，进行中断排队，在每一个扫描周期末尾的某一时刻，按照中断优先级，有顺序地集中处理中断。在每一个扫描周期以及中断处理时都要对输入/输出（I/O）进行刷新。从而，确保控制数据的正确性。

简言之，PLC的工作是以循环扫描方式，以数字化的控制信息实现逻辑性很强的通信控制。

### 1.1.2 PLC的控制过程

在系统硬件的支持和系统软件的控制下，PLC按固定的周期时间循环扫描，按用户程序中指令的顺序，一条一条地执行程序中的指令。在每一个扫描周期内，PLC顺次地执行自诊断，初始化，执行用户程序，通信服务等任务。

#### 1. 自诊断

自诊断就是给自己看病。PLC启动后，CPU调用开机处理程序、监视程序等，进行系统的自诊断控制。

PLC启动后，监视程序就从首地址（0000H）开始，逐区逐单元逐位地进行监测。同时，调用开机处理程序和内部管理程序，监视电源、I/O通道、存储器、总线等硬件的状态，诊断软件是否存在语法错误、逻辑错误。具体方法和步骤如下。

（1）监测调整工作电压。首先，禁止工作电压故障引起的中断和关闭内部锂电池。调用电压调整子程序，反复测试工作电压，进行电压调整，使电源电压符合系统需要。由于禁止中断，一旦电压不正常，不会转入中断服务子程序。而是反复执行电压测试程序段，进行电压调整，直到电压完全正常。接着，关闭输出继电器，对工作寄存器赋值，调用相关子程序，为系统进入正常工作做好准备。

（2）求和校验。采用求和校验方法，对RAM、I/O总线进行检查。所谓求和校验是把程序存储器的内容求和与编程结束求和相比较，如两者结果一致，说明RAM中存放的程序是正确的。

1）编程检查。编程检查时，把编程器或计算机的工作方式开关从编程方式改变为监控方式（Program改为Monitor），对所编辑的在线常数或任何一个程序的存储区内容进行求和，而在运行时，接通电源后，工作方式开关也要置监控方式，系统对所执行的程序的存储区内容求和。

2）语法检查。语法检查包括检查输入元器件号码、程序语法是否有逻辑错误。如元器件号码没有定义、指令和元器件号码配置不当等。若程序中语句全部正确，且在运行（RUN）方式下，PLC就可进入运行管理。若发现语法错误，则必须停止运行中相关操作，如"写入"、"插入"等。转入编程或待机编程状态，清除错误信息，写入正确信息。

（3）选择运行方式。选择运行方式时，监控程序首先命令运行信号灯亮，然后进入开机处理程序。先输入采样信号，进入语句执行准备程序。取语句、分析语句和执行语句，直到结束指令为止。同时，进行两个运行中的判别。一是判别标志寄存器中的信息，是否允许输出。如允许，调用输出刷新程序；如不允许，调用关闭输出程序，运行处理结束。二是判别是否要关机；如要关机，监控转入停机处理；如不停机，又进入运行管理。在停机处理中，关闭运行指示信号灯，保护内存内容，关闭输出，启用判别工作方式程序，以便响应用户对工作方式的选择。

（4）选择编程工作方式。选择编程工作方式时，监控程序先进行编程准备，进行编程初始化，进行键盘操作准备工作。调用键盘操作入口程序；调用显示程序；调用键盘扫描程序；调用按键译码、分类、处理程序，进行在线编程。编程结束，返回到开机处理程序。

（5）WDT。在硬件系统中设置了时间监视器（WDT，又称看门狗）来辅助自诊断。在每次扫描前，WDT均复位。如果CPU出现故障，或用户程序执行时间超时，即超过WDT对扫描周期时间的设定值，PLC就不能进行复位操作，则说明了系统硬件或用户程序发生了故障，使扫描周期超时，WDT自动发出故障报警信号，PLC停止运行。

WDT监视时间设定值一般为扫描周期时间的 2～3 倍，约为 100～200ms，用户可根据实际运行时间予以设定。

2. 初始化

为了确保PLC系统能够正常地投入运行，每次启动后，除调用监视程序，进行监控测试、开机处理和内部管理，还要调用初始化程序。通过初始化，恢复系统中各个元器件的原始状态，适应运行方式的需要，为适应新的工作方式和运行用户程序做好准备。

 **初始化的过程**

输入/输出寄存器清零，使寄存器中无任何信息，准备为新的运行方式缓冲暂存。

辅助继电器复位，恢复系统为默认状态，准备执行新的控制任务。

定时继电器预置设定值。

特殊标志继电器，将特殊存储区以1位、8位或16位设定的特殊标志继电器按系统默认值进行标志，以便监视判定系统运行状态。

查询扩展单元，使其保持入驻时的原始状态。

3. 执行用户程序

执行用户程序一般分为三个阶段：采样输入、程序处理和输入/输出刷新。

（1）采样输入：PLC采用循环扫描，集中输入，对输入端进行采样。循环扫描就是在执行用户程序过程中，一次又一次地对输入端周期性的进行反复扫描，将前一次未采集到的状态信号集中输入，经滤波处理，功率放大，缓冲暂存，集中输入映像存储器。

PLC采样方式一般分为实时采样或定时采样。采用何种采样方式由机型决定。

在小型PLC系统中，输入点比较少。为了提高输入信号的抗干扰性，采用定时采样，集中输入，对采样信号批处理，将提高信号的质量，防止畸变，缓冲锁存，输入映像。

在大中型PLC系统中，输入点比较多，运行周期比较长。为了在某一特定时刻得到程序规定的控制信号，分时地在相关的输入端子处，及时地采集到现场控制信号，则采用实时采样。从而缩短扫描周期时间，提高大中型PLC在控制上的实时性。

比如，几个相关信息需要在几个现场，同时采集到，进行逻辑组合时，则要在几个现场的输入端子处实时地采集到相关的信号。

采集到的信号有的是模拟量。对模拟量在用于逻辑运算之前，要进行模拟量/数字量（A/D）转换，才能在 PLC 系统运行过程中被采用。

PLC 输入信号过程中，通过光电隔离电路、滤波处理和功率放大对采集输入的信号进行处理。光电隔离能消除现场强电磁干扰。滤波处理能够滤除无用的畸形波，保持脉冲信号的原形。功率放大能把微弱的信号加以放大，增大脉冲幅度，增强驱动能力。

（2）程序处理：执行用户程序，用程序中的指令调用映像区中的信息对系统的逻辑部件进行组合，进行相关的算术/逻辑运算。并且，在整个处理过程中，对系统运行情况进行监视，对用户程序的执行情况加以监测，把操作运算的中间结果存入相应的存储区，把最终结果存入输出映像区，等待调用。

（3）输入/输出（I/O）刷新：为了保证输入/输出信号的正确性和实时性，在每一扫描周期内要对输入/输出进行刷新。输入刷新就是刷新内存中的输入位，使它存放的信息与外部设备（如传感器、光电开关）等的输入状态一致。输出刷新就是使送到外部的设备的输出状态与保存在内存中的输出状态一致。如输出端的继电器、晶体管、晶闸管的状态与内存中的输出状态保持一致。其中，输入刷新是在每一次扫描开始都要对输入端采样，输入原来的或新的控制信号存入内存。输出刷新是每一个扫描周期末尾对输出进行刷新，从内存将原来或新的控制信号输出给输出端。数字信号在传输给输出电路前须进行 D/A 转换，以便用模拟量控制输出端的设备。

输出电路将输出信号进行光耦合或继电器隔离，经输出继电器、输出端子、输出电源、输出负载元器件和输出公共端构成输出回路，输出脉冲驱动负载，完成刷新和控制负载的任务。

4．通信服务

通信服务是 PLC 应用于自动控制系统时必备的功能，无论是编程，还是运行用户程序；无论是本地控制，还是远程控制，都需要通信服务。

与编程器交换信息。PLC 与编程器交换信息时，必须把 PLC 转换为编程方式，编程器中的 CPU 为主机，来调度指挥 PLC 中的 CPU，系统把控制权交给编程器。通过编程器编制用户程序、调试用户程序、修改用户程序并把用户程序下载到 PLC 中。

在 PLC 内部交换信息是 PLC 的基本控制功能。在 PLC 切换为运行方式下，执行用户程序。在每个扫描周期中，对用户程序按照逻辑顺序，逐步扫描处理，且反复循环。

与数字处理器（DPU）交换信息。在大中型 PLC 网络中，设主处理器和从处理器。主处理器负责处理字操作指令，控制系统总线，统一管理各种输入/输出单元和接口。从处理器负责处理位操作指令，并与主处理器定时交换信息，协调工作。从而，提高了整个网络处理数据的能力，加快了传输信息的速度。

PLC 与编程器（或计算机等外部设备）进行通信时，都是通过定型的外部接口、通信电缆等网络元器件连接成通信网络进行通信服务。

## 1.2 PLC 的技术特性及其应用

PLC 是一个数字电子控制系统，显然，PLC 最主要的技术特性是在 PLC 内部将参与控制的数据数字化、信息化。

数字化即把参与控制的指令、指令的操作数及相关的数据都变成二进制的代码，并将这些代码变成电子信息，存放在相对应的系统程序区、数据区和用户程序区中。在控制过程中，CPU 按一定的时钟节拍，发出具有一定能量的脉冲，去激活相应存储区中的电子信息，共同形成控制信号，按一定的逻辑规律进行处理，对中间结果给予存储，等待调用，将最终结果输出。也就是说，用脉冲信号去激活系统程序，由系统程序控制整个 PLC 系统，进行自诊断、初始化，执行用户程序以及通信服务。

如果通过比较来鉴别，则更能看出 PLC 独有的技术特性。

## 1.2.1　PLC 与继电器控制电路相比较

可编程序控制器是在继电器控制理论基础上发展起来的。与继电器控制电路有诸多相同之处，也有不同的地方。

 **PLC 的梯形图与继电器电路的比较**

（1）图形符号相似。二者都以触点和线圈符号组成电路，且符号相似，组成的电路相似。

（2）继电器的触点是有形的物理触点，触点有一定的数量限制，在同一个控制系统中只能使用一次。梯形图的触点是无形的逻辑触点，虽然也有一定的数量，但是，对于每一个触点来说是可以使用任意次的数据信息，可以存储，且可以刷新。

（3）继电器是通过硬导线的连接，构成控制电路，来实现它的控制逻辑。PLC 是通过指令的组合，构成控制程序，并在硬件支持下，实现它的控制逻辑。

（4）继电器电路的控制功能是专一的，一旦形成就固定不变。PLC 的控制程序是随受控对象的变动而变化，可随机编辑。

（5）继电器的线圈和触点是继电器的物理结构部件。一旦得电，线圈励磁，触点几乎与线圈同时动作。PLC 中的触点和线圈是两个功能不同的逻辑元器件。按照在梯形图中的位置顺序，随着循环扫描分时动作。继电器元器件是依据它们在电路中的连锁关系动作的，PLC 程序中的元素是依据它们在程序中的顺序随着扫描的进程而动作的。

## 1.2.2　PLC 与个人计算机（PC）相比较

可编程序控制器与个人计算机都是数字电子设备。但是，PLC 是专门用于工业控制的计算机。PLC 与 PC 相比较，有相同之处，也有不同的地方。

（1）PLC 和 PC 都是数字电子设备，它们的数字电路都是由逻辑电路组成的。因此，对数字信息能够存储，能够判断和处理。

（2）在数字控制系统中，PC 是通用型的；PLC 是专门用于工业控制的计算机。在工业控制中，PLC 的功能是强大的。

（3）工作控制方式不同。PC 是采用等待命令的方式工作。CPU 发出命令，系统投入工作。没有命令，计算机处于等待状态。在同一时间内，计算机可以同时执行几种操作，而互不干扰，如存盘、打印、通信操作，可同时进行。PLC 采用循环扫描的方式工作，CPU 发出扫描脉冲，循环地激活系统程序，系统程序按固定的顺序来控制用户程序。在同一个时间只能执行一种操作。

当发生中断请求时，计算机以中断嵌套的形式停止正在执行的操作，马上进行中断处理。中断处理结束，返回原中断点，继续执行原来的操作。发生中断请求时，PLC 不是马上处理中断，而是进行中断排队，待每一个扫描周期末尾集中处理中断。

（4）输出与输入在控制中的响应速度方面，计算机的输出响应速度快，可编程序控制器的输出存在滞后现象，响应速度比较慢，时间为毫秒（ms）级。

（5）计算机采用高级语言编写程序。高级语言有很多种，编程人员必须有比较丰富的编程经验，才能熟练地编写用户程序。可编程序控制器通常采用梯形图、功能块图或语句表三种语言中的一种进行编程。尤其，梯形图是图形语言，直观、简单、易学，适应于广大工程技术人员和技术工人使用。程序编制、调试周期短。当装载到控制网络中，用于控制时，系统抗干扰能力高，易于操作，易于监控，易于修改。

### 1.2.3　PLC 的技术指标

PLC 主要的技术指标包括 I/O 点数、内存容量、扫描速度、编程语言和指令条数、系统软件配备和配置扩展功能模块的数量。

概括地说，PLC 的技术指标表明了 PLC 的控制能力。

#### 1. I/O 点数

输入/输出（I/O）点数是确定 PLC 机型的一项指标。其中，微型机至多有 32 个 I/O 点；小型最多有 128 个 I/O 点；中型机最多有 1024 个 I/O 点；大型机最多有 2048 个 I/O 点；超大型机 I/O 点数可达 8192 及以上个点。不言而喻，I/O 点数越多，输入/输出能力越强。对 A/D、D/A 转换能力越强，处理逻辑控制的能力越大。其原因很简单。比如，如果 PLC 采用 16 位的 CPU，一路 A/D 或 D/A 就占用 16 个 I/O 点。如果 PLC 采用 32 位的 CPU，一路 A/D 或 D/A 就占用 32 个 I/O 点。I/O 点越多，A/D 或 D/A 的能力越强。I/O 点数应满足需要且留有余地。

#### 2. 内存容量

PLC 内存直接衡量其存放信息数据的能力。PLC 中的存储器大致用于两个方面。一是存放系统程序和所需要的数据，是只读（ROM）存储器，由 PLC 生产商在出厂时就设定，用户一般不需要知道它的容量，也无权访问 ROM。二是存放用户程序的随机存储器（RAM）。RAM 因机型大小不同，配置的容量也不同。其中，微型机为 1KB；小型机为 2KB；中型机为 4~8KB；大型机为 12~32KB；超大型机为 64~1000KB。

#### 3. 扫描速度

PLC 是以扫描方式实施控制。PLC 主机 CPU 的扫描速度由其内部的石英晶体时钟的振荡频率决定。CPU 随晶体频率发送控制脉冲。频率越高，单位时间内发出的脉冲次数越多，PLC 的扫描速度越快，I/O 信号变换的速度越快，控制精度越高，控制复杂程序的能力越大。扫描速度单位为毫秒/千步、微秒/步或纳秒/步。

#### 4. 编程语言和指令条数

当前，PLC 使用的编程语言有梯形图、功能块图和语句表。由于地域关系，美国的产品多采用梯形图。日本的产品多采用梯形图和语句表的编程语言。而德国的产品对三种编程语言都可以应用。

PLC 生产商不同所用的编程语言也不同。即或采用相同的编程语言，也互不兼容，所研制的指令结构及其功能存在一定的差异，有的差异却很大，条数亦不一样。

编程语言及其指令应简明易懂，易于使用。尤其应配备对应的编程软件，作为用户编程时的得力工具。

#### 5. 系统软件

系统软件是 PLC 生产厂商为其产品配备的系统程序。系统程序包括输入/输出程序、驱动程序、监测程序、编译（解释）程序、程序管理程序以及通信程序和一些成功的子程序及中断程序等。这些程序存储在 ROM 中，用户看不到，但通过 PLC 运行可以反映出它们的存在。系统软件配置得越多，PLC 的控制功能越全面。系统软件升级的版本越高，控制的功能越强大、越完善。

6. 配置扩展功能模块数量

各家 PLC 生产商对其产品都配置相应的扩展功能模块。比如速度控制模块、温度控制模块、位置控制模块、通信模块以及高级语言编辑模块。扩展功能模块都自身带有 CPU，具有智能性。它与主机的 CPU 构成主从关系，由主机 CPU 统一指挥，协调工作，定期通信。因此，配置扩展功能模块的种类越多，该 PLC 的功能越全面，配置扩展功能模块的块数越多，其控制能力越强。但是，每一种 PLC 配置扩展功能模块的数量及种类是有限制的，则由其电源负载能力、I/O 点数等因素决定。多数厂家对这一点都有明确的规定。

## 1.2.4 PLC 系统主要的控制功能

如前所述，PLC 是一种数字运算操作的电子系统，这个系统所有的功能都是通过程序控制实现的。

PLC 所配备的程序有两部分：一部分是系统程序；另一部分是应用程序。系统程序包括操作系统、编译（解释）程序、监视检查程序、自诊断程序、初始化程序、程序管理程序、通信管理程序以及编程软件等。系统程序由 PLC 生产厂商编制，可谓是 PLC 系统中的一级程序。应用程序是根据受控对象控制的需要，由用户编制的，可谓是二级程序。为了发挥程序的控制功能，对程序，PLC 系统采取统一管理、存储记忆、逻辑控制、时序控制、可中断运行以及通信控制等控制措施，使 PLC 成为数字化、信息化的高性能数字控制系统。

1. 统一管理

PLC 系统及系统中的配置的程序由中央处理器（CPU）统一管理，统一指挥，统一调度。对所有的程序及系统所需要的数据先存储记忆，后调用处理。以严格的时序，相应的逻辑规律，以通信的形式传输控制命令、运算逻辑和所需要的数据。

2. 存储记忆

存储记忆是数字电子装置最突出的特性和最基本的功能。PLC 能够实现智能控制的基本因素之一是能够存储记忆。它能够像大脑一样，将程序和数据分区记忆，定时刷新，长期保存，反复调用。

出厂时，PLC 生产厂商编制完善齐备的系统程序，配备在 PLC 系统中，存放在只允许 CPU 读取的只读存储器（ROM）中。选用时，用户运用编程指令，编制应用程序，存放在既可以存，又可以取的随机存储器（RAM）中，为了扩充存储器容量，还可以外设硬磁盘、软磁盘，把相关的控制程序、应用技术程序装入虚拟存储器中，可使存储记忆不受容量的限制。

在 PLC 用于控制系统时，CPU 调用存储的系统程序，去控制用户的应用程序，调用存储的数据，参与程序控制。总之，对控制中的每一步，都采取存储记忆。

在输入控制信号时，把采集的信号集中输入，输入映像寄存器。CPU 对输入的信号进行处理后，将中间结果存入相应的存储区，将最终结果存入输出映像寄存器，等待输出调用。

PLC 数字电子操作系统对所有的程序及其数据都以内码的形式存放在相应的存储区中，需要时，由 CPU 调度。先存储记忆，后调度处理，定时刷新再现，长期存储，反复调用。如同大脑，具有理想的记忆功能。

3. 逻辑控制

逻辑控制是数字电子装置的基本功能，尤其，在 PLC 系统中表现得尤为突出。

当阅读 PLC 的梯形图时，可以看到它是由各种形式的逻辑组成的。例如：两个并联的触点是或逻辑关系。当并联的触点相同时，是同或。当并联的触点不同时，是异或。两个相同触点串联时是与逻辑。两个不同触点串联时，是非逻辑。常开的非是常闭，而常闭的非是常开。在所有的逻辑控制中，前边的是实现后边控制的条件，后边的是前边控制的结果。因此，在梯形图中形成各种各样的组合逻辑，如与或非，或与非等。梯形图、功能块图如此，语句表也如此。它们的逻辑严谨，规律性极强。因此，控制性能十分可靠。

总之，通过一系列的逻辑控制，将输入信号整形放大，逻辑处理，在能流的驱动下，传输给输出端。其中，逻辑控制是最关键的一环。

4. 时序控制

时序控制是CPU对每一条指令在执行时间上的控制，程序中的每一条指令可能包括若干个基本操作。比如，读操作、写操作等。

中央处理器CPU中有一个由时序发生器、指令译码器等元器件构成的操作控制器。PLC运行时，时序发生器不断地发出时序信号，指令译码器把取出的指令进行译码，共同形成操作信号，启动系统程序，调用户程序，按照发生脉冲在时间上的规律来控制I/O、算术/逻辑运算以及通信等功能的操作。

 **指令操作对应的脉冲波状态规律**

置位操作在脉冲波的上升沿及高电平阶段；

复位操作在脉冲波的下降沿及低电平阶段；

上微分操作在脉冲波的上升沿及高电平阶段；

下微分操作在脉冲波的下降沿及低电平阶段；

移位操作在脉冲的上升沿及高电平阶段；

凡输入操作在上升沿开始；

凡输出操作都在两个上升沿之间。

用指令操作与时间对应的脉冲波的状态绘制的顺序图称为时序图。时序图体现了指令操作具有严格的时序逻辑。也就是说，指令是按严格的时间规律执行的。

5. 中断控制

PLC在运行时，可能发生硬件故障或软件错误时，CPU要接受中断请求。在系统通信时，要定时产生中断请求。对于中断控制方式，PLC与PC不同。PC是在发生中断时，形成中断嵌套，马上去处理中断，处理中断结束，返回原中断点，继续执行原来的程序。PLC则不同，PLC是在每个扫描周期末尾集中处理中断，当发生中断事件，要按中断优先级进行排队，等待在扫描周期末尾时处理。

6. 通信控制

在编程或控制与被控装置构成控制网络时，PLC系统处于一个通信网络中，其控制是通过通信实现的。网络通信由相应的通信硬件构成通信网架。由通信协议、通信参数构成控制通信的软件。通信网架和控制通信的软件构成通信系统。

通信系统是由CPU调用通信程序工作的，该程序控制发送和接收两方面网站的工作，按照规定的规则和设定的参数进行通信。用通信的方式来指挥现场的PLC执行控制任务。

以上是PLC的几种主要控制技术。除此，PLC系统对程序的执行有自诊断，自我监测的功能。在此，不再赘述。在后边的章节中会提及。

## 1.2.5　PLC的分类

可编程序控制器（PLC）的分类方法主要有两种。一种是按结构分类，另一种是按控制能力的大小来分类。

1. 按结构分类

PLC研制成功以来，其结构上可为两种型式。一种是整体式结构，第二种是组合式结构。

多数微型PLC是整体式结构。在这种结构中，CPU、存储器和输入/输出单元的集成电路装在同一个机箱中。整体结构的PLC的特点是：输入/输出（I/O）点数比较少，控制功能固定，多用于开关量控制系统（相当于电力拖动系统中的控制电器），执行开关量的逻辑控制。例如日本松下的F1系列和德国西门子S5系列中的微型机。

随着PLC控制功能的扩展，从单一的开关量控制延伸到模拟量控制。从单输入单输出到多输入多输出控制系统的应用。整体结构型式已不能满足控制领域的需要，则产生了组合式结构。

组合式结构最大的特点是模块化。这种结构将CPU模块作为主机，输入/输出单元做成模块，特殊扩展功能做成模块。通过这些模块的通信接口，用总线将它们组合在一起，构成一个PLC控制系统。

多数厂商把中央处理器（CPU）、存储器和控制电源做在一个模块上，称为主机模块，构成最小配置。然后，根据需要，选择相应的扩展功能模块，通过主机底板上的总线槽，把主机与扩展功能模块组合在一起，构成控制系统。中小型以上的PLC基本上都采用组合式结构。系统可以随意扩充，系统的编程地址根据实际编制，供编程和控制使用。

通过组合，PLC的控制功能灵活，可随意组合。存储器容量及存储单元地址可随实际需要可变可编。

2. 按控制能力分类

PLC的控制能力主要取决于I/O点的多少、存储容量的大小和传输速度的高低。

PLC的I/O点数随机型的增大，其点数不断地增多，则可用I/O点数确定机型的大小。不言而喻，I/O点数越多，其功能越强。当前，超大机型PLC的I/O点数已接近25 000点。

PLC的存储容量随机型的增大，其容量也不断地增大，以满足程序和数据增多的需要。

PLC处理数据的传输速度，随着机型的增大，其传输速度也相对地加快。多数中大型机器都为多处理器系统。多个微处理器共同地协调工作，不单扩展了功能，也相对地加快了传输速度。

### 1.2.6 PLC的应用简述

PLC是专门为工业生产设计的数字计算机，它可以应用在工业生产的各个方面。概括地说，诸如大型控制系统的数据采集、开关量的顺序控制、模拟量反馈控制、数字量智能控制、集散型网络控制及通信。

1. 数据采集

在大型的控制系统中，把PLC安装在生产现场，采集来自生产过程中的数据和信息，进行分析和监视。在这种应用中，一般是将PLC与触摸屏以及TD200一类的显示器组成监控系统，供调度部门收集有关系统的运行数据。及时掌握系统运行状况，监控运行水平，并把有关运行数据实时地记录存储，作为分析生产情况的第一手资料。

2. 开关量的顺序控制

凡是由触点状态变化控制的操作都属于开关量的控制。比如提升起重、往复运动、多级变速、设备的单向或双向切换运行，都是通过开关触点状态变化（或ON，或OFF）实现的。其中，电梯的运行、提升绞车的八级至十二级磁力站、机械手的控制等。它们都是靠开关触点状态的变化和相应的时限控制，来控制执行元器件（多数是交流或直流接触器）完成控制任务的。

开关量控制是 PLC 最基本的功能，人们最熟悉的继电器控制的电力拖动系统，其控制（或称辅助）电路完全可以由 PLC 的开关量控制功能来取代，且可以实现软控制。电机运行曲线平滑，软启动、软制动，降低对电网的影响，还可以降低冲击电流，节约电能。

### 3. 模拟量反馈控制

模拟量是过程控制中主要的控制量。PLC 不能直接控制模拟量。但是，可以通过模拟量/数字量的转换，将模拟量信号转换为等效的数字量（开关量）信号，输入 PLC，完成对模拟量的控制。为了实现对模拟量的定值或随动控制，可应用比例/积分/微分功能，组成模拟量控制中的反馈装置，来校正控制偏差，使被控对象在定值或偏差允许的范围内运行。

模拟量的控制数据以字节、字或双字（8 位、16 位或 32 位）的形式输入/输出，PLC 则以位的形式处理，以通道形式传输，实现控制目的。

### 4. 智能控制

PLC 是工业生产用的计算机，它配有中央微处理器和存储器。中央微处理器（CPU）如同大脑一样，把采集到的、处理过的数据信息分别存放在相应的存储器中，对这些信息能够记忆存储，能够判断处理，能够调度传输。其逻辑性能不亚于大脑且超过大脑，它永远不疲倦。当将各种传感器与 PLC 匹配时，以及把扩展功能模块与 PLC 相匹配，共同组成控制系统时，PLC 能够实现各种智能控制。诸如，复杂的逻辑控制、庞大的技术数据计算以及应用程序的设计等。将控制系统的计算机辅助设计（CACSD）系统与 PLC 组合，并配备相应的编程软件，已成为智能编程的发展方向。

## 1.3 PLC 的配置

PLC 的配置根据其控制对象的工艺流程所需要的控制功能，选配相适应的模块，构成 PLC 控制系统，称之为 PLC 的配置。从配置形成的结构和功能，可分为系统基本配置、系统冗余配置和附加配置。

### 1.3.1 系统基本配置

对于某一定型的数字系统，其系统基本配置就是发挥基本功能的配置。对 PLC 而言，就是该型号 PLC 的主机。任何一种 PLC 主机都能够自成体系。它配备有 CPU、存储器、I/O 单元及其电源，构成一个完整的独立的硬件系统。当配置相应的控制软件，则成一个完整的具有基本功能的控制系统，它是该型 PLC 的最小配置，其特性指标在研制设计时就业已确定。

- 有固定的 I/O 点数。
- 有固定的存储器及其容量。
- 有固定的内部电源及其相匹配的外部电源。
- 有固化在内存（或 EEPROM 存储卡）中的系统程序。
- 有定型的中央微处理器，能完成设计的基本功能。

不同型号的 PLC，其基本系统配置硬件参数有很大的差异，且都有一定的扩展能力。

主机是控制系统的核心。它们具有的基本功能既要达到受控系统要求的标准，又要使其功能得到充分发挥，还要经济安全。因此，它必须适应工作环境，所配置的 CPU、I/O 点数、内存容量、处理数据的速度以及实时控制能力和编程方式等技术性能应满足要求。

（1）工作环境。数字系统是个弱信号装置，抗干扰能力低下。其安装处的温度、湿度、振动、冲击等外部因素都会对它产生影响。尤其，安全防护中的电磁干扰、易燃易爆、化学腐蚀等都应采取相应的防护措施。如电磁干扰应采取屏蔽接地；易燃易爆应采取隔离防护，或选用特殊型的数字系统等。

（2）配置的 CPU。CPU 是主机的核心，它的基本功能、处理数据的速度和实时控制能力应满足控制要求，且与整机系统相匹配。数字量的逻辑运算、定时/计数控制是 CPU 的基本功能。如需要扩展功能应配置相应的扩展功能模块，但 CPU 模块在控制上应与扩展模块相匹配。CPU 模块和扩展功能模块则以主从关系协调工作。整机统一编址，传输数据的速度一致，CPU 模块统一指挥，扩展模块发挥专用功能，协助 CPU 模块增强系统功能。

（3）处理数据的速度。衡量数字系统处理数据速度的标准是波特率。波特率是在单位时间数字系统处理数据的码元数（KB/s、MB/s），波特率越高，处理数据的速度越快，信息的精确度越高。但是，CPU 处理数据的速度必须与整机系统相匹配。

（4）实时控制能力。CPU 对整机系统的控制达到绝对实时是不可能的。原因很简单，采集输入的信号需要缓冲锁存，然后映像输入。运算控制的中间结果需要累加器暂存。对输出信号还要映像锁存，每一存取输送过程在时间上都占有一定的延迟时间，使输入和输出之间不可能同时进行。这种延迟造成的输出滞后在一般控制中是允许的。但是，对一些实时性要求较高的受控对象是不允许的，应采取措施加以解决。一是选用运行速度符合要求的 CPU，以快速补偿延迟造成的滞后，但速度应适宜。二是控制 I/O 接通的点数，使其处于数字装置负载能力的 60% 左右。三是优化程序，尽量缩短对程序的扫描周期时间，使滞后达到实时控制所允许的标准范围。

（5）I/O 点数。I/O 点数分物理 I/O 点数和内部逻辑 I/O 点数。物理 I/O 点数就是输入/输出接线端子数，物理 I/O 点数要满足接线方式所确定的点数，且有一定余量，在 20% 左右。内部逻辑 I/O 点数就是输入/输出锁存器的位数应满足锁存数据的需要。

（6）内存容量。PLC 数字系统的内存主要存放系统程序和系统数据。定型的数字系统的内存是一定的。因此，必须选择内存容量能满足需要的机型。所以，要对系统需要的存储容量进行计算，或靠经验进行估算，方法如下：

1）数字量输入元器件（10～20）bit/点。

2）数字量输出元器件（5～10）bit/点。

3）模拟量（100～150）bit/点。

4）定时器/计数器 2bit/点。

5）通信接口。每一个接口 300bit 以上。

以此进行估算，计算所有配置共需要的存储容量，再增加 25% 左右的备用量，当内存容量不足时，可选用 EEPROM 作扩展容量。

（7）编程方式。所说编程方式是指联机编程或脱机编程。而采取哪一种方式完全取决于所用的编程器。如果用简易编程器必须联机，组成编程网络，才能具备编程、测试和下载程序的全部功能。如果选用智能型编程器（或用计算机作编程主站），则编程器（或计算机）可脱离网络编程。程序编制好，再联网下载。

不管采用什么样的编程方式，主机中都设有编程接口。

主要的选择配置应符合控制的需要。在同一个企业所选用的机型应为同一系列，应能相互兼容，相互替代，有利于升级。当组成网络时，符合主站和从站的功能匹配原则，尽量减少 I/O 方面的数字量模块和模拟量模块，尤其价格昂贵的智能模块。既要满足控制上的需求，又要降低设备的投入。

### 1.3.2 扩展功能模块的配置

PLC配置的输入/输出模块多数由PLC生产厂商生产。在需要配置时，即输入/输出点数不够用时，由用户根据需要来配置。

配置的I/O模块有数字量I/O模块和模拟量I/O模块。它们分别有对应的配置标准。

**1. 数字量I/O模块的配置**

当主机的I/O点数不能满足需要时，可配置数字量I/O模块。可按下列参数进行配置：

(1) I/O点数。数字量I/O模块有8点、12点、16点、32点，还有64点的，可根据输入/输出信号数量配置。

(2) 电压等级。数字量I/O模块的电压有直流5V、12V、24V、48V；交流110V、220V。应根据输入/输出信号元器件的电压，是直流还是交流，以及电源电压等级来选用数字量I/O模块。如果信号传输距离较远，产生的电压降过大，信号衰减失真，造成控制上的误差，则对所配置的数字量I/O模块的电压等级和配置的外部电源电压应选高一些。

(3) 门槛电平。逻辑门电路导通和关断过程中，输入点的接通电平和关断电平之差，称为门槛电平。门槛电平越高，传输距离越远，抗干扰能力越强。当输入点与主机有一定距离时，应选用门槛电平较高的I/O模块。

(4) 漏电流干扰。在逻辑电路中，信号的理想状态是驱动信号的电压（或电流）始终保持恒定值，信号状态不变，实际的电路中配接PN结电阻、结电容，电子元器件饱和接通、截止断开过程中，都有一定的漏电流，则改变了输入信号的状态，甚至造成失真。因此，必须采取措施加以补偿。一般的措施：一是在输入端并联阻容电路，降低输入阻抗。二是滤波放大，对漏电流造成的损失加以补偿。在选用I/O模块时，应考虑漏电流的干扰以及因干扰造成的失真程度。

(5) 输出方式。PLC数字系统有三种输出方式：晶体管输出、晶闸管输出和继电器输出。其中，晶体管输出适用于频率较高的直流负载，一般是经过放大才与负载相接。晶闸管适用于频率高，功率因数低的交流感性负载。其中，双向晶闸管可用做交流开关，小容量晶闸管可传输触发脉冲，大容量的晶闸管可直接连接感性负载（当然要配备保护电路）。继电器可用交流操作，也可以用直流操作，且适应各种电压等级。但继电器不适用于频繁操作，一般是用继电器的接点控制负载的启动元器件。

上述三种输出方式中 (3)、(4)、(5) 多数是用做开关来控制负载的启动元器件。

(6) 输出电流。晶体管、晶闸管或继电器用做输出元器件时，它们都有额定的输出电流，即一定的负载能力，在所有的控制系统中，输出元器件的负载能力必须大于负载电流。尤其，能产生冲击电流的负载，所选用的输出元器件的过电流能力要有充分余地。

对于32点、64点高密度I/O模块，同时接通点不得超过I/O点总数的60%，使I/O模块不至于过载。

(7) 输入信号元器件。数字量I/O模块所能处理的是数字信号。数字信号只有两种状态。所以，数字量I/O模块输入信号元器件只是能够产生两种信号状态的开关元器件。如微动开关、接近开关、光电开关等。它们的电特性必须与外接控制电源的参数相匹配。

(8) 输入/输出地址。数字I/O模块将输入信号对应端子排的编号（十进制0～9）编制成对应的二进制代码，输入数字系统，作为信号数据的存储地址，在输出侧该二进制代码值是不变

的。也就是说，输入和输出两侧同一个信号的物理地址是相同的。

2. 模拟量 AI/AQ 模块的配置

PLC 数字系统不能输入、更不能处理连续性的模拟量。但是，自动控制系统中所控制的量绝大多数是模拟量。为了使数字系统能够处理控制模拟量，则要选择模拟量 AI/AQ 模块，与数字系统相互配合，实现用数字系统装置控制模拟量的工艺设备。可按下列特性及其参数进行配置：

（1）要使输入元器件采集的信号通过 AI/AQ 模块转换为适合于数字系统处理的数字信号。输入元器件采集的模拟信号可能是某一种物理量。如温度、压力、速度、位移等。对于这些模拟量要用相适应的传感器，转换为模拟的电压（或电流）信号，经 A/D 转换，成为标准电压（或电流）的数字信号。

标准信号即为输入信号标准值：单极性电压 0～5V。双极性电压−2.5～+2.5V、−5～+5V。电流标准信号：0～20mA、4～20mA。输出信号标准值：单极性电压 0～10V。双极性电压−10～+10V。电流标准信号：0～20mA、4～20mA。

如果传感器（或变送器）与 AI/AQ 模块间距离较远，则应选用电压等级较高、电流等级较大的传感器、变送器和 AI/AQ 模块。

（2）模拟量 AI/AQ 模块具有将输入的模拟量转换数字量，输入数字系统加以处理，将输出的数字量转换为模拟量，输出去驱动负载的功能。并且，采取了屏蔽、滞后补偿、滤波放大和光耦合等抗干扰措施。因此，在配置模拟量 AI/AQ 模块时，除了考虑输入元器件与数字系统信号耦合之外，重点应审视信号传输过程中的分辨率、精确度和传输时间等参数指标符合系统要求，且应择优选用。

（3）AI/AQ 模块的输出功率要大于受控元器件所需要的功率，使配置的 AI/AQ 模块具有足够驱动能力和过载能力。

### 1.3.3 系统冗余配置

简言之，冗余配置就是"双保险"配置，甚至"三重保险"配置。对于重要的不允许间断运行的数字系统应进行冗余配置。冗余配置后，即或发生故障也不会影响数字系统的正常运行。所谓冗余配置就是对数字系统配置冷备份、热备份以及设计表决系统。

（1）冷备份。以控制模块为例，一个机架上安装两个功能相同的控制模块。一个运行，一个处于待机状态。当运行模块发生故障时，待机状态的模块马上启动，接替原来运行模块承担的工作。

（2）热备份。仍以控制模块为例，设两个功能相同的模块都投入运行，不过，一个是运行模块，另一个是监测模块，处于在线热备份状态。当热备份的模块监测到运行模块出现故障，自动投入运行，接替运行模块的工作。

（3）表决系统。表决系统设 3 套相同功能的模块，它们同时工作，对于判断事故，采取少数服从多数的表决方式，来决定每一模块的工作方式。

上述冷备份、热备份以及表决系统的设计配置使数字系统的运行处于绝对保险的条件下，提高了数字系统工作的可靠性。

### 1.3.4 系统附加配置

系统附加配置即数字系统的外部设备，在数字系统中起附加作用，但不可缺少。如个人计算机（PC）、编程器（PG）、操作面板和触摸屏等，都是数字系统的附加配置，但系统确实离不开它们。例如：

个人计算机功能全面，存储容量大，运行速度快，具备多种对程序的检测功能。如果把编程软件输入个人计算机，在其操作系统的控制下，编制用户程序，同时对所编程序进行调试和监测，缩短编程周期，且能保障程序的质量。

# 1.4 PLC 的 技 术 术 语

当代，PLC技术、机器人和计算机辅助设计与分析成为自动控制的三大支柱，决定了自动控制的发展方向。其中，PLC技术将是应用最广泛的控制技术，它将得到普及性的应用和长足的发展。

为了在工业生产控制中更好地应用PLC，对它的理论概念应清晰地理解，明明白白地认识，为应用PLC奠定应有的基础。参考厂商提供的"技术术语"，加以通俗的解释，将其分为"软件类、硬件类和操作控制类"等，供读者参阅。

## 1.4.1 软件类术语

### 1. 数制定义

（1）二进制。一种以2为基数的数制。即用"1"和"0"的编码来表示数。其本质是用"1"和"0"来表达事物对立统一的两种状态。比如，"真和假"、"好和坏"、"高和低"、"阴和阳"等事物的逻辑状态。支持计算机、可编程序控制器的数学模型是二进制的二值逻辑"1"和"0"。在应用中，可以把十进制的数转换为八进制、十六进制的二进制形式，以便于存储，便于逻辑控制。

（2）BCD码及其计算。用二进制编码表示十进制的数，按照BCD编码的运算规则进行算术运算，称BCD码计算。

（3）二进制码的十进制。用4位二进制数表示一个十进制的数。即将十进制进行二进制编码，以便在数字系统中对十进制数进行传输、存储和计算。

（4）有符号位的二进制数。一个带有符号位的二进制数。其符号位表示这个数是正数还是负数。符号位在二进制数的左边最高位。

（5）无符号位二进制。一个没有正、负值表示的二进制数。

（6）十进制。以10为基数的数制。逢十进一，借一顶十。它是人们生活中习惯使用的数制。但是，在PLC等数字系统中，十进制数必须转换成二进制数，才能存储，才能用逻辑电子电路给予控制。

（7）十六进制。以16为基数的数制，一个十六进制的数可用4位二进制的数来表示，在书写上，比用二进制简便，易于记忆，编程时经常用十六进制的数。

（8）浮点十进制。大中型数字系统对十进制数进行存储和控制时，采用浮点十进制。它是用一个数（亦称尾数）乘以10的幂来表示一个十进制数。比如用 $123\times10^3$ 来表示 123 000；用 $0.538\times10^{-3}$ 来表示 0.000 538，既简洁明了，又符合存储要求。

### 2. 位的术语

（1）位。在数字系统中，位是表示信息的最小单位。一个位有"1"和"0"两个值，它们对应逻辑信号"ON"和"OFF"两种状态。在PLC系统中充分地运用位的功能。将每一位都设计为一个软继电器。尤其设计了一些特殊的位，起到启动初始化、监测、自诊断等方面的系统程序。如SMB0.0、SMB0.1是比较典型的应用。

（2）位号。表示一个位在一个字（16位）中的位置的编号。比如，在一个16位构成的字中，最高位用15表示，最低位用00表示。

（3）位地址。一个位信息在内存中存放的地址。位地址要表明信息存放的存储区、信息的首字节和位的编号，用 PLC 规定的地址格式来表示。

（4）位标记。标明指令操作数据在内存存放位置的符号。

（5）控制位。由编程器人为设定，或由程序设定要达到某种控制目的存储位。比如，重启动位能够 ON 或 OFF 一个功能单元中的程序段。

（6）输入/输出位。在输入/输出存储区中的一个位。用于保存输入/输出信号状态。

（7）保留位。编写用户程序不能使用的位。

（8）工作位。编程可以选用的位。它可能是一个单独设定的位，也可能是一个工作字中的位。

（9）自保持位。编程可以使用的位，它能保存信号 ON 或 OFF 状态，直到某种条件得到满足，该位才能置位（S）或复位（R）。

（10）置位。将一个信号位转为接通（ON）状态，称置位。

（11）复位。将一个信号位转为断开（OFF）状态，称为复位。

（12）重启动位。重新启动 PLC 系统的位。

（13）被屏蔽位。使信号暂时变成无效的位。

（14）未被屏蔽位。使信号变得有效的位。

（15）单脉冲位。使位中的信号转为接通（ON）或断开（OFF），且持续时间大于一个扫描周期时间的位。

（16）闪烁位。由程序控制以规定频率改变 ON 和 OFF 的位。

（17）强制置位。用编程器人为地把一个位中的信号强制 ON。一般是强制地将结果输出，才强制置位。

（18）强制复位。用编程器人为地把一个位中的信号强制 OFF，一般是强制停止或结束程序的执行，才强制复位。

（19）操作数位。一个为一条指令存放操作数的位。

（20）I/O 位。在内存中保存 I/O 状态位。即保存的是输入/输出端子状态。

（21）时钟脉冲位。它是用于输出时钟脉冲的内存中的一个位。

3. 数据结构与代码术语

（1）字节。字节又称半个字。一种数据单位，由 8 位二进制数组成，也是数据的存储结构，一些信息能以字节存取。

（2）字。一个数据单位，由 16 位二进制数组成。也是数据存储单位，一些信息能以字存取。

（3）字地址。一个字在内存中存储位置的地址，是由存储区定义符号和字的首字节编号组成的。

（4）工作字。工作字用于数据计算或编程的字。在输入/输出存储区中一般都留一个存储空间用来存放工作字。对未派专门用途的存储空间也可以用做工作字存储区。

（5）保留字。保留字是用户不能访问的存储区，用于保存专门用途信息。

（6）结果字。结果字是用来保存一条指令执行结果的字的存储信息。

（7）I/O 字。I/O 字是分配给输入/输出字的存储单元，来保存该单元的信息状态。

（8）字符代码。字符代码是表示文字符号的代码，一般为二进制代码。

（9）错误代码。错误代码是表示出现的错误及错误性质的代码。它们有的由监测、自诊断程序确定，由系统发出；有的是操作人员在程序中定义的。

（10）功能代码。功能代码用于表示某一种功能的代码，一般由两位数组成，比如 I/O 指令的代码。

（11）标题代码。标题代码就是在一个指令中指明指令要做什么的代码。

（12）助记符代码。助记符代码表示指令助记符的代码，如顺序控制指令的代码。该种代码构成一个梯形的程序，但不是梯形图，是代码的组合构成的程序。

（13）响应代码。响应代码为响应一个被传送的数据而发送的代码，它表示如何处理被传送的数据。

4. 数据类术语

（1）数据区。数据区是在内存中保存指定类型数据的区域。不同型号的 PLC 数据区的分配方式及大小都不同。

（2）数据区边界。数据区边界即数据区中的最高地址。调用一个多字操作数时，必须确定它是否超过数据区的最高地址。

（3）数据长度。数据长度在数据通信中被传送数据的位数。

（4）数据链接。数据链接一种自动传送数据的操作，使被操作的数据单元经过 PLC 之间或 PLC 内的公共数据区交换数据。

（5）数据链接区。数据链接区即通过数据链接建立的公共数据区。

（6）数据传送。数据传送是由通信网络链接将数据从一个存储位置传送到另一个存储位置的过程。

（7）数据跟踪。在执行程序过程中，对内存所存内容改变时要随时记录下来，称数据跟踪。

（8）数据共享。数据共享是在多个 PLC 网络中公用的数据区或公有的数据字。

（9）数字指定。数字指定是一条指令指定使用的一个或几个数字，即指令指定使用的操作数。

5. I/O 术语

（1）I/O 点。PLC 输入/输出信号的地方。从物理角度 I/O 点是对应于单元的接线端或连接器的引脚。从编程角度对应于输入/输出存储区的 I/O 位。

（2）I/O 单元。PLC 中与 I/O 设备相连接的输入/输出信号的单元，每一种单元各有一定范围及其规格。

（3）I/O 刷新。更新输出状态使其与内存输出位的状态一致，或更新内存中输入位的状态使其与输入状态一致的过程，称 I/O 刷新。刷新周期性地执行，保证了控制信号的正确性和实时性。

（4）I/O 容量。PLC 能控制 I/O 的点数。不同型号 I/O 点数不一样，从几十点到几千点。

（5）I/O 延时。一个信号从输入到输出所造成的时间上的延迟，称 I/O 延时。I/O 延时是由于输入/输出缓存和电路对信号的阻抗造成的，故使输出比输入晚了一个时间差。

（6）I/O 设备。I/O 设备即与 I/O 端子相连的设备，它包括输入单元和输出单元两部分中的设备。

（7）I/O 中断。由 I/O 信号引起的中断。

（8）I/O 响应时间。从接收输入信号开始，到把这个信号经处理后再输出所用的时间，称 I/O 响应时间。

6. 其他软件概念

（1）地址。地址用于识别数据或程序指令在内存中存放位置的字符和编号。地址分为符号地址和绝对地址，多数习惯使用绝对地址。不同型号 PLC 的地址格式不一样，表示地址的形式也不一样。地址是以操作数出现在指令中，是编程中很重要的编程元素。所有的数据都是按它们存放的地址进行存取，参与控制。

（2）区域。即数据存储在内存所占的范围，称为内存区或数据区。不同系列 PLC，内存区分配的种类和区域大小不一样。

（3）波特率。波特率是数字通信中传输数据速度的计量单位（bit/s）。

（4）时钟脉冲。时钟脉冲是 CPU 时钟发出的脉冲，用它在规定的时间内激活存储位中的信号，用于时序控制。

（5）条件。条件是一个逻辑概念，是控制指令执行结果的决定因素，在指令行中，它是一个指令符号。在内存中，它占有一个存储位，存放的是它的状态值。这个状态值决定了下一步控制执行的条件。每一个条件就是一种逻辑运算。如 AND、OR、NOT 等，故又称逻辑条件。

（6）常数。常数是实际数值。某些操作必须用常数。比如，预设值（SV）、当前值（PV）等。常数在内存中有专门的存储区。

（7）控制数据。控制数据即被指令控制的操作数。控制数据可以是一个字、一个字的一部分或者是一个数据表。

（8）控制系统。控制系统即所有控制装置软、硬件的有机组合。一个控制系统包括 PLC 装置、PLC 的程序以及顺序控制或循环控制用的传输设备，构成一个分布式或集中式的控制体系。

（9）动合条件。被控制的存储位接通时（ON）产生的接通（ON）条件，或被控制的存储位断开（OFF）时产生的断开（OFF）条件称动合条件。

（10）动断条件。被控制的存储位断开（OFF）时，产生的接通（ON）条件，或被控制的存储位接通（ON）时，产生的断开（OFF）条件称动断条件。

（11）执行条件。在一个指令行中，一条指令能否执行的决定条件是相关信号位是接通（ON），还是断开（OFF），它们是 ON 和 OFF 的组合，称为执行条件。

（12）操作数。操作数即被指令控制的数据。多数是数据存取的地址。有时也用常数。

（13）操作模式。PLC 有三种操作模式：编程、监视和运行模式。

（14）现在值（或称当前值）。现在值即设备运行随时的记录值，用"PV"表示，在计数器指令中用"CV"表示。

（15）设定值（或称预定值）。设定值是根据设备的运行特性，事先预设的控制值，用"SV"表示，在计数器指令中用"PV"表示。

（16）监视定时器（或称看门狗），用它监视 PLC 系统的扫描周期时间。一旦超时，给予报警或停止 PLC 的运行。

（17）微分指令和非微分指令。在执行条件由断开（OFF）转变为接通（ON）时仅仅执行一次的指令，称为微分指令。而只要执行条件转变为接通（ON），每次扫描都执行的指令，称为非微分指令。

（18）基本指令。基本指令即 PLC 基本功能的指令。一般指逻辑操作指令。

（19）位控制指令。位控制指令即控制单个存储位接通或断开状态变化的指令。

（20）比较指令。比较指令即对内存中相关位中信息进行比较的指令。比如，数据的相等、不等于、大于、小于等比较，作为某一控制的决定条件而进行的比较。

（21）指令块。存储在内存储区中梯形图的一组相互间有一定逻辑关系的指令称指令块。它们可通过块指令调用，构成结构化程序。指令块包括在左、右母引线间一行或多行相互连接的指令。

（22）指令行。指令行是由若干条指令组成的逻辑行。它们是执行某一种操作的一组条件。

（23）报文。报文是用来传送通信信息而用规定字符编写的电报文稿。报文所用的字符有国际标准。各国间通用。也有国家和行业标准，供本国或本行业使用。

（24）条件程序段。条件程序段是决定程序是否执行的程序段。条件程序段编制的是控制其他程序是否执行的条件。比如，指令块中回路的状态，当状态为 ON，则执行，否则不执行。

（25）假。假是一个二值的逻辑术语。相当于位的逻辑状态为 OFF 或位中信息值为 0，称为逻辑假。

（26）真。真是一个二值的逻辑术语。相当于位的逻辑状态为 ON 或位中信息值为 1，称为逻辑真。真和假是辩证地认识事物对立统一的两个方面，从而判断事物的特性。在逻辑控制中，用来定义条件和结果是否成立。条件成立，结果为真，反之为假。

（27）脉冲。脉冲是电压或电流值瞬间变化产生的。脉冲的波形由上升沿（或称前沿）、高电平、下降沿（或称后沿）和低电平组成。其功能是用脉冲的峰值激活存储位中的信息。

（28）绝对地址。由地址标识符（数据存储区名称符号）和存储位的编号来表示绝对地址。编程时，多数采用绝对地址。

（29）符号地址。符号地址是用文字符号表示的地址。

用户可以自定义地址。但通常是由生产厂商定义存储区的地址和地址范围。

（30）变量表。程序中的每一条指令是依据变量表中的内容选定的。变量表中的内容包括：①指令的图标、指令符号及符号的注释；②状态字的格式；③刷新时变量的状态值；④输入变量的新值（修正值）等。总之，有关指令的所有信息都是变量表的内容。编程时，变量表在编程软件中自动生成。

（31）块。块即存放在存储器中的程序段。

（32）组织块。组织块存储在存储器中，能够把众多程序段组织成应用程序的程序段。

（33）功能块。功能块存储在存储器中，具有某种功能的程序段。

（34）数据块。数据块存储在存储器中，或由堆栈操作的，专门为功能块提供数据的程序块。

（35）逻辑块。无论是组织块，或者是功能块，还是数据块，它们都按一定的逻辑规律存放在存储器中，故将它们又称为逻辑块。

（36）电磁兼容（EMC）。数字装置是弱信号的电子元件组成的，很容易受到强电场、强磁场的干扰。而数字装置本身也能产生干扰其他设备的信号。这种干扰在控制和被控制系统中是不允许存在的。电磁兼容（EMC）是指在给定的电磁环境中，电气设备既能防御外来的干扰，又能不对外部设备产生干扰，这种能力称电磁兼容性。设备能具备电磁兼容性是通过采用屏蔽接地等相关技术实现的。

### 1.4.2 操作控制和硬件类术语

#### 1. 操作控制类术语

（1）与（AND）。如果所有的前提条件都为真，则结果才为真，相对于存储位而言，只有所有的位都 ON，输出才 ON。

（2）或（OR）。如果多个前提条件中，只要有一个为真，结果就为真。相对于存储位而言，只要有一个 ON，输出就 ON。

（3）与非（NAND）。如果所有的前提条件都为真，则结果反倒为假。相对于存储位而言，所有的存储位都 ON，输出反倒为 OFF。

（4）或非（NOR）。如果一个或多个前提条件为真，则结果反倒为假。相对于存储位而言，一个或多个存储位 ON，输出反倒 OFF。

（5）异或。如果在若干个前提条件下，仅仅有一个前提条件为真，结果就为真。相对于存储位而言，若干个存储位中，仅仅有一个 ON，输出就 ON。

（6）异或非。如果两个前提条件均为真，则结果为假。如果两个前提条件均为假，则结果为真。相对于存储位均 ON，输出为 OFF。异或非是在异或的前提下，进一步求反。

综上，PLC 系统的逻辑运算就是存储位接通（ON）、断开（OFF）状态的组合，体现出来的逻辑规律。

（7）备份。为了保证原始数据在设备损坏或被清零时不会丢失，对所有的原始数据所做的复制。

（8）循环。由 PLC 的 CPU 反复完成对一个"工作单位"的控制。

（9）调试。对编写的程序初搞进行修改，达到预期要求。比如，清除语法错误、调整预设值等。

（10）缺省（或称默认）。PLC 的某些参数是由厂家设定的，而不需要用户考虑。PLC 一上电就按其默认值运行。

（11）下载。从通信网络的上位机或主站向从站传送数据的过程。

（12）初始化。即使控制系统恢复原始状态。在启动一个程序时，也要检查系统设置，对某些内存清零，自动给出默认值，使系统能正确地执行程序，称为系统初始化。

（13）校验。调整数据单元中 ON 位数，使总位数始终保持为偶数或奇数，故又称偶校验或奇校验。通常是检查 ON 位的数目是否仍为原来的偶数或奇数，确保数据的正确性。

（14）扫描。执行梯形图程序时，从开始到结束，依次按执行条件执行程序中的每一条指令。一般情况是从左到右，从上到下，依次激活每一个编程元素。

（15）自诊断。自诊断即系统检查自己的工作，发现不正常就报警或发出错误信号。

（16）嵌套。编程时，把一个回路镶嵌在另一个回路内，或在一个子程序内调用另一个子程序，达到编程或控制目的编程方法。

（17）跳转。在编程或执行程序时，从程序中的某一点跳到另一点，而两点间的指令不再逐条执行。

（18）中断。停止正在执行的程序，而去执行另一个子程序，或去处理另外的突发事件。处理后，在扫描周期开始时，又去执行原来执行的程序，称为中断。PLC 系统规定了若干种中断事件，且按中断优先级在扫描周期结束前的某一时刻，集中处理中断。比如 S7-200 规定的通信中断、三种 I/O 中断、定时中断。

（19）直接输出。使程序执行结果立即输出。从而减少循环时间影响的一种方法。

（20）分布控制。一个自动控制系统的每一部分设备都是分放在生产现场中实际受控设备附近。而主站是通过通信网络对分散的从站实施控制的，这种控制方式称为分布控制。

（21）存储器直接寻址。用户程序直接寻找数据在内存单元中存放的地址，多数控制是采用直接寻址，直接寻址指令的地址就是数据在内存中存放的位置。

（22）刷新。刷新是数字系统对存储信息的一种十分先进的控制方式。使动态信息不能丢失，保持原来的状态不走样。使信息随着控制程序的变化而变化，保证了信息的实时性和正确性，保证控制系统正常运行。刷新就是向存储位补充电荷，使原采集的信号保持原样，使不需要的信号被覆盖，适应新的控制程序的需要。比如 I/O 刷新、内存周期性刷新。

2. 硬件类术语

（1）总线。PC 或 PLC 系统是以总线方式组装的。通过总线把系统的各个组合元件连接在一起。总线则成为传输数据的通道。总线分为数据总线、地址总线和控制总线，以及内部总线和外部总线。

（2）母线。梯形图指令行左边的起始线和右边的终接线，是为指令行提供能流的，称为母线。指令要沿着左母线从左到右，从上到下，逐条执行。每一个指令行则以右母线为终点，一般不画右母线。

（3）通信电缆。在通信网络中，通信电缆是用于传输数据信号的。它的芯线、尤其插头结构必须符合通信接口标准的要求，才能与网络匹配。比如，RS-232C 或 RS-422 标准。

（4）接口。接口是通信网络各器件间相互连接的界面。接口设备要完成数据代码转换、数据格式的转换和传输速率的转换。比如，对信号进行调制或解调时，Modem 的接口应具有RS-232C和 RS-422 功能。

（5）系统配置。根据控制和被控制系统负荷等级，需要的控制功能以及运行环境决定的软件和硬件的选型方案，称系统配置。系统配置的原则是选型合理，既科学又合理，且符合发展，为发展留有余地，还要考虑其经济性。

（6）DIP 开关。DIP 开关即用于设置工作参数的开关组。尤其设计由手动设置工作参数时，必须选用 DIP 开关。比如，通信参数波特率的设定；热电阻温度参数的设定等。

（7）接近开关。常用的接近开关有两种。一种是磁接近开关。另一种是光电传感式接近开关。磁接近开关本身产生一个能够被金属物影响的磁场。当金属物接近这个磁场时，磁场发生变化，带动其接点动作，起到开关作用。光电传感式接近开关是当传感器检测到光时，其内电路产生电压和电流，带动其接点，起到开关作用。

（8）光电隔离。PLC 的输入电路多数采用光电隔离。由于光和电没有电路上的联系，通过光电转换电路能有效地将采集的信号输入，且能排除外部干扰信号进入内电路。

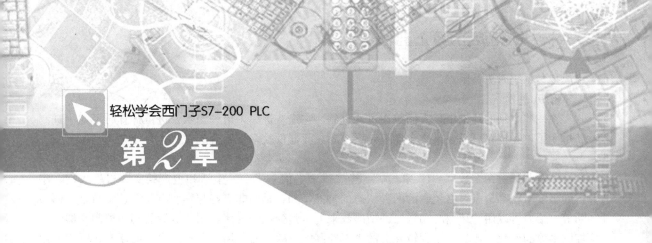

## 第2章

# 二 进 制 与 逻 辑 代 数

可编程序控制器是一种信息化的自动控制装置，它与计算机一样，所应用的数学工具是二进制数码及对其运算的逻辑代数。

二进制数只有两个数字"1"和"0"，通过数制转换，"1"和"0"的组合可以表示任意一个数。它最主要地应用意义是能够清晰地揭示事物的两种对立统一的逻辑状态。比如：对电气开关状态的描述，可用"1"表示开关的闭合，用"0"表示开关的断开。称其为开关的"1态"和"0态"，人们则称二进制数是表达开关量最理想的数制。

逻辑代数是英国数学家布尔最早提出的，运用"1"和"0"来揭示事物的两种状态，人们又将逻辑代数称为布尔代数或状态代数。通过逻辑代数揭示了逻辑状态的转换、变化规律及控制方法，称之为逻辑运算。

长期以来，由于十进制数能够连续地量度劳动的收获，进行成果的分配和累计，十进制成了人们支配生产和生活的最得力的数字工具。对十进制的应用，可以说人们已经非常习惯。

由于自动控制技术、计算机技术和信息技术的发展，以及它们相互间的渗透与结合，人们对二进制及逻辑代数的认识和应用有了飞跃性的突破：通过数制间的转换，完全可以把只认识"1"和"0"的计算机一类的信息装置用来控制十进制度计的"量"。

## 2.1 数制和数制间的转换

### 2.1.1 数制

如前所述，人们长期地应用十进制，对其已是情有独钟。在过去的历史中，人们也曾使用过十六进制、八进制。当把计量的数制用于研制自动控制数学模型时，二进制数得到的控制模型最简单，并且最理想。

**1. 十进制数**

十进制数，逢十进一，借一当十。它可以计量无限循环的小数，更可以计量无限循环的无穷大的数，它已经成为人们最理想的计数和运算数制。但是，将其运用在自动控制系统中时，得研制 10 个结构不同的元器件。当控制数值较大的量时，控制系统的组合十分困难。

**2. 十六进制**

在度量衡装置中人们曾用过十六进制。比如十六两为一斤，它逢十六进一，借一当十六。记忆繁琐，换算麻烦，当将十六进制用在自动控制系统时，得研制 16 种结构不同的控制元器件，组成控制系统时更是困难。

### 3. 八进制

在一些个别的计量中，人们曾用过八进制。它逢八进一，借一当八。进位计算时不如十进制简单明了，无规律可循，组成自动控制系统时，元器件较多，组合起来也十分复杂。

### 4. 二进制

二进制只有两个数字"1"和"0"，逢二进一，借一当二。生活和生产的实践告诉人们，宇宙间很多事物都具有对立统一的两种状态的特性，如：是与非、好与坏、有与无、明与暗、通与断等。恰恰可以用"1"和"0"二进制的数来揭示其变化的规律，用二进制研制的控制元器件来控制事物的变化。比如：用逻辑开关的1态控制电路的导通；用0态控制电路的断开。所用控制元器件最少，逻辑规律清晰明了。

二进制数及其对应的控制元器件有如上特性。但它书写繁琐。当表示一个较大的数值时要用十多个"1"和"0"。如何发挥二进制及控制元器件的特性，而在表达书写时又简便、清晰、明了呢？则须经过数制间的转换，实现等值控制。

### 2.1.2 数制间的相互转换

面向控制装置对数制的应用，在此只探讨二进制与十进制、八进制和十六进制间的相互转换。数制间的转换方法有两种：一是计算法；二是查表法。先以计算法叙述相互间转换规律，然后以查表法补之，加深理解。

### 1. 十进制数与其他数制间的转换

十进制是人们喜欢乐于应用的一种数制。但是，计算机和可编程序控制器一类的信息控制装置不认识它，为了将其能够应用在信息控制装置中，则必须将其转换成二进制的数。为了发挥八进制数、十六进制数与二进制数易于转换的优点，且书写简便的特长，则应该将十进制的数转换成八进制或十六进制的数。然后，在机器中自动编制成二进制数码。

十进制数分为十进制整数和十进制的小数。对十进制整数转换为二、八、十六进制数时，采用除法取余法。而对于十进制小数转换为二、八、十六进制数时，则采用乘法取整法。

（1）十—二整数转换采用除2取余法；十—八整数转换采用除8取余法；二—十六整数转换采用除十六取余法。

例如：1) $(153)_{10} = ($      $)_2$

        2) $(725)_{10} = ($      $)_8$

        3) $(645)_{10} = ($      $)_{16}$

例题计算过程：

```
1)     2 ⌐153        ········ 1 ········ K₀
       2 ⌐76         ········ 0 ········ K₁
       2 ⌐38         ········ 0 ········ K₂
       2 ⌐19         ········ 1 ········ K₃
       2 ⌐9          ········ 1 ········ K₄
       2 ⌐4          ········ 0 ········ K₅
       2 ⌐2          ········ 0 ········ K₆
         0           ········ 0 ········ K₇
```

即 $(153)_{10} = (0001\ 1001)_2$

2)
$$
\begin{array}{r|l}
8 & 7\ 2\ 5 \\
\hline
8 & 9\ 0 \\
\hline
8 & 1\ 1 \\
\hline
8 & 1 \\
\hline
& 0
\end{array}
$$
------- 5 ------- $K_0$

------- 2 ------- $K_1$

------- 3 ------- $K_2$

------- 1 ------- $K_3$

即　$(725)_{10} = (1325)_8$

3)
$$
\begin{array}{r|l}
16 & 6\ 4\ 5 \\
\hline
16 & 4\ 0 \\
\hline
16 & 2 \\
\hline
& 0
\end{array}
$$
------- 5 ------- $K_0$

------- 8 ------- $K_1$

------- 2 ------- $K_2$

------- 2 ------- $K_3$

即　$(645)_{10} = (285)_{16}$

(2) 十—二小数转换采用乘 2 取整法；十—八小数转换采用乘 8 取整法；十—十六小数转换采用乘 16 取整法。

例如：1) $(0.525)_{10} = (\qquad)_2$

2) $(0.785)_{10} = (\qquad)_8$

3) $(0.15)_{10} = (\qquad)_{16}$

1)
$$
\begin{array}{r}
0.525 \quad\text{-----} 0 \\
\times\quad 2 \\
\hline
1.050 \quad\text{-----} 1 \\
0.050 \\
\times\quad 2 \\
\hline
0.100 \quad\text{-----} 0 \\
0.100 \\
\times\quad 2 \\
\hline
0.200 \quad\text{-----} 0
\end{array}
$$

即　$(0.525)_{10} = (0.100)_2$

2)
$$
\begin{array}{r}
0.785 \quad\text{-----} 0 \\
\times\quad 8 \\
\hline
6.280 \quad\text{-----} 6 \\
0.280 \\
\times\quad 8 \\
\hline
2.240 \quad\text{-----} 2 \\
0.240 \\
\times\quad 8 \\
\hline
1.920 \quad\text{-----} 1
\end{array}
$$

即　$(0.785)_{10} = (0.621)_8$

3)
$$
\begin{array}{r}
0.15 \quad\text{-----} 0 \\
\times\quad 16 \\
\hline
2.40 \quad\text{-----} 2 \\
0.40 \\
\times\quad 16 \\
\hline
6.40 \quad\text{-----} 6
\end{array}
$$

即　$(0.15)_{10} = (0.26)_{16}$

23

**2. 八进制数与其他数制间的转换**

(1) 八进制数转换为二进制数。1 位八进制数可以用 3 位二进制数表示。将八进制数转换为二进制数时，即把每一位八进制数写成 3 位二进制数的形式，然后按权的位置连接起来。

例如：$(27.461)_8 = (010\ \ 111.100\ \ 110\ \ 001)_2$

(2) 八进制数转换为十进制数。将八进制数的每一位与以 8 为基数的指数幂相乘之积的和，即为对应的十进制数。

例如：$(327)_8 = 3 \times 8^2 + 2 \times 8^1 + 7 \times 8^0$
$$= 192 + 16 + 7$$
$$= (215)_{10}$$

**3. 十六进制数与其他数制间的转换**

十六进制数共有十六个数字符号：0、1、2、3、4、5、6、7、8、9、A (10)、B (11)、C (12)、D (13)、E (14)、F (15)。

(1) 十六进制数转换为二进制数。4 位二进制数可以表示一位十六进制的数。十六进制数转换为二进制数就是把每一位十六进制的数写成对应的 4 位二进制数的形式，然后按权的位数连接起来。

例如：$(3EB)_{16} = (0011\ \ 1110\ \ 1011)_2$

(2) 十六进制数转换为十进制数。把十六进制数按权展开，求取每一位与以 16 为基数的指数幂的积，然后将各位的积数相加。

例如：$(1C4) = 1 \times 16^2 + 12 \times 16^1 + 4 \times 16^0$
$$= 256 + 192 + 4$$
$$= (452)_{10}$$

**4. 二进制数转换为其他数制**

(1) 二—十转换。按二进制数的权将转换的二进制数展开。即将每一位的数与该位以 2 为基数的指数幂相乘，然后将各位的积相加。

例如：$(1010.01)_2 = 1 \times 2^3 + 0 \times 2^2 + 1 \times 2^1 + 0 \times 2^0 +$
$$0 \times 2^{-1} + 1 \times 2^{-2}$$
$$= 8 + 0 + 2 + 0 + 0 + 0.25$$
$$= (10.25)_{10}$$

(2) 二—八转换。以小数点为基准，整数部分从右至左，每 3 位一组，最高有效位不是 3 位时，添足 3 位用 0 补。小数部分从左至右，每 3 位一组，最低有效位不足 3 位时，添 0 补足 3 位。然后，对每一组取对应的八进制数，再按权的位数连接起来。

例如：$(1011\ \ 1011.00110101)_2$
$$= 010111011.001101010$$
$$= (273.152)_8$$

(3) 二—十六转换。将二进制数每 4 位一组，然后，写出每一组对应的十六进制的数，按权的位数连接起来。

例如：$(10011000)_2 = (98)_{16}$

**5. 数制间相互转换小结**

以上对几种数制相互间的转换方法的叙述，亦可以说，是在信息装置中数制间的转换规律。

(1) 一位八进制数可以用等值的 3 位二进制数来表示。1 位十六进制的数可用等值的 4 位二进制数来表示。因此，用八进制数或十六进制数替代二进制的数，易于转换，书写简便。

（2）二进制数书写烦琐，但它适应信息装置的控制特性，且能将其他数制的数转换为等值的二进制数，则拓宽了信息控制装置的应用范围。即使计算机一类的信息装置亦能对其他数制的数进行控制和运算。

（3）计算机一类的信息装置对各类进位制数据默认的记忆符号：

1）十进制数，在数据后加 D 或不加 D。

2）二进制数，在数据后加 B，如 1001B。

3）八进制数，在数据后加 O，如 423O。

4）十六进制数，在数据后加 H，如 3ACH。

6. 查表法进行数制间的转换

几种数制间的相互转换的规律见表 2-1。

表 2-1　　　　　　　　　　　　几种数制间相互转换规律

| 十进制 | 二进制 | 八进制 | 十六进制 | 十进制 | 二进制 | 八进制 | 十六进制 |
|---|---|---|---|---|---|---|---|
| 0 | 0000 | 0 | 0 | 8 | 1000 | 10 | 8 |
| 1 | 0001 | 1 | 1 | 9 | 1001 | 11 | 9 |
| 2 | 0010 | 2 | 2 | 10 | 1010 | 12 | A (10) |
| 3 | 0011 | 3 | 3 | 11 | 1011 | 13 | B (11) |
| 4 | 0100 | 4 | 4 | 12 | 1100 | 14 | C (12) |
| 5 | 0101 | 5 | 5 | 13 | 1101 | 15 | D (13) |
| 6 | 0110 | 6 | 6 | 14 | 1110 | 16 | E (14) |
| 7 | 0111 | 7 | 7 | 15 | 1111 | 17 | F (15) |

### 2.1.3　二进制数的四则运算

二进制数与十进制数一样，亦能进行四则运算。但是，二进制数是进行逻辑的四则运算，而十进制数是进行数值运算，有本质上的区别。

1. 加法运算

二进制有一位二进制数加法和多位二进制数加法。

（1）一位二进制数加法。

例如：

$$\begin{array}{r} 0 \\ +0 \\ \hline 0 \end{array} \qquad \begin{array}{r} 0 \\ +1 \\ \hline 1 \end{array} \qquad \begin{array}{r} 1 \\ +0 \\ \hline 1 \end{array} \qquad \begin{array}{r} 1 \\ +1 \\ \hline 10 \end{array}$$

规律：0 加 0 等于 0；1+0 或 0+1 等于 1；1+1 时，向高位进 1，本位为 0。

（2）多位二进制数加法。多位二进制数相加，由低位向高位逐位相加。仍按一位二进制数相加的规律进行。

例如：

$$\begin{array}{ll} 1001 & ----被加数 \\ 1011 & ----加数 \\ \diagup\diagup\diagup & \\ 011 & ----进位数 \\ \hline 10100 & ----和 \end{array}$$

2. 减法运算

二进制数也分一位二进制数减法和多位二进制数减法。

（1）一位二进制数减法。

例如：

$$
\begin{array}{r} 0 \\ -0 \\ \hline 0 \end{array}
\qquad
\begin{array}{r} 0 \\ -1 \\ \hline 11 \end{array}
\qquad
\begin{array}{r} 1 \\ -0 \\ \hline 1 \end{array}
\qquad
\begin{array}{r} 1 \\ -1 \\ \hline 0 \end{array}
$$

运算法则：0减0得0；0减1时，从高位借1当2，本位为1，高位亦为1；1减0得1；1减1得0。

（2）多位二进制数减法。多位二进制数减法，可以遵循一位二进制数相减的法则直接相减。也可以把减法变成加法运算（即采用补码运算），其中，应特别注意，某一位不够减时，要向相邻的高位借位，借1当2，相减后，本位为1。

例如：

```
      1 0 1 0    ----被减数
    - 0 1 0 1    ----减数
      1   1      ----借位
    ─────────
      0 1 0 1    ----差
```

**3. 乘法运算**

（1）一位二进制数乘法。

例如：

$$
\begin{array}{r} 0 \\ \times 0 \\ \hline 0 \end{array}
\qquad
\begin{array}{r} 0 \\ \times 1 \\ \hline 0 \end{array}
\qquad
\begin{array}{r} 1 \\ \times 0 \\ \hline 0 \end{array}
\qquad
\begin{array}{r} 1 \\ \times 1 \\ \hline 1 \end{array}
$$

运算法则：0乘0、0乘1或1乘0，积皆为0；1乘1得1。

（2）多位二进制数的乘法。与十进制数一样，被乘数与乘数的每一位展开相乘。其运算要按一位二进制数相乘的法则，求出每一位被乘数和每一位乘数的积，然后，按二进制加法运算法则相加，其累加结果即为多位二进制数相乘的积。

例如：

```
          1 0 0 1      被乘数
    ×     1 0 1 0      乘  数
    ─────────────
          0 0 0 0
        1 0 0 1
      0 0 0 0
    + 1 0 1 0
    ─────────────
    1 1 0 0 0 1 0      累加积
```

**4. 除法运算**

例如：1001÷0101

```
                    1 . 1 1
          0 1 0 1  1 0 0 1
                   0 1 0 1
                   ───────
                     1 0 0 0
                     0 1 0 1
                     ───────
                       0 1 1 0
                       0 1 0 1
                       ───────
                         0 0 1 0
```

运算法则：多位二进制相除，逐级相减，且按精确度要求计算出相应位的商。

**5. 二进制数运算说明**

(1) 二进制数的运算不是数值运算，而是事物逻辑状态的推演。

(2) 二进制数四则运算的法则只能说与十进制数四则运算法则相似，不是相同。

(3) 二进制数是数字量或称开关量，它不能直接表达连续变化的模拟量的运算特性。

## 2.1.4 二进制编码简介

计算机、可编程序控制器等信息控制装置要输入十进制数、字母和符号，但是，对输入的十进制数、字母和符号不进行二进制编码，计算机、可编程序控制器是无法识别的，更不能对其传输、存储和控制。

**1. 二进制编码中的一些概念**

(1) 字符。通过二进制编码，计算机和可编程序控制器能够识别的数字、字母和符号，称为字符。

(2) 无符号数。只表示数的绝对值的大小，不考虑数的正负性，这种数称为无符号数。在十进制和二进制中都有无符号数。

(3) 带符号数。在用二进制表示的数中，用 0 表示正号，用 1 表示负号，且将其放在全部字长的最高位作为符号位，用其余位表示数值，表示数值的几位数称为尾数，这样的数称之为带符号数。

同样，十进制和二进制数中都有带符号数，且两种数制中，二者可以相互转换。

(4) 机器数及其表示方法。带符号数数码化后得到的二进制数称为机器数。可以用原码、反码和补码三种编码方法表示机器数，且通过机器对带符号数进行传输、储存、处理和控制。这也就是对带符号数数码化（编码）的根本原因。

(5) 真值。为了与机器数有所区别，原来带正号或负号的数值称为真值。

(6) 绝对值。在十进制中，正数的绝对值是其本身，负数的绝对值是与它相反的正数。在二进制中，除符号位，数值部分为真值的绝对值。

(7) 补数和模的概念。在任意周期性变化的数据范围内都有若干组两个数相加之和等于这个取值范围内最大的那个数。其中，每一组相加的两个数称之互为补数，互为补数的两个数是模的同余数。比如：时钟系统中的 8 和 4；11 和 1；10 和 2；9 和 3 以及 7 和 5。取值范围内最大的那个数称之为这个取值范围内的模。故时钟系统中的模是 12；8 位二进制对应十进制的模是 $2^8 =$ 256；16 位二进制对应十进制的模是 $2^{16} = 65536$。

经过推演，在具有模的数值系统中，互为补数的两个数中一个数的减法可以变成另一个数的加法，最简明的例子如时钟系统中，12−9 和 12+3 指的都是 3 点；12−8 和 12+4 指的都是 4 点；10−4 和 10+8 指的都是 6 点等。同理，在 8 位的二进制系统、16 位的二进制系统和 32 位二进制系统中亦是如此。

(8) 原码及其特点。用 0 和 1 分别表示二进制数的符号位（十和一），而数值部分为真值的绝对值，这种机器码称之为原码，因此，正负对应的十进制数的二进制原码除符号位不同，其他数值部分，即尾数部分完全相同。

例如：　　$(+91)_{10} = (01011011)_原$

　　　　　$(-91)_{10} = (11011011)_原$

原码的特点：

1) 0 的原码有两种形式。

2) 8 位带符号二进制原码取值的范围 $-127 (11111111)_2 \sim +127 (01111111)_2$。

3) 原码同真值间的转换比较简单容易，用于乘除法比较方便。但是，对其进行加减法运算比较麻烦。当同号的原码相减或异号的原码相加时，必须要判断两个原码绝对值的大小，且只能从绝对值大的中减去绝对值小的，其结果的符号要同绝对值大的符号一致。这样，需增加机器中的判断元器件。

（9）反码及其特点。对正数来说其反码仍旧是原码，符号位是0。对负数来说，其反码是将原码数值部分逐位求反，符号位是1。因此，所说反码是对负数的原码而言。

例如：　$(+91)_{10}=(+1011011)_原$；$(+91)_{10}=(+0101101)_反$

$(-91)_{10}=(-1011011)_原$；$(-91)_{10}=(10100100)_反$

反码的特点：

1）0有两种表示方法。

2）8位二进制系统反码对应十进制取值范围$-127\sim+127$。16位二进制系统反码对应十进制取值范围为$-32\,768\sim+32\,767$。

3）正数的反码表示形式同原码一致。而负数的反码除符号位仍为1，尾数各位原码逐位求反。

（10）补码及其特性。补码具有补数的特性，即互为补数的两个数都是模的同余数，在二进制系统中，求一个已知的原码的补码有两种方法，一种是用该二进制系统的模减去这个已知的二进制原码，就得到了该原码的补码。比如8位二进制系统的模是$2^8=256=(11111111)_2$，即用$(11111111)_2$减去已知的原码，得到的数码是该原码的补码。计算机中用的补码是先求原码的反码，然后在其反码末位加1，就得到原码的补码，例如10010的补码是01110。补码的特点：

1）0的补码只有一种表示方法。

2）补码对应的十进制取值范围为$-128\sim+127$。

3）正数的补码同原码形式一样，负数的补码是通过其二进制数的模减去该数绝对值的原码求得的。

4）补码的运算法则：补码的和等于和的补码。补码的差等于差的补码。对于一个数的补码再求补码就得到这个数的原码。

5）补码运算时，符号位同尾数一同参加运算，其结果的符号位有进位时，该位自动丢弃。

6）计算机和可编程序控制器中，凡是带符号的数都采用补码运算，把减法变为加法。

2. 十进制数转换为8位二进制机器码的表示法

一个十进制的无符号数或有符号数为了适应计算机或可编程序控制器控制上的需要，可以编制为该数的原码，也可以编制为该数的反码，还可以编制为该数的补码，三者各具有一定的特性，能满足不同的需要。因此，应总结和掌握三种编码的规律。十进制数编制成机器码的规律见表2-2。

表2-2　　　　　　　　　　　十进制数编制成机器码的规律

| 无符号数 | 有符号数 | 有符号数二进制码 | 原码 | 反码 | 补码 |
|---|---|---|---|---|---|
| 0 | +0 | +0000000 | 00000000 | 00000000 | 00000000 |
| 1 | +1 | +0000001 | 00000001 | 00000001 | 00000001 |
| 2 | +2 | +0000010 | 00000010 | 00000010 | 00000010 |
| ⋮ | ⋮ | ... | ... | ... | ... |
| 124 | +124 | +1111100 | 01111100 | 01111100 | 01111100 |
| 125 | +125 | +1111101 | 01111101 | 01111101 | 01111101 |
| 126 | +126 | +1111110 | 01111110 | 01111110 | 01111110 |

续表

| 无符号数 | 有符号数 | 有符号数二进制码 | 原码 | 反码 | 补码 |
|---|---|---|---|---|---|
| 127 | +127 | +1111111 | 01111111 | 01111111 | 01111111 |
| 128 | −0 | −0000000 | 10000000 | 11111111 | 00000000 |
| 129 | −1 | −0000001 | 10000001 | 11111110 | 11111111 |
| 130 | −2 | −0000010 | 10000010 | 11111101 | 11111110 |
| ⋮ | ⋮ | … | … | … | … |
| 252 | −124 | −1111100 | 11111100 | 10000011 | 10000100 |
| 253 | −125 | −1111101 | 11111101 | 10000010 | 10000011 |
| 254 | −126 | −1111110 | 11111110 | 10000001 | 10000010 |
| 255 | −127 | −1111111 | 11111111 | 10000000 | 10000001 |
| 256 | −1 | −1000000 | 无法表示 | 无法表示 | 10000000 |

## 2.2 二 进 制 编 码

计算机和可编程序控制器等信息装置在研制之初，就确定它们只能识别二进制"1"和"0"编制的数码，且运用二进制数码进行逻辑控制。因此，将十进制数、字母或符号编制成二进制机器码，一是适应了机器的特性和需要，使其能充分发挥逻辑控制功能。二是将用十进制表示的各类模拟量等值地转换为二进制的数字量，实现了用计算机或可编程序控制器控制模拟量的目的，拓宽了计算机和可编程序控制器的应用范围，可将其应用于科技、文化和工业生产中的各个领域之中。

由于相关的国际组织推出了一系列的标准的二进制编码，使二进制编码日趋标准化，有力地推动了计算机和可编程序控制器在信息科技领域中的应用，加快了信息控制技术的发展。

随着信息控制技术的发展，人们研制了多种二—十进制的编码，使用十进制计算和控制的各类工业生产中的量能够用计算机或可编程序控制器控制。

计算机、可编程序控制器等信息控制装置诞生后，得到世界各国的重视，为了促进其发展和应用，国际标准化组织制订了 ISO 编码。美国制定了国家信息交换标准代码 ASCII 码。我国在 1981 年颁布了 GB 2312—1980《信息交换汉字编码字符集》国家标准。

以上诸多二进制编码已经成了信息交流的工程语言，对当代信息技术的发展起到了世人瞩目的作用，加快了信息时代的到来。信息语言已经步入标准化，且实现了国际接轨。

### 2.2.1　常用的二—十进制编码

常用二—十进制编码有 8421 码、余 3 码、2421 码、5211 码、余 3 循环码及步进码。在二—十进制编码中，是用 4 位二进制代码来表示一位十进制数。因为 $2^4=16$，所以，二进制 4 位二值代码有十六个不同的组合，当对其进行不同的状态排列时，能组成多种不同的编码。且依据其可以设计出多种的用于控制技术中的数字模型。几种常用的二—十进制的编码见表 2-3。

表 2-3　　　　　　　　　　　　常用的二—十进制编码

| 十进制数 \ 编码种类 | 8421 码 | 余 3 码 | 2421 (A) 码 | 2421 (B) 码 | 5211 码 | 余 3 循环码 | 步进码 |
|---|---|---|---|---|---|---|---|
| 0 | 0000 | 0011 | 0000 | 0000 | 0000 | 0010 | 00000 |
| 1 | 0001 | 0100 | 0001 | 0001 | 0001 | 0110 | 10000 |
| 2 | 0010 | 0101 | 0010 | 0010 | 0100 | 0111 | 11000 |

| 编码种类<br>十进制数 | 8421<br>码 | 余3码 | 2421<br>（A）码 | 2421<br>（B）码 | 5211<br>码 | 余3循<br>环码 | 步进码 |
|---|---|---|---|---|---|---|---|
| 3 | 0011 | 0110 | 0011 | 0011 | 0101 | 0101 | 11100 |
| 4 | 0100 | 0111 | 0100 | 0100 | 0111 | 0100 | 11110 |
| 5 | 0101 | 1000 | 0101 | 1011 | 1000 | 1100 | 11111 |
| 6 | 0110 | 1001 | 0110 | 1100 | 1001 | 1101 | 01111 |
| 7 | 0111 | 1010 | 0111 | 1101 | 1100 | 1111 | 00111 |
| 8 | 1000 | 1011 | 1110 | 1110 | 1101 | 1110 | 00011 |
| 9 | 1001 | 1100 | 1111 | 1111 | 1111 | 1010 | 00001 |
| 权 | 8421 | | 2421 | 2421 | 5211 | | |

### 1. 8421 码

8421 码是一种二—十进制编码。由于用 0 和 1 的二进制形式表示一个十进制数，故称十进制数的二进制编码。人们称它为 BCD 码。该编码是用 4 位二进制数表示一位十进制数，其第 4 位对应的十进制数的值为 $2^3＝8$；第 3 位对应的十进制数的值为 $2^2＝4$；第 2 位对应的十进制值是 $2^1＝2$；第 1 位对应的十进制的值为 $2^0＝1$，所以，称其为 8421 码。

8421 码是一种二—十进位制间有固定对应关系的编码。且可用固定关系呈现的规律直接进行二—十进位制间的转换。当把十进制数转换为二进制数时，对十进制数除 2 取余，而把二进制数转换为十进制数时，则把每一位按权展开的值相加就得到该二进制代码对应的十进制数。可用于同步十进制的计数器。

### 2. 余 3 码

余 3 码也是 4 位二进制编码。但是，它的数值比它所表示的十进制数多 3，故称这种编码为余 3 码，余 3 码有如下两个特点：

（1）两个余 3 码相加，其和也比该二进制数对应的十进制数多 6。比如：两个二进制数对应的十进制数之和等于 10 时，正好相当于二进制数对应的十进制数的 16。

（2）余 3 码中的 0 和 9、1 和 8、2 和 7、3 和 6、4 和 5 互为反码。这样，求取对 10 的补码可直接在反码末位加 1。

（3）把一个十进制数转换为余 3 码的方法：把这个十进制数对应的 8421 码＋0011，就得这个十进制数的余 3 码。

### 3. 2421 码

2421 码也是 4 位二进制的编码。不过，它每一位的权是：第 4 位的权是 2；第 3 位的权是 4；第 2 位的权是 2；第 1 位的权是 1，故称这种编码是 2421 码。之所以能产生 2421 码的原因是编码 0111 时加 1，计数器自动跳过 6 个数码变成 1110，而按照二进制记数只能得到 1000。因此，在二进制计数器中，当第 4 位由 0 变 1 时，在第 2 位、第 3 位上多加一个置 1 的脉冲就实现了 2421 编码的十进制计数。2421 码有如下特点：

（1）2421 码是恒权代码。所取的状态与编码顺序不完全相同，即舍去十六种状态中后边的六种状态。

（2）在 2421 码中，0 和 9、1 和 8、2 和 7、3 和 6、4 和 5 也互为反码，则可在其末位加 1，直接求出补码。

### 4. 5211 码

为了实现利用脉冲反馈把二进制计数器改造成十进制的计数器，人们编制了 5211 码，即使

4位二进制编码中,第4位的权为5;第3位的权为2;第2位的权为1;第1位的权1,使计数器的4个触发器输出脉冲对于计数脉冲的分频比从低到到高位依次为5:2:1:1。

5. 余3循环码

余3循环码是一种变权码,每一位的1在不同代码中并不代表固定的数值。由于它相邻两个代码之间只有一位的状态不同。所以,每次状态转换过程中仅有一个触发器翻转,且十进制数0的编码正好从0000的第4个状态开始循环地翻转,故可以做成循环计数器。

6. 步进码

两个相邻代码之间只有一位状态不同,所以可以做步进式计数器,它是5位二进制编码,但它未充分利用。在译码时,只需取其中某两位的状态就够了。

7. 雷格码

雷格码也是4位二进制编码,循环码是雷格码中的一种,在雷格码中,两个相邻代码只有一位状态不同。循环码中不仅两个相邻代码只有一位状态不同,且首尾两个代码也仅有一位状态不同,4位循环码编码表见表2-4。

表2-4中有个很重要的特点:相邻两个代码之间只有一位状态不同。而且,首尾两个代码也仅有一位变量不同,才能在编码中不会发生竞争冒险现象。这一点针对循环码编码表可清晰地看到,在以后应用中很重要。循环码是一种变权码,用其电路可做循环计数器,但电路较复杂。

**表2-4　　4位循环码编码表**

| 十进制数 | 循环码 | 十进制数 | 循环码 |
|---|---|---|---|
| 0 | 0000 | 8 | 1100 |
| 1 | 0001 | 9 | 1101 |
| 2 | 0011 | 10 | 1111 |
| 3 | 0010 | 11 | 1110 |
| 4 | 0110 | 12 | 1010 |
| 5 | 0111 | 13 | 1011 |
| 6 | 0101 | 14 | 1001 |
| 7 | 0100 | 15 | 1000 |

## 2.2.2　标准代码

1. ISO 编码

ISO编码是国际标准化组织制定的。它是一种8位的二进制代码,主要用于信息传递。它包括0~9十个数字,26个英文大写字母和其他20个符号,共56个字符的代码。ISO编码见表2-5。

**表2-5　　　　ISO 编 码 表**

| 字符 $b_7 b_6 b_5$ <br> $b_4 b_3 b_2 b_1$ | 000 | 001 | 010 | 011 | 100 | 101 | 110 | 111 |
|---|---|---|---|---|---|---|---|---|
| 0000 | NUL |  | SP | 0 |  | P |  |  |
| 0001 |  |  |  | 1 | A | Q |  |  |
| 0010 |  |  |  | 2 | B | R |  |  |
| 0011 |  |  |  | 3 | C | S |  |  |
| 0100 |  |  | $ | 4 | D | T |  |  |
| 0101 |  |  | % | 5 | E | U |  |  |
| 0110 |  |  |  | 6 | F | V |  |  |
| 0111 |  |  |  | 7 | G | W |  |  |
| 1000 | RS |  | ( | 8 | H | X |  |  |
| 1001 | HT | EM | ) | 9 | I | Y |  |  |
| 1010 | LF |  | * | : | J | Z |  |  |
| 1011 |  |  | + |  | K |  |  |  |
| 1100 |  |  | , |  | L |  |  |  |
| 1101 | CR |  | — | = | M |  |  |  |
| 1110 |  |  | • |  | N |  |  |  |
| 1111 |  |  | / | ○ |  |  |  | DEL |

31

在表2-5中：

（1）表中的行。表示代码的高3位（7、6、5），组合符号为$b_7 b_6 b_5$。

（2）表中的列。表示代码的低4位（4、3、2、1），组合符号为$b_4 b_3 b_2 b_1$。

（3）代码的最高位（8），符号$b_8$，在表中未列出，其称为补偶位，通过该位将代码中"1"的个数补成偶数，来对代码查错。

（4）表中0～9代码的高3位$b_7 b_6 b_5 = 011$，以此将ISO码与其他代码相区别。

（5）在表中，A～Z，26个英文字母编码的低4位$b_4 b_3 b_2 b_1$的编码顺序与十进制数1～26对应的二进制代码的低4位编码顺序相同。记住上述规律，对应用ISO码十分有好处。

（6）ISO编码中的A～Z，经过组合，则具有一定的应用含义。比如：可以组成指令的助记符，操作键的符号等，其含义与表2-7相同。

## 2. ASCII码

ASCII是美国国家信息交换标准代码的英文缩写，该代码包括英文大写字母A～Z；英文小写a～z；数字0～9；运算符号=、－、*、/；关系符号〈〉、＝；标点符号,、;、?、!、（）、{}、[]，以及特殊符号$、#、@等。它们有的可以显示打印，有的是看不见的，如空格、回车、换行等控制符号。

它是一种8位二进制代码，由组合符号$b_1 \sim b_7$表示信息。第8位是最高位，在表中未列出，用其作为奇偶校验，对代码查错。

ASCII码在国际上得到广泛应用，故被国际标准化组织认定。它与ISO码都被认定为计算机和可编程序控制器等信息传递装置的内码。即它们被生产厂商固化在信息装置的内存ROM存储器中，由系统调用。其中的每一个字符对应的ASCII码占据内存的一字节的储存空间，对ASCII码应明确以下几点：

（1）第一种，数字0～9，共10个数字符号。但这10个数字符号不能当做数值运用，它们被定义为图形符号。如文字图形、物体图形，在机器中是用0～9的二进制代码组合的。最简单可见的如液晶屏上的文字、符号等的图形。它们与数值的二进制码是截然不同的两个概念，即用它们只能构成图形，不能进行计算。

（2）ASCII码表的前两列（第0和1列）都是控制符，共32个。

（3）ASCII码表的后6列（第2～7列）为图形字符，共96个英文字母和符号。

（4）第2列0行和第7列15行的两个是特殊代码SP和DEL。其中，SP表示空格，DEL表示作废。

（5）其他94个都是可见的图形符号。其中，第0、1列的控制符都赋予特定的控制意义。

（6）ASCII码表中128个字符在机器中都有固定的储存地址。ASCII码见表2-6。

（7）ASCII码由行码和列码组成。列在前，行在后。未列出的第8位为奇偶校验位。列码表示代码的高3位$b_7 b_6 b_5$。行码表示代码的低4位$b_4 b_3 b_2 b_1$。

（8）ASCII码具有一定的规律性。

1）英文大写字母A～O的高3位代码都为"100"。P～Z的高3位都是"101"。

2）英文小写字母a～o的高3位代码都为"110"。p～j的高3位都是"111"。

（9）奇偶校验的规定：一字节中"1"的个数必须是奇数（或偶数）。若不是奇数个（或偶数个），要用最高位补成奇数（或偶数），用这种方法校对代码是否存在错误。

（10）ASCII码将0～9、26英文大写字母、26英文小写字母、运算符号、标点符号等128个符号编制成8位的二进制编码，并确定其为机器内码，如果输入其中的一个字符或一组字符，在机器内部就被译成对应的二进制码。而对ASCII编码文字符的含义的规定见表2-7。

表 2 - 6 　　　　　　　　　　　　　　ASCII 码

| 字符　　b₇b₆b₅<br>b₄b₃b₂b₁ | 000 | 001 | 010 | 011 | 100 | 101 | 110 | 111 |
|---|---|---|---|---|---|---|---|---|
| 0000 | NUL | DLE | SP | 0 | @ | P |  | P |
| 0001 | SOH | DC₁ | ! | 1 | A | Q | a | q |
| 0010 | STX | DC₂ | " | 2 | B | R | b | r |
| 0011 | ETX | DC₃ | # | 3 | C | S | c | s |
| 0100 | EOT | DC₄ | $ | 4 | D | T | d | t |
| 0101 | ENQ | NAK | % | 5 | E | U | e | u |
| 0110 | ACK | SYN | & | 6 | F | V | f | V |
| 0111 | DEL | ETB | , | 7 | G | W | g | w |
| 1000 | RS | CAN | ( | 8 | H | X | h | x |
| 1001 | HT | EM | ) | 9 | I | Y | i | y |
| 1010 | LF | SUB | * | : | J | Z | j | z |
| 1011 | VT | ESC | + | ; | K | [ | k | { |
| 1100 | FF | FS | , | < | L | \ | \| | ! |
| 1101 | CR | GS | - | = | M | ] | m | } |
| 1110 | SO | RS | · | > | N | ↑ | n | ~ |
| 1111 | SI | US | / | ? | O | ↓ | o | DEL |

表 2 - 7 　　　　　　　　ASCII 编码文字符的含义

| 字符 | 含　义 | 字符 | 含　义 |
|---|---|---|---|
| NUL | 空，无效 | DC₁ | 设备控制 1 |
| SOH | 标题开始 | DC₂ | 设备控制 2 |
| STX | 正文开始 | DC₃ | 设备控制 3 |
| ETX | 本文结束 | DC₄ | 设备控制 4 |
| EOT | 传输结束 | NAK | 否定 |
| ENQ | 询问 | SYN | 空转同步 |
| ACK | 承认 | ETB | 信息组传输结束 |
| BEL | 报警符（可听见的信号） | CAN | 作废 |
| BS | 退一格 | EM | 纸尽 |
| HT | 横向列表（穿孔卡片指令） | SUB | 减 |
| LF | 换行 | ESC | 换码 |
| VT | 垂直制表 | FS | 文字分隔符 |
| FF | 走纸控制 | GS | 组分隔符 |
| CR | 回车 | RS | 记录分隔符 |
| SO | 移位输出 | US | 单元分隔符 |
| SI | 移位输入 | SP | 空间（空格） |
| DLE | 数据键换码 | DEL | 作废 |

（11）ASCII 码是 7 位的二进制代码，第 8 位一般用做奇偶校验位。如果第 8 位不用做奇偶校验，也可用来编码，就可增加 94 个可见的图形字符的编码。为了扩大信息装置处理信息范围，在 7 位 ASCII 码的基础上，扩充了《罗马字符集》，使 ASCII 码表示的字符由 128 个扩大到 256 个。

3. 信息交换汉字编码字符集

GB 2312—1980《信息交换汉字编码字符集》国家标准是为了适应信息交换的需要，我国于 1987 年颁布的，1988 年又进行修订，它与国际标准化组织的规定基本相同，只有货币符号不同。

GB 2312 基本字符集和研发的一些辅助集是一套国家标准码。其中收集制订了 7000 余个基本图形字符。常用汉字 3955 个，时常用的汉字 3008 个，共 6763 个汉字。还有俄文字母、日语假名、拉丁字母、希腊字母、汉语拼音以及一般的符号、数字，每个图形符号都规定了对应的二进制编码。每个编码字长为两字节，每字节占用 8 位（bit）

汉字要输入信息装置同其他字符一样，必须变成"0"和"1"组成的二进制代码，这称为对汉字编码。汉字编码主要有整字编码、字形编码、字音编码、音形编码以及电报编码。

（1）整字编码。采用汉字整字大键盘。在大键盘上一般可输入 3000～4000 个汉字和符号，在键盘上呈矩阵排列，用操作键或光标来选取汉字或符号，直观、简单、不用学习，如同过去的铅字打字机，只要熟悉键盘就能提高输入汉字的速度，它的缺点是键盘太大，又需要配置特殊的硬件和控制用的软件。

（2）字形编码。字形编码是把汉字逐个地分解成一些基本构字部件，每个部件都赋予一个二进制编码，并规定选取字形构架的顺序，其顺序基本遵守汉字书写规矩。不同的汉字由于组成的构字部件不同和构成字形的顺序亦不同，则有一组不同的且对应的编码。对于一个汉字，编码是与其一一对应的。

分解构字部件的方法，如字根法、部首法、偏旁法、笔形法、笔画法等。由于构字部件的编码与键盘上的键位没有规律的对应关系，都需要人做出硬性规定。字形编码对构字部件的硬性规定决定了它的科学性、规律性和易记性。因此，字形编码要对编码和规定及方法进行训练和学习。一旦学会，就熟能生巧，易于实现盲打。

常用的字形编码有笔形码、二维三码、五笔画、五笔字型、仓颉码、简繁五笔、两笔字形等。比较最常用的是五笔字型法。

（3）字音编码。字音编码是以汉语拼音为基础的编码方法。字音编码的方法虽然很多，其基本实质都是把字的拼音作为汉字编码，汉语拼音有声母和韵母两部分，字元总数近 60 个。运用汉语拼音编码可直接利用键盘上的英文字母，英文字母与汉语拼音字母一一对应，这种编码的方法简单易学。但是，由于汉字具有一音多字，一字多音，一字多意，同音不同"意"等特点，在运用拼音编码输入法时，要经显示屏的"拼音提示行"来选择其中符号要求的汉字或词组，则影响了输入的速度。字音编码常用的方法有全拼拼音和双拼拼音两种。

1）全拼拼音。在英文键盘上，除"V"外的 25 个字母都一一地与汉语字母对应。按照标准汉语拼音方案，对欲编码的汉字用拼音字母逐个的输入，则在屏幕上的提示行中出现这个汉字拼音的全部同意字（一般一行只能显示 10 个汉字，其余的按"＞"键往下一行查找）。根据提示行的提示再输入相应的汉字。

2）双拼双音。按照汉语拼音的声母和韵母与英文字母一一对应的关系，对于每一个汉字击键两次，声母一次，韵母一次，就完成对一个汉字的编码。汉字中有的字只有韵母没有声母，则要先键入"零声母"代码，再键入韵母代码。零声母在各种双拼双音方案中都有具体的规定，在使用时要先搞清是哪个字母代表零声母。

（4）音形编码。音形编码是按照汉语拼音和字形结构两个特点进行汉字编码。常见的有自然码、拆声三码等。其中，自然码是以双拼编码为主，以部首为辅的一种汉字编码，由于汉字的特点，拼音法重码多，选字繁杂，在拼音后面加上形码，来减少重码，基本上输入的编码就是所要的汉字编码，则可盲打。

（5）邮电电报码。邮电部编制的"标准电报码"是一字一码，每个代码为定长的 4 位十进制数字。当输入/输出信息装置时，进行十——二进制和二——十进制的转换。

以上各种汉字编码，如果直接输出打印出来人们是看不懂的，必须经过点阵存储，再转换为汉字字形信息，即经汉字字库输出。一般情况下，汉字字库存储在软盘或硬盘上，在出版业，多数使用"汉卡"存储汉字字库。

**二进制编码小结**

（1）逢二进一。

（2）一种码制所能编制数码的数量遵循 $2^n$ 规律，其中，$n$ 是编码的位数。如 4 位编码为 $2^4 = 16$ 种编码，8 位编码为 $2^8 = 256$ 种等。

（3）8 位以上编码是个矩阵结构形式，分列码和行码。比如 8 位的 ASCII 码，高 4 位中，除最高位用于奇偶校验，$b_7b_6b_5$ 为列码。低 4 位与 BCD 码（十一二编码）相同。$b_7b_6b_5$ 对每一列字符而言编码相同。$b_4b_3b_2b_1$ 对每一行字符而言编码亦是相同的。当把列码和行码组合在一起，每一组 8 位编码是不同的。从矩阵上看，列和行的交点是一个字符的独自的编码。

（4）对二进制编码，只要遵循统一的规律并赋予它一定的逻辑意义，就能编制出预想的二进制码，如余 3 码、雷格码、循环码等。也可以自编二进制码进行秘密通信。

## 2.3　逻　辑　代　数

简洁地说，用二进制数"1"和"0"研究事物性质、状态变化规律的代数运算，称为逻辑代数。逻辑代数与普通代数不一样。普通代数是用 0～9 组合的数研究数值运算中各种规律和特性。而逻辑代数是用二进制数研究事物两种对立状态产生，或者说相互转换时的逻辑规律。为了有的放矢地研究事物二值逻辑关系，在逻辑代数中，对二值的逻辑关系有明确的规定。

### 2.3.1　二值逻辑

用"1"和"0"表达事物的逻辑性，称之为二值逻辑。二值逻辑包括正逻辑、负逻辑和混合逻辑。以下，以开关为例，定义二值逻辑。

**1. 正逻辑**

当开关闭合，输入或输出信号波形为高电平时用"1"表示。而开关断开，输入或输出信号波形为低电平时用"0"表示，这种逻辑规律称之为正逻辑。

在逻辑代数的运算中，如不明确其逻辑规律，则为正逻辑。

**2. 负逻辑**

当开关闭合，输入或输出信号波形为高电平时用"0"表示，而开关断开，输入或输出信号波形为低电平时用"1"表示，这种逻辑规律称之为负逻辑。

采用负逻辑必须事先明确指出，使运算遵循负逻辑规律。

**3. 混合逻辑**

当开关输入或输出信号波形的电位分别用正逻辑和负逻辑规律赋值，称之为混合逻辑。混合逻辑分为正混合逻辑和负混合逻辑。

当开关输入信号波形的电位按正逻辑赋值，而输出信号波形的电平按负逻辑赋值，称正混合逻辑。反之，开关输入信号波形的电位按负逻辑赋值，输出信号波形的电平按正逻辑赋值，称之为负混合逻辑。

二值逻辑的赋值规律对逻辑控制十分重要。在进行逻辑控制时必须明确其遵循的逻辑规律，才能正确地判断逻辑控制中输入和输出间的因果关系，正确地进行逻辑运算。

### 2.3.2 基本逻辑代数及其运算方法

基本逻辑代数包括逻辑或、逻辑与、逻辑非。

首先，再强调一下，逻辑运算不是数值运算，而是用数学方法揭示事物状态变化过程中的逻辑性，或者说规律性。因为逻辑就是规律。

逻辑运算方法或者说逻辑关系判断的基本方法有两种，一是函数法。即运用输入/输出变量间的函数关系进行逻辑运算，并用逻辑函数的关系式来表达。二是真值表，是将逻辑变量的二进制值编制成一种表格，该表格能非常直观地表达出逻辑控制中的种种规律。

**1. 逻辑或**

如果决定某一事物的一种状态的条件有若干个，只要有一个条件满足要求，事物的这种状态就能发生。这种事物状态与控制条件之间的逻辑关系称之为逻辑或。

逻辑或的事物很多，最简单的例子如：两个并联的常开触点 A 和 B，控制一只电灯，或 A 或 B，其中只要有一个闭合，电灯就能亮。逻辑或的运算方法有两种，一是函数关系式，二是真值表。

逻辑或的函数关系式，设有两个变量 A 和 B，或 A 或 B，只要有一个发生变化，它们的函数 Y 也随之变化。其关系式：$Y = A + B$。

该函数式有如一个加法运算式，故也称为逻辑加。当用二进制"1"和"0"表示变量和函数间的关系，且编制一个真值表，则得到$Y = A + B$的真值表，见表 2-8。

从真值表看出，或 A 或 B，只要有一个为 1，Y 即为 1。

**2. 逻辑与**

如果决定某一事物一种状态的条件有若干个，但是，只有所有的条件都得到满足，事物的这种状态才能发生。这种事物状态与控制条件之间的逻辑关系称之为逻辑与。

最简单的逻辑与控制的例子，如两个串联的常开触点 A 和 B 控制一只电灯，只有 A 与 B 两个触点都闭合，电灯才能亮。表达逻辑与逻辑规律的函数关系式和真值表如下：

逻辑与的函数关系式是设有两个变量 A 和 B，A 与 B 它们都发生变化时，它们的函数 Y 才能随之变化，其关系式为

$$Y = A \cdot B$$

| 表 2-8 | $Y = A + B$ 的真值表 | |
|---|---|---|
| A | B | Y |
| 0 | 0 | 0 |
| 0 | 1 | 1 |
| 1 | 0 | 1 |
| 1 | 1 | 1 |

| 表 2-9 | $Y = A \cdot B$ 的真值表 | |
|---|---|---|
| A | B | Y |
| 0 | 0 | 0 |
| 0 | 1 | 0 |
| 1 | 0 | 0 |
| 1 | 1 | 1 |

该函数关系式犹如一个乘法式子，故又称为逻辑乘，当用二进制"1"和"0"表示该函数式变量和函数之间的关系，且编制一个真值表，则得到$Y = A \cdot B$的真值表，见表 2-9。

从真值表中看出，A 与 B 必须都为 1，Y 才为 1。对于逻辑与，无论有多少个变量都是这种逻辑关系。

**3. 逻辑非**

如果使某一事物的状态发生变化，则其结果的状态恰与原来的状态相反。如原来是闭合，结果却是打开；原来是亮，结果却是灭；原来是"是"，结果却是"非"，这种控制的因果关系称之为逻辑非。宇宙间使一种事物向着相反方向转化的例子数不胜数。最简单的例子是电路中

的常开触点它闭合就通电，它打开就断电。如果触点闭合状态为 1 态，则断开状态为 0 态，闭合与断开相互为逻辑非的关系。逻辑非也称为逻辑反，即取反运算。

在逻辑非的控制中，变量与函数间的函数关系式

$$Y=\overline{A}$$

式中 "－" 表示非，也称求反。

关系式表示，当变量 A 的状态发生变化时，其函数 Y 的状态与 A 的状态相反。逻辑非在逻辑控制中起着重要作用，它不单能实现使控制结果与原来相反的目的，更突出的是与其他基本逻辑组合，构成复合逻辑控制关系的控制元器件模型。它的真值表非常简单，但应注意，逻辑非有重要的逻辑控制意义。逻辑非的真值表见表 2-10。

**表 2-10　　逻辑非的真值表**

| A | Y |
|---|---|
| 0 | 1 |
| 1 | 0 |

此表很直观，变量 A 与函数 Y 的状态完全相反。且函数 Y 随变量 A 的变化而变化。这种变化规律在日常生活中经常会遇到，它反映了事物在一定条件下能够向反面转化的规律。

逻辑或、逻辑与和逻辑非是三种最基本的逻辑形式。事物是复杂多变的，逻辑关系变化无穷，则可用对应的复合逻辑来表达，来控制。但是，它们都是由基本逻辑组合的，且都遵循着一定的逻辑规律。其逻辑规律也是依据基本逻辑规律推演而来的。

### 2.3.3　复合逻辑及其运算方法

#### 1. 或非

或非逻辑是由逻辑或和逻辑非组合成的复合式逻辑。它先是对事物进行 "或" 控制，再将或的结果求反，其逻辑意义是决定事物发生状态变化的若干因素中，只要有一个达到控制要求的条件，事先预定的状态就会发生。但是，最终的结果却和或的结果相反，这种逻辑关系称为或非逻辑。

（1）或非逻辑的控制关系也是一种函数关系。两个变量 A 和 B，只要有一个的值为 1，函数 Y 的值就为 1。但最终结果却是与 1 相反的 0，其函数关系式

$$Y=\overline{A+B}$$

式中　A、B 间的 "＋" 是或的意思，即或 A 或 B；

A、B 顶上的 "－" 是非的意思，即将 A、B 或的结果求反。

（2）或非逻辑可以用二值逻辑赋值的方法来推演。当给变量 A、B 赋值 1 或 0 时，得到的真值表可以很直观地看到它的逻辑规律。或非的真值表见表 2-11。

**表 2-11　　或 非 的 真 值 表**

| A | B | A+B | $\overline{A+B}$ |
|---|---|-----|------------------|
| 0 | 0 | 0 | 1 |
| 0 | 1 | 1 | 0 |
| 1 | 0 | 1 | 0 |
| 1 | 1 | 1 | 0 |

#### 2. 与非

与非逻辑是由逻辑与和逻辑非组合成的复合式逻辑。它先对事物进行与控制，再将与的结果求反。其逻辑意义是决定事物发生状态变化的若干因素都达到控制要求的条件，事先预定的状态才能发生。但是，最终结果都和与的结果相反，这种逻辑关系称为与非逻辑。

（1）与非逻辑也是一种函数关系。两个变量 A 和 B 的值都为 1 时，函数 Y 的值才为 1。但最终结果却是与 1 相反的 0；为 0 时则为 1。其函数关系式

$$Y=\overline{A \cdot B}$$

式中　"·" ——与的意思，即 A 与 B；

"－" ——非的意思，即将 A 与 B 的逻辑结果求反。

**表 2-12　　　与非逻辑的真值表**

| A | B | A·B | $\overline{A \cdot B}$ |
|---|---|---|---|
| 0 | 0 | 0 | 1 |
| 0 | 1 | 0 | 1 |
| 1 | 0 | 0 | 1 |
| 1 | 1 | 1 | 0 |

（2）与非逻辑也可以用二值逻辑推演，当给变量 A、B 赋值为 1 或为 0，得到的真值表可以很直观地看到它的逻辑规律。与非逻辑的真值表见表 2-12。

**3. 与或非**

与或非逻辑是由逻辑与、逻辑或和逻辑非组合成的复合式逻辑。该复合逻辑是对事物进行与逻辑控制，再对与的结果进行或逻辑控制。然后，对或的结果求反。其逻辑意义是对一件事物分三步控制。第一步，是使所有的控制条件都得到满足，即相与后，使预定的状态发生，得到预定的结果。第二步，将与逻辑预定的结果进行或逻辑控制，即只要有一个控制条件得到满足，预定的或逻辑结果就会发生，得到预定的控制结果。第三步，将或逻辑的结果求反。这种控制的逻辑关系称为与或非逻辑。

与或非逻辑是一种复合的函数关系，一般是演示 A、B、C、D 四个以上的变量与函数的逻辑关系。以四个变量 A、B、C、D 为例：

设定 $A \cdot B$、$C \cdot D$，然后

将　　$A \cdot B + C \cdot D = Y$

再将　$-Y = \overline{A \cdot B + C \cdot D}$

式中　"·"——与的意思；

　　　"+"——或的意思；

　　　"—"——非的意思，即求反。

这是一个较复杂的复合逻辑，应认真执行与逻辑、或逻辑和逻辑非的推演规律。与或非逻辑也可以用二值逻辑推演，当给变量 A、B、C、D 赋值为"1"或"0"，得到的真值表也十分直观地演示了它的逻辑规律。与或非的真值表见表 2-13。

**表 2-13　　　　　　　　　　与或非的真值表**

| 十进制数 | A | B | C | D | A·B | C·D | A·B+C·D | $\overline{A \cdot B + C \cdot D}$ |
|---|---|---|---|---|---|---|---|---|
| 0 | 0 | 0 | 0 | 0 | 0 | 0 | 0 | 1 |
| 1 | 0 | 0 | 0 | 1 | 0 | 0 | 0 | 1 |
| 2 | 0 | 0 | 1 | 0 | 0 | 0 | 0 | 1 |
| 3 | 0 | 0 | 1 | 1 | 0 | 1 | 1 | 0 |
| 4 | 0 | 1 | 0 | 0 | 0 | 0 | 0 | 1 |
| 5 | 0 | 1 | 0 | 1 | 0 | 0 | 0 | 1 |
| 6 | 0 | 1 | 1 | 0 | 0 | 0 | 0 | 1 |
| 7 | 0 | 1 | 1 | 1 | 0 | 1 | 1 | 0 |
| 8 | 1 | 0 | 0 | 0 | 0 | 0 | 0 | 1 |
| 9 | 1 | 0 | 0 | 1 | 0 | 0 | 0 | 1 |
| 10 | 1 | 0 | 1 | 0 | 0 | 0 | 0 | 1 |
| 11 | 1 | 0 | 1 | 1 | 0 | 1 | 1 | 0 |
| 12 | 1 | 1 | 0 | 0 | 1 | 0 | 1 | 0 |
| 13 | 1 | 1 | 0 | 1 | 1 | 0 | 1 | 0 |
| 14 | 1 | 1 | 1 | 0 | 1 | 0 | 1 | 0 |
| 15 | 1 | 1 | 1 | 1 | 1 | 1 | 1 | 0 |

此表演示 $2^4=16$ 种赋值时的状态的真值变化的规律，这种真值表是很有实用价值的数字模型，在研发逻辑部件时经常用到它。

4. 同或

某事件的若干控制条件相同时，结果才能发生。而控制条件不同时结果不能发生。当从函数的角度去看其逻辑关系，则为两个变量 A 和 B 的状态相同时，函数 Y 的值为 1；A 和 B 的状态不相同时，函数 Y 的值为 0。变量与函数之间的关系式和真值表：

（1）关系式：$Y=A\odot B$。

（2）同或的真值表见表2-14。

5. 异或

某事件的控制条件相同时，结果不能发生，而控制条件不同时，结果则能发生。条件与结果间的关系是：两个变量 A、B 不同时，函数 Y 的值为 1；A、B 的状态相同时，函数 Y 的值为 0。它们的函数关系式和真值表：

（1）关系式：$Y=A\oplus B$。

（2）异或的真值表见表2-15。

| 表 2-14 | 同或的真值表 | |
| --- | --- | --- |
| A | B | Y |
| 0 | 0 | 1 |
| 0 | 1 | 0 |
| 1 | 0 | 0 |
| 1 | 1 | 1 |

| 表 2-15 | 异或的真值表 | |
| --- | --- | --- |
| A | B | Y |
| 0 | 0 | 0 |
| 0 | 1 | 1 |
| 1 | 0 | 1 |
| 1 | 1 | 0 |

同或和异或是或逻辑的两种特殊形式。虽然都是逻辑式的控制，但是，或逻辑只需一个条件得到满足控制目的就能实现。而同或和异或则需要两个或多个组合的条件得到满足其控制目的才能实现，这在由多种因素决定一个因果关系的控制中是十分有用的。

6. 复合逻辑运算规则

基本逻辑和复合逻辑都各自为逻辑运算，是演示事物状态变化的数学，不是数值运算的数学。但是，通过等值转换可以用逻辑数学等值地演算数值数学，得到数值计算的结果，从计算法则方面来看，复合逻辑运算和数学运算的规则是相同的：

（1）有括号时，先计算括号里的内容，且逐层地从括号里脱出。

（2）先算逻辑乘，后算逻辑加，在括号里也是先乘后加。

（3）与非、或非和与或非，最终结果是求反，如果对其非再求反，则结果是与、或和与或逻辑。这种逻辑转换对复原逻辑状态是有实用意义的，多数用于数据传输。

### 2.3.4　逻辑代数的运算法则

逻辑代数是表达对事物逻辑控制的一种数学形式，经长期运用和总结，得出如下运算法则。

（1）逻辑加（或）的运算法则

$$0+0=0，0+1=1，1+0=1 \text{ 和 } 1+1=1$$

（2）逻辑乘（与）的运算法则

$$0 \cdot 0=0，0 \cdot 1=0，1 \cdot 0=0 \text{ 和 } 1 \cdot 1=1$$

（3）逻辑求反（非）的运算法则

$$\overline{0}=1, \quad \overline{1}=0$$

### 2.3.5 逻辑代数的运算定律

**1. 0—1律**

0—1律包括0+A=A、1+A=1和0·A=0、1·A=A。

(1) 证明：0+A=A

当A=1时，则0+1=1；当A=0时，则0+0=0

所以0+A=A即在运算中，结果由其中的一个变量决定，称其为或逻辑定律之一。

(2) 证明：1+A=1

当A=1时，则1+1=1；当A=0时，则1+0=1

所以1+A=1在此或运算中，其结果也是由其中的一个变量决定，称其为或逻辑定律之二。

(3) 证明：0·A=0

当A=1时，则0·1=0；当A=0时，则0·0=0

所以0·A=0即在与逻辑运算中，只有一个变量变化，其结果是不会发生的，称其为与逻辑定律之一。

(4) 证明：1·A=A

当A=1时，则1·1=1；当A=0时，则1·0=0

所以1·A=A即在与逻辑运算中，只有两个变量的值都为1，函数值才为1，当一个变量的值确定下来之后，函数随另一个变量的变化而变化，称为与逻辑定律0—1律之二。

**2. 重叠律**

在或运算和与运算中，当赋予变量的是同一个值时，结果也是该值。重叠律的公式：A+A=A、A·A=A。

(1) 证明：A+A=A

当A=1时，则1+1=1；当A=0时，则0+0=0

所以A+A=A

(2) 证明：A·A=A

当A=1时，则1·1=1；当A=0时，则0·0=0

所以A·A=A

综上，重叠律揭示了同一变量的运算规律。

**3. 互补律**

在或运算和与运算中，当变量与其非相或结果总为1。当变量与其非相与结果总为0。互补律的公式：$A+\overline{A}=1$、$A \cdot \overline{A}=0$。

(1) 证明：$A+\overline{A}=1$

当A=1时，则$1+\overline{1}=1+0=1$；当A=0时，则$0+\overline{0}=0+1=1$

所以$A+\overline{A}=1$

(2) 证明：$A \cdot \overline{A}=0$

当A=1时，则$1 \cdot \overline{1}=1 \cdot 0=0$；当A=0时，则$0 \cdot \overline{0}=0 \cdot 1=0$

所以$A \cdot \overline{A}=0$

综上，互补律揭示了变量与它的反变量间的运算规律。

**4. 非非律**

非非即对一个变量两次求反，结果为原变量。非非律的公式：$\overline{\overline{A}}=A$。

证明：$\overline{\overline{A}}=A$

当 A＝1 时，$\overline{1}$＝0 再 $\overline{0}$＝1 所以 $\overline{\overline{A}}$＝A

当 A＝0 时，$\overline{0}$＝1 再 $\overline{1}$＝0 所以 $\overline{\overline{0}}$＝0 又称 $\overline{\overline{A}}$＝A 为还原律。

**5. 交换律**

同数值运算一样，交换律也适用于逻辑代数。即或运算和与运算时，交换变量运算顺序，其结果是不变的。交换律包括 A＋B＝B＋A；A・B＝B・A。

（1）证明：A＋B＝B＋A

当 A＝1、B＝0 时，1＋0＝0＋1

当 A＝0、B＝1 时，0＋1＝1＋0

所以 A＋B＝B＋A

（2）证明：A・B＝B・A

当 A＝1、B＝1 时，1・1＝1・1；当 A＝0、B＝0 时 0・0＝0・0；

当 A＝1、B＝0 时，1・0＝0・1；当 A＝0、B＝1 时 0・1＝1・0

所以 A・B＝B・A

变量可以任意交换位置，其结果不变。

**6. 结合律**

在或运算和与运算中，可以像普通代数一样，变量之间可以任意结合进行运算，与的结果、或的结果都不变。或运算的结合律：A＋（B＋C）＝（A＋B）＋C。与结算的结合律：A・（B・C）＝（A・B）・C。它们遵循普通代数的运算规律。

**7. 分配律**

在逻辑或运算、逻辑与运算及逻辑或和逻辑与的混合运算中，可以按代数学的分配律来分配变量的运算，其结果相同。用真值表证明分配律比较直观，见表 2-16。

表 2-16　　　　　　　　　A＋B・C＝（A＋B）・（A＋C）的真值表

| A | B | C | B・C | A＋B・C | A＋B | A＋C | （A＋B）・（A＋C） |
|---|---|---|------|--------|------|------|------------------|
| 0 | 0 | 0 | 0 | 0 | 0 | 0 | 0 |
| 0 | 0 | 1 | 0 | 0 | 0 | 1 | 0 |
| 0 | 1 | 0 | 0 | 0 | 1 | 0 | 0 |
| 0 | 1 | 1 | 1 | 1 | 1 | 1 | 1 |
| 1 | 0 | 0 | 0 | 1 | 1 | 1 | 1 |
| 1 | 0 | 1 | 0 | 1 | 1 | 1 | 1 |
| 1 | 1 | 0 | 0 | 1 | 1 | 1 | 1 |
| 1 | 1 | 1 | 1 | 1 | 1 | 1 | 1 |

————————————对应相同————————————

证明：A・（B＋C）＝A・B＋A・C

若证明此逻辑式成立，必须先理解对偶定理和对偶式。

对偶定理：若两个逻辑式相等，它们的对偶式也相等，称为对偶定理。

对偶式：对任一个逻辑式 Y，若将式中的"・"（与）换成"＋"（或），"＋"（或）换成"・"（与）。并且，将变量"1"换成"0"，"0"换成"1"，得到一个新的逻辑式 Y′，Y′就是 Y 的对偶式。或者说，Y 和 Y′互为对偶。

如果两个逻辑函数相等，那么，它们各自的对偶式也相等。因此，可以应用对偶定理证明两

41

个逻辑式相等，使要证明的式子数目减少一半。并且，证明它们的对偶式相等，只需进行对偶变换，比较容易。

将 A·(B+C) 对偶变换得对偶式 A+(B·C) 根据分配律得到 A+(B·C)=(A+B)·(A+C)

而 (A+B)·(A+C) 的对偶式为 A·B+A·C

所以 A·(B+C)=A·B+A·C

**8. 吸收律**

在逻辑运算时，两个变量经过逻辑运算，其中一个变量被另一个变量吸收，而被吸收的原因是逻辑运算的结果。例如：A+(A·B)=A 或 A·(A+B)=A，其中的 B 被吸收，结果为 A。利用吸收定律就可直接确定该逻辑式的值。用真值表能非常直观地看到吸收律的正确性。A+(A·B)=A 的真值表见表 2-17。A·(A+B)=A 的真值表见表 2-18。

**表 2-17  A+(A·B)=A 的真值表**

| A | B | A·B | A+(A·B) |
|---|---|-----|---------|
| 0 | 0 | 0 | 0 |
| 0 | 1 | 0 | 0 |
| 1 | 0 | 0 | 1 |
| 1 | 1 | 1 | 1 |

相同

**表 2-18  A·(A+B)=A 的真值表**

| A | B | A+B | A·(A+B) |
|---|---|-----|---------|
| 0 | 0 | 0 | 0 |
| 0 | 1 | 1 | 0 |
| 1 | 0 | 1 | 1 |
| 1 | 1 | 1 | 1 |

相同

上述表最左列和最右列相同，说明等式 A+A·B=A 和等式 A·(A+B)=A 成立。以后遇到上述逻辑式，可直接按吸收律推演出逻辑结果。

**9. 反演定律**

反演定律是数学家德·摩根提出的，经反复推演和证明得到：两个变量相与后求反的值与这两个变量分别求反后相或的值相同。或者说，两个变量相或后求反的值与这两个变量分别求反后相与的值相同。反演定律的公式

(1) $\overline{A \cdot B} = \overline{A} + \overline{B}$

(2) $\overline{A+B} = \overline{A} \cdot \overline{B}$

用真值表可以非常直观地看出它的正确性，可用真值表加以证明。

$\overline{A \cdot B} = \overline{A} + \overline{B}$ 的真值表见表 2-19。

$\overline{A+B} = \overline{A} \cdot \overline{B}$ 的真值表见表 2-20。

**表 2-19  $\overline{A \cdot B} = \overline{A} + \overline{B}$ 的真值表**

| A | B | $\overline{A \cdot B}$ | $\overline{A} + \overline{B}$ |
|---|---|-----|-----|
| 0 | 0 | 1 | 1 |
| 0 | 1 | 1 | 1 |
| 1 | 0 | 1 | 1 |
| 1 | 1 | 0 | 0 |

相同

**表 2-20  $\overline{A+B} = \overline{A} \cdot \overline{B}$ 的真值表**

| A | B | $\overline{A+B}$ | $\overline{A} \cdot \overline{B}$ |
|---|---|-----|-----|
| 0 | 0 | 1 | 1 |
| 0 | 1 | 0 | 0 |
| 1 | 0 | 0 | 0 |
| 1 | 1 | 0 | 0 |

相同

**10. 狄·摩根定律**

狄·摩根定律是反演定律中的一个特例。它突出的特点有两个。一是把或后的非，转换为非后的与。二是把与后的非，转换为非后的或。两种变换后，原变量的值与反变量的值相同。狄·

摩根定律公式：

(1) $\overline{A+B+C+\cdots}=\overline{A}\cdot\overline{B}\cdot\overline{C}+\cdots$

(2) $\overline{A\cdot B\cdot C+\cdots}=\overline{A}+\overline{B}+\overline{C}\cdots$

用真值表能直观清晰地推演出狄·摩根定律的正确性。

证明：$\overline{A+B+C}=\overline{A}\cdot\overline{B}\cdot\overline{C}$ 见表 2 - 21 $\overline{A+B+C}=\overline{A}\cdot\overline{B}\cdot\overline{C}$ 真值表；证明$\overline{A\cdot B\cdot C}=\overline{A}+\overline{B}+\overline{C}$ 见表 2 - 22。

表 2 - 21　$\overline{A+B+C}=\overline{A}\cdot\overline{B}\cdot\overline{C}$真值表

| A | B | C | $\overline{A+B+C}$ | $\overline{A}\cdot\overline{B}\cdot\overline{C}$ |
|---|---|---|---|---|
| 0 | 0 | 0 | 1 | 1 |
| 0 | 0 | 1 | 0 | 0 |
| 0 | 1 | 0 | 0 | 0 |
| 0 | 1 | 1 | 0 | 0 |
| 1 | 0 | 0 | 0 | 0 |
| 1 | 0 | 1 | 0 | 0 |
| 1 | 1 | 0 | 0 | 0 |
| 1 | 1 | 1 | 0 | 0 |

└──相同──┘

表 2 - 22　$\overline{A\cdot B\cdot C}=\overline{A}+\overline{B}+\overline{C}$

| A | B | C | $\overline{A\cdot B\cdot C}$ | $\overline{A}+\overline{B}+\overline{C}$ |
|---|---|---|---|---|
| 0 | 0 | 0 | 1 | 1 |
| 0 | 0 | 1 | 1 | 1 |
| 0 | 1 | 0 | 1 | 1 |
| 0 | 1 | 1 | 1 | 1 |
| 1 | 0 | 0 | 1 | 1 |
| 1 | 0 | 1 | 1 | 1 |
| 1 | 1 | 0 | 1 | 1 |
| 1 | 1 | 1 | 0 | 0 |

└──相同──┘

以上对常用定律的公式用赋值法和真值表法加以证明，结论是所有的公式正确成立。为了便于应用，对其归纳整理。逻辑代数的公式见表 2 - 23。

表 2 - 23　逻辑代数的公式

| 序号 | 公式名称 | 公式 | 序号 | 公式名称 | 公式 |
|---|---|---|---|---|---|
| 1 | | $0\cdot A=0$ | 14 | | $A+A=A$ |
| 2 | | $1\cdot A=1$ | 15 | | $A+B=B+A$ |
| 3 | | $A\cdot A=A$ | 16 | | $A+(B+C)=(A+B)+C$ |
| 4 | | $A\cdot\overline{A}=0$ | 17 | | $A+B\cdot C=(A+B)\cdot(A+C)$ |
| 5 | | $A\cdot B=B\cdot A$ | 18 | | $\overline{A+B}=\overline{A}\cdot\overline{B}$ |
| 6 | | $A\cdot(B\cdot C)=(A\cdot B)\cdot C$ | 19 | | |
| 7 | | $A\cdot(B+C)=A\cdot B+A\cdot C$ | 20 | | |
| 8 | | $\overline{A\cdot B}=\overline{A}+\overline{B}$ | 21 | | $A+A\cdot B=A$ |
| 9 | | $\overline{\overline{A}}=A$ | 22 | | $A+\overline{A}\cdot B=A+B$ |
| 10 | | $\overline{1}=0；\overline{0}=1$ | 23 | | $A\cdot B+A\cdot\overline{B}=A$ |
| 11 | | $0+A=A$ | 24 | | $A\cdot B+\overline{A}\cdot C+B\cdot C=A\cdot B+\overline{A}\cdot C$<br>$A\cdot B+\overline{A}\cdot C+B\cdot C\cdot D=A\cdot B+\overline{A}$ |
| 12 | | $1+A=A$ | 25 | | $A\cdot\overline{B}+\overline{A}\cdot B=\overline{A}\cdot\overline{B}+A\cdot B$<br>即$\overline{A\oplus B}=A\odot B$ |
| 13 | | $A+A=A$ | | | |

以上公式应反复使用，熟中生巧，用来化简逻辑代数。每个最简单的逻辑代数式都是逻辑电

路的数字模型。模型越简单，对应的逻辑电路越简单明了，逻辑性越清晰易懂。

### 2.3.6 逻辑代数的运算定理

逻辑代数有三个基本的运算定理，即代入定理、反演定理和对偶定理。

**1. 代入定理**

对逻辑等式左右的同一个变量 A，都用另一个变量来替代，该逻辑等式仍然成立，称为代入定理。

其原理是逻辑变量的取值只有 1 和 0 两种状态，原来的和替代的都是如此，也就是说，前者和后者的取值相同，等式左右必然相等。推广开来，如果将一组多变量代入等式左右，来替代某一原变量，等式仍然成立。因此，应用代入定理可以把一个简单的逻辑等式变成复杂的多变量的逻辑等式。反之，把代入定理和部分运算定律公式相结合来使用，便可以把复杂多变量逻辑等式变成简单的逻辑等式，以此来设计等效的最简单的逻辑电路。

**2. 反演定理**

反演定理是对逻辑或和逻辑与之间相互反演的一种公理。对于一个逻辑或和逻辑与的逻辑等式，如果把其中所有的"·"换成"＋"，或把"＋"换成"·"，且对其值"1"换成"0"，"0"换成"1"，结果与原来相反。得到的逻辑式是原逻辑式的反逻辑式。这样，原变量变成反变量，反变量变成原变量，结果也与原来相反，称之为反演定理。

利用反演定律可以直接得到一个逻辑式的反逻辑式，来化简逻辑式，或设计一个符合要求的逻辑电路的逻辑模型。

例如：$Y = A(B+C) + CD$ 求 $\bar{Y}$

利用反演定理可直接得到原逻辑式的反逻辑式

$$\bar{Y} = (\bar{A} + \bar{B}\,\bar{C})(\bar{C} + \bar{D})$$
$$= \bar{A}\,\bar{C} + \bar{A}\,\bar{D} + \bar{B}\,\bar{C} + \bar{B}\,\bar{C}\,\bar{D}$$
$$= \bar{A}\,\bar{C} + \bar{A}\,\bar{D} + \bar{B}\,\bar{C}$$

**3. 对偶定理**

对偶定理的定义前面已经介绍过。利用对偶定理可以判断和证明两个逻辑式是否相等，且简单、清晰、明了。

## 2.4 逻辑函数及其表示方法

在普通代数中，一个量发生变化，另一个量亦随其的变化而变化。称这两个量之间的关系是函数关系。表达函数关系的式子，叫做函数式。在逻辑代数中，输入变量与输出变量之间亦存在着函数关系。即输出变量随输入变量的变化而变化，将这种逻辑关系用一个代数式表示出来，称之为逻辑函数式。

逻辑函数式是表达事物逻辑状态变化规律的一种数学方式。

在生活中，用逻辑函数式能够对很多事物的逻辑状态及其规律做出清晰地描述。尤其，在信息控制装置中，用逻辑函数式能推演出多种且十分理想地用于控制的数字模型，如编码器、译码器、计数器、定时器等。

表达逻辑函数的方法常用的有代数式法、真值表法和逻辑图形法。

**1. 代数式法**

用代数式表达事物的逻辑规律的方法，称为代数式法。由于逻辑代数式皆是函数关系的等式，故又称逻辑函数式。前面所涉及的各式各样的逻辑式都是逻辑函数式。

2. 真值表法

如前所述，对逻辑函数式赋予二进制"1"和"0"，且将其制作成函数式对应的表格，便得到真值表，用真值表能非常直观地看到逻辑函数式演示的逻辑规律。

前面列出的真值表就是依据事物的各种逻辑规律制作的。

3. 逻辑图形法

逻辑图是表示逻辑规律的一种图示的方法。是一种标准化的方法。无论是国际上，还是在国内，对各种逻辑控制都规定了特定的图形符号，作为逻辑控制的标准化的工程语言。逻辑符号见表 2-24。

表 2-24　　　　　　　　逻 辑 符 号

| 名称 | 国标符号 | 曾用符号 | 国外流行符号 | 名称 | 国标符号 | 曾用符号 | 国外流行符号 |
|---|---|---|---|---|---|---|---|
| 与门 | | | | 传输门 | | | |
| 或门 | | | | 双向模拟开关 | | | |
| 非门 | | | | 半加器 | | | |
| 与非门 | | | | 全加器 | | | |
| 或非门 | | | | 基本 RS 触发器 | | | |
| 与或非门 | | | | 同步 RS 触发器 | | | |
| 异或门 | | | | 边沿（上升沿）D 触发器 | | | |
| 逻辑恒等 | | | | 边沿（下降沿）JK 触发器 | | | |
| 集电极开路的与门 | | | | 脉冲触发（主从）JK 触发器 | | | |
| 三态输出的非门 | | | | 带施密特触发特性的与门 | | | |

布尔代数及其二值逻辑为研发数字电子计算机（PC）、可编程控制器（PLC）等数字控制装置提供了理论基础和数学模型，使得 PC 和 PLC 具备了逻辑控制功能。并且结合 A/D 转换技术、数制转换技术，使得 PC 和 PLC 能够采用存储记忆、指令控制，不单能对开关量进行控制，而且能对模拟量进行初等数学、高等数学以及复杂的科学技术计算，通过程序构成自动化控制系统。因此，PC 和 PLC 成为自动控制、网络通信等现代科学技术不可缺少的技术设备。

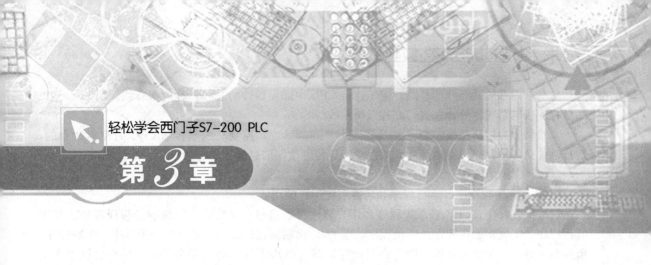

# PLC 的 硬 件

PLC的硬件就是构成PLC系统的物理元件，多数为电子集成电路，其中，微型机是一块高度集成电路板。小型、中型和大型机则以模块（板）化的形式通过插槽和导轨组装成整机系统。

任何一台PLC都是由输入单元、CPU单元和输出单元组成的。其中，输入单元是由输入元件、输入端子、输入电路和输入电源组成的。CPU单元是由时钟、控制器、运算器、存储器、内部总线和内部电源组成的。输出单元是由输出电路、输出端子、输出元件和输出电源组成的。随着主机功能的升级，CPU单元的控制功能增强，处理数据的速度加快；存储器的容量增大，设置的存储区增多；相应的扩展功能模块（板）被开发研制出来。

从而，拓宽了PLC的应用领域，使其成为工业生产控制技术中的佼佼者。其中，PLC的主机模块（板）起着决定性的作用。

## 3.1 PLC 的 主 机 模 块

PLC的主机模块是由中央处理器（CPU）、存储器、标准电源和输入/输出元器件组成的。

### 3.1.1 中央微处理器（CPU）

中央处理器（CPU）是PLC主机模块的心脏和大脑。它具有理想的控制功能。PLC的CPU是各生产厂家商研制设计。各种型号的PLC都有对应的CPU系列相匹配，由于研制设计者的独具匠心，不同型号的PLC，CPU的结构和性能都有些变化。尤其，存储区的设置和容量分配是不一样的。因此，应该熟悉和充分地掌握所选用的PLC的CPU的工作性能及基本结构。

1. CPU的基本结构

CPU由运算器和控制器组成。其中运算器由算术逻辑单元及一些寄存器组成。运算器是PLC执行算术运算和逻辑运算的逻辑元器件，负责对输入的数据信息进行加工处理。控制器是由指令译码器、时序发生器和操作控制器等元器件组成的。控制器负责经指令译码器译制好的二进制代码的调用，发出控制信号，协调各部分的正常工作。

PLC对系统程序、用户程序和控制操作所用的数据分区存储。尤其，对输入/输出信号数据映像存储；对定时器、计数器及其他数据信号存入对应的存储区，供CPU随时调用。

CPU内部能够有条不紊地工作，是在运算器和控制器协调工作的条件下实现的。但是，它们离不开总线。总线是它们相互间传输控制命令和信息数据的通道。组成CPU的所有元器件都挂在总线上，组成内部通信网络。

总线分内部总线和外部总线，组织连接 CPU 内部元器件的总线，称内部总线。CPU 与整机系统相连接的总线称外部总线，亦称系统总线。

总线又分为控制总线、地址总线和数据总线。其中，控制总线是传输 CPU 的控制命令的，地址总线是传输存储单元地址的，数据总线是传输数据信息的。

2. CPU 的功能

CPU 具有接收程序、运行程序和监控系统运行的功能。

（1）接收程序。CPU 对系统程序和用户程序都能接收。比如，厂家编制的编译程序、系统管理程序、上电初始化程序、驱动程序、输入/输出刷新程序以及一些常用的子程序、中断程序、监控程序等，经测试合格后，固化在只读存储器（ROM）中，终生不能变动。用户根据生产工艺及其控制要求编制的程序，称为用户程序。用户程序可因工艺流程和控制要求的变动，予以变动或改写。因此，存储在随机存储器（RAM）中，既可以读，又可以写。

CPU 要义不容辞地接收系统程序和执行系统程序。而对用户程序，CPU 要调用系统程序进行编译和编辑，然后，经测试存放在 RAM 中。当输入控制信号，执行用户程序时，则把用户程序转存到内存中，再进行处理运算，用于控制之中。

当扩展系统功能时，如配置位控模块、通信功能模块及其他扩展功能模块等功能时，要将配置模块的规格型号、结构参数及其存储地址存放在 EEPROM 存储卡中，然后，输入到内存，才能执行扩展功能。

（2）运行程序。无论是系统程序，还是用户程序，或者是扩展功能的控制程序，在执行时，都必须把它们调入内存（或在内存中直接调用）。其过程如下。

CPU 通过控制总线发出操作命令，通过地址总线读取数据存放的地址，通过数据总线读取指令和操作数据，将它们存入指令寄存器。然后，通过译码器对程序中的指令代码逐条翻译，变成控制信号，同时信号合成，经放大形成可驱动指令代码信号的脉冲，去驱动负载元器件。

（3）监控系统运行。PLC 可工作在运行状态，也可以工作在监控状态对系统实施监控。并可以工作在编程状态，修改程序，改变相关数据和监控系统运行状态。

PLC 所配置的 CPU 是与系统设计的功能相适应的。也就是说，它有特定的功能及其性能参数，配置 CPU 单元使 PLC 系统具备了记忆、判断等智能性功能。

3. CPU 模块性能参数

CPU 模块是数字系统的核心元器件，它必须具备一定的工作性能和在相关的性能参数允许的范围内工作，才能达到理想的最佳效果。

（1）主频。主频就是 CPU 的工作频率，是系统时钟在单位时间内振荡的次数，主频越高，CPU 运行的速度越快。但是，并不是主频越快越好。由于主频必须与外频相匹配，因此，只能说适宜的主频是最理想的。

（2）外频。外频是整机系统总线的工作频率。CPU 要通过系统总线从外部存储器取得数据，又要通过系统总线把内存中的数据传送出去。这样，系统总线的工作频率（外频）必须与主频相匹配。外频过高或过低都会产生传输瓶颈。一般情况下，外频低于主频。但主频与外频之间必须以一定的倍数关系相匹配。

（3）差频（或称倍频）。差频是主频和外频之间相差的倍数，即主频＝外频×倍频。为了提高 CPU 的工作效率，采取提高外频的措施比较好。

（4）运算速度。CPU 在每秒钟能执行的指令数，称为 CPU 的运算速度，单位是每秒百万条指令。

（5）字长。字长是 CPU 一次传送数据的二进制数的位数，一般的字长为 8 位、16 位、32 位及 64 位。

（6）工作电压。CPU 的额定工作电压，一般为 5V。由于 CPU 模块集成度高，工作速度高，功耗大，发热严重，而降低使用寿命。因此，只有降低工作电压是降低功耗的较好的办法。Intel 公司生产的 CPU 的工作电压已降至 1.45V。

（7）周期。PLC 的 CPU 的周期分为三种：一是时钟周期；二是机器周期；三是扫描周期。时钟周期是 CPU 内核时钟振荡一次所占的时间。机器作一个基本操作所占有的时间，称为一个机器周期。CPU 执行一次扫描所占用的时间称为扫描周期。三者的关系：若干个时钟周期构成一个机器周期。若干个机器周期构成一个扫描周期。周期的单位：s（秒）、ms（毫秒）、μs（微秒）、ns（纳秒），它们之间的换算关系为 1s＝1000ms、1ms＝1000μs、1μs＝1000ns。

（8）总线宽度。CPU 中配置了地址总线、数据总线和控制总线。其中，地址总线宽度就是地址码长的位数所对应的地址线的条数，有八条、十六条、三十二条等。数据总线宽度就是 CPU 一次传输数据的位数所对应的数据线的条线。数据的位数越多，传输的信息量越大。控制线是 CPU 下达控制操作命令的信号线，一般为多个元器件共用 1 根控制线。

### 3.1.2  存储器

计算机或者可编程序控制器等数字系统在实施自动控制过程中，最突出的一个特点是存储记忆。对采集的信号要在输入后马上映像存储，CPU 调度过程中首先缓存，之后，才参与译码、运算处理。对运算处理后的数据中间结果或最终结果，还必须存储后，才能调用处理或输入锁存器（对输出加以缓存）。从上述可看出，数字系统对处理的数据是步步存储，然后才能调用。从而，加强了控制的逻辑性，提高了可靠性。尤其，系统程序或者用户程序经测试合格，将其指令和数据分区存储，并根据程序和数据的重要性用不同的存储器存放。比如：系统程序固化在 ROM 中，用户程序则存放在随机存储器 RAM 中。

存储器是存放信息数据的载体，故也称存储体。长期以来，人们多以磁性材料做信息数据的载体，如磁盘、磁带等。过去的留声机就是典型的磁性存储器。而现在使用的硬盘、软盘，则是磁存储器沿用的新型产品。尤其光盘是光电技术与磁性存储技术有机结合的产物，它们都可以做成存储容量相当大的虚拟存储器。

存储器是数字控制装置智能化不可缺少的器件，且根据其应用及功能特性，可将存储器分成若干种。

1. 存储器的分类

按功能特性可把存储器分为只读存储器、读写存储器、闪速存储器和虚拟存储器等。

（1）只读存储器。只读存储器英文名称缩写 ROM，故简称 ROM。它所存储的数据只能读，不能随意改写，多数用于存放系统程序和一些重要的系统默认的数据。这些程序是厂家编制或出厂时赋予的数据，终生不变。如控制输入/输出的驱动程序，监测系统运行状态的监控程序、翻译（解释）程序、操作系统的程序以及主机配置方面主要的数据等。出厂时，输入 ROM，固化掩膜，加以保护。

ROM 因其性能又分为固定的只读存储器（ROM）、可编程只读存储器（EPROM）和多次涂擦编程的只读存储器（EEPROM）。

可编程只读存储器（EPROM）  EPROM 中文意思是可编程只读存储器，随着用户对控制技术应用能力的提高和对编程技术的掌握，而且机械设备不断地更新，工艺流程不断地改变，固化在只读存储器中的程序也需要做相应地变动。因此，只能读的 ROM 已不能满足实际需要，则需要既能读出，又能写入的只读存储器。目前，广泛使用雪崩注入的金属—氧化物—半导体三极管（FAMOS）或叠栅注入式的金属—氧化物—半导体三极管（SIROM）构成可编程只读存储器

49

（EPROM）。

EPROM 采用紫外线涂擦其中的信息。波长 $400 \times 10^{-10}$ m 以下的紫外线光对 EPROM 均有擦除其中信息的作用。波长（$3000 \sim 4000$）$\times 10^{-10}$ m 的阳光或荧光灯的光对 EPROM 也有消除其中信息的破坏作用。把 EPROM 置于阳光下曝晒，一个星期可把 EPROM 中的信息清除。因此，EPROM 采用不透明的薄膜进行掩膜，防止存储的信息丢失。

当前，使用比较多的 EPROM 的产品型号有 27011、27512、270512、27513、2764 等。

多次涂擦可编程的只读存储器（EEPROM）　EEPROM 中文意思是多次涂擦可编程的只读存储器。这种存储器最适合于用户选用。用户可把应该改动、更新的数据或程序，经过涂擦编程，以 EEPROM 存储卡的形式存放，随着实际需要而进行多次涂擦编程。

（2）读写存储器。读写存储器是既能读出又能写入，可随着需要变动所存储的数据或程序，因此，又称随机存储器。其英文名称缩写为 RAM。

RAM 是靠电路状态的自保功能存储数据信息的。如果失去自保电荷就失去存储数据的能力，反之为其提供电荷就又恢复存储数据的功能。因此，用户用其存储编制的程序，对修改、调试十分方便灵活。可随着工艺的更新，流程的变动，运行参数的整定及保护功能的设置，随机变动，易于修改。

RAM 由内部电源提供 $3 \sim 5$V 微小的电荷就能保持其中的数据。断电状态又很容易失去存储的数据。在运行中，对 RAM 采用周期性定时刷新，反复充入电荷，来保持原来存放的数据。但是，由于电路寄生电容等因素的影响，RAM 中所存放的数据状态可能变形走样，对 RAM 中存放的数据和程序应做好备份。

（3）虚拟存储器。虚拟存储器就是把磁盘存储器当 RAM 来使用，从而扩大内存空间。磁盘的容量可随意扩大。可做成页式虚拟存储器、段式虚拟存储器或页段式虚拟存储器，从而解决了 ROM、RAM 的存储容量受一定限制，其容量不可能做得特别大的弊病。

（4）闪速存储器。闪速存储器是一种非挥发性的存储技术。只有对其存储元施加一个高电压才能擦除所存储的数据。不然，可以一直保存其中的内容，且不需要保持电源，在不加电的情况下，数据可存放十年之久。闪速存储器经高压擦除可再写，其存储容量较大，现已达到 40MB。对其访问时间低于 30ns，比硬盘快 $100 \sim 1000$ 倍。抗振能力比硬盘高 10 倍。

2. 存储器的特性参数

（1）时钟频率。时钟频率是存储器能够稳定运行的最大频率，单位为 MHz（兆赫）。

（2）存取周期时间。存取周期时间是存储器写入/读出数据操作所占用时间和的平均值。应使存储器能够稳定运行的时钟频率所对应的时间与 CPU 时钟的振荡周期相匹配，即二者的运行速度应一致。如果存储器存取速度比 CPU 访问存储器的速度慢，不仅会影响 CPU 的效率，而且由于二者不协调就会造成数字系统崩溃。如果存储器存取速度比 CPU 访问存储器的速度快，不仅存储功能得不到发挥，整个系统的效率就会随之降低。存取周期时间单位是微秒（$\mu$s）、纳秒（ns）。

（3）存储容量。即存储器具有的存储单元的数量。单位：KB、MB 和 GB。1KB＝1024 个存储单元（B）；1MB＝1024KB＝$1024 \times 1024$B 个存储单元。

（4）引脚数。存储器的引脚是其与外部元器件相连接的端点。引脚包括地址线引脚、数据线引脚和控制线引脚。从引脚的标注可以确定地址线、数据线和控制线的条数。

（5）奇偶校验。奇偶校验是用来检查 CPU 向存储器写入和从存储器读出的数据是否一致的一种方法。当把数据写入存储器时，用字节中的最高的一位来记录该字节中"1"的个数是奇数，还是偶数。如果读出数据时，该字节中"1"的个数（奇数或偶数）与写入时"1"的个数（奇数或偶数）相同，说明读出的数据正确。这是一种数字系统自我监控方法。

（6）地址线、数据线和控制线。上述三总线是 CPU 对存储器寻找存取地址、存取数据和对存取操作的信息线。它们或直接与 CPU 相连接，或通过信息总线与 CPU 相连接。其中，地址线一般直接连接到 CPU 的地址总线上。有时采用行地址和列地址分时输入的方法，用多路开关控制，通过行选通信号 $\overline{RAS}$ 和列选通信号 $\overline{CAS}$ 将地址存入存储器。

数据线是 CPU 向存储器存放数据，或从存储器中取出数据的通道。对 ROM 而言，数字系统正常运行时，数据只能从 ROM 中读出，是单向的。对 RAM 而言，数据传送是双向的，输入/输出共用一组数据线，则由芯片内部三态驱动器来控制。有的 RAM 数据线的输入/输出是分开的。

控制线是传送 CPU 向存储器发出的各种控制命令信号的。如读（$\overline{RD}$）命令、写命令（$\overline{WR}$）、存储器请求（$\overline{MREQ}$）、存储器刷新（$\overline{RESH}$）、取指令（$\overline{M_1}$）和检查存储器的命令信号（$\overline{WAIT}$）等。

存储器是数字系统的记忆元器件。其容量必须满足系统存储功能的需要，且留有余地，且根据数据的功能选用之。

### 3.1.3 PLC 的 I/O 通道

PLC 的输入/输出（I/O）通道就是输入/输出接口电路的组合，也就是说，I/O 通道是由若干个输入/输出接口电路组成的。

**1. 输入接口电路**

输入接口电路又分为直流输入接口电路和交流输入接口电路。其中典型的直流输入接口电路见图 3-1；典型的交流输入接口电路见图 3-2。

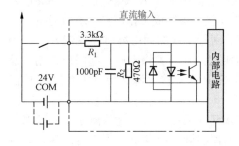

图 3-1 典型的直流输入接口电路

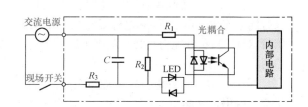

图 3-2 典型的交流输入接口电路

图 3-1 是一个典型的直流输入接口电路，它由滤波电容 $C$、分压电阻 $R_1$、$R_2$、发光二极管和光敏三极管组成。其中，阻容滤波，滤除输入信号的高次谐波。发光二极管和光敏三极管组成光电耦合。光电耦合具有光电隔离的抗干扰作用。并将直流（DC）24V 输入信号转换成标准的（5V）信号。该接口电路在现场开关闭合，使输入接口电路与外接电源构成工作回路时，输入控制信号，经滤波、光耦合，将控制信号输入。

图 3-2 是一个典型的交流输入接口电路，由分压电阻 $R_1$、$R_2$，阻容滤波电阻 $R_3$、滤波电容 $C$，双向光耦合器既隔离又整流，将交流（AC）110V/220V 输入信号转换成标准信号。该输入接口电路在现场开关闭合后，使输入接口电路与外接电源构成工作回路，经滤波、双向耦合以及标准信号转换，将控制信号输入。

**2. 输出接口电路**

输出接口电路分为晶体管输出接口电路、晶闸管输出接口电路和继电器输出接口电路。其中典型的晶体管输出接口电路见图3-3；典型的晶闸管输出接口电路见图3-4；典型的继电器输出接口电路见图3-5。

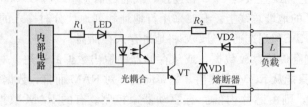

图3-3 典型的晶体管输出接口电路

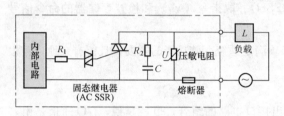

图3-4 典型的晶闸管输出接口电路

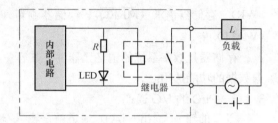

图3-5 典型的继电器输出接口电路

图3-3是一个典型的晶体管输出接口电路，是个直流输出电路，其负载电流为0.5A左右。其中，内电路控制信号光耦合，输出开关作用的晶体管，由集射回路输出，稳压管起过电压保护作用，熔断器起过电流保护作用，二极管禁止电压反向接入。电阻$R_1$、$R_2$起限流作用。CPU发出一个接通信号，光耦合器耦合，晶体管导通，将负载与外接电源构成工作回路，负载得电。

图3-4是一个晶闸管输出接口电路。其中，由双向晶闸管组成的固态继电器既起开关作用又起隔离作用；电阻$R_2$和电容$C$组成开关保护；压敏电阻清除浪涌尖峰电压，起限压作用。晶闸管（SCR）负载能力很强，可用于输出大功率交流。当SCR将外接电源和负载$L$构成工作回路后，可驱动负载。

图3-5是一个继电器输出接口电路。其中，继电器既起开关作用，又起隔离作用；既能用于交流输出，又能用于直流输出，负载电流可达2A。继电器线圈受内部信号作用后励磁，其触点闭合，构成负载工作回路。

3. I/O通道

I/O通道是传输控制信号的接口电路的组合，这个结论的根据是：上述5个电路是针对开关量（或1或0）而言，即输入1位数字信息时的工作原理。在控制中，一次需要几个输入/输出接口电路来共同传输控制信息，由两方面决定。一是看控制信息是由几位二进制数组成的。二是看PLC的CPU处理数据的能力。比如，8位机的CPU，一次只能处理8位的二进制数据；16位机能处理16位的二进制数据，等等。因此，8位机的I/O通道是由8条接口电路组成；16位的I/O通道是由16条接口电路组成，也就是说，CPU一次能处理多少位数据，它的I/O通道就由多少条接口电路组成。CPU一次能处理数据的位数决定I/O通道宽度。

4. I/O点数

I/O点数和I/O通道是衡量PLC的CPU处理数据能力的两个参数，但一般的PLC都以I/O点数给出。当知道该CPU一次处理数据的位数后，也就知道一条通道具有的位数。不同的CPU，处理数据能力不同，开通的通道条数不一样，具备的I/O点数也不同，微型机一般以8位组成一个通道。中小型机多以 16 位组成一个通道。大型和超大型机多以 32 位或 64 位组成一个通道。其一条通道的位数与通道条数相乘之积则为 I/O 点数。

I/O 点有两种，一种是物理 I/O 点，另一种是内部逻辑 I/O 点。物理 I/O 点就是 PLC 输入/输出接线端子。内部逻辑 I/O 点就是输入/输出映像区的一个存储位，在控制中，接线端子的编号与 I/O 映像区对应位的地址编号是一致的。但是，物理端子只能使用一次，即接上线就不能变动，而内部逻辑位随扫描的进程可以反复使用，即可以对它反复地循环扫描任意次。

**5. I/O 模块**

大中型 PLC 的 I/O 点比较多，当组合主机时，多数将 I/O 点做成 I/O 模块。I/O 模块也分为输入模块和输出模块。其中，输入模块将输入端子、输入电路和输入锁存器（缓冲输入寄存器）组合在一起模块化，通过总线与 CPU 连接。

当输入/输出的是模拟量时，其输入/输出模块结构就复杂了一些，在模拟量输入模块中，增加了模拟量电压信号或电流信号转换为标准电压（5V）信号和将模拟量标准电压信号转换为数字量的电路，然后，经光耦合，输入锁存器。在模拟量输出模块中，在光耦合输出的后边，增加数字量/模拟量（D/A）转换，和将模拟量的标准电压信号还原为可控制负载模拟量的信号。

### 3.1.4　电源模块

PLC 主机 CPU 模块内部长期配置一组直流锂电池，用来保持内存 RAM 中的信息，在没有使用 PLC 和投入运行短时断电，锂电池为内部提供保存数据用的电能。因此，该组锂电池很重要，对其务必防潮。在 PLC 没有投入运行前，要使其投入。一旦发现该锂电池电压降超过允许值，要予以更换。在投入运行后，一旦断电，系统会自动将其切换为运行方式，另外在 PLC 投入运行时，在输入端配置与输入元器件相匹配的外接电源。在输出端配置与负载元器件相匹配的外接电源。外接电源一般选用电源模块。

电源模块应达到"3C"认证所要求的标准。

高质量的电源装置应贴有"CE 标准、FCC 标准和 CCEE 标准"的标识。其中，"CE"标准是欧洲电路设备标准。"FCC"是美国联邦通信标准。"CCEE"是中国长城认证标准。

加入世贸组织（WTO）以后，为了使我国对电器设备的认证法规与国际接轨，国家制定了《强制产品认证标志管理办法》，将产品安全认证（CCEE）、进口安全质量许可制度（CCIB）、电磁兼容认证（EMC），简称为"3C"认证。

"CCC"认证自 2002 年 5 月 1 日实施；从 2003 年 5 月 1 日起强制实施，未获得"CCC"证书的电源产品不得上市。

按照"3C"认证标准，为数字系统配备的电源应该是：体积小、重量轻、功耗小、转换效率高、功率充足、提供的电压稳定、线路调整率、滤波效果和监视功能都达到"3C"标准。

PLC 等数字系统工作时，需要三种电源：一是输入信号电源；二是内部元器件工作电源；三是负载工作电源。该电源应提供 ±3V、±5V、±12V 稳定的直流（DC），还应提供 120/230V 交流（AC）。满足输入/输出单元、CPU 内部电路和各种功能扩展模块对电压、电流和功率的要求。

数字系统的电源带有智能化的掉电保护和备用电源，且将其模块化。在外部电源断电后，能保证在一定的时间内随机存储器（RAM）中的信息不丢失。有的电源模块还能向外部提供 24V 直流电源，为现场的无源开关供电。电源模块的特性参数如下：

（1）额定电压。供系统元器件的工作电压，应与系统元器件的额定工作电压相匹配，且在额定值允许的误差范围内。

（2）额定电流。供系统元器件的工作电流，应与系统元器件的额定电流相匹配，且在额定值允许的误差范围内。

（3）额定功率。数字系统整机工作时所需要的功率，满足需要且留有余量。

（4）输出电压纹波和杂波。交流电转换为直流电需要"滤波"，将直流电转换为脉冲波也需要"整形"。结果，由于滤波、整形效果差，产生纹波或杂波，使信号波形发生畸变，会使CPU对该信号发生误判断，更为严重地是畸变电压、电流幅值增大，可能会烧坏数字系统的主机或扩展功能模块。因此，提供给数字系统的电压或电流的波形应单一，越纯越好。

（5）电源正常信号（P·G）。P·G或P·OK是电源自我监视信号，也是电源和数字系统正常工作的联系信号。

CPU产品标准规定，当电源接通之后，如果交流输入电压在额定工作电压范围内，而且各输出端电压也达到它们的最低的直流的检测电平（+5V输出4.75V以上），经过100～500ms的延时，P·G电路发出"电源正常"信号（P·OK为高电平）。

当电源交流输入电压超出允许值或+5V输出电压低于4.75V时，P·G电路发出"电源故障信号"。电源故障就在+5V下降到4.75V之前，至少1ms内降为小于0.3V的低电平，并且下降沿的波形陡峭，无自激振荡现象发生。

P·G信号决定是否允许数字系统开机。当电源的各路直流输入正常，但无P·G信号，数字系统主机不能开机。如果P·G信号时序不对，主机也无法开机。如果P·G不稳定，则主机会频繁启动。因此，要求P·G信号稳定、及时、准确，且与数字系统主机协调工作。

（6）关机时间。关机时间即断开外部交流供电后，电源本身储存的电能延续的供电时间。断开电源一次侧交流后，系统会立即给出一个关机时间信号并延续一定的供电时间（靠储存电荷）。接到系统关机信号CPU马上将相关数据存储记录下来，以保证下次开机时能正常启动。因此，理想的电源应在失去电源后，能保证CPU有做好"善后工作"的时间。

（7）电磁传导干扰。所说电磁传导干扰来自两方面：一是电源置于磁场中会有外来电磁侵入，影响电源自身的工作；二是电源自身产生的磁场外泄，影响其他电路中元器件的正常工作。因此，屏蔽能力较强的电源应置于密闭的屏蔽装置内。在加强散热的条件下，使外来的干扰或内部的磁场产生的干扰被屏蔽掉，降低或消除电磁传导干扰。

（8）线路调整率。数字系统的电源对它一次侧输入的电压的升高或降低应有足够的适应性。即应具有良好的磁导体和电导体，降低本身的磁损耗和电压降，以此弥补外部带来的电压降落，提高自身对电网的适应能力。

### 3.1.5  主机输入/输出元器件

每一品牌PLC都有固定的输入/输出点数，每个输入/输出点与一个且仅与一个输入/输出电路相连，每一个输入/输出电路与一个输入/输出元器件且仅与一个输入/输出元器件相连接。

当主机的输入/输出点数不够用时，应选配输入模块和输出模块，每个输入模块或输出模块都配有一定数量的I/O点数，模块上的每一个I/O点也是与一个且仅与一个输入/输出元器件相连接。

PLC的输入/输出元器件分别如下。

（1）输入元器件为各种传感器和各种开关元器件。其中部分传感器型号规格见表3-1。部分开关元器件见表3-2。每一种PLC都有自己的输入元器件。

（2）输出元器件为晶体管、晶闸管和继电器。其中部分继电器型号规格见表3-3。每一种PLC也都有自己的输出元器件。

表 3 - 1　　　　　　　　　　**部分传感器型号规格（系意大利杰夫伦产品）**

| 型　号 | 技　术　数　据 | |
|---|---|---|
| PME12F150S | 量程：150mm | 阻抗：5kΩ |
| PME12F250S | 量程：250mm | 阻抗：5kΩ |
| PME12F350S | 量程：350mm | 阻抗：10kΩ |
| PME12F400S | 量程：400mm | 阻抗：10kΩ |
| PME12F550S | 量程：550mm | 阻抗：10kΩ |
| PME12F1000S | 量程：1000mm | 阻抗：10kΩ |

注　量程 50～1000mm，最大适用电压 60V，电器连接，3 芯屏蔽电缆。

表 3 - 2　　　　　　　　　　**部分开关元器件**

| 分类 | 序号 | 型　号 | 技　术　数　据 |
|---|---|---|---|
| 温度传感器 | 1 | E52 - CA20C | K（CA）热电偶，测温范围：0～1050℃，D=3.2，75 级 |
| | 2 | E52 - CA35C | K（CA）热电偶，测温范围：0～1000℃，D=3.2，75 级 |
| | 3 | E52 - CA1GT | K（CA）热电偶，测温范围：0～300℃，75 级 |
| | 4 | E52 - CA6D | K（CA）热电偶，测温范围：0～400℃，75 级 |
| | 5 | E52 - CA6F | K（CA）热电偶，测温范围：0～400℃，75 级 |
| | 6 | E52 - CA10AE | K（CA）热电偶，测温范围：0～400℃，75 级 |
| | 7 | E52 - IC1GT | J（IC）热电偶，测温范围：0～300℃，75 级 |
| | 8 | E52 - IC6D | J（IC）热电偶，测温范围：0～400℃，75 级 |
| | 9 | E52 - IC6F | J（IC）热电偶，测温范围：0～400℃，75 级 |
| 光电开关 | 1 | E3JK - 5M1 | 5m 分离式，触点输出 3A　电源：24～240V AC/DC |
| | 2 | E3JK - 5M2 | 5m 分离式，触点输出 3A（暗通）　电源：24～240V AC/DC |
| | 3 | E3JK - R4M1 | 4m 反射式，触点输出 3A　电源：24～240V AC/DC |
| | 4 | E3JK - R4M2 | 4m 反射式，触点输出 3A（暗通）　电源：24～240V AC/DC |
| | 5 | E3JK - DS30M1 | 30cm，扩散反射式，触点输出 3A　电源：24～240V AC/DC |
| | 6 | E3JK - DS30M2 | 30cm，扩散反射式，触点输出 3A（暗通）　电源：24～240V AC/DC |
| | 7 | E3JM - 10M4 | 10m 分离式，触点输出 3A　电源：24～240V AC/DC |
| | 8 | E3JM - R4M4 | 4m 反射式，触点输出 3A　电源：24～240V AC/DC |
| | 9 | E3JM - DS70M4 | 70cm，扩散反射式，触点输出 3A　电源：24～240V AC/DC |
| | 10 | E3JM - 10M4T | 10m 分离式，触点输出 3A 带 ON/OFF 延时　电源同上 |
| | 11 | E3JM - R4M46 | 4m 反射式，触点输出 3A 带 ON/OFF 延时　电源同上 |
| | 12 | E3JM - DS70M4T | 70cm，扩散反射式，触点输出 3A 带 ON/OFF 延时　电源同上 |
| | 13 | E3S - CT11 | 30m，对射式，晶体管输出 100mA　电源：DC10～30V IP67 |
| | 14 | E3S - 5E4 | 5m，对射型，晶体管输出 80mA　电源：12～24V DC |
| | 15 | E3S - 2E4 | 2m，对射型，晶体管输出 80mA　电源：12～24V DC |
| | 16 | E3S - DS30E4 | 30cm，扩散反射式，晶体管输出 80mA　电源：12～24V DC |
| | 17 | E3S - DS10E4 | 10cm，扩散反射式，晶体管输出 80mA　电源：12～24V DC |
| | 18 | E3S - GS3E4 | 3cm，沟形，晶体管输出 80mA　电源：12～24V DC |
| | 19 | E3S - RS30E4 | 透明物体检测 30cm，发射式晶体管输出 NPN 最大 80mA　电源12～24V DC |
| | 20 | E3S - VS1E4 | 色标检测型 1.2cm 晶体管输出 NPN 最大 80mA　电源 12～24V DC |
| | 21 | E3S - VS5E42R | 5cm，扩散反射式，晶体管输出 80mA　电源：12～24V DC |

| 分类 | 序号 | 型　　号 | 技　术　数　据 |
|---|---|---|---|
| 光电开关 | 22 | E3R - 5E4 | 5m 分离式，晶体管输出 80mA　电源：12～24V DC |
| | 23 | E3R - R2E4 | 2m 反射式，晶体管输出 80mA　电源：12～24V DC |
| | 24 | E3R - DS30E4 | 30cm，扩散反射式，晶体管输出 80mA　电源：12～24V DC |
| | 25 | E3F3 - T61 | 5m，对射型，晶体管输出 100mA　电源 10～30V DC　直径 18mm |
| | 26 | E3F3 - R61 | 2m 反射式，晶体管输出 100mA　电源 10～30V DC　直径 18mm，需另配反射板 |
| | 27 | E3F3 - D11 | 10cm，扩散反射式，晶体管输出 100mA　电源 10～30V DC　直径 18mm |
| | 28 | E3F3 - D12 | 30cm，扩散反射式，晶体管输出 100mA　电源 10～30V DC　直径 18mm |
| | 29 | E3S - X3CE4 | 光纤放大器，晶体管输出 NPN 80mA　电源：12～24V DC |
| | 30 | E3X - DA11 - N | 数字光纤放大器，晶体管输出 NPN 80mA　电源：12～24V DC |
| | 31 | E3X - A11 | 光纤放大器，晶体管输出 NPN 80mA　电源：12～30V DC |
| | 32 | E32 - DC200 | 5cm，扩散反射型 |
| | 33 | E32 - TC200 | 290mm，对射型 |
| | 34 | E3Z - T61NEW | 15m，对射型，晶体管输出 NPN 100mA　电源：12～24V DC |
| | 35 | E3Z - R61NEW | 4m 反射式，晶体管输出 NPN 100mA　电源：12～24V DC |
| | 36 | E3Z - D61NEW | 100mm 扩散反射式，晶体管输出 NPN 100mA　电源：12～24V DC |
| | 37 | E3Z - D62NEW | 1m 扩散反射式，晶体管输出 NPN 100mA　电源：12～24V DC |
| 接近开关 | 1 | TL - Q5MC1 | 5mm，电感式，三线，常开 200mA NPN　方 17×17mm　电源：10～30V DC |
| | 2 | TL - N5ME1 | 5mm，电感式，三线，常开 200mA NPN　方 20×20mm　电源：10～30V DC |
| | 3 | TL - N10ME1 | 10mm，电感式，三线，常开 200mA NPN　方 30×30mm　电源：10～30V DC |
| | 4 | TL - N20ME1 | 20mm，电感式，三线，常开 200mA NPN　方 40×40mm　电源：10～30V DC |
| | 5 | TL - F20ME1 | 12mm，电感式，三线，常开 200mA NPN　方沟形　电源：10～30V DC |
| | 6 | TL - N5MY1 | 5mm，电感式，二线，常开 200mA　电源：90～250V AC 方 20×20mm |
| | 7 | TL - N10MY1 | 10mm，电感式，二线，常开 200mA　电源：90～250V AC 方 30×30mm |
| | 8 | TL - N20MY1 | 20mm，电感式，二线，常开 200mA　电源：90～250V AC 方 40×40mm |
| | 9 | TL - F20MY1 | 12mm，电感式，二线，常开 200mA　电源：90～250V AC 沟形 |
| | 10 | E2E - CR8C1 | 0.8mm，电感式，三线，常开 5～100mA NPN　电源：10～30V DC，圆 M4 |
| | 11 | E2E - C1C1 | 1mm，电感式，三线，常开 5～100mA NPN　电源：10～30V DC，圆 M5.4 |

续表

| 分类 | 序号 | 型　　号 | 技　术　数　据 |
|---|---|---|---|
| | 12 | E2E - X1C1 | 1mm，电感式，三线，常开 5～100mA NPN　电源：10～30V DC，圆 M5 |
| | 13 | E2E - X1R5E1 | 1.5mm，电感式，三线，常开 100mA NPN　电源：10～30V DC，圆 M8 |
| | 14 | E2E - X2E1 | 2mm，电感式，三线，常开 200mA NPN　电源：10～30V DC，圆 M12 |
| | 15 | E2E - X5E1 | 5mm，电感式，三线，常开 200mA NPN　电源：10～30V DC，圆 M18 |
| | 16 | E2E - X10E1 | 10mm，电感式，三线，常开 200mA NPN　电源：10～30V DC，圆 M30 |
| | 17 | E2E - X2F1 | 2mm，电感式，三线，常开 200mA NPN　电源：10～30V DC，圆 M12 |
| | 18 | E2E - X5F1 | 5mm，电感式，三线，常开 200mA NPN　电源：10～30V DC，圆 M18 |
| | 19 | E2E - X10F1 | 10mm，电感式，三线，常开 200mA NPN　电源：10～30V DC，圆 M30 |
| 接近开关 | 20 | E2E - X2ME1 | 2mm，非屏蔽电感式，三线，常开 100mA NPN　电源：10～30V DC，圆 M8 |
| | 21 | E2E - X5ME1 | 5mm，非屏蔽电感式，三线，常开 100mA NPN　电源：10～30V DC，圆 M12 |
| | 22 | E2E - X10ME1 | 10mm，非屏蔽电感式，三线，常开 100mA NPN　电源：10～30V DC，圆 M18 |
| | 23 | E2E - X18ME1 | 18mm，非屏蔽电感式，三线，常开 200mA NPN　电源：10～30V DC，圆 M30 |
| | 24 | E2E - X8MD1 | 8mm，非屏蔽电感式，二线，常开 200mA NPN　电源：10～30V DC，圆 M12 |
| | 25 | E2E - X14MD1 | 14mm，电感式，二线，常开 200mA　电源：12～24V DC，圆 M18 |
| | 26 | E2E - X3D1 - NNEW | 3mm，电感式，二线，常开 200mA　电源：12～24V DC，圆 M12 |
| | 27 | E2E - X7D1 - NNEW | 7mm，电感式，二线，常开 200mA　电源：10～30V DC，圆 M18 |
| | 28 | E2E - X10D1 - NNEW | 10mm，电感式，二线，常开 200mA　电源：10～30V DC，圆 M30 |
| | 29 | E2E - X2MF1 | 2mm，非屏蔽电感式，三线，常开 200mA PNP　电源：10～30V DC，圆 M8 |
| | 30 | E2E - X5MF1 | 5mm，非屏蔽电感式，三线，常开 200mA PNP　电源：10～30V DC，圆 M12 |
| | 31 | E2E - X10MF1 | 10mm，非屏蔽电感式，三线，常开 200mA PNP　电源：10～30V DC，圆 M18 |
| | 32 | E2E - X18MF1 | 18mm，非屏蔽电感式，三线，常开 200mA PNP　电源：10～30V DC，圆 M30 |
| | 33 | E2E - X1R5Y1 | 1.5mm，电感式，二线，常开 200mA　电源：12～240V AC，圆 M8 |
| | 34 | E2E - X2Y1 | 2mm，电感式，二线，常开 200mA　电源：12～240V AC，圆 M12 |

57

续表

| 分类 | 序号 | 型 号 | 技 术 数 据 |
|---|---|---|---|
| 接近开关 | 35 | E2E－X5Y1 | 5mm，电感式，二线，常开200mA 电源：12～240V AC，圆 M18 |
| | 36 | E2E－X10Y1 | 10mm，电感式，二线，常开200mA 电源：12～240V AC，圆 M30 |
| | 37 | E2E－X5MY1 | 5mm，非屏蔽电感式，二线，常开200mA 电源：12～240V AC，圆 M12 |
| | 38 | E2E－X10MY1 | 10mm，非屏蔽电感式，二线，常开200mA 电源 12～240V AC，圆 M18 |
| | 39 | E2E－X18MY1 | 18mm，非屏蔽电感式，二线，常开200mA 电源：12～240V AC，圆 M30 |
| | 40 | E2K－C25ME1 | 25mm，电容式，三线，常开200mA NPN 电源：10～30V DC，圆 M34 |
| | 41 | E2K－X15ME1 | 15mm，电容式，三线，常开200mA NPN 电源：10～30V DC，圆 M30 |
| | 42 | E2K－F10MC1 | 10mm，电容式，三线，常开200mA NPN 电源：10～30V DC，扁形 |
| | 43 | E2Q－N15E3－51Q | 15mm，电感式，一常开/闭，200mA NPN 电源12～24V DC 方40×40 |
| | 44 | E2Q－N25ME3－G | 25mm，电感式，一常开/闭，200mA NPN 电源：12～24V DC 方40×40 |
| | 45 | TL－L100 | 100mm，差动线圈式 NPN 电源：12V DC，圆98 |
| 行程开关 | 1 | WLCA2 | 触点：1开/1闭，10A250V AC 机械寿命：1500万次撞压式滚珠摆杆型 |
| | 2 | WLCA2－2N | 触点：1开/1闭，10A250V AC 机械寿命：1500万次撞压式滚珠摆杆型单侧动作 |
| | 3 | WLCA12 | 触点：1开/1闭，10A250V AC 机械寿命：1500万次撞压式高度可调 |
| | 4 | WLCA12－2N | 触点：1开/1闭，10A250V AC 机械寿命：1500万次撞压式高度可调可单侧动作 |
| | 5 | WLD2 | 触点：1开/1闭，10A250V AC 机械寿命：1500万次撞压式顶部滚珠柱塞型 |
| | 6 | WLCA32－43 | 触点：1开/1闭，10A250V AC 机械寿命：1500万次撞压式叉式摆杆锁定型 |
| | 7 | WLNJ | 触点：1开/1闭，10A 机械寿命：1500万次撞压式卷簧型 |
| | 8 | WLCL | 触点：1开/1闭，10A 机械寿命：1500万次撞压式可变滚轮手柄型 |
| | 9 | WLD | 触点：1开/1闭，10A 机械寿命：1500万次撞压式顶部柱塞形 |
| | 10 | HL－5000 | 触点：1开/1闭，5A250V AC 机械寿命：1000万次撞压式滚珠摆杆型 |
| | 11 | HL－5030 | 触点：1开/1闭，5A250V AC 机械寿命：1000万次撞压式可调滚珠摆杆型 |
| | 12 | HL－5050 | 触点：1开/1闭，5A250V AC 机械寿命：1000万次撞压式可调棒式摆杆型 |
| | 13 | HL－5300 | 触点：1开/1闭，5A250V AC 机械寿命：1000万次撞压式卷簧型 |
| | 14 | HL－5100 | 触点：1开/1闭，5A250V AC 机械寿命：1000万次撞压式顶部柱塞形 |
| | 15 | HL－5200 | 触点：1开/1闭，5A250V AC 机械寿命：1000万次撞压式顶部滚珠柱塞型 |

| 分类 | 序号 | 型 号 | 技 术 数 据 |
|---|---|---|---|
| 行程开关 | 16 | SHL－Q2255 | 触点：1开/1闭，10A250V AC 机械寿命：1000 万次撞压式滚轮柱塞型 |
| | 17 | SHL－Q2155 | 触点：1开/1闭，10A250V AC 机械寿命：1000 万次撞压式交叉滚轮柱塞型 |
| | 18 | SHL－W2155 | 触点：1开/1闭，10A250V AC 机械寿命：1000 万次撞压式枢轴滚轮手柄型 |
| | 19 | SHL－Q255 | 触点：1开/1闭，10A250V AC 机械寿命：1000 万次撞压式枢轴滚轮手短柄型 |

**表 3-3**　　　　　　　　　部分继电器型号规格（系日本欧姆龙产品）

| 序号 | 型 号 | 技 术 数 据 |
|---|---|---|
| 1 | MY2J | 24V DC，110V AC，220V AC，2 开 2 闭，触点 5A |
| 2 | MY2NJ | 24V DC，110V AC，220V AC，2 开 2 闭，触点 5A LED 灯 |
| 3 | MY3 | 24V DC，110V AC，220V AC，3 开 3 闭，触点 5A |
| 4 | MY3N | 24V DC，110V AC，220V AC，3 开 3 闭，触点 5A LED 灯 |
| 5 | MY4J | 24V DC，110V AC，220V AC，4 开 4 闭，触点 5A |
| 6 | MY4NJ | 24V DC，110V AC，220V AC，4 开 4 闭，触点 5A LED 灯 |
| 7 | LY2J | 24V DC，110V AC，220V AC，2 开 2 闭，触点 10A |
| 8 | LY2NJ | 24V DC，110V AC，220V AC，2 开 2 闭，触点 10A LED 灯 |
| 9 | LY4J | 24V DC，110V AC，220V AC，4 开 4 闭，触点 10A |
| 10 | LY4NJ | 24V DC，110V AC，220V AC，4 开 4 闭，触点 10A LED 灯 |
| 11 | MK2P－1 | 24V DC，110V AC，220V AC，2 开 2 闭，触点 7.5A |
| 12 | MK3P－1 | 24V DC，110V AC，220V AC，3 开 3 闭，触点 7.5A |
| 13 | MY2N－D2 NEW | 24V DC，有反向二极管，2 开 2 闭，触点 5A |
| 14 | MY4N－D2 NEW | 24V DC，有反向二极管，4 开 4 闭，触点 5A |
| 15 | G3NA－205B | 固态继电器 额定电压 5～24V DC，负载 AC 24～240V 5A |
| 16 | G3NA－210B | 固态继电器 额定电压 5～24V DC，负载 AC 24～240V 10A |
| 17 | G3NA－220B | 固态继电器 额定电压 5～24V DC，负载 AC 24～240V 20A |

### 3.1.6 扩展功能模块

在 PLC 数字系统的研制、应用和发展过程中，除主机不断地更新升级，还产生了很多的扩展功能模块。如温度控制模块、位置控制模块、阀门控制模块、轴定位模块、通信模块、高级语言编辑模块、模糊逻辑控制模块、语音模块等，还有增加输入/输出点的（I/O）模块等。随着 PLC 技术的提高和应用上的普及，必定会有更多的扩展功能模块问世。而且，多数扩展功能模块都配备微型中央处理器 CPU，成为智能型的扩展功能模块。

PLC 主机与智能型扩展功能模块构成主从关系。智能型扩展功能模块不仅能够独立运行，发挥自身特有的功能，更能够与主机协调工作。在主机运行时，在每一个扫描周期都要与主机交换信息。主机负责统一指挥，综合处理，协调包括扩展功能模块在内的整机系统的工作。智能型扩展功能模块承担其特定的功能，减轻了主机的负担，扩展了整机系统的功能，使主机可以做更多的其他方面的数据处理工作。

1. 通信模块

当用几台 PLC（其中也包括计算机或编程器）构成的远程或集散控制系统中，要通过相互间的发送、接收的通信方式来交换数据信息，且相互间的通信十分频繁。这样，在构成的通信网络中，主机的工作相当的繁重，既要完成数据处理逻辑控制的本职工作，又要处理网络通信中接收、发送信息等繁琐事务。因此，在网络控制中增设通信模块，由通信模块专门处理通信业务，定时与主机交换信息。主机则可以有条不紊地指挥整个网络系统。

通信模块可配置在主站，也可以配置在从站，加强网络的通信功能，通过网络实现遥控、遥调、遥信和遥测。

2. 温度控制模块

温度控制模块由信号转换电路、A/D转换电路、滤波放大电路、光耦合器等组成。比如，用热电偶或热敏电阻检测温度时，是将温度转换为热电动势，或将温度转换为热电阻的模拟信号。然后，将模拟信号转换为数字信号传送给主机，进行综合处理。

温度控制模块自身带有CPU，与主机定时进行交换信息，并形成标准逻辑电压信号，精度高，十分准确。用于冶炼、精铸、发电机组件温度监测和恒温控制等。

### 3.1.7 PLC的外围硬件设备

为了使PLC系统在应用上方便灵活，人机界面友好，其功能更加完善，增强智能性的人性化，开发研制者为其配备了多种外围硬件设备，如显示器、地址开关（DIP）、操作板、触摸屏以及各种存储卡和变频器以及编程器等。

1. 显示器

配备显示器使运行或编程中PLC内部的信息实现了可视性，达到了实时监视的目的。能够显示：

（1）PLC的运行信息，如错误信息等。

（2）显示设定的定时时钟。

（3）显示强制I/O点诊断状态。

（4）显示保护密码。

（5）显示设定和修改的过程变量。

（6）显示选定的通信速率。

（7）显示设定的输入/输出变量，如存储位的分配。

（8）显示选定的信息刷新时间。

2. DIP开关

一般情况下用波特率开关（或称地址开关）DIP设置通信速率（或通信地址）。当用PC/PPI电缆将调制解调器（Modem）的RS-232通信口与PLC的CPU相接时，用开关1、2、3设置PC/PPI电缆的波特率。开关向上扳为"1"，向下扳为"0"。3个开关组成的编码为000时对应的波特率为115.2～38.4kbit/s；001为19.2kbit/s；010为9.6kbit/s；100为2.4kbit/s；101为1.2kbit/s。开关4、5设置网络传输数据的位数和通信设备的工作模式。开关4向上扳向1时，能传输10bit数据；向下扳向0时，能传输11位数据，开关5向上扳向1时，为数据终端设备（DTE），向下扳向0时，为数据通信设备DCE。

当Modem的连接口为25针时，还需要一个9针转25针的适配器。9针转25针的适配的接法如下：

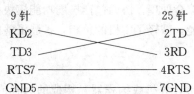

9针            25针
KD2           2TD
TD3           3RD
RTS7         4RTS
GND5         7GND

不同厂家配置的 DIP 开关的使用应参照相关的使用说明书。

3. 触摸屏

触摸屏就是电气控制系统的控制屏。不过触摸屏上装的是电子式的触摸按钮、各类自动监测仪表和设置运行参数的元器件。如地址开关，或称波特率开关（DIP），等等。

4. 存储卡和电池

（1）存储卡，又称用户程序卡。一般用 EEPROM 存储器存储用户程序、数据和系统组态，保持时间一般为 200 天。

（2）时钟卡（带电池），时钟精度，在 25℃时，月误差 2min。0～55℃时，月误差 7min。

（3）电池卡和电池。锂电池，运行寿命 10 年。

尚有通信卡 MP1 卡等。

5. 变频器

变频器多数用在交流电动机速度的自动控制系统。众所周知，三相异步电动机的转速 $n_1 = 60f/p$（r/min）。公式中，$f$ 是交流电的频率（50Hz 或 60Hz）；$p$ 是磁极对数。从公式中得出，在 $p$ 固定的条件下，每分钟（60s）电动机的转速由交流电的频率（$f$）决定，随频率的变化而变化。

当把变频器串接在交流电动机的主电路中，再由 PLC 自动地控制变频器，使变频器为电动机提供的工作频率随着 PLC 控制系统的指令而变化。电动机的转速则随着控制意图自动地变化，实现变频调速的目的。该整机系统称之为变频调速器。

变频调速器由主电路和控制电路组成。其中，主电路由整流滤波电路和变频逆变电路组成。

整流电路由大功率硅二极管组成单相桥式或三相桥式整流电路。小功率变频器多为单相桥式。大功率变频器采用三相桥式。

滤波电路有电容滤波和电感滤波。其中，电容滤波构成电压型变频器。电感滤波构成电流型变频器，前者与输出阻抗较小的设备相匹配。后者与输出阻抗较大的设备相匹配。

变频逆变电路由 6 个大功率晶体管组成。该电路将整流滤波后的直流逆变为频率随控制电路驱动信号变化而变化的交流电。

当今用 PLC 的控制方式构成变频器的数字控制电路。精确度高、稳定性强，且能实现智能性控制。还设置了电动机运行中各类保护功能，如失电压、过电压、过电流等。

各国 PLC 生产厂商都推出自我品牌的变频器。其中，德国西门子变频器见表 3 - 4。

表 3 - 4　　　　　　　　　　　　　　德国西门子变频器

| 系列 | 序号 | 型　　号 | 配接电动机容量 |
|---|---|---|---|
| MICROMASTER 440系列（220V） | 1 | 6SE 6440 - 2UC11 - 2AA1 | 0.12kW |
| | 2 | 6SE 6440 - 2UC12 - 5AA1 | 0.25kW |
| | 3 | 6SE 6440 - 2UC13 - 7AA1 | 0.37kW |
| | 4 | 6SE 6440 - 2UC15 - 5AA1 | 0.55kW |
| | 5 | 6SE 6440 - 2UC17 - 5AA1 | 0.75kW |
| | 6 | 6SE 6440 - 2UC21 - 1BA1 | 1.1kW |
| | 7 | 6SE 6440 - 2UC21 - 5BA1 | 1.5kW |
| | 8 | 6SE 6440 - 2UC22 - 2BA1 | 2.2kW |
| | 9 | 6SE 6440 - 2UC23 - 0CA1 | 3kW |

| 系列 | 序号 | 型 号 | 配接电动机容量 |
|---|---|---|---|
| | 10 | 6SE 6440 – 2UD13 – 7AA1 | 0.37kW |
| | 11 | 6SE 6440 – 2UD15 – 5AA1 | 0.55kW |
| | 12 | 6SE 6440 – 2UD17 – 5AA1 | 0.75kW |
| | 13 | 6SE 6440 – 2UD21 – 1AA1 | 1.1kW |
| | 14 | 6SE 6440 – 2UD21 – 5AA1 | 1.5kW |
| | 15 | 6SE 6440 – 2UD22 – 2BA1 | 2.2kW |
| | 16 | 6SE 6440 – 2UD23 – 0BA1 | 3kW |
| | 17 | 6SE 6440 – 2UD24 – 0BA1 | 4kW |
| | 18 | 6SE 6440 – 2UD25 – 5CA1 | 5.5kW |
| | 19 | 6SE 6440 – 2UD27 – 5CA1 | 7.5kW |
| | 20 | 6SE 6440 – 2UD31 – 1CA1 | 11kW |
| MICROMASTER | 21 | 6SE 6440 – 2UD31 – 5DA1 | 15kW |
| 440 系列（380V） | 22 | 6SE 6440 – 2UD31 – 8DA1 | 18.5kW |
| | 23 | 6SE 6440 – 2UD32 – 2DA1 | 22kW |
| | 24 | 6SE 6440 – 2UD33 – 0EA1 | 30kW |
| | 25 | 6SE 6440 – 2UD33 – 7EA1 | 37kW |
| | 26 | 6SE 6440 – 2UD34 – 5FA1 | 45kW |
| | 27 | 6SE 6440 – 2UD35 – 5FA1 | 55kW |
| | 28 | 6SE 6440 – 2UD37 – 5FA1 | 75kW |
| | 29 | 6SE 6440 – 2UD38 – 8FA1 | 90kW |
| | 30 | 6SE 6440 – 2UD41 – 1FA1 | 110kW |
| | 31 | 6SE 6440 – 2UD41 – 3GA1 | 132kW |
| | 32 | 6SE 6440 – 2UD41 – 6GA1 | 160kW |
| | 33 | 6SE 6440 – 2UD42 – 0GA1 | 200kW |
| | 34 | 6SE 6430 – 2UD27 – 5CA0 | 7.5kW |
| | 35 | 6SE 6430 – 2UD31 – 1CA0 | 11kW |
| | 36 | 6SE 6430 – 2UD31 – 5CA0 | 15kW |
| | 37 | 6SE 6430 – 2UD31 – 8DA0 | 18.5kW |
| | 38 | 6SE 6430 – 2UD32 – 2DA0 | 22kW |
| | 39 | 6SE 6430 – 2UD33 – 0DA0 | 30kW |
| MICROMASTER | 40 | 6SE 6430 – 2UD33 – 7EA0 | 37kW |
| 430 系列（380V） | 41 | 6SE 6430 – 2UD34 – 5EA0 | 45kW |
| | 42 | 6SE 6430 – 2UD35 – 5FA0 | 55kW |
| | 43 | 6SE 6430 – 2UD37 – 5FA0 | 75kW |
| | 44 | 6SE 6430 – 2UD38 – 8FA0 | 90kW |
| | 45 | 6SE 6430 – 2UD41 – 1FA0 | 110kW |
| | 46 | 6SE 6430 – 2UD41 – 3FA0 | 132kW |

### 3.1.8 通信网络元器件

在通信网络中有通信接口、调制解调器、通信电缆、地址开关（或称波特率开关）、中继器、集线器、交换机、触摸屏、操作板、显示器以及通信卡等通信网络元器件。

**1. 通信接口**

通信接口就是通信设备的标准插件。数字通信有两种标准插件。一种是 RS-232C，另一种是 RS-499/422/485。型号中的 RS 是"推荐标准"一词的英文缩写；C 是表示该标准修改的次数；"232"、"499/422/485"是标准的标识号。

RS-232C 是一种串行通信接口，它适用于传输速率 0～200 000bit/s（比特率）范围内的串行通信。在 RS-232C 标准中，对 RS-232C 插件的机械特性、信号功能、电气特性以及过程特性都做了明确规定。

RS-232C 是一种单端驱动，单端接收的插件，易受外部信号干扰，传输速率限于 20kbit/s，传输距离限于 15m。

RS-499 也是一种串行通信接口。为了提高传输速率和传输距离，美国 EIA 于 1977 年制定了新的串行通信标准 RS-499，RS-499 与 RS-232C 相比，增加了 10 种电路功能。尤其对 RS-232C 插件的电气特性作了进一步地改进，形成了 RS-499 系列新型插件。

RS-422 是 RS-499 的子系列，采用平衡驱动差分接收电路，取消了信号地线。平衡驱动器相当于两个单端驱动器。当输入同一个信号时，输出是反相的。当有共模干扰信号时，接收器只接收差分输入电压，提高了抗共模干扰能力，可以用于长距离通信。

RS-485 是 RS-422A 的变形。RS-422A 是全双工，两对平衡差分信号线，分别用于发送和接收操作。而 RS-485 为半双工，其用一对平衡差分信号线进行发送和接收操作。

**2. 调制解调器（Modem）**

调制解调器是由调制器和解调器组成的，英文缩写 Modem。调制器能把方形波的数字信号转换成正弦波的模拟信号，可防止外部信号干扰，有利于通信信号在网络中传输。而解调器能够将正弦的模拟信号转换为方形波的数字信号，以适应于数字系统对通信信号的加工处理。

通过调制解调器的转换控制，能够远距离传输通信信号，不受干扰，不发生畸变，保证了发送和接收信号的一致性、准确性，提高了网络通信的质量。因此，在通信网络中设置 Modem。

（1）Modem 的分类。在 PLC 通信网络中，安装在 PLC 或 PC 近处的 Modem，称就地 Modem，就地 Modem 又分为内置 Modem 和外置 Modem。内置 Modem 安装在 PC 或 PCL 机箱内。外置 Modem 安装在机箱近处。还有远程 Modem，它安装在网络中。

（2）Modem 的功能。许多 Modem 都具备传真功能、语音功能和拨号功能。传真功能是在网络中可以发送和接收文件，在终端机上直接输出。语音功能是把传的通信信号转换成音频信号，在电话线中传输。拨号功能是在网络上通信时，用拨号确定接收信号的网站。

（3）Modem 的使用。在外置 Modem 的后端面，标有"LINE"外接电话线路，标有"PHONE"外接电话机。除电话信号线，外置 Modem 还有外接电源线和数据线与相应的插孔与 PLC（或 PC）的接口连接。

如果 Modem 上带有 USB 接口，只需将其接在主机的 USB 接口。USB Modem 可即插即用。USB 接口的 Modem 有的使用外接电源，有的不使用外接电源，在说明书上都有详细说明。

（4）调制解调器（Modem）的设置。Modem 是模拟信号与数字信号相互转换的装置，是数据类通信设备（DCE）。在通信网络中，Modem 的设置应该如下。

1）通过 DPI 开关 5 和一个 9～25 针的适配器把 PC/PPI 电缆的 RS-232 口设置成数据终端设备（DTE）时，提供申请发送（RTS）信号。

2）当把 5 - 开关 PC/PPI 电缆的 RS - 232 口设置为数据通信设备（DCE）时，PC/PPI 电缆不监视申请发送（RTS）信号、清除发送（CTS）信号和数据设备就绪（DTR）信号。因此，应将 Modem 设置成不控制这些信号。

### 3. 集线器和交换机

集线器和交换机是将所有通信设备连接成网络的最基本的设备。

集线器在网络中起到放大和重发信号的作用。在传输过程中，通信信号会衰减，集线器将信号恢复成发送时的状态，然后再将信号发送出去。可实现网络设备的相互通信和信息共享，并能扩大网络的传输范围。

交换机能识别局域网中每一设备在网络中的唯一地址和网络端口。尤其能将网络共享带宽交换为网络设备专用带宽。从而，将网络中的"冲突"隔绝在每一个端口内。有些交换机支持全双工的通信方式，使网络性能得到进一步提高。

集线器对传输的数据只起到同步、放大和整形作用。而交换机不但能对传输的数据起到同步、放大和整形作用，而且能过滤通信短帧和帧碎片。

集线器上所有端口都用同一条带宽，在同时刻只能有两个端口传输数据，其他端口处于等待状态，集线器只能工作在半双工模式下。

交换机的每个端口都有独占的带宽，与其他端口相互隔绝，当两个端口工作时不影响其他端口。交换机既能工作在半双工模式下，也能工作在全双工模式下。

### 4. 网络连接器和中继器

（1）网络连接器。一般的 PLC 系列配置有两种网络连接器。一种是带编程接口的网络连接器，这种连接器配置网络偏置和终端匹配选择开关，在通信电缆的两个末端必须使用带有网络偏置和终端匹配选择开关的连接器。另一种是不带网络偏置和终端匹配的连接器，用在通信电缆的中间。其中，带有编程接口的连接器可以把编程器、操作面板以及从 CPU 取电源的显示器（TD200）或 OP 连接到网络中来，且不用改动网络原有的连接。

（2）网络中继器。对采用过程现场总线协议（PROFIBUS）电缆的网络段，西门子公司提供了网络中继器，通过网络中继器可以延长网络距离，增设加入的设备，并将各个网络段隔离开。

当传输速率为 9.6KB/s 时，PROFIBUS 电缆允许在一个网络环上连接 32 个设备，网络长度为 1200m。每增加一个中继器，可增加 32 个设备，延长网络 1200m。网络最多可用 9 个中继器，总长度可增至 9600m。

### 5. 网络传输介质

网络通信用的主要传输介质包括同轴电缆、光纤和双绞线。

（1）同轴电缆。同轴电缆由铜芯、绝缘层、屏蔽层和塑料外层组成。以传输数据的方式可把同轴电缆分为 50n 的细同轴电缆和 75n 的粗同轴电缆。

50n 细同轴电缆采用基带传输，只用于传输数字信号。75n 粗同轴电缆采用频分多路复用技术传输多路信号，既能传送数字信号，又能传输模拟信号。

PLC 通信系统将传输介质按通信协议选用 PPI 电缆和 MPI 电缆，实现点对点或多点通信。用得最多的是双绞线电缆。

（2）双绞线电缆。在通信电缆中，双绞线电缆价格最低，用得最广泛，是局域网中最常用的传输介质。

双绞线电缆是把两根绝缘的铜导线按一定的密度相互绞在一起，用套管套起来，形成双绞线电缆。套管中的双绞线可以是一对或多对。双绞线分为带屏蔽的双绞线（STP）和不带屏蔽的双绞线（UTP），其屏蔽层是一层网状金属编织物，如将其和大地连接起来，能将外来干扰信号导入大地，从而排除对传输信号的干扰。

双绞线可以用于传输模拟信号，也可以用于传输数字信号。传送模拟信号时，每5～6km就需要一个放大器。传送数字信号时，每2～3km需加装一台中继器。双绞线最适合用于点对点连接，也可以用于多点连接。当使用不带屏蔽双绞线（UTP）时，应注意分类及对应的通信频率。

UTP3用于低于16MHz的通信；UTP4用于低于20MHz的通信；UTP5用于低于100MHz的通信。

（3）PC/PPI电缆。在选择用程序控制通信功能的自由口方式时，和连接与RS-232标准兼容的设备时，采用PC/PPI电缆。有两种型号的PC/PPI电缆，一种是带有RS-232口的隔离型PC/PPI电缆，有5个波特率开关（DIP）设置波特率。另一种是带有RS-232口的非隔离型PC/PPI电缆，用4个波特率开关（DIP）设置波特率。

用PC/PPI电缆连接网络时，数据从RS-232口传送到RS-485口时，PC/PPI电缆是发送数据。反之，数据从RS-485口传送到RS-232口时，PC/PPI电缆是接收数据。在检测到发送线字符和发送线处于闲置时间超过电缆规定的时间时，电缆自动进行发送和接收模式切换。切换时间由电缆上的DIP开关设定的波特率决定。

在PC/PPI电缆上用DIP开关设定波特率见表3-5。

表3-5 在PC/PPI电缆上用DIP开关设定波特率

| 波 特 率 | 开关（1＝上） | 波 特 率 | 开关（1＝上） |
|---|---|---|---|
| 38400 | 000 | 2400 | 100 |
| 19200 | 001 | 1200 | 101 |
| 9600 | 010 | 600 | 110 |
| 4800 | 011 | | |

PC/PPI电缆转换发送和接收模式的切换时间见表3-6。

表3-6 PC/PPI电缆转换发送和接收模式的切换时间

| 波 特 率 | 转换时间/ms | 波 特 率 | 转换时间/ms |
|---|---|---|---|
| 38400 | 0.5 | 2400 | 7 |
| 19200 | 1 | 1200 | 14 |
| 9600 | 2 | 600 | 28 |
| 4800 | 4 | | |

（4）光缆。光缆由光纤芯、包层、吸收外层和保护外层组成。其中，光纤由非常细的玻璃或塑料纤维制成，细而柔软。由光源发射出经过编码的光信号，以一定角度范围进入光纤后，不断地被反射而沿光纤传送，这就是光纤通信的简单原理。光纤通信抗干扰性好，不受电磁、噪声的影响。安全性好，没有泄漏信号现象，传输距离远。尤其，光放大器可以使光通信的距离达到上百千米。

光纤只适合点到点的连接方式，只能用在环形或星形结构的网络中。目前，一根光纤只能实现单向通信。

6. PLC的编程器

PLC系统是在硬件的支持下，依靠软件程序实现控制功能的。各个PLC的生产厂家，对其所生产的系统产品都配备编制程序的编程器。利用编程器的功能编制程序、修改程序、检测程序，并将测试合格的程序下载到PLC系统中。

编程器分简易编程器和智能编程器。简易编程器只能用语句表编程，不能用梯形图编程，只有将梯形图转换为语句表格式，才能用简易编程器修改、检测程序。

简易编程器自身没有配备中央处理器CPU，只能联机编程，不能脱机，单独编程。智能编程器配置有CPU，既能联机编程，也能脱机编程；既能用语句表编程，又能用梯形图编程，且配置液晶显示（LED）或图形显示（CRT），通过屏幕进行人机对话。

编程器通过其键盘输入指令进行编程。编制程序、检索程序，监视程序在数字系统中运行情况，发现错误，修改程序，不但能将程序下载到主机中，还能通过转换插口将程序转存到磁盘、磁卡、光盘等存储介质中，将程序备份。

不同的生产厂商生产功能各异、型号不同的PLC，在选用时，必须了解其硬件系统的组合器件和配置的规则及其标准。

## 3.2 S7-200 PLC 的硬件

为了进一步熟悉和应用PLC的硬件系统，掌握硬件知识。现以西门子生产的S7-200为例，介绍PLC的硬件。

### 3.2.1 S7-200 主机 CPU 模块

S7-200系列主机CPU模块包括CPU221、CPU222、CPU224和CPU226。

1. S7-200CPU 模块的结构

S7-200CPU模块结构见图3-6。

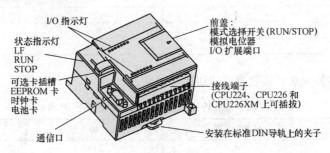

图 3-6　S7-200CPU模块结构

图3-6中，顶部端子盖内有电源和输出端子。底部端子盖内有输入电源和传感器电源。在中部右侧前盖内CPU工作模式选择开关（RUN/STOP）、模拟调节电位器和I/O扩展端子。在模块的左侧有状态指示灯（LF/RUN/STOP）、可选卡槽（存储EEPROM卡、时钟卡、电池卡）和通信接口。在模块前上盖分布两排输入/输出（I/O）指示灯，其内部是中央处理器单元、电源及输入/输出的逻辑电路。

2. S7-200 主机 CPU 的性能参数

S7-200主机CPU的性能参数包括：

（1）输入/输出（I/O）点数随系列型号增大而增加。

（2）高速计数器（HSC）个数随系列型号增大而增加。但有关参数相同。

（3）程序存储空间有一定的变化。

（4）定时器/计数器个数及参数基本相同，只是个别参数有点差异。

（5）本机通信参数基本相同。只是CPU226设了两个通信接口。

（6）每段网络参数完全相同。

（7）可选卡参数相同。

（8）电源参数中，仅CPU最大负载电流和内部熔断保护随机型增大而增大。

（9）输入侧传感器外接电源参数随系列型号变化有所变化。

（10）输入电压参数相同。

（11）交流光电隔离电压相同，都为交流500V。只是隔离分配的点数不同。

（12）输入延时相同。

（13）高速计数器时钟输入速率相同。

（14）输入特性中，同时接通的点数不同。

（15）输出特性不同等。

S7-200CPU的性能参数见表3-7。

**表3-7**　　　　　　　　　　　　　**S7-200CPU的性能参数**

| 类别 | 型号 | CPU 221 DC/DC/DC | CPU 221 AC/DC/继电器 |
|---|---|---|---|
| | 订货号 | 6ES7 211-0AA10-AXB0 | 6ES7 211-0BA20-AXB0 |
| CPU 221 性能 参数 | **总体特性** | | |
| | 外形尺寸（长×宽×高） | 90mm×80mm×62mm | |
| | 质量 | 270g | 310g |
| | 功耗 | 4W | 6W |
| | **CPU特性** | | |
| | 本机数字输入 | 6输入 | |
| | 本机数字输出 | 4输出 | |
| | 高速计数器（32-位值） | | |
| | 总数 | 4个高速计数器 | |
| | 单相计数器个数 | 4个都是20kHz时钟速率 | |
| | 两相计数器个数 | 2个都是20kHz时钟速率 | |
| | 脉冲输出 | 2个，20kHz脉冲速率 | |
| | 模拟电位器 | 1位，8位分辨率 | |
| | 时间中断 | 2个，1ms分辨率 | |
| | 边沿中断 | 4个上升沿和/或4个下降沿 | |
| | 可选择的输入滤波器时间 | 7个，范围为0.2~12.8ms | |
| | 脉冲捕捉 | 6个脉冲捕捉输入 | |
| | 程序空间（永久保存） | 2048字 | |
| | 数据块空间 | 1024字 | |
| | 　永久保存 | 1024字 | |
| | 　由超级电容或电池保存 | 1024字 | |
| | 最大的数字量I/O | 10输入 | |
| | 内部存储器位 | 256位 | |
| | 　掉电永久保存 | 112位 | |
| | 　由超级电容或电池保存 | 256位 | |
| | 定时器总数 | 256定时器 | |

67

| 类别 | 型号 | CPU 221 DC/DC/DC | CPU 221 AC/DC/继电器 |
|---|---|---|---|
| | 订货号 | 6ES7 211－0AA10－AXBO | 6ES7 211－0BA20－AXBO |
| CPU 221 性能参数 | 由超级电容或电池保存 | 64 定时器 | |
| | 1ms | 4 定时器 | |
| | 10ms | 16 定时器 | |
| | 100ms | 236 定时器 | |
| | 计数器总数 | 256 计数器 | |
| | 由超级电容或电池保存 | 256 计数器 | |
| | 布尔量运算执行速度 | $0.37\mu s$ 每条指令 | |
| | 字传送的执行速度 | $34\mu s$ 每条指令 | |
| | 定时器/计数器执行速度 | $50\sim64\mu s$ 每条指令 | |
| | 单精度数学运算执行速度 | $46\mu s$ 每条指令 | |
| | 实数运算执行速度 | $100\sim400\mu s$ 每条指令 | |
| | 超级电容的数据保存时间 | 50h/典型，8h/最小，40℃ | |
| | 本机通信 | — | |
| | 通信口数 | 1 口 | |
| | 电气接口 | RS－485 | |
| | 隔离（外部信号到逻辑电路） | 不隔离 | |
| | PPI/MPI 波特率 | 9.6，19.2，187.5kBaud | |
| | 自由口波特率 | 0.3，0.6，1.2，2.4，4.8，9.6，19.2，38.4kBaud | |
| | 每网络段最大电缆长度 | | |
| | 直到 38.4kbaud | 1200m | |
| | 187.5kbaud | 1000m | |
| | 最大站数 | | |
| | 每个网络段 | 32 站 | |
| | 每个网络 | 126 站 | |
| | 最大主站数 | 32 主站 | |
| | PPI 主站模式（NETR/NETW） | 是 | |
| | MPI 连接 | 共 4 个；2 保留 一个给 PG，另一个给 OP | |
| | 可选的卡 存储器卡（永远保存） 电池卡（数据保存时间） 时钟卡（时钟精确度） | 程序、数据和组态 200 天 25℃时，2min/月 0～55℃时，7min/月 | |
| | 电源 | | |
| | 电源电压允许范围 | 20.4～28.8V DC | 85～264V AC 47～63Hz |
| | 输入电流仅 CPU/最大负载 | 70/600mA，24V DC | 25/80mA，240V AC 25/180mA，120V AC |
| | 冲击电流（最大） | 10A，28.8V DC | 20A，264V AC |
| | 隔离（输入电源到逻辑电路） | 不隔离 | 1500V AC |
| | 保持时间（从断开电源） | 10ms，24V DC | 80ms，240V AC，20ms 120V AC |
| | 内部应用（用户不能替换） | 2A，250V，慢速熔断 | 2A，250V，慢速熔断 |

续表

| 类别 | 型号 | CPU 221 DC/DC/DC | CPU 221 AC/DC/继电器 |
|---|---|---|---|
| | 订货号 | 6ES7 211－0AA10－AXB0 | 6ES7 211－0BA20－AXB0 |
| CPU 221 性能参数 | 24V DC 传感器电源输出 | | |
| | 电压范围 | 15.4～28.8V DC | 20.4～28.8V DC |
| | 最大电流 | 180mA | 180mA |
| | 纹波噪声 | 和电源相同 | 峰—峰值小于 1V（最大） |
| | 电流限制 | 600mA | 600mA |
| | 隔离（传感器到逻辑电路） | 不隔离 | 不隔离 |
| | 主机输入数 | 6 输入 | |
| | 输入类型 | 汇型/源型（1EC Type 1 漏型） | |
| | 输入电压 | | |
| | 允许的最大连续值 | 30V DC | |
| | 浪涌 | 35V DC/0.5s | |
| | 标称值 | 24V DC/4mA，标准值 | |
| | 逻辑 1 信号（最小） | 15V DC/2.5mA，最小 | |
| | 逻辑 0 信号（最大） | 5V DC/1mA，最大 | |
| | 隔离（现场侧到逻辑电路） | | |
| | 光电隔离（galvanic） | 500V AC，1min | |
| | 隔离组 | 4 点/2 点 | |
| | 输入延时 | | |
| | 滤波输入和中断输入 | 0.2～12.8ms，用户可选 | |
| | HSC 时钟输入速率 | | |
| | 单相 | | |
| | 　逻辑 1 电平＝15～30V DC | 20kHz | |
| | 　逻辑 1 电平＝15～26V DC | 30kHz | |
| | 两相 | | |
| | 　逻辑 1 电平＝15～30V DC | 10kHz | |
| | 　逻辑 1 电平＝15～26V DC | 20kHz | |
| | 输入特性 | | |
| | 连接 2 线接近开关传感器（Bero） | | |
| | 允许漏电流 | 最大 1mA | |
| | 电缆长度 | | |
| | 　不屏蔽（非 HSC） | 300m | |
| | 　屏蔽 | 500m | |
| | 　屏蔽 HSC 输入 | 50m | |
| | 输入同时接通的数目 40℃ | 6 输入 | |
| | 50℃ | 6 输入 | |
| | 输出特性 | | |
| | 主机输出数 | 4 输出 | |
| | 输出类型 | 固态 MOSFET（金属场效应晶体管） | 继电器－干触点 |
| | 输出电压 | | |

| 类别 | 型号 | CPU 221 DC/DC/DC | CPU 221 AC/DC/继电器 |
|---|---|---|---|
| | 订货号 | 6ES7 211－0AA10－AXBO | 6ES7 211－0BA20－AXBO |
| CPU 221 性能 参数 | 允许范围 | 20.4～28.8V DC | 5～30V DC 或 5～250V AC |
| | 标称值 | 24V DC | |
| | 最大电流时逻辑 1 信号 | 20V DC，最小 | |
| | 带 10kΩ 负载时逻辑 0 信号 | 0.1V DC，最大 | |
| | 输出电流 | | |
| | 逻辑 1 信号 | 0.75A | 2.00A |
| | 输出组数 | 1 | 2 |
| | 输出接通个数（最多） | 4 输出 | 4 输出 |
| | 每组-水平安装（最多） | 4 输出 | 3 和 1 输出 |
| | 每组-垂直安装（最多） | 4 输出 | 3 和 1 输出 |
| | 每组的最大电流 | 3.0A | 6.0A |
| | 灯负载 | 5.0W | 30W DC/200W AC |
| | 接通电阻（触点电阻） | 0.3Ω | 当开始使用时，最大是 0.002Ω |
| | 每点的漏电流 | 最大 10μA | — |
| | 浪涌电流 | 8A，100ms（最大） | 触点闭合时 7A |
| | 过载保护 | 无 | 无 |
| | 隔离 | | |
| | 光电隔离 | 500V（AC）1min | — |
| | 隔离电阻 | — | 当是新的时，最小 100MΩ |
| | 线圈到触点的隔离 | — | 1500V AC，1min |
| | 触点间的隔离 | — | 750V AC，1min |
| | 组 | 4 点 | 3 点和 1 点火 |
| | 感性负载嵌位 | | |
| | 重复的能量吸收＜ | 1W，所有通道 | |
| | 0.5L1²×开关速率 | | |
| | 嵌位电压限制 | ±48V | |
| | 输出延时 | | |
| | Off 到 On（Q0.0 和 Q0.1） | 2μs，最大 | |
| | On 到 Off（Q0.0 和 Q0.1） | 10μs，最大 | |
| | Off 到 On（Q0.2 和 Q0.3） | 15μs，最大 | |
| | On 到 Off（Q0.2 和 Q0.3） | 100μs，最大 | |
| | 开关频率（脉冲串输出） | | |
| | Q0.0 和 Q0.1 | 20kHz，最大 | 1kHz，最大 |
| | 继电器 | | |
| | 开关延时 | 100ms，最大 | |
| | 机械寿命（无负载） | 10 000 000 开/关循环 | |
| | 带标称负载时触点寿命 | 100 000 开/关循环 | |
| | 电缆长度 | | |
| | 不屏蔽 | 150m | |
| | 屏蔽 | 500m | |

| 类别 | 型号 | CPU 222 DC/DC/DC | CPU 222 AC/DC/继电器 |
|---|---|---|---|
| | 订货号 | 6ES7 212－1AB20－0XBO | 6ES7 212－1BB20－0XBO |
| | **总体特性** | | |
| | 外形尺寸（长×宽×高） | 90mm×80mm×62mm | |
| | 质量 | 270g | 310g |
| | 功耗 | 4W | 6W |
| | **CPU 特性** | | |
| | 本机数字输入 | 8 输入 | |
| | 本机数字输出 | 6 输出 | |
| | 高速计数器（32－位值） | | |
| | 　　总数 | 4 个高速计数器 | |
| | 　　单相计数器个数 | 4 个都是 20kHz 时钟速率 | |
| | 　　两相计数器个数 | 2 个都是 20kHz 时钟速率 | |
| | 脉冲输出 | 2 个，20kHz 脉冲速率 | |
| | 模拟电位器 | 1 位，8 位分辨率 | |
| | 时间中断 | 2 个，1ms 分辨率 | |
| | 边沿中断 | 4 个上升沿和/或 4 个下降沿 | |
| | 可选择的输入滤波器时间 | 7 个，范围为 0.2～12.8ms | |
| | 脉冲捕捉 | 6 个脉冲捕捉输入 | |
| CPU 222 性能参数 | 程序空间（永久保存） | 2048 字 | |
| | 数据块空间 | 1024 字 | |
| | 　　永久保存 | 1024 字 | |
| | 　　由超级电容或电池保存 | 1024 字 | |
| | 扩展模块的数量 | 2 个模块 | |
| | 最大的数字量 I/O | 256 | |
| | 最大的模拟量 I/O | 16A1/16AO | |
| | 内部存储器位 | 256 位 | |
| | 　　掉电永久保存 | 112 位 | |
| | 　　由超级电容或电池保存 | 256 位 | |
| | 定时器总数 | 256 定时器 | |
| | 　　由超级电容或电池保存 | 64 定时器 | |
| | 　　1ms | 4 定时器 | |
| | 　　10ms | 16 定时器 | |
| | 　　100ms | 236 定时器 | |
| | 计数器总数 | 256 计数器 | |
| | 　　由超级电容或电池保存 | 256 计数器 | |
| | 布尔量运算执行速度 | 0.37$\mu$s 每条指令 | |
| | 字传送的执行速度 | 34$\mu$s 每条指令 | |
| | 定时器/计数器执行速度 | 50～64$\mu$s 每条指令 | |
| | 单精度数学运算执行速度 | 46$\mu$s 每条指令 | |
| | 实数运算执行速度 | 100～400$\mu$s 每条指令 | |

71

| 类别 | 型号 | CPU 222 DC/DC/DC | CPU 222 AC/DC/继电器 |
|---|---|---|---|
| | 订货号 | 6ES7 212－1AB20－0XBO | 6ES7 212－1BB20－0XBO |
| **CPU 222 性能参数** | 超级电容的数据保存时间 | 50h/典型，8h/最小，40℃ | |
| | 本机通信 | | |
| | 通信口数 | 1 口 | |
| | 电气接口 | RS－485 | |
| | 隔离（外部信号到逻辑电路） | 不隔离 | |
| | PPI/MPI 波特率 | 9.6，19.2，187.5kBaud | |
| | 自由口波特率 | 0.3，0.6，1.2，2.4，4.8，9.6，19.2，38.4kBaud | |
| | 每网络段最大电缆长度 | | |
| | 　直到 38.4kBaud | 1200m | |
| | 　187.5kBaud | 1000m | |
| | 最大站数 | | |
| | 　每个网络段/每个网络 | 32 站/126 站 | |
| | 最大主站数 | 32 主站 | |
| | PPI 主站模式（NETR/NETW） | 是 | |
| | MPI 连接 | 共 4 个；2 保留 | |
| | | 一个给 PG，另一个给 OP | |
| | 可选的卡 | | |
| | 存储器卡（永远保存） | 程序、数据和组态 | |
| | 电池卡（数据保存时间） | 200 天/典型 | |
| | 时钟卡（时钟精确度） | 25℃时，2min/月 | |
| | | 0～55℃时，7min/月 | |
| | 电源 | | |
| | 电源电压允许范围 | 20.4～28.8V DC | 85～264V AC |
| | | | 47～63Hz |
| | 输入电流仅 CPU/最大负载 | 70/600mA，24V DC | 25/80mA，240V AC |
| | | | 25/180mA，120V AC |
| | 冲击电流（最大） | 10A，28.8V DC | 20A，264V AC |
| | 隔离（输入电源到逻辑电路） | 不隔离 | 1500V AC |
| | 保持时间（从断开电源） | 10ms，24V DC | 80ms，240V AC，20ms |
| | | | 120V AC |
| | 内部应用（用户不能替换） | 2A，250V，慢速熔断 | 2A，250V，慢速熔断 |
| | ＋5V 扩展 I/O 模块电源（最大） | 340mA | 340mA |
| | 24V DC 传感器电源输出 | | |
| | 电压范围 | 15.4～28.8V DC | 20.4～28.8V DC |
| | 最大电流 | 180mA | 180mA |
| | 纹波噪声 | 和电源相同 | 峰—峰值小于 1V（最大） |
| | 电流限制 | 600mA | 600mA |
| | 隔离（传感器到逻辑电路） | 不隔离 | 不隔离 |
| | 主机输入数 | 8 输入 | |

续表

| 类别 | 型号 | CPU 222 DC/DC/DC | CPU 222 AC/DC/继电器 |
|---|---|---|---|
| | 订货号 | 6ES7 212－1AB20－0XBO | 6ES7 212－1BB20－0XBO |
| CPU 222 性能参数 | 输入类型 | 汇型/源型（1EC Type 1 漏型） | |
| | 输入电压 | | |
| | 允许的最大连续值 | 30V DC | |
| | 浪涌 | 35V DC/0.5s | |
| | 标称值 | 24V DC/4mA，标准值 | |
| | 逻辑 1 信号（最小） | 15V DC/2.5mA，最小 | |
| | 逻辑 0 信号（最大） | 5V DC/1mA，最大 | |
| | 隔离（现场测到逻辑电路） | | |
| | 光电隔离 | 500V AC，1min | |
| | 隔离组 | 4 输入 | |
| | 输入延时 | | |
| | 滤波输入和中断输入 | 0.2～12.8ms，用户可选 | |
| | HSC 时钟输入速率 | | |
| | 单相 | | |
| | 　逻辑 1 电平＝15～30V DC | 20kHz | |
| | 　逻辑 1 电平＝15～26V DC | 30kHz | |
| | 两相 | | |
| | 　逻辑 1 电平＝15～30V DC | 10kHz | |
| | 　逻辑 1 电平＝15～26V DC | 20kHz | |
| | 输入特性 | | |
| | 连接 2 线接近开关传感器（Bero） | | |
| | 允许漏电流 | 最大 1mA | |
| | 电缆长度 | | |
| | 　不屏蔽（不是 HSC） | 300m | |
| | 　屏蔽 | 500m | |
| | 　屏蔽 HSC 输入 | 50m | |
| | 输入同时接通的数目 | | |
| | 40℃ | 8 输入 | |
| | 55℃ | 8 输入 | |
| | 输出特性 | | |
| | 主机输出数 | 6 输出 | |
| | 输出类型 | 固态－MOSFET | 继电器-干触点 |
| | 输出电压 | | |
| | 允许范围 | 20.4～28.8V DC | 5～30V DC 或 5～250V AC |
| | 标称值 | 24V DC | — |
| | 最大电流时逻辑 1 信号 | 20V DC，最小 | — |
| | 带 10kΩ 负载时逻辑 0 信号 | 0.1V DC，最大 | — |
| | 输出电流 | | |
| | 逻辑 1 信号 | 0.75A | 2.00A |

| 类别 | 型号 | CPU 222 DC/DC/DC | CPU 222 AC/DC/继电器 |
|---|---|---|---|
| | 订货号 | 6ES7 212－1AB20－0XBO | 6ES7 212－1BB20－0XBO |
| CPU 222 性能参数 | 输出组数 | 1 | 2 |
| | 输出接通个数（最多） | 6 输出 | 6 输出 |
| | 每组-水平安装（最多） | 6 输出 | 3 输出 |
| | 每组-垂直安装（最多） | 6 输出 | 3 输出 |
| | 每组的最大电流 | 4.5A | 6A |
| | 灯负载 | 5W | 30W DC/200W AC |
| | 接通电阻（触点电阻） | 0.3Ω | 当是新的时，最大是 0.002Ω |
| | 每点的漏电流 | 最大 10μA | — |
| | 浪涌电流 | 8A，100ms（最大） | 触点闭合时 7A |
| | 过载保护 | 无 | 无 |
| | 隔离 | | |
| | 光电隔离 | 500V AC，1min | — |
| | 隔离电阻 | — | 当是新的时，最小 100MΩ |
| | 线圈到触点的隔离 | — | 1500V AC，1min |
| | 触点间的距离 | — | 750V AC，1min |
| | 组 | 6 点 | 3 点 |
| | 感性负载嵌位 重复的能量吸收＜ 0.5L1²×开关速率 | 1W，所有通道 | |
| | 嵌位电压限制 | ±48V | |
| | 输出延时 | | |
| | Off 到 On（Q0.0 和 Q0.1） | 2μs，最大 | |
| | On 到 Off（Q0.0 和 Q0.1） | 10μs，最大 | |
| | Off 到 On（Q0.2 和 Q0.5） | 15μs，最大 | |
| | On 到 Off（Q0.2 和 Q0.5） | 100μs，最大 | |
| | 开关频率（脉冲串输出） | | |
| | Q0.0andQ0.1 | 20kHz，最大 | 1kHz，最大 |
| | 继电器 | | |
| | 开关延时 | 100ms，最大 | |
| | 机械寿命（无负载） | 10 000 000 开/关循环 | |
| | 带标称负载时触点寿命 | 100 000 开/关循环 | |
| | 电缆长度 | | |
| | 不屏蔽 | 150m | |
| | 屏蔽 | 500m | |
| CPU 224 性能参数 | 总体特性 | | |
| | 外形尺寸（长×宽×高） | 120.5mm×80mm×62mm | |
| | 质量 | 360g | 410g |
| | 功耗 | 8W | 9W |
| | CPU 特性 | | |

| 类别 | 型号 | CPU 224 DC/DC/DC | CPU 224 AC/DC/继电器 |
|---|---|---|---|
| | 订货号 | 6ES7 214 - 1AD20 - 0XBO | 6ES7 214 - 1BD20 - 0XBO |
| CPU 224 性能 参数 | 本机数字输入 | 14 路数字量输入 | |
| | 本机数字输出 | 10 路数字量输出 | |
| | 高速计数器（32 - 位值） | | |
| | 　　总数 | 6 个高速计数器 | |
| | 　　单相计数器个数 | 6 个都是 20kHz 时钟速率 | |
| | 　　两相计数器个数 | 4 个都是 20kHz 时钟速率 | |
| | 脉冲输出 | 2 个，20kHz 脉冲速率 | |
| | 模拟电位器 | 1 个，8 位分辨率 | |
| | 时间中断 | 2 个，1ms 分辨率 | |
| | 边沿中断 | 4 个上升沿和/或 4 个下降沿 | |
| | 可选择的输入滤波器时间 | 7 个，范围 0.2～12.8ms | |
| | 脉冲捕捉 | 14 个脉冲捕捉输入 | |
| | 时钟（时钟精度） | 25℃时，2min/月 | |
| | | 0～55℃时，7min/月 | |
| | 程序空间（永久保存） | 4096 字 | |
| | 数据块空间 | 2560 字 | |
| | 　　永久保存 | 2560 字 | |
| | 　　由超级电容或电池保存 | 2560 字 | |
| | 扩展模块的数量 | 7 个模块 | |
| | 最大的数字量 I/O | 256 | |
| | 最大的模拟量 I/O | 16A1/16A0 | |
| | 内部存储器位 | 256 位 | |
| | 　　掉电永久保存 | 112 位 | |
| | 　　由超级电容或电池保存 | 256 位 | |
| | 定时器总数 | 256 定时器 | |
| | 　　由超级电容或电池保存 | 64 定时器 | |
| | 　　1ms | 4 定时器 | |
| | 　　10ms | 16 定时器 | |
| | 　　100ms | 236 定时器 | |
| | 计数器总数 | 256 计数器 | |
| | 　　由超级电容或电池保存 | 256 计数器 | |
| | 布尔量运算执行速度 | 0.37$\mu$s 每条指令 | |
| | 字传送的执行速度 | 34$\mu$s 每条指令 | |
| | 定时器/计数器执行速度 | 50～64$\mu$s 每条指令 | |
| | 单精度数学运算执行速度 | 46$\mu$s 每条指令 | |
| | 实数运算执行速度 | 100～400$\mu$s 每条指令 | |
| | 超级电容的数据保存时间 | 50h/典型，8h/最小，40℃ | |
| | 本机通信 | | |

| 类别 | 型号 | CPU 224 DC/DC/DC | CPU 224 AC/DC/继电器 |
|---|---|---|---|
| | 订货号 | 6ES7 214－1AD20－0XBO | 6ES7 214－1BD20－0XBO |
| CPU 224 性能参数 | 通信口数 | 1 口 | |
| | 电气接口 | RS－485 | |
| | 隔离（外部信号到逻辑电路） | 不隔离 | |
| | PPI/MPI 波特率 | 9.6，19.2，187.5kBaud | |
| | 自由口波特率 | 0.3，0.6，1.2，2.4，4.8，9.6，19.2，38.4kBaud | |
| | 每网络段最大电缆长度 | | |
| |     直到 38.4kBaud | 1200m | |
| |     187.5kBaud | 1000m | |
| | 最大站数 | | |
| |     每个网络段/每个网络 | 32 站/126 站 | |
| | 最大主站数 | 32 主站 | |
| | PPI 主站模式（NETR/NETW） | 是 | |
| | MPI 连接 | 共 4 个；2 保留 | |
| | | 一个给 PG，另一个给 OP | |
| | 可选的卡 | | |
| | 存储器卡（永远保存） | 程序、数据和组态 | |
| | 电池卡（数据保存时间） | 200 天/典型 | |
| | 电源 | | |
| | 电源电压允许范围 | 20.4～28.8V DC | 85～264V AC |
| | | | 47～63Hz |
| | 输入电流仅 CPU/最大负载 | 120/900mA，24V DC | 35/80mA，240V AC |
| | | | 35/180mA，120V AC |
| | 冲击电流（最大） | 10A，28.8V DC | 20A，264V AC |
| | 隔离（输入电源到逻辑电路） | 不隔离 | 1500V AC |
| | 保持时间（从断开电源） | 10ms，24V DC | 80ms，240V AC，20ms |
| | | | 120V AC |
| | 内部应用（用户不能替换） | 2A，250V，慢速熔断 | 2A，250V，慢速熔断 |
| | ＋5V 扩展 I/O 模块电源（最大） | 660mA | 660mA |
| | 24V DC 传感器电源输出 | | |
| | 电压范围 | 15.4～28.8V DC | 20.4～28.8V DC |
| | 最大电流 | 180mA | 180mA |
| | 纹波找声噪声 | 和电源相同 | 峰峰值小于 1V（最大） |
| | 电流限制 | 600mA | 600mA |
| | 隔离（传感器到逻辑电路） | 不隔离 | 不隔离 |
| | 主机输入数 | 14 输入 | |
| | 输入类型 | 汇型/源型（1EC Type 1 漏型） | |
| | 输入电压 | | |
| | 允许的最大连续值 | 30V DC | |
| | 浪涌 | 35V DC/0.5s | |

续表

| 类别 | 型号 | CPU 224 DC/DC/DC | CPU 224 AC/DC/继电器 |
|---|---|---|---|
| | 订货号 | 6ES7 214－1AD20－0XBO | 6ES7 214－1BD20－0XBO |
| CPU 224 性能 参数 | 标称值<br>逻辑 1 信号（最小）<br>逻辑 0 信号（最大） | 24V DC/4mA，标准值<br>15V DC/2.5mA，最小<br>5V DC/1mA，最大 | |
| | 隔离（现场侧到逻辑电路）<br>光电隔离<br>隔离组 | <br>500V AC，1min<br>8 点和 6 点 | |
| | 输入延时<br>滤波输入和中断输入 | <br>0.2～12.8ms，用户可选 | |
| | HSC 时钟输入速率<br>　单相<br>　　逻辑 1 电平＝15～30V DC<br>　　逻辑 1 电平＝15～26V DC<br>　两相<br>　　逻辑 1 电平＝15～30V DC<br>　　逻辑 1 电平＝15～26V DC | <br><br><br>20kHz<br>30kHz<br><br>10kHz<br>20kHz | |
| | 连接 2 线接近开关传感器（Bero）<br>允许漏电流 | <br>最大 1mA | |
| | 输入特性 | | |
| | 电缆长度<br>　不屏蔽（不是 HSC）<br>　屏蔽<br>　屏蔽 HSC 输入 | <br>300m<br>500m<br>50m | |
| | 输入同时接通的数目<br>40℃<br>55℃ | <br>14 输入<br>14 输入 | |
| | 输出特性 | | |
| | 主机输出数<br>输出类型 | 10 输出<br>固态－MOSFET | 继电器-干触点 |
| | 输出电压<br>允许范围<br>标称值<br>最大电流时逻辑 1 信号<br>带 10kΩ 负载时逻辑 0 信号 | <br>20.4～28.8V DC<br>24V DC<br>20V DC，最小<br>0.1V DC，最大 | <br>5～30V DC 或 5～250V AC<br>—<br>—<br>— |
| | 输出电流<br>逻辑 1 信号<br>输出组数<br>输出接通个数（最多）<br>每组-水平安装（最多）<br>每组-垂直安装（最多） | <br>0.75A<br>2<br>10<br>5<br>5 | <br>2.00A<br>3<br>10<br>4/3/3<br>4/3/3 |

| 类别 | 型号 | CPU 224 DC/DC/DC | CPU 224 AC/DC/继电器 |
|---|---|---|---|
| | 订货号 | 6ES7 214－1AD20－0XBO | 6ES7 214－1BD20－0XBO |
| CPU 224 性能参数 | 每组的最大电流 | 3.75A | 8A |
| | 灯负载 | 5W | 30W DC/200W AC |
| | 接通电阻（触点电阻） | 0.3Ω | 当是开始使用时，最大是 0.002Ω |
| | 每点的漏电流 | 最大 10μA | |
| | 浪涌电流 | 8A，100ms（最大） | 触点闭合时 7A |
| | 过载保护 | 无 | 无 |
| | 隔离 | | |
| | 光电隔离 | 500V AC，1min | — |
| | 隔离电阻 | — | 当是新的时，最小 100MΩ |
| | 线圈到触点的隔离 | — | 1500V AC，1min |
| | 触点间的隔离 | — | 750V AC，1min |
| | 组 | 5 点 | 4 点/3 点/3 点 |
| | 感性负载嵌位 | | |
| | 　重复的能量吸收＜ | 1W，所有通道 | |
| | 　0.5L1²×开关速率 | | |
| | 嵌位电压限制 | ±48V | |
| | 输出延时 | | |
| | Off 到 On（Q0.0 和 Q0.1） | 2μs，最大 | |
| | On 到 Off（Q0.0 和 Q0.1） | 10μs，最大 | |
| | Off 到 On（Q0.2 和 Q0.5） | 15μs，最大 | |
| | On 到 Off（Q0.2 和 Q0.5） | 100μs，最大 | |
| | 开关频率（脉冲串输出） | | |
| | Q0.0andQ0.1 | 20kHz，最大 | 1kHz，最大 |
| | 继电器 | | |
| | 开关延时 | — | 100ms，最大 |
| | 机械寿命（无负载） | — | 10 000 000 开/关循环 |
| | 带标称负载时触点寿命 | — | 100 000 开/关循环 |
| | 电缆长度 | | |
| | 不屏蔽 | 150m | |
| | 屏蔽 | 500m | |

| 类别 | 型号 | CPU 226 DC/DC/DC | CPU 226 AC/DC/继电器 |
|---|---|---|---|
| | 订货号 | 6ES7 216－1AD21－0XBO | 6ES7 216－1BD21－0XBO |
| CPU 226 性能参数 | 总体特性 | | |
| | 外形尺寸（长×宽×高） | 196mm×80mm×62mm | |
| | 质量 | 550g | 660g |
| | 功耗 | 11W | 17W |
| | CPU 特性 | | |
| | 本机数字输入 | 24 路数字量输入 | |
| | 本机数字输出 | 16 路数字量输入 | |

续表

| 类别 | 型号 | CPU 226 DC/DC/DC | CPU 226 AC/DC/继电器 |
|---|---|---|---|
| | 订货号 | 6ES7 216 - 1AD21 - 0XBO | 6ES7 216 - 1BD21 - 0XBO |
| CPU 226 性能参数 | 高速计数器（32 - 位值） | | |
| |   总数 | 6 个高速计数器 | |
| |     单相计数器个数 | 6 个都是 20kHz 时钟速率 | |
| |     两相计数器个数 | 4 个都是 20kHz 时钟速率 | |
| | 脉冲输出 | 2 个，20kHz 脉冲速率 | |
| | 模拟电位器 | 2 位，8 位分辨率 | |
| | 时间中断 | 2 个，1ms 分辨率 | |
| | 边沿中断 | 4 个上升沿和/或 4 个下降沿 | |
| | 可选择的输入滤波器时间 | 7 个，范围为 0.2～12.8ms | |
| | 脉冲捕捉 | 14 个脉冲捕捉输入 | |
| | 时钟（时钟精度） | 25℃时，2min/月 | |
| | | 0～55℃时，7min/月 | |
| | 程序空间（永久保存） | 4096 字 | |
| | 数据块空间 | 2560 字 | |
| |   永久保存 | 2560 字 | |
| |   由超级电容或电池保存 | 2560 字 | |
| | 扩展模块的数量 | 7 个模块 | |
| | 最大的数字量 I/O | 256 | |
| | 最大的模拟量 I/O | 32A1/32A0 | |
| | 内部存储器位 | 256 位 | |
| |   掉电永久保存 | 112 位 | |
| |   由超级电容或电池保存 | 256 位 | |
| | 定时器总数 | 256 定时器 | |
| |   由超级电容或电池保存 | 64 定时器 | |
| |   1ms | 4 定时器 | |
| |   10ms | 16 定时器 | |
| |   100ms | 236 定时器 | |
| | 计数器总数 | 256 计数器 | |
| |   由超级电容或电池保存 | 256 计数器 | |
| | 布尔量运算执行速度 | 0.37$\mu$s 每条指令 | |
| | 字传送的执行速度 | 34$\mu$s 每条指令 | |
| | 定时器/计数器执行速度 | 50～64$\mu$s 每条指令 | |

| 类别 | 型号 | CPU 226 DC/DC/DC | CPU 226 AC/DC/继电器 |
|---|---|---|---|
| | 订货号 | 6ES7 216－1AD21－0XBO | 6ES7 216－1BD21－0XBO |
| CPU 226 性能参数 | 单精度数学运算执行速度 | 46μs 每条指令 | |
| | 实数运算执行速度 | 100～400μs 每条指令 | |
| | 超级电容的数据保存时间 | 190h/典型，40℃时最小，120h | |
| | 本机通信 | | |
| | 通信口数 | 2 口 | |
| | 电气接口 | RS－485 | |
| | 隔离（外部信号到逻辑电路） | 不隔离 | |
| | PPI/MPI 波特率 | 9.6，19.2，187.5kBaud | |
| | 自由口波特率 | 0.3，0.6，1.2，2.4，4.8，9.6，19.2，38.4kBaud | |
| | 每网络段最大电缆长度 | | |
| | 　直到 38.4kBaud | 1200m | |
| | 　187.5kBaud | 1000m | |
| | 最大站数 | | |
| | 　每个网络段/每个网络 | 32 站/126 站 | |
| | 最大主站数 | 32 主站 | |
| | PPI 主站模式（NETR/NETW） | 是 | |
| | MPI 连接 | 共 4 个；2 保留 | |
| | | 一个给 PG，另一个给 OP | |
| | 可选的卡 | | |
| | 存储器卡（永远保存） | 程序、数据和组态 | |
| | 电池卡（数据保存时间） | 200 天/典型 | |
| | 电源 | | |
| | 电源电压允许范围 | 20.4～28.8V DC | 85～264V AC |
| | | | 47～63Hz |
| | 输入电流仅 CPU/最大负载 | 150/1050mA，24V DC | 40/160mA，240V AC |
| | | | 80/320mA，120V AC |
| | 冲击电流（最大） | 10A，28.8V DC | 20A，264V AC |
| | 隔离（输入电源到逻辑电路） | 不隔离 | 1500V AC |
| | 保持时间（从断开电源） | 10ms，24V DC | 80ms，240V AC，20ms |
| | | | 120V AC |
| | 内部熔断（用户不能替换） | 3A，250V，慢速熔断 | 2A，250V，慢速熔断 |
| | ＋5V 扩展 I/O 模块电源（最大） | 1000mA | |
| | 24V DC 传感器电源输出 | | |
| | 电压范围 | 15.4～28.8V DC | 20.4～28.8V DC |
| | 最大电流 | 400mA | 400mA |
| | 纹波噪声 | 和电源相同 | 峰—峰值小于 1V（最大） |
| | 电流限制 | 约 1.5A | 约 1.5A |
| | 隔离（传感器到逻辑电路） | 不隔离 | 不隔离 |

| 类别 | 型号 | CPU 226 DC/DC/DC | CPU 226 AC/DC/继电器 |
|---|---|---|---|
| | 订货号 | 6ES7 216－1AD21－0XBO | 6ES7 216－1BD21－0XBO |
| CPU 226 性能参数 | **输入特性** | | |
| | 主机输入数 | 24 输入 | |
| | 输入类型 | 汇型/源型（1EC Type 1 漏型） | |
| | **输入电压** | | |
| | 允许的最大连续值 | 30V DC | |
| | 浪涌 | 35V DC/0.5s | |
| | 标称值 | 24V DC/4mA，标准值 | |
| | 逻辑 1 信号（最小） | 15V DC/2.5mA，最小 | |
| | 逻辑 0 信号（最大） | 5V DC/1mA，最大 | |
| | **隔离（现场侧到逻辑电路）** | | |
| | 光电隔离 | 500V AC，1min | |
| | 隔离组 | 13 点和 11 点 | |
| | **输入延时** | | |
| | 滤波输入和中断输入 | 0.2～12.8ms，用户可选 | |
| | **HSC 时钟输入速率** | | |
| | 单相 | | |
| | 　逻辑 1 电平＝15～30V DC | 20kHz | |
| | 　逻辑 1 电平＝15～26V DC | 30kHz | |
| | 两相 | | |
| | 　逻辑 1 电平＝15～30V DC | 10kHz | |
| | 　逻辑 1 电平＝15～26V DC | 20kHz | |
| | **输入特性** | | |
| | 连接 2 线接近开关传感器（Bero） | | |
| | 允许漏电流 | 最大 1mA | |
| | **电缆长度** | | |
| | 　不屏蔽（不是 HSC） | 300m | |
| | 　屏蔽 | 500m | |
| | 　屏蔽 HSC 输入 | 50m | |
| | **输入同时接通的数目** | | |
| | 40℃ | 24 输入 | |
| | 55℃ | 24 输入 | |
| | **输出特性** | | |
| | 主机输出数 | 16 输出 | |
| | 输出类型 | 固态－MOSFET | 继电器—干触点 |
| | **输出电压** | | |
| | 允许范围 | 20.4～28.8V DC | 5～30V DC 或 5～250V AC |
| | 标称值 | 24V DC | — |
| | 最大电流时逻辑 1 信号 | 20V DC，最小 | — |
| | 带 10kΩ 负载时逻辑 0 信号 | 0.1V DC，最大 | — |

| 类别 | 型号 | CPU 226 DC/DC/DC | CPU 226 AC/DC/继电器 |
|---|---|---|---|
| | 订货号 | 6ES7 216－1AD21－0XBO | 6ES7 216－1BD21－0XBO |
| CPU 226 性能参数 | 输出电流 | | |
| | 逻辑1信号 | 0.75A | 2.00A |
| | 输出组数 | 2 | 3 |
| | 输出接通个数（最多） | 16 | 16 |
| | 每组-水平安装（最多） | 8 | 4/5/7 |
| | 每组-垂直安装（最多） | 8 | 4/5/7 |
| | 每组的最大电流 | 6A | 10A |
| | 灯负载 | 5W | 30W DC/200W AC |
| | 接通电阻（触点电阻） | 0.3Ω | 当是开始使用时，最大是0.2Ω |
| | 每点的漏电流 | 最大 10μA | — |
| | 浪涌电流 | 8A，100ms（最大） | 触点闭合时 7A |
| | 过载保护 | 无 | 无 |
| | 隔离（现场测到逻辑电路） | | |
| | 光电隔离 | 500V AC，1min | — |
| | 隔离电阻 | — | 当是新的时，最小100MΩ |
| | 线圈到触点的隔离 | — | 1500V AC，1min |
| | 触点间的隔离 | — | 750V AC，1min |
| | 组 | 8 点 | 4 点/5 点/7 点 |
| | 感性负载嵌位 | | |
| | 重复的能量吸收＜ 0.5L1²×开关速率 | 1W，所有通道 | |
| | 嵌位电压限制 | L±48V | |
| | 输出延时 | | |
| | Off 到 On（Q0.0 和 Q0.1） | 2μs，最大 | |
| | On 到 Off（Q0.0 和 Q0.1） | 10μs，最大 | |
| | Off 到 On（Q0.2 和 Q1.7） | 15μs，最大 | |
| | On 到 Off（Q0.2 和 Q1.7） | 100μs，最大 | |
| | 开关频率（脉冲串输出） Q0.0andQ0.1 | 20kHz，最大 | 1kHz，最大 |
| | 继电器 开关延时 | 100ms，最大 | |
| | 机械寿命（无负载） | 10 000 000 开/关循环 | |
| | 带标称负载时触点寿命 | 100 000 开/关循环 | |
| | 电缆长度 不屏蔽 | 150m | |
| | 屏蔽 | 500m | |

### 3.2.2 数字量输入/输出模块

S7-200 系列数字量输入/输出模块有 EM221 24V DC 数字量输入模块、EM222 24V DC 输出和继电器输出模块、EM223 24V DC4 输入/4 输出和 EM223 24V DC4 输入/4 继电器输出模块、EM223 数字量混合模块（8 输入/8 输出）、EM223 数字量混合模块（16 输入/16 输出）。在 S7-

200 主机输入/输出点数不能满足数字量控制需要时，可以根据需要且要与主机处理数据能力相匹配的条件下，选用适当的数字输入/输出模块。EM221 24V DC 8 数字量输入模块技术规范见表 3 - 8。EM222 24V DC 输出和继电器输出模块技术规范见表 3 - 9。EM223 24V DC4 输入/4 输出和 EM223 24V DC4 输入/4 继电器输出模块技术规范见表 3 - 10。EM223 数字量混合 8 输入/8 输出模块技术规范见表 3 - 11。EM223 数字量混合 16 输入/16 输出模块技术规范见表 3 - 12。

表 3 - 8　　　　　　　　　　　**EM221 24V DC8 数字量输入模块技术规范**

| 类型 | 型号 | EM221 24V DC，8 输入 |
|---|---|---|
| | 订货号 | 6ES7 221 - 1BF20 - 0XAO |
| CPU 226 性能参数 | 外形尺寸（长×宽×高）<br>质量<br>功耗 | 46mm×80mm×62mm<br>150g<br>2W |
| | 输入特性 | |
| | 本机输入点数 | 8 路数字量输入 |
| | 输入类型 | 漏型/源型（IEC Type 1 漏型） |
| | 输入电压 | |
| | 允许的最大连续值 | 30V DC |
| | 浪涌 | 35V DC/0.5s |
| | 标称值 | 24V DC/4mA，标准值 |
| | 逻辑 1 信号（最小） | 15V DC/2.5mA，最小 |
| | 逻辑 0 信号（最大） | 5V DC/1mA，最大 |
| | 隔离 | |
| | 光电隔离 | 500V AC，1min |
| | 隔离组 | 4 点 |
| | 输入延时 | |
| | 最大 | 4.5ms |
| | 连接 2 线接近开关传感器（Bero） | |
| | 允许漏电流 | 最大 1mA |
| | 电缆长度 | |
| | 不屏蔽 | 350m |
| | 屏蔽 | 500m |
| | 同时接通的输入数 | |
| | 40℃ | 8 |
| | 55℃ | 8 |
| | 电能消耗 | |
| | ＋5V DC（从 I/O 总线） | 30mA |

表 3 - 9　　　　　　　　　　**EM222 24V DC 输出和继电器输出模块技术规范**

| 类型 | 型号 | EM222 24V DC 输出 | EM222 继电器输出 |
|---|---|---|---|
| | 订货号 | 6ES7 222 - 1BF20 - 0XAO | 6ES7 222 - 1HF20 - 0XAO |
| 总体特性 | 外形尺寸（长×宽×高） | 46mm×80mm×62mm | 46mm×80mm×62mm |
| | 质量 | 150g | 170g |
| | 功耗 | 2W | 2W |

| 类型 | 型号 | EM222 24V DC 输出 | EM222 继电器输出 |
|---|---|---|---|
| | 订货号 | 6ES7 222 - 1BF20 - 0XAO | 6ES7 222 - 1HF20 - 0XAO |
| 输出特性 | 输出点数 | 8 路数字输出 | 8 路数字输出 |
| | 输出类型 | 固态 - MOSFET | 继电器，干触点 |
| | 输出电压 | | |
| | 允许范围 | 20.4～28.8V DC | |
| | 标称值 | 24V DC | |
| | 最大电流时逻辑 1 信号 | 20V DC，最小 | |
| | 带 10kΩ 负载时，逻辑 0 信号 | 0.1V DC，最大 | |
| | 输出电流 | | |
| | 逻辑 1 信号 | 0.75A | 2.00A |
| | 输出组数 | 2 | 2 |
| | 输出接通个数（最多） | 8 | 8 |
| | 每组—水平安装（最多） | 4 | 4 |
| | 每组—垂直安装（最多） | 4 | 4 |
| | 每组的最大电流 | 3A | 8A |
| | 灯负载 | 5W | 30W DC/200W AC |
| | 接通电阻（触点电阻） | 0.3Ω | 当是开始使用时，最大 0.002Ω |
| | 每点的漏电流 | 10μA 最大 | — |
| | 浪涌电流 | 8A，100ms（最大） | 7A 触点闭合时 |
| | 过流保护 | 无 | 无 |
| | 隔离 | | |
| | 光电隔离 | 500V AC，1min | |
| | 隔离电阻 | — | 当开始使用时，最小 100MΩ |
| | 线圈到触点的隔离 | — | 1500V AC，1min |
| | 触点间的隔离 | — | 750V AC，1min |
| | 每组 | 4 点 | 4 点 |
| | 感性负载嵌位 | | |
| | 　重复的能量吸收＜ | 1W，所有通道 | — |
| | 0.5L1$^2$×开关速率 | | |
| | 嵌位电压限制 | ±48V | — |
| | 输出延时 | | |
| | Off 到 On | 50μs，最大 | — |
| | On 到 Off | 200μs，最大 | — |
| | 继电器 | | |
| | 开关延时 | — | 10ms，最大 |
| | 机械寿命（无负载） | — | 10 000 000 开/关循环 |
| | 带标称负载时触点寿命 | — | 100 000 开/关循环 |
| | 电缆长度 | | |
| | 不屏蔽 | 150m | 150m |
| | 屏蔽 | 500m | 500m |

| 类型 | | 型号 | EM222 24V DC 输出 | EM222 继电器输出 |
|---|---|---|---|---|
| | | 订货号 | 6ES7 222－1BF20－0XAO | 6ES7 222－1HF20－0XAO |
| 输出特性 | | 电能消耗 | | |
| | | 从＋5V DC（从I/O总数） | 50mA | 40mA |
| | | 从L＋ | — | 当接通时每点为9mA |
| | | L＋线圈电源电压范围 | — | 20.4～28.8V DC |

表 3－10　　　**EM223 24V DC4 输入/4 输出和 EM223 24V DC**

**4 输入/4 继电器输出模块技术规范**

| 类型 | | 型号 | EM223 D14/D04×24V DC | EM223 D14/D04×继电器 |
|---|---|---|---|---|
| | | 订货号 | 6ES7 223－1BF20－0XAO | 6ES7 223－1HF20－0XAO |
| 总体特性 | | 外形尺寸（长×宽×高） | 46mm×80mm×62mm | 46mm×80mm×62mm |
| | | 质量 | 160g | 170g |
| | | 功耗 | 2W | 2W |
| 输入特性 | | 输入点数 | 4 输入 | 4 输入 |
| | | 输入类型 | 漏型/源型（IEC Type 1 漏型） | 漏型/源型（IEC Type 1 漏型） |
| | | 输入电压 | | |
| | | 允许最大连续值 | 30V DC | 30V DC |
| | | 浪涌 | 35V DC/0.5s | 35V DC/0.5s |
| | | 标称值 | 24V DC/4mA，标准值 | 24V DC/4mA，标准值 |
| | | 逻辑 1 信号（最小） | 15V DC/2.5mA，最小 | 15V DC/2.5mA，最小 |
| | | 逻辑 0 信号（最大） | 5V DC/1mA，最大 | 5V DC/1mA，最大 |
| | | 隔离 | | |
| | | 光电隔离 | 500V AC，1min | 500V AC，1min |
| | | 隔离组 | 4 点 | 4 点 |
| | | 输入延时 | | |
| | | 最大 | 4.5ms | 4.5ms |
| | | 连接 2 线接近开关传感器（Bero） | | |
| | | 允许漏电流 | 最大 1mA | 最大 1mA |
| | | 电缆长度 | | |
| | | 不屏蔽 | 300m | 300m |
| | | 屏蔽 | 500m | 500m |
| | | 同时接通的输入数 | | |
| | | 40℃ | 4 | 4 |
| | | 55℃ | 4 | 4 |
| 输出特性 | | 输出点数 | 4 | 4 |
| | | 输出类型 | 固态－MOSFET | 继电器，干触点 |
| | | 输出电压 | | |
| | | 允许范围 | 20.4～28.8V DC | 5～30V DC 或 5～250V AC |

| 类型 | 型号 | EM223 D14/D04×24V DC | EM223 D14/D04×继电器 |
|---|---|---|---|
| | 订货号 | 6ES7 223-1BF20-0XAO | 6ES7 223-1HF20-0XAO |
| 输出特性 | 标称值 | 24V DC | — |
| | 最大电流时逻辑1信号 | 20V DC，最小 | — |
| | 带10kΩ负载时，逻辑0信号 | 0.1V DC，最大 | — |
| | 输出电流 | | |
| | 逻辑1信号 | 0.75A | 2.00A |
| | 输出组数 | 1 | 1 |
| | 输出接通个数（最多） | 4 | 4 |
| | 每组-水平安装（最多） | 4 | 4 |
| | 每组-垂直安装（最多） | 4 | 4 |
| | 每组的最大电流 | 3A | 8A |
| | 灯负载 | 5W | 30W DC/200W AC |
| | 接通电阻（触点电阻） | 0.3Ω | 当是开始使用时，最大0.2Ω |
| | 每点的漏电流 | 10μA 最大 | — |
| | 浪涌电流 | 8A，100ms（最大） | 7A 触点闭合时 |
| | 过电流保护 | 无 | 无 |
| | 隔离 | | |
| | 光电隔离 | 500V AC，1min | — |
| | 隔离电阻 | — | 当开始使用时，最小100MΩ |
| | 线圈到触点的隔离 | — | 1500V AC，1min |
| | 触点间的隔离 | — | 750V AC，1min |
| | 每组 | 4 点 | 4 点 |
| | 感性负载嵌位 | | |
| | 重复的能量吸收＜ | 1W，所有通道 | — |
| | $0.5L1^2×$开关速率 | | |
| | 嵌位电压限制 | ±48V | — |
| | 输出延时 | | |
| | Off 到 On | 50μs，最大 | — |
| | On 到 Off | 200μs，最大 | — |
| | 继电器 | | |
| | 开关延时 | — | 10ms，最大 |
| | 机械寿命（无负载） | — | 10 000 000 开/关循环 |
| | 带标称负载时触点寿命 | — | 100 000 开/关循环 |
| | 电缆长度 | | |
| | 不屏蔽 | 150m | 150m |
| | 屏蔽 | 500m | 500m |
| | 电能消耗 | | |
| | 从＋5V DC（从I/O总线） | 40mA | 40mA |
| | 从L＋ | — | 当接通时每点为9mA |
| | L＋线圈电源电压范围 | — | 20.4～28.8V DC |

**表 3-11**　　　　　　　　　　　**EM223 数字量混合 8 输入/8 输出模块技术规范**

| 类型 | 型号 | EM223 24V DC 输入/输出 | EM223 24V DC 输入/继电器输出 |
|---|---|---|---|
| | 订货号 | 6ES7 223-1BH20-0XAO | 6ES7 223-1PH20-0XAO |
| 总体特性 | 外形尺寸（长×宽×高） | 71.2mm×80mm×62mm | 71.2mm×80mm×62mm |
| | 质量 | 200g | 300g |
| | 功耗 | 3W | 3W |
| | 输入点数 | 8 输入 | 8 输入 |
| | 输入类型 | 漏型/源型（IEC Type 1 漏型） | 漏型/源型（IEC Type 1 漏型） |
| | 输入电压 | | |
| | 允许最大连续值 | 30V DC | 30V DC |
| | 浪涌 | 35V DC/0.5s | 35V DC/0.5s |
| | 标称值 | 24V DC/4mA，标准值 | 24V DC/4mA，标准值 |
| | 逻辑 1 信号（最小） | 15V DC/2.5mA，最小 | 15V DC/2.5mA，最小 |
| | 逻辑 0 信号（最大） | 5V DC/1mA，最大 | 5V DC/1mA，最大 |
| | 隔离 | | |
| | 光电隔离 | 500V AC，1min | 500V AC，1min |
| | 隔离组 | 4 点 | 4 点 |
| | 输入延时 | | |
| | 最大 | 4.5ms | 4.5ms |
| | 连接 2 线接近开关传感器（Bero） | | |
| | 允许漏电流 | 最大 1mA | 最大 1mA |
| | 电缆长度 | | |
| | 不屏蔽 | 300m | 300m |
| | 屏蔽 | 500m | 500m |
| | 同时接通的输入数 | | |
| | 40℃ | 8 | 8 |
| | 55℃ | 8 | 8 |
| 输出特性 | 输出点数 | 8 路数字输出 | 8 路数字输出 |
| | 输出类型 | 固态-MOSFET | 继电器，干触点 |
| | 输出电压 | | |
| | 允许范围 | 20.4~28.8V DC | 5~30V DC 或 5~250V AC |
| | 标称值 | 24V DC | — |
| | 最大电流时逻辑 1 信号 | 20V DC，最小 | — |
| | 带 10kΩ 负载时，逻辑 0 信号 | 0.1V DC，最大 | — |
| | 输出电流 | | |
| | 逻辑 1 信号 | 0.75A | 2.00A |
| | 输出组数 | 2 | 2 |
| | 输出接通个数（最多） | 8 | 7 |
| | 每组-水平安装（最多） | 4 | 4 |
| | 每组-垂直安装（最多） | 4 | 4 |
| | 每组的最大电流 | 2A | 8A |
| | 灯负载 | 5W | 30W DC/200W AC |

续表

| 类型 | 型号 | EM223 24V DC 输入/输出 | EM223 24V DC 输入/继电器输出 |
|---|---|---|---|
| | 订货号 | 6ES7 223－1BH20－0XAO | 6ES7 223－1PH20－0XAO |
| 输出特性 | 接通电阻（触点电阻） | 0.3Ω | 当是开始使用时，最大 0.002Ω |
| | 每点的漏电流 | 10μA 最大 | — |
| | 浪涌电流 | 8A，100ms（最大） | 7A 触点闭合时 |
| | 过电流保护 | 无 | 无 |
| | 隔离 | | |
| | 光电隔离 | 500V AC，1min | — |
| | 隔离电阻 | — | 当开始使用时，最小 100MΩ |
| | 线圈到触点的隔离 | — | 1500V AC，1min |
| | 触点间的隔离 | — | 750V AC，1min |
| | 每组 | 4 点 | 4 点 |
| | 感性负载嵌位 | | |
| | 　重复的能量吸收＜ | 1W，所有通道 | — |
| | 　$0.5L\ I^2 \times$开关速率 | | |
| | 嵌位电压限制 | ±48V | — |
| | 输出延时 | | |
| | Off 到 On | 50μs，最大 | — |
| | On 到 Off | 200μs，最大 | — |
| | 继电器 | | |
| | 开关延时 | — | 10ms，最大 |
| | 机械寿命（无负载） | — | 10 000 000 开/关循环 |
| | 带标称负载时触点寿命 | — | 100 000 开/关循环 |
| | 电缆长度 | | |
| | 不屏蔽 | 150m | 150m |
| | 屏蔽 | 500m | 500m |
| | 电能消耗 | | |
| | 从＋5V DC（从 I/O 总线） | 100mA | 80mA |
| | 从 L＋ | — | 当接通时每点为 9mA |
| | L＋线圈电源电压范围 | — | 20.4～28.8V DC |

表 3－12　　　　EM223 数字量混合 16 输入/16 输出模块技术规范

| 类型 | 型号 | EM223 DI16/DO16×DC24V | EM223 DI16/DO16×DC24V/Rly |
|---|---|---|---|
| | 订货号 | 6ES7 223－1BH20－0XAO | 6ES7 223－1PH20－0XAO |
| 总体特性 | 外形尺寸（长×宽×高） | 137.3mm×80mm×62mm | 137.3mm×80mm×62mm |
| | 质量 | 360g | 400g |
| | 功耗 | 6W | 6W |

| 类型 | 型号 | EM223 DI16/DO16×DC24V | EM223 DI16/DO16×DC24V/Rly |
|---|---|---|---|
| | 订货号 | 6ES7 223－1BH20－0XAO | 6ES7 223－1PH20－0XAO |
| 输入特性 | 输入点数 | 16 输入 | 16 输入 |
| | 输入类型 | 漏型/源型（IEC Type 1 漏型） | 漏型/源型（IEC Type 1 漏型） |
| | 输入电压 | | |
| | 允许最大连续值 | 30V DC | 30V DC |
| | 浪涌 | 35V DC/0.5s | 35V DC/0.5s |
| | 标称值 | 24V DC/4mA，标准值 | 24V DC/4mA，标准值 |
| | 逻辑 1 信号（最小） | 15V DC/2.5mA，最小 | 15V DC/2.5mA，最小 |
| | 通信 0 信号（最大） | 5V DC/1mA，最大 | 5V DC/1mA，最大 |
| | 隔离 | | |
| | 光电隔离 | 500V AC，1min | 500V AC，1min |
| | 隔离组 | 8 点 | 8 点 |
| | 输入延时 | | |
| | 最大 | 4.5ms | 4.5ms |
| | 连接 2 线接近开关传感器（Bero） | | |
| | 允许漏电流 | 最大 1mA | 最大 1mA |
| | 电缆长度 | | |
| | 不屏蔽 | 300m | 300m |
| | 屏蔽 | 500m | 500m |
| | 同时接通的输入数 | | |
| | 40℃ | 16 | 16 |
| | 55℃ | 16 | 16 |
| 输出特性 | 输出点数 | 16 路数字输出 | 16 路数字输出 |
| | 输出类型 | 固态－MOSFET | 继电器，干触点 |
| | 输出电压 | | |
| | 允许范围 | 20.4～28.8V DC | 5～30V DC 或 5～250V AC |
| | 标称值 | 24V DC | — |
| | 最大电流时逻辑 1 信号 | 20V DC，最小 | — |
| | 带 10kΩ 负载时，逻辑 0 信号 | 0.1V DC，最大 | — |
| | 输出电流 | | |
| | 逻辑 1 信号 | 0.75A | 2.00A |
| | 输出组数 | 3 | 4 |
| | 输出接通个数（最多） | 16 | 16 |
| | 每组-水平安装（最多） | 4/4/8 | 4 |
| | 每组-垂直安装（最多） | 4/4/8 | 4 |
| | 每组的最大电流 | 3/3/6A | 8A |
| | 灯负载 | 5W | 30W DC/200W AC |
| | 接通电阻（触点电阻） | 0.3Ω | 当是开始使用时，最大 0.2Ω |
| | 每点的漏电流 | 10μA 最大 | — |
| | 浪涌电流 | 8A，100ms（最大） | 7A 触点闭合时 |

续表

| 类型 | 型号 | EM223 DI16/DO16×DC24V | EM223 DI16/DO16×DC24V/Rly |
|---|---|---|---|
| | 订货号 | 6ES7 223－1BH20－0XAO | 6ES7 223－1PH20－0XAO |
| 输出特性 | 过电流保护 | 无 | 无 |
| | 隔离<br>光电隔离<br>隔离电阻<br>线圈到触点的隔离<br>触点间的隔离<br>每组 | 500V AC，1min<br>—<br>—<br>—<br>4/4/8 点 | —<br>当开始使用时，最小 100MΩ<br>1500V AC，1min<br>750V AC，1min<br>4 点 |
| | 感性负载嵌位<br>　重复的能量吸收＜<br>　0.5L1²×开关速率<br>嵌位电压限制 | 1W，所有通道<br><br>±48V | —<br><br>— |
| | 输出延时<br>Off 到 On<br>On 到 Off | 50μs，最大<br>200μs，最大 | —<br>— |
| | 继电器<br>开关延时<br>机械寿命（无负载）<br>带标称负载时触点寿命 | —<br>—<br>— | 10ms，最大<br>100 000 00 开/关循环<br>100 000 开/关循环 |
| | 电缆长度<br>不屏蔽<br>屏蔽 | 150m<br>500m | 150m<br>500m |
| | 电能消耗<br>从＋5V DC（从 I/O 总线）<br>从 L＋<br>L＋线圈电源电压范围 | 160mA<br>—<br>— | 150mA<br>当接通时每点为 9mA<br>20.4～28.8V DC |

### 3.2.3　模拟量输入/输出模块

S7-200 系列模拟量输入/输出模块有 EM231、EM232 和 EM235 模拟量输入/输出组合模块。EM231、EM232 和 EM235 模拟量输入输出组合模块技术规范见表 3-13。EM231 热电偶、EM231 热电阻模块技术规范见表 3-14。

表 3-13　　　　EM231、EM232 和 EM235 模拟量输入/输出
组合模块技术规范

| 说明<br>订货号 | EM 231 A14×12 位<br>6ES7 231－0HC20<br>－0XAO | EM 232 AQ2×12 位<br>6ES7 231－0HB20<br>－0XAO | EM 235 A14/AQ1×12 位<br>6ES7 235－0KD20－0XAO | |
|---|---|---|---|---|
| | 输入技术范围 | 输出技术范围 | 输入技术范围 | 输出技术范围 |
| 通用技术规范 | | | | |
| 尺寸(W×H×D) | 71.2mm×80mm×62mm | 46mm×80mm×62mm | 71.2mm×80mm×62mm | |
| 质量 | 183g | 148g | 186g | |
| 功率损失(耗散) | 2W | 2W | 2W | |
| 物理 I/O 数量 | 4 模拟量输入点 | 2 模拟量输出点 | 4 模拟量输入点,1 模拟量输出点 | |

续表

| 说明<br>订货号 | EM 231 A14×12 位<br>6ES7 231－0HC20<br>－0XAO | EM 232 AQ2×12 位<br>6ES7 231－0HB20<br>－0XAO | EM 235 A14/AQ1×12 位<br>6ES7 235－0KD20－0XAO | |
|---|---|---|---|---|
| | 输入技术范围 | 输出技术范围 | 输入技术范围 | 输出技术范围 |
| 功耗<br>从＋5V DC<br>（从 I/O 总线） | 20mA | 20mA | 30mA | |
| 从 L＋ | 60mA | 70mA（2 个输出均为<br>20mA） | 60mA（输出 20mA） | |
| L＋电压范围<br>级 2 或 DC 传感器<br>供电 | 20.4～28.8 | 20.4～28.8 | 20.4～28.8 | |
| LED 指示器 | 24V DC 电源良好<br>ON＝没有故障<br>OFF＝无 24V DC 电源 | 24V DC 电源良好<br>ON＝没有故障<br>OFF＝无 24V DC 电源 | 24V DC 电源良好<br>ON＝没有故障<br>OFF＝无 24V DC 电源 | |
| | 输入技术规范 | 输出技术规范 | 输入技术规范 | 输出技术规范 |
| **模拟量输出技术规范** | | | | |
| 模拟量输出点数 | | 2 | | 1 |
| 隔离（现场测到<br>逻辑线路） | | 无 | | 无 |
| 信号范围<br>电压输出<br>电流输出 | | ±10V<br>0～20mA | | ＋10V<br>0～20mA |
| 分辨率全量程<br>电压<br>电流 | | 12 位<br>11 位 | | 12 位<br>11 位 |
| 数据字格式<br>电压<br>电流 | | －32000～＋32000<br>0～＋32000 | | －32000～＋32000<br>0～＋32000 |
| 精度<br>最差情况,(0～55℃)<br>电压输出<br>电流输出<br>典型情况（25℃）<br>电压输出<br>电流输出 | | 满量程的 2%<br>满量程的 2%<br><br>满量程的 0.5%<br>满量程的 0.5% | | 满量程的 2%<br>满量程的 2%<br><br>满量程的 0.5%<br>满量程的 0.5% |
| 设置时间<br>电压输出<br>电流输出 | | 100μs<br>2ms | | 100μs<br>2ms |
| 最大驱动<br>电压输出<br>电流输出 | | 最小 5000Ω<br>最大 500Ω | | 最小 5000Ω<br>最大 500Ω |

| 说明<br>订货号 | EM 231 A14×12 位<br>6ES7 231－0HC20<br>－0XAO | EM 232 AQ2×12 位<br>6ES7 231－0HB20<br>－0XAO | EM 235 A14/AQ1×12 位<br>6ES7 235－0KD20－0XAO | |
|---|---|---|---|---|
| | 输入技术范围 | 输出技术范围 | 输入技术范围 | 输出技术范围 |
| 数据字格式<br>双极性,全量程<br>范围<br>单极性,全量程<br>范围 | (见图 A-21)<br>－32000~＋32000<br>0~＋32000 | | (见图 A-21)<br>－32000~＋32000<br>0~＋32000 | |
| 输入阻抗 | ≥10MΩ | | ≥10MΩ | |
| 输入滤波器衰减 | －3db@3.1kHz | | －3db@3.1kHz | |
| 模拟量输入技术规范 | | | | |
| 最大输入电压 | 30V DC | | 30V DC | |
| 最大输入电流 | 32mA | | 32mA | |
| 分辨率 | 12 位 A/D 转换器 | | 12 位 A/D 转换器 | |
| 模拟量输入点数 | 4 | | 4 | |
| 隔离(现场测<br>到逻辑线路) | 无 | | 无 | |
| 输入类型 | 差分 | | 差分 | |
| 输入范围<br>电压(单极性)<br><br><br>电压(双极性)<br><br><br><br><br>电流 | 0~10V,0~5V<br><br><br>±5V,±2.5V<br><br><br><br><br>0~20mA | | 0~10V,0~5V<br>0~1V,0~500mV<br>0~100mV,0~50mV<br>±10V,±5V,±2.5V,<br>±500mV<br>±250mV,±100mV<br>±50mV,±25mV<br>0~20mA | |
| 输入分辨率<br>电压(单极性)<br>电压(双极性)<br>电流 | 见 EM231 输入/输出<br>模块配置 | | 见 EM235 输入/输出<br>模块配置 | |
| 模拟量到数字量<br>的转换时间 | ＜250μs | | ＜250μs | |
| 模拟量输入阶跃<br>响应 | 1.5ms 到 95% | | 1.5ms 到 95% | |
| 共模抑制 | 40dB,DC 到 60Hz | | 40dB,DC 到 60Hz | |
| 共模电压 | 信号电压加共模电压<br>(必须≤12V) | | 信号电压加共模电压<br>(必须≤12V) | |

92

表 3 - 14　　　　　　　　　　　　　　　**EM231 热电偶、EM231 热电阻模块技术规范**

| 型号 | EM 231 A14×热电偶 | EM231 A12×热电阻 |
|---|---|---|
| 订货号 | 6ES7 231 - 7PD20 - 0XAO | 6ES7 231 - 7PB20 - 0XAO |
| **通用技术规范** | | |
| 外形尺寸(W×H×D) | 71. 2mm×80mm×62mm | 71. 2mm×80mm×62mm |
| 重量 | 210g | 210g |
| 功耗 | 1. 8W | 1. 8W |
| 物理 I/O 点数 | 4 模拟量输入点 | 2 模拟量输入点 |
| 功耗<br>从 +5V DC(从 I/O 总线)<br>从 L+<br>L+电压范围,级 2 或<br>DC 传感器供电 | 87mA<br>60mA<br>20. 4～28. 8V DC | 87mA<br>60mA<br>20. 4～28. 8V DC |
| LED 指示器 | 24V DC 电源指示灯;ON = 无故障,OFF = 没有 24V DC 电源,SF 故障指示灯;ON = 模块故障,SF 闪烁 = 输入信号故障,OFF = 无故障 | 24V DC 电源指示灯;ON = 无故障,OFF = 没有 24V DC 电源,SF 故障指示灯;ON = 模块故障,SF 闪烁 = 输入信号故障,OFF = 无故障 |
| **模拟量输入技术规范** | | |
| 隔离<br>　现场测到逻辑<br>　现场测到 24V DC<br>　24V DC 到逻辑 | 500V AC<br>500V AC<br>500V AC | 500V AC<br>500V AC<br>500V AC |
| 共模输入范围<br>(输入通道到输入通道) | 120V AC | 0 |
| 共模抑制 | >120dB@ 120V AC | >120dB@ 120V AC |
| 输入类型 | 悬浮型热电偶 | 模块参考接地的热电阻 |
| 输入范围 | TC 类型(选择一种)<br>S,T,R,E,N,K,J<br>电压范围:+/−80mV | 热电阻类型(选择一种)<br>PT - 100Ω,200Ω,500,1000Ω(α 为 3850×$10^{-6}$,3920 × $10^{-6}$,3850. 55 × $10^{-6}$,3916 × $10^{-6}$,3902×$10^{-6}$)<br>Pt - 10,000Ω(α=3850×$10^{-6}$)<br>Cu - 9. 035Ω(α=4720×$10^{-6}$)<br>Ni - 10Ω,120Ω,1000Ω<br>(α 为 6720×$10^{-6}$,6178×$10^{-6}$)<br>R - 150Ω,300Ω,600ΩFS |
| 输入分辨率<br>温度<br>电压<br>电阻 | 0. 1℃/0. 1°F<br>15 位加符号位 | 0. 1°C/0. 1°F<br><br>15 位加符号位 |
| 测量原理 | Sigma→delta | Sigma→delta |
| 模块更新时间:所有通道 | 405ms | 405ms(Pt10000 为 700ms) |
| 导线长度 | 到传感器最长为 100m | 到传感器最长为 100 |

续表

| 型号 | EM 231 A14×热电偶 | EM231 A12×热电阻 |
| --- | --- | --- |
| 订货号 | 6ES7 231－7PD20－0XAO | 6ES7 231－7PB20－0XAO |
| 导线回路电阻 | 最大为100Ω | 20Ω,2.7Ω(Cumax) |
| 干扰抑制 | 85dB@50Hz/60Hz/400Hz | 85dB@50Hz/60Hz/400Hz |
| 数据字格式 | 电压：－27648～＋27648 | 电阻：－27648～＋27648 |
| 传感器最大散热 | | 1mW |
| 输入阻抗 | ＞1MΩ | ＞10MΩ |
| 最大输入范围 | 30V DC | 30V DC(检测),5V DC(源) |
| 分辨率 | 15位加符号位 | 15位加符号位 |
| 输入滤波器衰减 | －3dB@21kHz | －3dB@3.6kHz |

### 3.2.4　EM253 位控模块

EM253位移控制模块是S7-200的特殊功能模块，它能产生脉冲串，用于对速度和位置的开环控制。

EM253能够产生移动控制所需的脉冲串，其构成程序的信息存储在S7-200的V区中，由编程软件STEP7－Micro/WIN提供位控程序编制向导，在几分钟内完成对位控模块控制程序的组态，还提供一个软件控制面板，以便控制、监视和测试位控操作。

1.EM253的功能

（1）在每秒可发生12～200 000个脉冲，实现高速控制。

（2）可实现S形曲线急停和线性加速、减速。

（3）可用程序控制实现螺距加工中的误差补偿。

（4）可提供25组移动包络，每组可实现4种速度控制。

（5）可对控制模式提供4种参考点。

（6）提供可拆卸的接线端子，有5个数字输入和4个数字输出。

2.用控制面板监控位控模块

（1）显示、控制对位控模块的12种操作。

（2）显示并修改位控模块控制程序的组态。

（3）显示位控模块的诊断信息。

EM 253位控模块技术规范见表3-15。

表3-15　　　　　　　　　　　　　　　EM 253 位控模块技术规范

| 类型 | 常　　规 | 6ES7 253－1AA22－0XAO |
| --- | --- | --- |
| 输入特性 | 输入数量 | 5点 |
| | 输入类型 | 漏型/源型(IEC类型1漏型,除ZP外) |
| | 输入电压<br>允许的最大持续电压 | |
| | 　STP,RPS,LMT＋,LMT－ | 30V DC |
| | 　ZP | 30V DC,20mA,最大 |
| | 　浪涌(所有输入) | 35V DC,0.5s |
| | 　定额值 | |

| 类型 | 常　规 | 6ES7 253－1AA22－0XAO |
|---|---|---|
| 输入特性 | STP,RPS,LMT＋,LMT－<br>ZP | 24V DC,4mA,正常<br>24V DC,15mA,正常 |
| | 逻辑"1"信号(最小)<br>　STP,RPS,LMT＋,LMT－<br>　ZP | <br>15V DC,2.5mA,最小<br>3V DC,8.0mA,最小 |
| | 逻辑"0"信号(最大)<br>　STP,RPS,LMT＋,LMT－<br>　ZP | <br>5V DC,1mA,最大<br>1V DC,1mA,最大 |
| | 隔离(现场到逻辑)<br>　光电隔离<br>　组隔离 | <br>500V AC,1min<br>1点用于 STP,RPS 和 ZP<br>2点用于 LMT＋和 LMT－ |
| | 输入延迟时间<br>　STP,RPS,LMT＋,LMT－<br>　ZP(可计脉冲宽度) | <br>0.2～12.8ms,用户选择<br>2μs,最小 |
| | 连接 2 线接近开关传感器(Bero)<br>　允许的源电流 | <br>1mA,最大 |
| | 电缆长度<br>　未屏蔽<br>　　STP,RPS,LMT＋,LMT－<br>　　ZP<br>　屏蔽<br>　　STP,RPS,LMT＋,LMT－<br>　　ZP | <br><br>30m<br>不建议使用<br><br>100m<br>10m |
| | 同时接通的输入数<br>55℃ | <br>5 |
| 输出特性 | 集成的输出数 | 6 点(4 个信号) |
| | 输出的字节<br>　P0＋,P0－,P1＋,P1－<br>　P0,P1,DIS,CLR | <br>驱动<br>漏极输出 |
| | 输出电压<br>　P0,P1,RS－422 驱动,差分输出电压<br>　断路<br>　接入带有 200Ω 串行电阻的光耦二极管<br>　　100Ω 负载<br>　　54Ω 负载<br>　P0,P1,DIS,CLR 漏型<br>　　建议电压,开路<br>　　允许电压,开路<br>　　漏电流 | <br><br>3.5V 典型<br>2.8V 最小<br>1.5V 最小<br>1.0V 最小<br><br>5V DC,来自模块<br>30V DC<br>50mA 最大 |

95

| 类型 | 常 规 | 6ES7 253 - 1AA22 - 0XAO | |
|---|---|---|---|
| 输出特性 | 接通状态电阻 | 15Ω 最大 | |
| | 断开状态下漏电流,30V DC | 10μA 最大 | |
| | 上拉电阻,到 T1 的漏型输出 | 3.3kΩ | |
| | 输出电流<br>输出组数<br>接通的输出数(最大)<br>每点漏电流<br>P0,P1,DIS,CLR<br>过载保护 | 1<br>6<br><br>10μA 最大<br>无 | |
| | 隔离(现场到逻辑)<br>光电隔离 | 500V AC,1min | |
| | 输出时延<br>DIS,CLR:断开到接通/接通到断开 | 3μs,最大 | |
| | 脉冲畸变<br>P0,P1,输出,RS - 422 驱动,100Ω 外部<br>负载<br>P0,P1,输出,漏型,5V/470Ω 外部负载 | 75ns 最大<br><br>300ns 最大 | |
| | 切换频率<br>P0+,P0-,P1+,P1-,P0 和 P1 | 200kHz | |
| | 电缆长度<br>未屏蔽<br>屏蔽 | 不推荐<br>10m | |
| | 电源<br>L+提供电压<br>逻辑提供输出 | 11~30V DC<br>+5V DC+/-10%,200mA 最大 | |
| | L+提供相对于 5V DC 负载的电流<br>负载电流<br>0mA(无负载)<br>200mA(额定负载) | 12V DC 输人<br>120mA<br>300mA | 24V DC 输人<br>70mA<br>130mA |
| | 隔离<br>L+电源到逻辑<br>L+电源到输入<br>L+电源到输出 | 500V AC,1min<br>500V AC,1min<br>无 | |
| | 反射极性 | L+输入和+5V 输出有二极管保护。在 M 端接入正向<br>电压,就输出点的连接而言,可能导致损害性的电流产生 | |

注 1. 高于 5V DC 的漏型输出可能会增加射频干扰使之超过允许的限定。该系统接线需要射频干扰抑制措施。

　　2. 根据所用脉冲接收器和电缆,一个额外的外部上位电阻可能会改善脉冲信号的质量和噪声抑制功能。

### 3.2.5　S7-200 的编程器和电源

#### 1. 编程器

　　多数 PLC 配备有编程软件,可将编程软件输入编程器或个人计算机,并用编程器或个人计算机做主站,PLC 主机做从站,构成编程网络。

不同厂家生产的PLC数字系统都配备编程器和编程软件。用其能编制对应于本系统产品所有功能的应用程序，敲击相关的功能键，调用相关的编程指令，使编程工作变得轻松、快捷。

　　西门子公司为其生产的PLC配备的编程器的型号为：PG720、PG740和PG760。

　　2. 标准电源

　　西门子公司为其生产的PLC配备质量优良的控制电源。其中西门子直流电源见表3-16。

表3-16　　　　　　　　　　　　　　　　西门子直流电源

| 序号 | 型　　号 | 技　术　参　数 |
|---|---|---|
| 1 | 6EP1 332 - 1SH41 | 单相220V AC输入，输出24V DC, 2.5A |
| 2 | 6EP1 333 - 2AA00 | 单相220V AC输入，输出24V DC, 5A |
| 3 | 6EP1 333 - 2BA00 | 单相220V AC输入，输出24V DC, 5A |
| 4 | 6EP1 334 - 2AA00 | 单相220V AC输入，输出24V DC, 10A |
| 5 | 6EP1 334 - 2BA00 | 单相220V AC输入，输出24V DC, 10A |
| 6 | 6EP1 336 - 2BA00 | 单相220V AC输入，输出24V DC, 20A |
| 7 | 6EP1 436 - 2BA00 | 三相380V AC输入，输出24V DC, 20A |
| 8 | 6EP1 437 - 2BA00 | 三相380V AC输入，输出24V DC, 30A |
| 9 | 6EP1 437 - 2BA10 | 三相380V AC输入，输出24V DC, 40A |

### 3.2.6　S7-200的附加硬件

　　S7-200的附加硬件，如TD200显示器，DIP开关、操作板或触摸屏以及各种存储卡和变频器。

　　1. TD200 显示器

　　西门子公司为S7-200提供TD200显示器，使其成为十分友好的人机界面。TD200能显示：

　　(1) 信息方面的文字显示，最多能显示80条信息，每条信息可包含4个变量。

　　(2) 编程时S7-200CPU中有一个专用的存储区与TD200交换数据，TD200可直接访问，且予以显示。

　　(3) TD200的结构及组态。牢固的塑料壳，27mm的安装深度。背光LCD液晶显示，在逆光情况下也十分容易看清。内置连接电缆接口，当TD200与S7-200之间的距离超过2.5m时，需要增设外接电源。

　　TD200内置中文国标汉字库。还设置一些输入操作键和功能键。

　　2. DIP 开关

　　在S7-200中，DIP开关设计有两种功能，一种功能是6开关的DIP，在通信网络中用做地址开关。另一种是8开关的DIP在温度控制系统中用做温度控制开关。

　　(1) 温度控制开关。DIP与EM231（热电阻）模块相配置时，可以选择热电阻的类型、接线方式、温度测量单位和熔断器熔断方向（见温度控制开关DIP说明书）。

　　(2) 波特率开关（DIP）的设置。根据需要可以把DIP设置为如下模式：

　　1) 把开关5扳向向下位置，设置为0，设置为数据通信设备（DCE）；把开关5扳向向上位置，设置为1，设置为数据终端设备（DTE）。

　　2) 把开关4扳往向下位置，设置为0，表示使用11位协议；在没有把S7-200的CPU与编程软件STEP7 - Micro/WIN32连接起来时，应将开关4放置在11位位置上。当把开关4扳往向上位置，设置为1，表示使用10位协议。

3）当用4-开关PC/PPI电缆把S7-200CPU与Modem的RS-232通信口连接起来，Modem便是数据类通信设备（DCE）。4-开关PC/PPI电缆的RS-232口也是数据类通信设备。两个同类设备相连接时，必须通过Modem的适配器交换数据发送和数据接收引针。RS-485到RS-232DTE连接器引针见表3-17。RS-485到RS-232DCE连接器引针见表3-18。

表3-17 　　　　　　　　　　RS-485到RS-232DTE连接器引针

| 引针号 | RS-485 连接器引针<br>信 号 说 明 | 引针号 | RS-232 DTE 连接器引针<br>信 号 说 明 |
|---|---|---|---|
| 1 | 地（RS-485 逻辑地） | 1 | 数据载波检测（DCD）（不用） |
| 2 | 24V 返回（RS-485 逻辑地） | 2 | 接收数据（RD）<br>（输入到 PC/PPI 电缆） |
| 3 | 信号 B（R×D/T×D+） | 3 | 发送数据（TD）<br>（从 PC/PPI 电缆输出） |
| 4 | RTS（TTL 电平） | 4 | 数据终端就绪（DTR）<br>（不用） |
| 5 | 地（RS-485 逻辑地） | 5 | 地（RS-232 逻辑地） |
| 6 | +5V（带 100Ω 串联电阻） | 6 | 数据设置就绪（DSR）（不用） |
| 7 | 24V 电源 | 7 | 申请发送（RTS）<br>（从 PC/PPI 电缆输出） |
| 8 | 信号 A（R×D/T×D+） | 8 | 清除发送（CTS）（不用） |
| 9 | 协议选择 | 9 | 振铃指示器（RI）（不用） |

调制解调器需要一个阴到阳的9针到25针的转换

表3-18 　　　　　　　　　　RS-485到RS-232DCE连接器引针

| 引针号 | RS-485 连接器引针<br>信号说明 | 引针号 | RS-232 DCE 连接器引针<br>信号说明 |
|---|---|---|---|
| 1 | 地（RS-485 逻辑地） | 1 | 数据载波检测（DCD）（不用） |
| 2 | 24V 返回（RS-485 逻辑地） | 2 | 接收数据（RD）<br>（从 PC/PPI 电缆输出） |
| 3 | 信号 B（R×D/T×D+） | 3 | 发送数据（TD）<br>（输入到 PC/PPI 电缆） |
| 4 | RTS（TTL 电平） | 4 | 数据终端就绪（DTR）<br>（不用） |
| 5 | 地（RS-485 逻辑地） | 5 | 地（RS-232 逻辑地） |
| 6 | +5V（带 100Ω 串联电阻） | 6 | 数据设置就绪（DSR）（不用） |
| 7 | 24V 电源 | 7 | 申请发送（RTS）（不用） |
| 8 | 信号 A（R×D/T×D+） | 8 | 清除发送（CTS）（不用） |
| 9 | 协议选择 | 9 | 振铃指示器（RI）（不用） |

4）开关1、2、3设置波特率。

5）PPI方式的CPU通信见图3-7。带有调制解调器（Modem）的5-开关PC/PPI电缆引脚分配见图3-8。带有9-针到25-针适配器的11位调制解调器见图3-9。

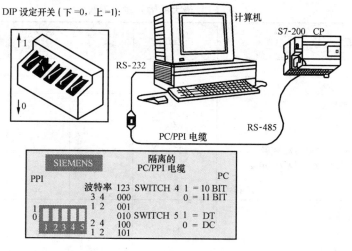

图3-7 PPI方式的CPU通信

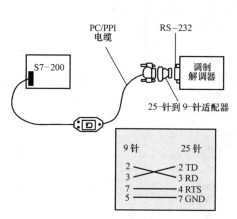

图3-8 带有调制解调器（Modem）的5-开
关PC/PPI电缆引脚分配

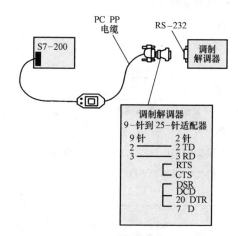

图3-9 带有9-针到25-针适配器
的11位调制解调器

只有S7-200通过Modem连接装有编程软件的PC（或PG）时才使用开关4，选择确定使用10位或11位PPI协议。否则开关4应定位在11位模式上，确保其他设备正常运行。

当开关5将PC/PPI电缆上的接口RS-232设置为数据通信设备（DCE），与PC（或PG）连接，且用编程软件STEP7-Micro/WIN32编程，就不必在PC（或PG）与Modem之间安装适配器。

3. 触摸屏

西门子公司为S7-200配置了TP070等多种触摸屏，它可以显示图形、变量和操作按钮，为用户提供一个友好的人机界面，且要通过编程软件为其编程。

### 3.2.7　S7-200 主机输入/输出的配置

S7-200 主机 CPU 依据其设计的控制功能和负载能力，四种型号：CPU221、CPU222、CPU224 和 CPU226 的输入/输出配置各不相同。S7-200 CPU 最大的输入/输出配置见表3-19。

表 3-19　　　　　　　　　　　　　　　S7-200 CPU 最大的输入输出配置

| 模　　块 | 5VmA | 数字量输入 | 数字量输出 | 模拟量输入 | 模拟量输出 |
|---|---|---|---|---|---|
| CPU221 | 不能扩展 | | | | |
| CPU222 | | | | | |
| **最大数字输入/输出** | | | | | |
| CPU | 340 | 8 | 6 | | |
| 2×EM223DI16/DO16×24V DC 或者 | −320 或者 | 32 | 32 | | |
| 2×EM223DI16/DO16×24V DC/继电器 | −300 | | | | |
| 总和＝ | ＞0 | 40 | 38 | | |
| **最大模拟量输入** | | | | | |
| CPU | 340 | 8 | 6 | | |
| 2×EM235 A14/AQ1 | −60 | | | 8 | 2 |
| 总和＝ | ＞0 | 8 | 6 | 8 | 2 |
| **最大模拟量输出** | | | | | |
| CPU | 340 | 8 | 6 | | |
| 2×EM2322 AQ2 | −40 | | | 0 | 4 |
| 总和＝ | ＞0 | 8 | 6 | 0 | 4 |
| CPU224 | | | | | |
| **最大数字量输入/继电器输出** | | | | | |
| CPU | 660 | 14 | 10 | | |
| 4×EM223DI16/DO16×24V DC/继电器 | −600 | 64 | 64 | | |
| 2×EM221DI8×24V DC | −60 | 16 | | | |
| 总和＝ | ＝0 | 94 | 74 | | |
| CPU226 | | | | | |
| **最大数字量输入/继电器输出** | | | | | |
| CPU | 1000 | 24 | 16 | | |
| 6×EM223DI16/DO16×24V DC/继电器 | −900 | 96 | 96 | | |
| 1×EM223DI8/DO8×24V DC/继电器 | −80 | 8 | 8 | | |
| 总和＝ | ＞0 | 128 | 120 | | |
| **最大数字量输入/DC 输出** | | | | | |
| CPU | 1000 | 24 | 16 | | |
| 6×EM223DI16/DO16×24V DC | −960 | 96 | 96 | | |
| 1×EM221DI8×24V DC | −30 | 8 | | | |
| 总和＝ | ＞0 | 128 | 112 | | |
| CPU224 或 CPU226 | | | | | |

续表

| 模　　块 | 5VmA | 数字量输入 | 数字量输出 | 模拟量输入 | 模拟量输出 |
|---|---|---|---|---|---|
| 最大模拟量输入 | | | | | |
| CPU | ＞660 | 14(24) | 10(16) | | |
| 7×EM235 AI4/AQ1 | −210 | | | 28 | 7 |
| 　　　　总和＝ | ＞0 | 14(24) | 10(16) | 28 | 7 |
| 最大模拟量输出 | | | | | |
| CPU | ＞660 | 14(24) | 10(16) | | |
| 7×EM232 AQ2 | −140 | | | 0 | 14 |
| 　　　　总和＝ | ＞0 | 14(24) | 10(16) | 0 | 14 |

表 3 - 19 说明：主机 CPU221 不能扩展配置，只能依靠主机原有的 I/O 点数组成控制系统。主机 CPU222、CPU224 和部分 CPU224 只能配置一定数量的数字量输入输出点。部分 CPU226 能够配置数字量和模拟量的输入输出点。所以，选用时，一定注意允许扩展配置的控制量的类型和 I/O 点数。

## 3.3 S7-200 的通信网络

西门子公司为了增强 S7-200 系列 PLC 通信功能，开发研制了 EM277 模块、CP243 - 1 通信处理器、CP243 - 2 通信处理器和 EM241 模块。

当用地址开关、通信适配器、中继器、网络连接器和调制解调器及通信电缆与 S7-200 CPU 的通信接口相连接，构成 S7-200 的通信网络，并在通信网站的主机上配置相适应的智能性通信模块，可以通信形式进行编程或现场控制。

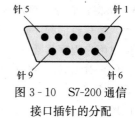

图 3 - 10　S7-200 通信接口插针的分配

### 3.3.1　S7-200 CPU 的通信接口

S7-200 CPU 的通信接口是应用在 PROFIBUS 标准下的RS - 485 兼容 9 针 D 型连接器的物理接口。S7-200 通信接口插针的分配见图 3 - 10。S7-200 通信接口引脚分配见表 3 - 20。

表 3 - 20　　　　　　　　　　S7-200 通信接口引脚分配

| 针 | PROFIBUS 名称 | 端口 0/端口 1 |
|---|---|---|
| 1 | 屏蔽 | 逻辑地 |
| 2 | 24V 返回 | 逻辑地 |
| 3 | RS - 485 信号 B | RS - 485 信号 B |
| 4 | 发送申请 | RTS（TTL） |
| 5 | 5V 返回 | 逻辑地 |
| 6 | ＋5V | ＋5V，100Ω 串联电阻 |
| 7 | ＋24V | ＋24V |
| 8 | RS - 485 信号 A | RS - 485 信号 A |
| 9 | 不用 | 10 - 位协议选择（输入） |
| 连接器外壳 | 屏蔽 | 机壳接地 |

### 3.3.2　S7-200 智能通信模块

**1. EM277 模块**

EM277 模块是专门增强 S7-200 通信功能的智能模块。

（1）EM277 上面的配置。

1）两个旋转开关，亦称地址开关，用其设置 EM277 在网络中的地址。

2）一个 RS-485 通信接口，通过该接口将 EM277 与 PC 主站相连接。

3）EM277 的前面板上有 4 个发光二极管，用来指示 EM277 运行中的状态信号。

4）当组成 MP1 网络时，EM277 可有 6 个连接。其中，有两个是专用的。一个是接主站，另一个是接操作面板（OP）。

5）S7-200PLC 主机与 EM277 模块是通过串行 I/O 总线连接在一起。并且，EM277 应紧靠 S7-200，安装在非智能模块之前。

6）网络通信速率一般为 9.6kbit/s～12Mbit/s。当超过 19.2kbit/s 时，配带 STEP7-Micro/WIN32 的 PC 必须通过通信卡（CP）与网络连接，且应选择 PROFIBUS 协议。

（2）EM277 的功能。当 EM277 与做从站的 S7-200 组合时，EM277 的作用：

1）S7-300/400 主站通过 EM277 读写 S7-200 变量存储区（V）中的数据。

2）操作面板（OP）、触摸屏（DP）等人机界面设备（HM1）通过 EM277 监控 S7-200。

3）带有 STEP7-Micro/WIN32 的 PC 通过 EM277 对 S7-200 编程。

总之，上述三种主站与 S7-200 通信时，是将数据先输入 EM277，再由 EM277 将数据复制到 S7-200 的变量存储区（V）中指定的以某字节地址开始的区域内，再通过用户程序调用，转送到适应的数据区中。比如：输入值、计数值、定时值以及其他计算值，先输入 EM277，再由 EM277 将它们分别存入 S7-200 的变量存储区相应的位置，然后，分别存入相对应的存储区中。因此，编写通信程序时：①必须知道 S7-200 变量存储空间的大小和指定的开始地址；②必须知道通过用户程序将数据转存的数据区及存储单元地址。

（3）对 EM277 的运行监测。在 S7-200 的特殊标志位存储区 SM 中，对每一块 EM277 都设有 50 个字节，用相关字节标志的代码来监测 EM277 的运行。因此，要按连接的 EM277 的数量来使用相对应的特殊存储区的标志位，用对应的标志位监测 EM277 的运行状态。

在 EM277 的前面板上有一组指示灯，分别指示"通信开始"、"数据交换结果"、"通信中断"以及"错误信息"等。因此，对各种指示灯颜色和灯光状态的指示的意义应有所了解。

（4）使用 EM277 的注意事项。EM277 不能用于自由端口通信。在同一个通信网络中传输速率必须一致，每一个通信设备必须有自己的通信地址，且是唯一的。EM277 PROFIBUS-DP 模块技术规范见表 3-21。

**表 3-21　　　　　　　　　　　EM277 PROFIBUS-DP 模块技术规范**

| 说明<br>订货号 | EM277PROF1BUS-DP<br>6ES7277-0AA20-AXA0 |
|---|---|
| 物理数据 | |
| 尺寸($W×H×D$) | 71mm×80mm×62mm |
| 质量 | 175g |
| 功率损失（耗散） | 2.5W |
| 通信性能 | |
| 节点数 | 1port |

| 说明<br>订货号 | EM277PROF1BUS‐DP<br>6ES7277‐0AA20‐AXA0 |
|---|---|
| 电气接口 | RS‐485 |
| 隔离（外部信号到 PLC 逻辑） | 500V AC（电气） |
| PROF1BUS‐DP/MP1 波特率（自动设置） | 9.6，19.2，45.45，93.75，187.5，500kBaud；<br>1，1.5，3.6，12MBaud |
| 协议 | PROFIBUS‐DP 和 MP1 从站 |
| 电缆长度 | |
| 　直到 93.75kBaud | 1200m |
| 　187.5kBaud | 1000m |
| 　500kBaud | 400m |
| 　1～1.5MBaud | 200m |
| 　3～12MBaud | 100m |
| 网络容量 | |
| 　站地址设置 | 0～99（由旋转开关设定） |
| 　每段最大站数 | 32 |
| 　每个网络最大站数 | 126，最大到 99 个 EM277 站 |
| MP1 连接 | 6 个，2 预留（1 个为编程器 PG，1 个为 OP） |
| 消耗电流 | |
| 　＋5V DC（从 I/O 点数） | 150mA |
| 24V DC 输入电源的要求 | |
| 　电压范围 | 20.4～28.8V DC（级 2 或从 PLC 来的传感器电源） |
| 　最大电流 | |
| 　　仅当模块端口激活时 | 30mA |
| 　　加 90mA 5V 端口负载 | 60mA |
| 　　加 120mA 24V 端口负载 | 180mA |
| 　纹波噪声（＜10MHz） | ＜1V 峰到峰（最大） |
| [1] 隔离（输入电源到模块逻辑） | 5000V AC，1min |
| 通信口的 5V 电源 | |
| 　每个端口的最大电流 | 90mA |
| 　隔离（输入电源到模块逻辑） | 500V AC，1min |
| 通信口的 24V 电源 | |
| 　电压范围 | 20.4～28.8V DC |
| 　每个端口的最大电流 | 120mA |
| 　电流限制 | 0.7～2.4A |
| 　隔离 | 没有隔离与输入 24V DC 的线路相同 |

**注** 24V DC 电源不对模块逻辑供电，24V 电源用于通信端口。

2. CP243-1模块

CP243-1模块是一个工业以太网通信处理器，由若干个通信节点组成的通信网络称为以太网。以太网是局域网的通信媒介。也就是说，用户是通过以太网与网络通信的。S7-200系列加装CP243-1通信处理器，增强了远程通信功能。

远程通信时，以太网执行《CSMA/CD规约》，该规约的要求每个发送节点"先听后发，边听边发"，即发送前先监听。在监听时，若总线空着，则可发送。若总线忙，则停止发送。同时，发送过程中要随时监听。一旦发现线路有通信冲突，则停止发送，已发送内容全部报废，并发送一段阻塞码作为冲突标志。

工业以太网是若干工业控制通信结点组成的，用屏蔽同轴电缆、双绞电缆或光缆构成的通信网络。

CSMA/CD规约允许平等竞争，无有带优先级的访问。

（1）CP243-1模块的外部装置。

1）在CP243-1模块的前面上有5个发光二极管，显示其工作状态和系统错误信息。

2）在其前面的右侧是I/O总线连接器。

3）在左侧是I/O总线集成扁平电缆。

4）在其前面下方设有连接以太网的8针RJ45插座、电源和接地的接线板。

（2）CP243-1的特性和功能。

1）当S7-200PLC与CP243-1通信处理器组装在一起后，通过S7-200底板总线，可将多达8台的S7-200连接成一个以太网控制系统。

2）通过RJ45插座与以太网连接通信。

3）CP243-1的组态数据都存放在S7-200变量存储区（V）中，更换CP243-1时，不用重复组态和编程，能够即插即用。

4）在以太网中通信时，CP243-1通信处理器中设有看门狗电路，对各种操作都有严格的时间控制，监视其启动时间。

5）在CP243-1中是通过预设MAC地址进行地址分配。出厂时，每个CP243-1都进行MAC地址分配，且将MAC地址打印在上盖的标签上。

6）S7-200配置CP243-1以后，通过以太网与网络中所有主站通信。

7）当带有STEP7-Micro/WIN32的PC配置CP243-1以后，能够通过以太网对远程的S7-200组态、编程和诊断。

8）通过以太网，CP243-1与S7-200进行通信时，必须具备以下条件：①把以太网卡插入编程主站的PC中，将以太网卡的内容编辑到PC的编程网络中，通过以太网把CP243-1与S7-200连接起来。②在网络中设置了CP243-1的唯一有效地址。③网络中只能有一个带有STEP7-Micro/WIN32的计算机与CP243-1通信。

9）CP243-1在S7-200系统标志存储区（SM）中占有50个字节的储存空间。CP243-1的一般信息和状态信息都保存在SM中这50个字节中。其中，最后4个字节中设有一个寻址指针，并通过这个指针间接访问CP243-1的组态数据。组态数据块（CDB）、网络参数块（NPB）和网络数据块（NDB）在STEP7-Micro/WIN32中生成时，都有固定的结构形式。

10）STEP7-Micro/WIN32调用"ETHx-CTRL"、"ETHx-CFG"和"ETHx-XFR"子程序为CP243-1编程。

CP243-1工业以太网通信处理器技术规范见表3-22。

**表 3‐22**　　　　　　　　　**CP243‐1 工业以太网通信处理器技术规范**

| 说明<br>订货号 | CP243‐1 工业以太网通信处理器<br>6GK7 243‐1EX00‐0XEO |
|---|---|
| 物理结构<br>• 模块化格式 | S7-200 扩展模板 |
| 尺寸（$B \times H \times T$） | 71.2mm×80mm×62mm |
| • 质量 | 大约 150g |
| 传输速率 | 10Mbit/s 和 100Mbit/s |
| 闪存 | 1Mbyte |
| SDRAM | 8Mbyte |
| 接口<br>工业以太网连接（10/100Mbit/s） | 8 针 RJ45 插座 |
| 输入电压 | DC＋24V（＋/－5％） |
| 电流消耗<br>• 底板总线 | 55mA |
| • 外部 DC24V | 60mA |
| 功率损耗 | 1.75W |
| 最大连接数量 | 最多 8 个 S7 连接（XPUT/XGET 和 READ/WRITE）＋1 个 STEP7<br>‐Micro/WIN32 连接 |
| 允许环境条件<br>• 工作温度 | 水平安装 0～＋55℃<br>垂直安装 0～＋45℃ |
| • 运输/储存温度 | －40～＋70℃ |
| 最大相对湿度 | 95％，＋25℃时 |
| • 安装高度 | 海拔 2000m 以下，海拔越高，冷却越没有效果，需要降低最大工<br>作温度 |
| 防护等级 | IP20 |
| 以太网标准 | IEEE802.3 |
| 标准 | CE 标志<br>UL508 或 cULus<br>CSA C22.2Number142 或 cULusFM3611<br>EN50081‐2<br>EN60529<br>EN61000‐6‐2<br>EN61131‐2 |
| 启动时间或复位后的重新启动时间 | 约 10s |
| 用户数据数量 | 作为客房机:对于 XPUT/XGET,212B<br>作为服务器:对于 XGET 或 READ,222B<br>　　　　　　对于 XPUT 或 WRITE,212B |

3. 工业以太网CP243-2通信处理器

CP243-2是专门为S7-200系列PLC研制的，它是一种带有AS-i接口的智能模块。通过AS-i接口用电缆将S7-200系列用在以太网中。一台S7-200最多能连接两个CP243-2。每个CP243-2最多能有31个连接，则每台S7-200可达到62个连接。CP243-2通信处理器的组态如下：

（1）CP243-2在S7-200的I/O映像区中占有一个数字输入字节作状态字节，一个数字输出字节做控制字节，8个模拟量输入字节和8个模拟量输出字节。

（2）用户通过控制字节设置CP243-2的工作模式。可将CP243-2设置为"存取从站I/O数据的标准模式"和"主站调用或诊断请求的扩展模式"。

（3）CP243-2使用S7-200的模拟量输入/输出映像区（AI/AQ）存储AS-i从站的I/O数据、诊断值和启动主站时调用的数据。

（4）CP243-2前面板上有两个按钮，是用来切换CP243-2的工作模式和确定其组态。CP243-2通信处理器技术规范见表3-23。

表3-23　　　　　　　　　　CP243-2通信处理器技术规范

| 说明 | CP243-2通信处理器 |
| --- | --- |
| 订货号 | 6GK7 243-2AX00-0XAO |
| AS-接口主站行规 | M0/M1 |
| 接口 | |
| -在PLC中的地址区位置 | 对应于2个I/O模块（DI/8 DO8和AI8/AQ8） |
| -连接到AS-接口 | 端子连接 |
| 消耗电流 | |
| -通过S-接口 | 100mA，最大 |
| -通过背板总线 | 220mA，DC 5V，典型 |
| 功率损失 | 约2W |
| 允许的环境条件 | |
| -运行温度 | |
| 水平安装 | 0~+55℃ |
| 垂直安装 | 0~+45℃ |
| -运输/储存温度 | -40~+70℃ |
| 相对湿度 | 95%（25℃） |
| 循环时间 | 5ms，31个从站<br>10ms，62个AS-i从站使用扩展地址 |
| 组态 | 使用前面板上的按钮，或使用组态命令，进行组态 |
| 支持的AS-i主站协议 | MIe |
| AS-i电缆附件安装 | 在S7-200端子块的端子1、3或2、4，负载能力3A |

4. EM241 模块

EM241 是一种智能型的调制解调器。在数字通信网络中，主站或从站发送或接收的数字信号要通过电话线传输。但是，数字信号与电话的模拟信号不兼容，必须经过调制解调器转换，调制时数字信号转换为模拟信号，才能在模拟介质中传输。解调时将接收的模拟信号还原成数字信号。因此，调制解调器 EM241 模块是 S7-200 系列通信网络不可缺少的元器件。

调制解调器英文念作"Modem"，音似汉语中的猫，故简称猫。在通信网络中分内置 Modem 和外置 Modem，其作用是将数字信号和模拟信号适时地加以转换，以便于信号的发送和接收。

（1）EM241 的外部装置。EM241 前端有一个 6 位 4 线的 RJ11 插座接口，通过 RJ11 插座与电话线连接。前面下部左侧有两个国家电话代码开关，用其设置欧美十八个国家的电话号码。Modem 上设有 RS-232/485 通信接口，使用 PC/PPI 电缆将 PC 和 S7-200 连接成通信网络，且用 DIP 开关设置网络的通信速率、通信地址和数据传输方式。Modem 前面板上的信号灯指示其工作状态。

（2）EM241 的特性和功能。

1）编程软件 STEP7 - Micro/WIN32 支持电话 Modem、电台 Modem 和移动 Modem。

2）通过 Modem 可以把带有 STEP7 - Micro/WIN32 的 PC 与 S7-200 连接起来，且能够构成复杂的通信网络。

3）把 Modem 连接到网络中时，应注意 Modem 的连接口，如是 25 针时应选用一个 9 针转 25 针的适配器。

EM241 模块技术规范见表 3-24，EM241 支持的国家代码见表 3-25。

表 3 - 24　　　　　　　　　　　　　EM241 模块技术规范

| 电　话　连　接 | | | | | 输　入　电　源 | |
|---|---|---|---|---|---|---|
| 物理连接 | 安全特性 | 拨　号 | 信息协议 | 工业协议 | 电压范围 | 隔　离 |
| RJ11<br>（6 位/4 线） | 密码回拨 | 脉冲或<br>语音 | TAP（字母<br>或数字）<br>UCP 命令 1,<br>30, 51 | ModbusPP1 | 20.4～28.8<br>V DC | 现场至内<br>部逻辑<br>500V AC<br>1min |

表 3 - 25　　　　　　　　　　　　　EM241 支持的国家代码

| 国家<br>名称 | 美国 | 澳大利亚 | 比利时 | 加拿大 | 丹麦 | 芬兰 | 法国 | 德国 | 希腊 | 爱尔兰 | 意大利 | 卢森堡 | 荷兰 | 挪威 | 波兰 | 西班牙 | 瑞典 | 瑞士 | 英国 |
|---|---|---|---|---|---|---|---|---|---|---|---|---|---|---|---|---|---|---|---|
| 代码 | 39 | 01 | 02 | 05 | 08 | 09 | 10 | 11 | 12 | 16 | 18 | 22 | 25 | 27 | 30 | 34 | 35 | 36 | 38 |

# 第 4 章

# PLC 的 软 件

可编程序控制器（PLC）和计算机等数字系统是由硬件和软件两部分组成的。二者之间密切不可分开。如果只有硬件，该系统只能是无用的裸机，可称为死机器。如果只有软件，所谓的软件也只能是一些虚无缥缈的东西，甚至可以说是一些文字垃圾。只有软件和硬件有机的结合，组成一个具有控制功能的系统，PLC才算是有了生命。这个系统才能在硬件支持下，由软件控制，在其内部构成逻辑电路，由逻辑信号驱动，实现预期的控制功能。

PLC的软件是一些看得见（屏幕显示时）摸不着，或者说既看不见，也摸不着（在机器内部运行时）的信息。但是，数字系统的信息要编制成程序，才能发挥其功能作用。概括地讲，程序是数字系统的软件。详细地讲，组成程序的指令，编制程序的数据（文字、数字、图形、表格、代码、符号等）和程序运行规则统称为软件。

软件主要分为两大类。一是由厂家编制的系统软件。如：管理系统、操作系统、通信软件、编程软件、错误信息代码、指令及其状态字等。二由用户编制的用户软件，如各种工艺控制程序等。

## 4.1 PLC 的 软 件 资 源

概括地讲，PLC的软件资源就是各式各样的数据。细致地分为指令、用指令编制的程序、机器内部运行的代码、国际标准机构规定的二进制编码、PLC生产厂家规定的各种软继电器信息、PLC器件的名称符号、默认值及其预定值的数值范围和处理数据的规则和方式等数据信息。

### 4.1.1 数据

数字系统将指令、程序乃至组成指令、程序的字符、数据、代码、图表等，都称为数据。其原因是上述这些信息的基本元素在数字系统中通通转换为二进制代码，以二进制数据的形式参与信息数据的传输、处理和控制，故统称为数据。

1. 数据长度

数据的长度单位　数据的长度分为"位"、"字节"、"字"、"双字"。

（1）位。数据中的1个"1"或1个"0"称为一位，位是构成数据的最小单位。

（2）字节。由8个"1"和"0"组成的数据，构成一个数据的基本单位，称为字节。一般的信息数据是以字节形式出现在数字系统中。

（3）字。由两个字节组成的数据单位。也就是说，用 16 个"1"和"0"组成的信息数据称为字。

（4）双字。由两个字组成的数据单位。也就是说，用 32 个"1"和"0"组成的信息数据称为双字。

功能较强大的数字系统才能以字或双字的数据形式来传输、存储、处理、运算和操作数字信息。功能更强大的大型数字系统则能以 64 个"0"和"1"组成的数据来加工信息数据。

2. 数据类型

数字系统能够处理的数据类型主要由字长来决定，字长是中央处理器一次并行处理数据的位数，有 8 位、16 位、32 位乃至 64 位。小型的 PLC 数字系统能够处理 6～7 种类型的数据，中型以上的 PLC 数字系统能处理十几种类型的数据，基本的数据类型：

（1）布尔型数据（BOOL），数值范围：一位"1"或"0"。

（2）字节型数据（BYTE），数值范围：能把 0～255 范围内的十进制数用 8 位的二进制数来表示。当用十六进制形式来表示时，1 个 8 位二进制数可用 2 位十六进制数表示，对应的十六进制范围是 0～FF。

（3）字型数据，或称无符号整数（WORD），是用 16 位二进制数表示无符号整数。十进制的无符号整数取值范围是 0～65 535。当用十六进制表示对应的 16 位二进制数时，是用 4 位十六进制数表达，对应的十六进制数值范围为 0～FFFF。

（4）字型数据，或称有符号整数（INT），是用正负号表示的整数。十进制有符号整数数值范围是 −32 768～+32 767。当用十六进制表示对应的 16 位二进制数时，也是用 4 位十六进制数表示，对应的十六进制数范围是 8000～7FFF。

（5）无符号双字整数（DWORD），十进制无符号双字整数数值范围是 0～4 294 967 295。当用十六进制表示对应的 32 位二进制数时是用 8 位十六进制数表示，对应的十六进制数值范围是 0～FF FFF FFF。

（6）有符号双字整数（DINT），十进制有符号双字整数数值范围是 −2 147 483 648～+2 147 483 647。当用十六进制表示对应的 32 位二进制数时，是用 8 位十六进制数表示，对应的十六进制数值范围是 80 000 000～7F FFF FFF。

（7）实数（REAL），数值范围为 32 位的 $-10^{38}$～$+10^{38}$。

在不同系列的数字系统中，所能处理的数据类型不是一成不变的，则由其所具备的功能决定。功能强大者能够处理的数据类型种类相对较多。例如小型的 S7-200 只能处理上述七种基本类型的数据。而中型的 S7-300/400 则能处理 13 种数据。

3. 数据存储

计算机、可编程序控制器等电子数字系统处理数据、实施控制过程中最大特点是对数据的存储记忆，定期刷新，长期保存，供中央处理器（CPU）长期反复地调用所存储的数据。PLC 存储的软件功能体现在以下几方面：

第一，存储的组织形式。以物理的存储元组成的存储矩阵，则以逻辑地址来控制数据的存取。

各种型号的 PLC 都以不同的方式方法，将所配置的存储器进行分区。对系统程序、用户程序和数据分区存放。每个存储区定义为某一种存储功能。某一种存储功能由若干个存储单元组成，对每一个存储单元排号编址，即赋予逻辑地址。

不同型号的 PLC，存储容量不一样，设置的存储区不一样，对每一种存储区冠以的名称不一样，但它们的功能是相同的，其中，地址格式大同小异。

第二，PLC最大的特点是通过程序将一个或几个存储位构成软继电器，起到逻辑控制中的继电器作用。这是PLC控制功能中一大特点。

软继电器就是存放在存储位中的继电器逻辑信息，通过程序的组织、控制构成信息式的继电器。不同的PLC能够构成的软继电器种类不同。可以说，PLC所设的软继电器愈多，其功能愈强。

软继电器是继电器控制技术的继承和发展。并且，使继电器控制技术发生了质的变化。即赋予继电器具有智能性。对继电器的逻辑功能，通过记忆，可以反复选用，就像大脑细胞一样，灵活多变，能适应不同逻辑功能的调用，但它的基本功能始终不变。

归根结底，无论是数据信息的存取，还是软继电器的调用，主要的依靠是存取地址。PLC中，存储地址编排规则严格，存储地址的划分在出厂时就已经确定，在编写程序时，编程人员必须一丝不苟地遵照执行和运用。

4. 数据运算格式（也称数据存储格式）

为了便于存储和电子装置的控制，PLC系统要将数据以二进制的结构形式存储记忆。其存储形式分为两种。一种是定点格式，另一种是浮点格式。

定点格式。当存储的数是纯整数或纯小数，根据对数精度的要求，则把存储器中数的小数点固定在某一位置上，称为定点格式。分别有定点整数和定点小数。

定点整数。即把小数点固定在整数的最低位之后。其格式：

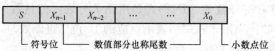

当用 $n$ 位二进制数形式存放定点整数时，定点整数的二进制取值范围为 $-2^{n-1} \sim 2^{n-1}-1$。

定点小数 即把小数点固定在符号位之后，最高位之前，其格式：

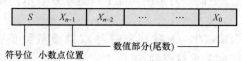

当用 $n$ 位二进制数形式存放定点小数时，定点小数的二进制数取值范围为 $-1 \sim [1-2^{-(n-1)}]$。

浮点格式。如果处理的数既有整数又有小数，并且对处理的数有一定的精度要求时，应采用浮点格式，即小数点的位置不固定，且根据精度要求而浮动。其精度由PLC处理数据的能力决定。其格式：

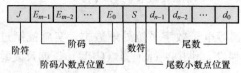

表中：J——阶符，即指数部分的符号位；

$E_{m-1}$, …, $E_0$——阶码，表示幂次数，基数通常取2；

S——尾数部分的符号位；

$d_{n-1}$, …, $d_0$——尾数部分。

如，阶码为 $E$，尾数为 $d$，基数为2，该格式存储的数 $X$ 为：

$$X = \pm d \times 2^{\pm E}$$

用32位二进制表示一个浮点数时，所能表示数的范围：

最大正数：$(1-2^{-23}) \times 2^{127}$；最小正数：$2^{-1} \times 2^{-128} = 2^{-129}$；

最小负数：$-(1-2^{-23})\times 2^{127}$；最小负数：$-2^{-1}\times 2^{-128}=-2^{-129}$。

### 4.1.2 常量、变量和变量表

编入程序中，或者说控制逻辑电路的控制量有两种。一是常量；二是变量，且多数是变量。

常量，亦称常数。在整个程序控制过程中不变的数，称为常数。如 PLC 的规格型号、结构参数、运行参数的设定值；扫描周期时间；定时器的时基；网络传输速率等。

变量，在整个程序控制过程中变化的量，称为变量。在程序控制中，输入量、内存的量、输出量随扫描时序的变化而变化，故称它们为输入变量、输出变量和内存变量。

变量是编制程序的重要依据。对于任意一款 PLC 都有它特定的变量表，其中包含它能够处理的各种变量。生产厂家在编制 PLC 的编程软件时，以表格的形式，将其能处理的变量编入编程软件。当将编程软件装入网络主站（PC 或编程器）时，变量表则被装入编程系统。用户编写程序时可以调用系统变量表中相关的变量，生成适应用户程序的新的变量表。利用该变量表，编制程序、监视、修改程序。因此，可以说，变量表是编写、监视和修改程序离不开的软件工具。

一个变量表要包含：

（1）变量名的字符串，或者说英语助记符。

（2）在存储区中，存放变量的地址。

（3）变量的数据类型。

（4）变量的监视值、修改值及其上限值。

（5）变量的注释和显示格式等。

### 4.1.3 指令

指令就是数字系统执行控制任务的操作命令，是编写程序不可缺少的元素。指令是 PLC 系统功能的体现，配备的指令越多，其功能越强大。如果没有相应的指令系统，就不能编制出相应的控制程序，也就是没有数字系统软、硬件间的支持和控制，则不会形成数字化的自动控制系统。数字技术就不会诞生和发展。

1. 指令的分类

指令主要包括两大类。一类是基本功能指令。二是扩展功能指令。

（1）基本功能指令。基本功能指令是为了控制、调用数字系统基本功能设置的。PLC 系统的基本功能是逻辑控制。不言而喻，基本功能指令就是逻辑控制指令，包括逻辑输入/输出、逻辑运算操作和逻辑控制及其转换等方面的指令。虽然 PLC 种类繁多，所配备的基本逻辑控制指令的功能基本相同。

（2）扩展功能指令。不同厂商生产的 PLC 配置的扩展功能不同。因此，配备的扩展功能指令则不相同。选用某一型号 PLC 后，则应熟悉所配置的扩展功能，熟悉扩展功能指令的结构参数及其使用方法。

2. 指令的组成

指令是由操作码和操作数组成。

（1）操作码。操作码就是指令的助记符。通常是一组英文符号，它表明指令的名称和功能。

由于 PLC 的编程语言的结构形式不一样，表达操作码的形式也不同。梯形图是在指令框内上方标注助记符。功能块图是在指令盒内上方标注助记符。语句表直接用助记符表达操作码。

（2）操作数。操作数是参与操作控制的数据，它可能是常数，大多数是变量。指令操作数如果是变量，一般用字符组成。用字符组成的变量多数是存放被控制数据信息的地址，而不是被控制的数据信息。因此，PLC 系统对它处理的数据采取存储记忆，按地址调用。

(3) 指令的地址。地址是由存储单元所在的存储区的名称代号和在存储区中的位置编号组成的。由于数字系统把程序和数据都事先存放在相应的存储器中，分区存放，对口调用，则须指明存放的地址。

地址分绝对地址和符号地址。直接用存储区代号、数据类型符号和存储单元编号编制的地址，称为绝对地址。用数据的符号名编址称符号地址。绝对地址直观明了，一般操作数多数使用绝对地址。符号地址能组成符号表供符号编程器编程使用。各种PLC产品都有特定的地址格式。用户必须熟悉所用PLC的地址格式，对编写程序十分重要。

PLC系统中的地址来自两方面，一是默认地址，是生产厂商确定的。二是用户对扩展功能扩展编制的。但是，二者的格式标准是统一的。

绝对地址和符号地址的含义相同。相互对应，在机器中可以相互转换。数据存放地址是操作数的主要成分，它决定操作数的性质和寻址方式。

在此，应着重指出：在任意一个存储区数据信息所存放地址是有一定的地址范围的。其范围在产品出厂前就已经明确划定。其中，分别是数据信息的位地址、字节地址、字地址和双字地址。编程时，要严格遵循厂家规定，按数据信息的结构赋予相适应的地址，以利寻址。

3. 寻址方式

寻址就是执行程序过程中，寻找指令操作数存放的地址。PLC系统一般是采用立即寻址、直接寻址和间接寻址。

(1) 立即寻址。在指令中给出的操作数是指令可以立即操作的数据称为立即寻址。在立即寻址中，数据可以立即进行运算操作，此操作数称立即数。立即数一般是常数。立即寻址指令的助记符带有立即符号，以便使用时有所区分。

(2) 直接寻址。指令的操作数是数据存放的地址，可以直接按该地址直接存取参加控制的数据，称直接寻址。这个地址称直接地址。

一般对位信息、字节信息采用直接寻址。

(3) 间接寻址。指令中给出的地址是存放数据地址的地址。间接寻址数据存放的方式：假如数据X存放在开始地址编号为0001的单元中，再把地址编号0001存放到0003单元中，在指令中给出的地址是0003，即0003是存放数据X的间接地址。

在间接寻址中，为了表明数据存取的过程，指明对开始地址为0001单元存放的数据的寻址情况，需要另外选择一个存储器建立存取指针，用指针指明存取数据的实际地址。随着存取连续单元中的数据，又要随着修改指针。字、双字、数据块、逻辑块、程序块一类的信息采用间接寻址。

不同系列的PLC，间接寻址所设指针和修改的方式不同。例如在S7-200系列中，用32位的双字结构的存储器作寻址指针，且有更细微的规定。

通过各种寻址方式把存储器中存放的字符和数据代码信息存入或取出，参与相关的操作控制。

4. 指令块和指令行

在梯形图中，一组相互存在逻辑关系的指令称指令块，亦称逻辑块。一个逻辑块包括左、右两母线间的一行或多行指令，同一逻辑块中的每一指令亦称为编程条件。每一行指令称为指令行。指令行以分支方式或汇合方式构成指令块。一个指令块具有特定的控制功能。进一步剖析，指令行或指令块是由一条一条指令组成的。而每一条指令则由若干个输入/输出信号构成的。比如：EN、IN、ENO、OUT等。输入/输出信号具有特定的功能，它们使每一条指令成为不可或缺的编程条件。

#### 4.1.4　程序

程序是运用相应指令和数据，遵循一定的规律，编制成具有一定控制功能的信息语言，称为程序。

**1. 程序的特性**

（1）依赖性。只有在相对应的硬件支持下才能发挥其控制功能。

（2）专用性。一个程序只能专用于某一种功能的控制。对数字系统而言，配备什么样的程序，才能做相对应的工作。

（3）可存储记忆。程序是信息语言，且可转换为二进制代码，可以存储记忆。

（4）可编辑性。面向受控对象，可以随机编写、改动、更新控制程序。

（5）可优化组合。一个应用程序可由若干个成功的子程序组成。而一个成功的子程序可被多种功能的主程序选用，组成一个新的程序。如数字运算程序、通信控制程序等。

**2. 程序的分类**

从功能上，可分为系统程序和应用程序（或称用户程序）。从程序的主、次关系上可分为主程序和子程序。从程序结构形式上，可分为线性结构程序、分块结构程序和结构化程序。

系统程序。系统程序是数字系统产品生产厂家编制的程序。存放在系统内存中，用于系统控制。如：系统管理程序、驱动程序、翻译（解释）程序、监控程序、自诊断程序等。

应用程序。根据受控对象的生产过程、工艺要求，解决实际应用问题的程序叫应用程序，是由用户自己编制的。

主程序。解决某一类控制技术的典型程序就是主程序。

子程序。为若干主程序服务的程序就是子程序。

线性结构程序。把一个控制程序分成若干个小的程序段，依次排放在主程序中。编程时，用程序控制指令将各个小的程序段依次链接起来，依次执行。

分块结构程序。把控制一个项目的主程序和子程序块分开独立编写。执行时根据需要，由主程序按一定的规律调用子程序。

结构化程序。在控制一个项目的程序中，把功能相同的程序制作成通用的程序块，则可根据需要随时调用。

每一种数字系统都有它特有的程序结构形式。用户在编写应用程序之前应对其有所了解，以利于编写程序、调试程序。

例如：S7-200系列是用组织块组织功能块。通过功能块实施相应的控制功能。

**3. 程序语言**

PLC数字系统常用的编程语言有梯形图（LAD）、语句表（STL），有的PLC也采用高级语言。

（1）梯形图。梯形图是一种图形语言，是在继电器控制理论的基础上发展起来的。梯形图的图形式指令及其逻辑原理与继电器电路很相似。不过，继电器是通过硬导线的接线实现硬逻辑控制。用梯形图编制程序是软逻辑控制。

（2）语句表。语句表是一种符号语言，通俗易懂，且与国际标准代码相对应，易于转换成二进制代码输入数字系统，供CPU调用、运算和控制。

PLC的程序语言在应用上，在美洲、尤其美国流行使用梯形图，在欧洲流行使用语句表，在日本多数是采用梯形图和语句表相结合。但很多PLC能采用梯形图、语句表、功能块图三种语言编程。

**4. 程序的执行时间**

PLC控制系统是采用循环扫描、集中输入、集中输出的控制方式。在循环扫描中，每次扫描程序所占的时间，称为扫描周期时间。对于每一种PLC产品时钟周期时间是一个定值。但是，对用户编制的应用程序，所用指令不同，程序结构不同，需要占用的扫描周期时间是不一样的。

理想的程序所占有扫描周期时间愈短愈好。输入输出过程中，延迟的时间愈少愈好，一般在几十毫秒，且应与扫描周期时间相匹配。

在程序控制过程中，影响延迟时间的因素是输入采样、滤波、输出刷新以及输出方式。其中，继电器输出的滞后时间为10ms；双向晶闸管输出的滞后时间为：接通负载1ms，切断负载小于10ms；晶体管输出小于1ms。

每一款PLC对所配带的每一条指令，在出厂时，都对执行时间进行测试，附在产品使用手册中，供编程时参考。

### 4.1.5 二进制编码

PC或PLC数字装置的最大特点是将其能够控制的数字信息以二进制形式的编码进行存储记忆，调用处理。其最常采用的二进制编码在第2章已经叙述介绍过，在此不再赘述。

### 4.1.6 软继电器

PLC的生产厂家将其配置的内存储器分成若干个存储区。每一个存储区由若干个存储单元和构成存储单元的存储位组成。在每一个存储位里分别存放不同的控制信息。其中，有的是常开接点的控制状态信息；有的是常闭接点的控制信息；有的是线圈的控制状态信息。在程序的控制下，厂家将各存储位中存储的控制信息设定为继电器功能。也就是说，有的起常开接点作用，有的起常闭接点作用，有的起电磁线圈作用等。相对于用电磁元件做成的继电器而言，将它们称为软继电器。不言而喻，电磁元件做成的继电器则成为所谓的硬继电器。

应十分注意的是，软、硬继电器之间的区别。硬继电器是由电磁线圈和各式接点组成一个组合结构式的继电器。工作时，线圈励磁，线圈和接点同时动作，分别在不同的回路起着继电器的作用，通过硬导线连接，实现硬逻辑控制。每通一次电，整体被应用一次。而软继电器不同。无论是存储位中的接点信息，还是存储位中的线圈信息，它们分别的称为功能不同的继电器。各种接点信息和线圈信息分别地被排放在各个梯级（逻辑行）的不同位置，随着扫描，先左后右，先上后下，顺序地被触发，发挥着既定的继电器作用，并且可以反复地调用任意次，周期性刷新，根据需要，随意编程，且又被存储记忆。

不同厂家，不同系列的PLC设置的软继电器种类不同，数量不同，功能愈强，其种类和数量愈多。

## 4.2 其 他 软 件

### 4.2.1 操作系统

操作系统是数字装置执行各种工作任务的一套控制程序。数字装置配备操作系统后，中央处理器可以调用其中的程序来指挥数字系统工作的全过程，有条不紊地执行相关地控制。

当前，被普通使用的操作系统有两种。一种是磁盘操作系统，另一种是窗口操作系统。

**1. 磁盘操作系统（DOS）**

DOS是磁盘操作系统的英文缩写。DOS系统是一个单用户单任务的命令形式的操作系统。DOS于1981年问世以来，功能不断加强，版本从DOS3.31～DOS6.22，不断更新。其主要功能是提供了若干实用程序，对数字系统进行文件管理和设备管理。

文件管理主要是负责文件的建立、删除、读写和检索等。设备管理主要是对键盘、显示器、打印机、磁盘和异步通信器等的管理。其中，汉字磁盘操作系统（C-DOS）是在西文 DOS 的基础上增加了汉字键盘输入、汉字显示、汉字打印和汉字字库的管理。

　　DOS 由一个引导程序和三个功能模块构成。引导程序是个小程序，在系统启动时，它负责把 DOS 基本功能模块调入内存。DOS 的基本功能模块包括基本输入输出接口模块、磁盘操作模块和命令处理模块。

　　基本输入输出接口模块是 DOS 和 ROM BIOS 的接口模块，完成最基本的输入输出操作。磁盘操作管理模块由若干功能子模块组成，完成键盘输入、控制台和打印机输出、存储管理以及磁盘、目录和文件处理，提供了系统与用户程序的高级接口。命令处理模块接受键盘命令，执行或加载有关的外部命令程序，并给出系统提示符。

　　以上三个程序模块是 DOS 系统盘中最基本最核心的内容。它们都驻留在磁盘上。前两个是隐含文件。后一个命令处理模块用"列文件目录命令"调用，才能在屏幕上看到。

　　DOS 使用近百条键盘命令。其中包括内部命令、外部命令和批处理命令。

　　内部命令包含在基本模块中。在每一次开机到关机前驻在内存中，是 DOS 启动后即可在任何目录下执行的命令。外部命令是针对相应的外部文件的命令，用其将外部命令文件调入内存。批处理命令是由内部命令、外部命令和批命令组成的文本文件，是一类可执行的文件。

　　在运用 DOS 的每一条命令时要搞清它的功能、格式及相关参数的意义。运用操作系统可以运行文字处理系统（WPS）和对数据库 FOXBASE＋的操作。

　　WPS 可在 DOS5.0 及以上版本中运行。WPS97 要在 WIN3.X 及以上版本中运行。DOS 对WPS 文件的内容输入、排版、制表、制图及打印等的文书编辑操作。

　　2. 窗口操作系统（WIN）

　　WIN 是"窗口"的英文缩写。WIN 是一种单用户多任务的图形形式的操作系统。它用图形形式管理和使用数字系统，具备 DOS 的全部功能。DOS 与 WIN 在功能的控制上是相辅相成的关系，只是控制形式不同。

　　WIN 提供了大量的系统应用程序，为用户提供了图形形式的工作环境。每一种图形代表并包含着主程序和子程序，层次清晰，十分直观形象。其中 WIN 支持多媒体，形成了一个多媒体控制平台。中文 WIN 是汉化的 WIN 操作系统，能够显示处理汉字。

　　WIN 操作系统由桌面、窗口和菜单组成。其中：

　　桌面是屏幕上的工作区。窗口是屏幕上显示打开的程序、文件夹或磁盘内容的矩形部分。WIN 是由一组组的窗口组成的。菜单是一组命令。桌面上排列的窗口和窗口中的菜单是用图标表示的。

　　图标表示的是可执行的程序、一个程序组或正在运行的程序。

　　对图标的操作方法，或者说对窗口和菜单的操作方法在 WIN 中都有具体规定。

　　操作系统是一种很重要的控制软件。在数字系统选型时必须了解其配备的操作系统。用户只有在熟悉操作系统的条件下，才能更好地应用所选的数字设备。尤其在应用编程软件编制用户程序时，要涉及程序的编辑、删除、修改以及下载、调试等操作，与其软件所配备的操作系统关系十分密切。

### 4.2.2　时序图

　　一个程序或一条指令中具体动作发生的时间顺序图，称为时序图。时序图一般用脉冲方波表示。脉冲方波上的上升沿（或称前沿）、高电平、下降沿（或称后沿）和低电平都是时序的位置名称。在执行指令时，不同的指令信号它的时序不同，如置位信号是发生在方波的高电平时，复位信号是发生在方波的低电平时。

在时序图上能清晰地表明控制过程中每一种操作对应的脉冲状态，则是编程过程中可以依赖的编程工具。即用时序图可以确认程序的正确性和可靠性。典型时序图见图4-1。

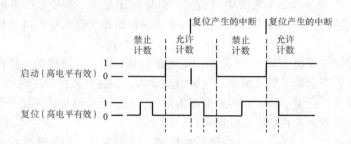

图4-1　典型时序图

注：以上是一组计数器相关操作的时序图。

### 4.2.3　通信软件

通信是数字控制系统必须具备的功能。无论是中央处理器（CPU）在其内部进行数据处理，或是在编制、调试和下载程序，还是在自动控制系统中传输控制信号，都离不开通信。

1. 通信方式

通信方式包括两方面：一是数据传送方式；二是通信网络工作方式。

（1）数据传送方式。数字系统采用两种传送方式。一是并行传送。二是串行传送。通信时，用8根线、16根线或32根线，并列传送8位（一个字节）、16位（一个字信息）或32位（双字信息）数据，称为并行通信，并行通信多数用于PLC主机内部。并行通信需要设置与信号数据位数相同的传输线（称为总线）、1根公共线和通信双方联络用的控制线。通信时，用1根数据线，从低位到高位依次传送8位、16位或32位二进制信息数据，称为串行通信。串行通信一般用两根传输线，分时传送两地的信息数据。用两根或两根以上的传输线由通信工作方式决定。

（2）通信网络工作方式。通信网络工作方式分为单工、半双工和全双工三种。单工通信是把信息数据按固定的单方向传送，只用两根传输线。半双工通信允许双向分时传送信息数据，也是用两根传输线。全双工通信允许两地同时发送或同时接收信息数据，用4根传输线。

远距离通信多数采用串行通信。在串行通信中，又分同步传送和异步传送。同步传送要求发送端和接收端按统一的时钟信号和严格的相位要求，以相同的速率传送数据信息。异步传送中的发送端和接收端可以按照各自的传输速率（但都得符合网络对速率的要求）来传送数据信息。但是，发送信息时，要同时发出字符起始和结束标志，可以随时发送和接收信息。

在PLC中的通信网络中多数采用异步串行通信，且网络的传送速率（比特率）是一致的。

2. 通信网络

通信网络是个硬概念，也是个软概念，其由通信接口、通信电缆、中继器、电缆插座、调制解调器等物理元器件构成的网络是看得见的通信网络。由通信协议所控制的数据信息构成的网络是看不见的通信网络。

（1）网络类型。网络分为局域网、校园网、城域网、广域网和以太网。

局域网由办公室的几个节点到公司的几百个节点组成的通信网络称为局域网。由多个局域网组成的通信网络称为校园网。横跨城市或小区域的多个局域网互联形成的通信网络称为城域网。通信距离比城域网更长、面积更大的通信网络称广域网。比如一个国家的网络或多个国家的通信网络。

以太网采用带冲突检测和载波帧听多路访问（CSMA/CD）机制。在以太网中，每个节点都可以看到网络中发送的所有信息，故又称以太网是一种广播网。以太网中一台主机传输数据信息时的工作步骤是：

帧听信道上是否有信号在传输。如果有，说明信道忙，则继续帧听，直到信道空闲为止。若没有帧听到任何信号，就传输数据。传输时继续帧听，如发现冲突则停止传输，执行退避。随机等待一段时间后，重新执行开始步骤。

当发生冲突时，涉及冲突的PC或PLC会发送一个拥塞序列，以警告所有的节点。如未发现冲突则发送成功，PC或PLC返回到帧听信道状态。每台PC或PLC一次只允许发送一个信息包，再一次发送数据之前，在传输速率10Mbit/s时，必须等待$9.6\mu s$。

在以太网中，当两个数据帧同时被发送到网络上，且二者完全或部分重叠时，就发生了数据冲突。当发生冲突，物理网段上的数据都不再有效。

以太网采用的是当今最通用的通信协议标准，以10～100Mbit/s的速率传输信息，其互联电缆是双绞线。

以太网通信接口工作模式是半双工或全双工。采用半双工时，在同一时间只能传输单一方向的数据。全双工时，是采用点对点连接，没有冲突，不用冲突检测。

以太网中两个用得最多的设备是集线器和交换机。集线器多数使用外接电源，对所接收的信号有放大作用。使用交换机构成交换式网络。交换机把冲突隔绝在每一个端口，避免了在网络中的扩散，减少了冲突。

（2）网络拓扑结构。网络拓扑结构就是网络节点互相连接的方式和结构形式，称为网络拓扑结构。网络拓扑结构分为树形结构、总线结构、星形结构和环形结构。

网络节点互连的形式如同一棵树，称树形结构，在分级分布的通信系统中被广泛应用。

在一组开放的总线上连接若干个通信结点，共用一组公共通信总线，称总线结构。

以一个站点为中心放射式地将若干个站点连接在中心站点上，所有的站点都由中心站控制，称星形结构。

将所有的站点顺序连接成环路，信息以一个方向在环路上传输，称环形结构。

通信网络是数字系统的重要组成部分，多种PLC都具有通信功能，且配备了智能型的通信模块和控制通信功能的指令，极大地增强了PLC系统的控制功能。可以构成多点主从形式和集散形式的控制系统。

3. 通信协议

通信协议就是控制网络通信的规约。网络是个公益工程，整个社会要共享它的资源。因此，它必须有统一规则和标准语言。在工业生产控制技术领域中，采用通信控制技术，为了普及应用，更应有标准化的通信协议。

1978年，国际标准化组织（ISO）颁布了《开放系统互联ISO模型》。该模型规定了网络通信的规约，称为通信协议。

（1）通信协议的结构。通信协议由物理层、数据链路层、网络层、传输层、会话层、表示层和应用层组成。

1）物理层规定了网络可以使用的互连电路。明确了每一种电路的功能、电气特性和所用连接器的配置。也就是说，对通信网络所用的物理元器件都做了标准化规定。如接口插座、通信电缆等。

2）数据链路层。在物理层基础上，规定了各信息单元的封装格式和站点间数据传送协议。如异步协议、同步协议中怎样使用字符的起始位、数据位、检验位和停止位，以及怎样用字符组成通信命令等，对发送和接收双方都做了规定。

3）网络层。网络层规定了信息在传输过程中如何选择高效的通信路径、确定通信源和通信目标地址；建立网络进行信息数据传输；及时报告通信中的差错等。

4）传输层。传输层为网络提供通信通道来传输信息数据。并且，保证数据流无差错、不丢失，按次序传送。ISO标准对传输层规定了五个协议。

5）会话层。会话层协调发送、接收双方的同步对话。包括初始化会话程序和存储结构、执行会话程序及终止程序。

6）表示层。规定了通信代码、字符的转换规则和语法规则，保证信息能正确的表示。使用户有一个统一的通信语言。其中，包括数据翻译、数据编码、字符集转换、存储信息格式化、修改数据的格式、编程中的语法规则和语句修改等。

7）应用层。应用层是用户与网络之间连接的界面。其中包括通信过程中所涉及的种种规则。熟悉应用层才能很好地应用网络进行通信。

（2）通信协议的种类。通信协议分为 PPI 协议、MPI 协议、PROFIBUS 协议和利用程序控制通信端口的用户定义的自由口协议等。

PPI 协议。PPI 是一个主/从协议或多主站协议，只有主站发送申请，从站才响应。从站不初始化信息。PPI 网络中所有的 S7-200CPU 都为从站。但是，如果用户程序允许且在运行（RUN）模式下，S7-200 也可以作为主站。虽然对一个从站可以有多个主站没有规定，但在一个网络中最多只能有 32 个主站。

MPI 协议。MPI 是主/主或主/从协议。西门子规定，对 S7-200 而言，S7-300 都是作网络主站，而 S7-200 都作从站。因此，如果网络中都是 S7-300，称为主/主协议。如果都是 S7-200 则进行主从连接，称为主/从协议。

在 MPI 协议中规定：主站之间互不干涉；每个 S7-200CPU 只能支持 4 个连接；每个 EM277 模块支持 6 个连接；每个 S7-200CPU 和 EM277 模块保留 2 个连接，一个给 PC 或 PG。另一个给操作面板，这些保留的连接只能对口专用。

PROFIBUS 协议。该协议适用于分布式的 I/O 设备。按照该协议构成的网络通常有一个主站和几个 I/O 从站。主站中存放拥有的 I/O 从站的型号和地址。以便与从站进行通信。对于其他主站只能对主站拥有的从站作有限制的访问。

PROFIBUS 协议是一个适合多段远距离高速网络通信的协议。该协议规定，一个主站和几个 I/O 从站采用中继器可以连接更多的设备，延长通信距离。

PROFIBUS（过程现场总线协议），依据该协议构成现场控制网络。用于现场网络段的通信控制电缆，即屏蔽双绞线。其导线截面积为 $0.22mm^2$；电缆电容$<60pF/m$；阻抗 $100\sim120\Omega$。

在 $9.6\sim93.75kBaud$ 时，可设最大的网络长度为 1200m；在 187.5kBaud 时，可设最大网络长度为 1000m；在 500kBaud 时，可设网络最大长度为 400m；$1\sim1.5\times10^6Baud$ 时可设网络最大长度为 200m，$3\sim12\times10^6Baud$ 时，可设网络最大长度为 100m。

上述三个协议都是异步通信的字符式的协议，每个字符由起始位、数据位（8 位）、偶校验位和停止位组成。而通信帧由起始字符、源站地址、目地站地址、结束字符、帧长度和数据完整性组成。当它们之间的波特率相同时，三个协议可以在同一个网络中运行，互不影响。

在网络通信中，站与站间是执行令牌操作。也就是说，只有拥有令牌的站才有初始化通信的权力。这种权力是循环执行的，主站要发送信息，必须持有令牌。令牌在各个站组成的逻辑环中传递，在整个逻辑环的循环中，各站持有令牌时对相应的站发出请求信息，发送通信信息。

**4. 通信网站**

在通信网络中，发送和接收信息的控制点称为网站。网站分为主站和从站。既发送信息又接收信息的站称为主站。只接收信息的站称为从站。

（1）网站类型。主站又分为单主站和多主站。在通信网络中，由一台计算机（PC），或一台编程器（PG）或一台触摸屏（TD）组成的主站称为单主站。单主站采用PC/PPI电缆、网络连接器等部件将主站与若干个从站连接起来，构成PC/PPI通信网络。在同一个通信网络中，由计算机（PC）或编程器（PG）以及触摸屏（TD）组成多个主站，共同控制若干个从站，称为多主站。

（2）用调制解调器（Modem）通信。Modem是一个信号转换元器件，为适应可编程序控制器内部处理数字信号，则把模拟信号调制为数字信号。反之，为适应信息在网络中的传输，则把数字信息解调为模拟信号。因此，无论是编写应用程序，还是运行中的控制上的通信，都缺少不了Modem。

当调制解调器（Modem）构成通信网络时，在单主站系统中，用10位的Modem时，单主站能与若干个从站或作从站的网络连接起来。

**5. 通信参数**

（1）通信参数。即网络中的主站与主站、主站与从站间能够高性能的进行通信时的参数。这些参数包括：主站和从站的地址；信息传输速率；主站个数；间隙刷新因子；最高站地址以及设备型号等。现以S7-200为例说明如下：

（2）站地址。同一个网络中，允许最多有32个主站，支持127个地址（0～126）。每个设备只能有唯一的站地址，不允许两个设备使用同一个地址。在STEP7-Micro/WIN32中，计算机和编程器的默认地址是0；操作面板（TD200、OP3、OP7）默认地址是1；S7-200默认地址为2。

（3）传输速率。是指单位时间内传输的信息数字量。采用比特速率。也有用调制速率。比特率是单位时间内传送信息数据的位数（bit/s）。调制速率是单位时间内调制信号波形变化的次数。当传输信号是二进制数构成的信息数据时，比特率和调制速率在数值上是相同的。

在同一个网络中要采用相同的波特率进行通信。即网络运行的最高波特率等于网络设备中的最低波特率，默认值9.6KB/s。

（4）间隙刷新因子。是因主站地址带有间隙，没有连续设置，在检查地址间隙时产生的一个时间参数。当主站间有从站时会产生地址间隙，会增加网络负载，降低网络性能。因此，所有主站的地址应按不带地址间隙的顺序进行设定。

（5）最高站地址（HSA）。设置网络中最高站地址，从而确定了一个主站寻找其他主站的最高地址，则限定了最后一个主站必须检查的地址间隙，限制了地址间隙（时间）长度，确定了寻找连接另一个主站的时间。但是，HSA只有当S7-200CPU作为PPI主站时才有用。最高站地址对于从站地址没有影响。

（6）设备型号。也可以说是构成网络的设备名称型号必须使系统知道的，以便对号调用。

**4.2.4  错误信息**

在PLC应用中，其系统对程序编译过程中发现的违反编译规则的错误、投入运行时发生的运行程序错误和严重的致命错误，以及相关扩展模块的编程或运行的错误，编制了错误代码，存放在系统规定的存储区中。无论发生哪一种错误，都会以相对应的错误代码在指令的使能输出端（ENO）输出，并加以显示。

## 4.3 S7-200 的软件资源

西门子公司为 S7-200PLC 配备了丰富的软件资源。例如,功能齐全的指令系统;分区存储的系统程序、用户程序和信息数据。其中,对数据区赋予特定的地址格式和明确数据取值范围和数据类型。尤其,利用特殊标志位存储器(SM)和变量存储器(V)存放了大量的编程信息和程序运行信息。如数据状态标志位、错误信息;各种模块的组态表,编制程序的数据表、包络表以及中断控制中的中断事件信息等。

### 4.3.1 S7-200 的存储区中的信息

S7-200 对系统程序、用户程序和操作中用的数据分区存储,设置了 13 种数据存储区,其功能和存储数据结构简述如下。

**1. 输入映像寄存器(I)**

输入映像寄存器(I)采集到的外部信号从输入端子输入。该端子物理编号的二进制代码输入映像寄存器,存入相应的存储单元。即明确输入信号的存储地址,每次扫描周期时间内,将输入映像寄存器中的信号数据调入 CPU,进行加工处理。

输入映像寄存器(I)设置了 128 个存储位 I0.0~I15.7。可组成:16 个存储字节 IB0~IB15;8 个存储字 IW0、IW2、IW4、IW6、IW8、IW10、IW12、IW14;4 个双字 ID0、ID4、ID8、ID12。

**2. 输出映像寄存器(Q)**

PLC 的 CPU 处理的信号数据存入输出映像寄存器,在扫描周期结尾时刻,以集中输出方式传输给输出端。应强调的是 CPU 处理的数据在输出映像寄存器中存放地址的地址代码和输出端子的物理编号应与输入端相同。

输出映像寄存器(Q)设置了 128 个存储位 Q0.0~Q15.7。可组成:16 个存储字节 QB0~QB15;8 个存储字 QW0、QW2、QW4、QW6、QW8、QW10、QW12、QW14;4 个双字 QD0、QD4、QD8、QD12。

**3. 内部状态标志位存储器(M)**

在 S7-200 系列把内部状态标志位称为内部逻辑线圈,也称为中间继电器。用它存放 CPU 控制中间结果的数据信息。在 M 中的存储地址代码应与该代码在输入映像寄存器中的存储单元编号代码相一致。

在 S7-200 中设置了 256 个内部状态标志位 M0.0~M31.7。可组成:32 个存储字节 MB0~MB31;16 个存储字 MW0~MW15;8 个双字 MD0、MD4、MD8、…、MD28。

**4. 变量存储器(V)**

PLC 数字系统对数据进行逻辑控制。在控制中,输入和输出是逻辑函数关系。因此,将输入量称为输入变量,输出量称为输出变量。能够被主程序、子程序和中断程序访问的变量,称为全局变量,其在整个系统有效。V 区中存放的是全局有效的变量。

在 S7-200 的数据存储区中,变量存储器(V)是一个最大的数据存储区。共 40969 个存储位 V0.0~V5120.7。可组成 5120 个存储字节 VB0~VB5119;2560 个存储字 VW0~VW2559 或 1280 个双字 VD0~VD1279。

凡能在整个系统中调用的数据都存放在变量存储器(V)中。如通信数据、位控模块 EM241 的数据等。

### 5. 局部变量的存储器（L）

局部变量只适合于某一类程序调用的变量，或子程序调用，或中断程序调用的。一般是系统默认的，L区中存放的数据只对局部程序有效。S7-200系统中主程序、子程序或中断程序都可以调用L中存放的数据，但是，在一个时间内只能由一种程序调用。

局部变量存储器中设有64个字节。其中，60个字节可以作暂时存储区，或给子程序传递参数。如果用编程软件STEP7-Micro/WIN32编写梯形图或功能块图时，只用局部变量存储器中最后4个字节。如果编写语句表程序可以用64个字节中的60个字节，不能使用L区中的最后4个字节。

当L区中数据已经分配给某一种程序使用，则不允许其他程序使用。如果其他程序需要时，必须重新分配。当L区给子程序传递参数时，L区不再接受任何数据。一般情况，L区是作间接寻址地址指针。

在S7-200的L区中，设有512个存储位L0.0~L63.7。可组成64个字节LB0~LB63；32个存储字LW0~LW31；或16个双字LD0~LD15。

### 6. 顺序控制继电器存储器（S）

S7-200系列重点开发了顺序控制功能，且用顺序控制继电器指令（SOR）予以调用，在顺序控制系统中加以应用。

S7-200系列中共设256个顺序控制继电器S0.0~S31.7。可组成32个存储字节SB0~SB31；16个存储字SW0~SW15；8个双字SD0~SD7。

### 7. 特殊标志位存储器（SM）

在S7-200中充分利用CPU的监测功能，专门设置了特殊标志位来监测系统的各种操作，如模拟量输入、系统初始化、自由端口通信、扫描周期时间、I/O总线、高速计数器参数、高速脉冲输出等的监测和参数设定。尤其，用SM0.0在PLC启动伊始就监控整个系统的运行状态。用SM0.1监控第一个扫描周期，对系统初始化等。另外，为每一个智能模块增设了50个字节的特殊标志，来监测控制智能模块的运行状态。总之，S7-200用特殊标志位、标志字节、标志字和标志双字监视控制S7-200的各种功能，它是一个非常重要的存储区，几乎所有的程序都要调用它存储的数据。应仔细阅读，领会其功能及应用，以利于编程。

在S7-200的CPU中，设置了1440个特殊标志存储位SM0.0~SM179.7。可组成180个存储字节 SM0.0 ~ SM179；90 个存储字 SMW0 ~ SMW89 或 45 个双字形式标志存储SMD0~SMD44。

### 8. 定时器存储器（T）

在S7-200中定时器是逻辑控制设置。在数据存储区中存放了256个定时器，并设置了三种精度（或称时基），对三种定时器赋予0~255中的不同的设备编号，且对不同编号的定时器设定不同的时基。

（1）接通延时或断开延时定时器中1ms的有 $T_{32}$、$T_{96}$；10ms的有 $T_{33}$~$T_{36}$、$T_{97}$~$T_{100}$；100ms的有 $T_{37}$~$T_{63}$、$T_{101}$~$T_{255}$。

（2）带记忆接通延时定时器中1ms的有 $T_0$、$T_4$；10ms的有 $T_1$~$T_3$、$T_{65}$~$T_{68}$；100ms的有 $T_5$~$T_{31}$、$T_{69}$~$T_{95}$。

定时器有3个运行参数，一是设定值PT，设定时间为PT×时基。二是当前时间值SV，计时时间为SV×时基。三是输出状态值0或1。

### 9. 计数器存储器（C）

S7-200为计算脉冲次数而设计数器，其设定值和当前值都以位的形式存放在C中。S7-200

中设置了 0～255 个计数器，可设置为增计数、减计数或增减计数，则根据控制要求选用。

10. 累加器存储器（AC）

S7-200 中设置了 4 个 32 位累加器 AC0、AC1、AC2 和 AC3，把算术/逻辑运算的中间结果存放在累加器中，作为中转站暂存。然后，由 CPU 调用。但应注意，当以字节形式读/写 AC 时，只能读/写最低 8 位。当以字的形式读/写 AC 时，只能读/写低 16 位。只有以双字形式读/写时，才能读/写 AC 的 32 位数据。

11. 模拟量输入寄存器（AI）

将采集的模拟量信号输入 AI 映像寄存器，经 A/D 转换成标准电平的数字信号，CPU 调用时，输入加工。输入的模拟信号以字（16 位）形式存储。每一个字存储时，以通道形式输入。S7-200 CPU222 存取范围为 AIW0～AIW30，共设 16 路输入通道；CPU224～226 存取范围为 AIW0～AIW62，为只读数据，共 32 路输入通道。

12. 模拟量输出寄存器（AQ）

S7-200 设置了模拟量输出寄存器。

在模拟量的输出中，则要把数字量标准信号转换为模拟量，即经 D/A 转换后输出。CPU222 存储范围为：AQW0～AQW30；CPU224～226 存储范围为 AQW0～AQW62，为只写数据，共 32 路输出通道。

13. 高速计数器（HSC）存储器

S7-200 共设置了 6 个高速计数器 HSC0～HSC5，并设计了 12 种工作模式。每一种高速计数器将它们的工作参数分别存放在输入映像寄存器和特殊标志位存储器中。

在输入映像寄存器中存放的是：

每一种高速计数器将它对应的工作模式的启动、计数、改变计数方向以及复位信号存放在输入映像寄存器中对应位中。例如：

HSC0 的计数为 I0.0、计数方向 I0.1、复位 I0.2；

HSC3 的计数为 I0.1；

HSC4 的计数为 I0.3、计数方向 I0.4、复位 I0.5；

HSC5 的计数为 I0.4；

HSC1 的计数为 I0.6、计数方向 I0.7、复位 I1.0、启动 I1.1；

HSC2 的计数为 I1.2、计数方向 I1.3、复位 I1.4、启动 I1.5。

并且，在特殊标志位存储器（SM）中设置了状态字、控制字、当前值和预设值寄存器等。在控制中所累计的高速脉冲次数，则以 32 位的形式（双字）存放当前值。HSC 存储地址为 0～5 对应的二进制代码。

因此，应进一步了解 S7-200 存储器地址分配的详细情况及其地址格式。

S7-200 系列 PLC 包括 4 种型号，按主机 CPU 来分可为 CPU221、CPU222、CPU224 和 CPU226。对于每一种型号的 PLC，西门子公司为其设定了存放用户程序和用户数据的存储器容量。并且划分各类数据存储器的地址范围和操作数范围。S7-200 存储器存放范围和特性见表 4 - 1。S7-200 操作数范围见表 4 - 2。

表 4 - 1　　　　　　　　　　S7-200 存储器存放范围和特性

| 描　　述 | CPU221 | CPU222 | CPU224 | CPU226 |
|---|---|---|---|---|
| 用户程序大小 | 2K 字 | 2K 字 | 4K 字 | 4K 字 |
| 用户数据大小 | 1K 字 | 1K 字 | 2.5 字 | 2.5 字 |

续表

| 描　述 | CPU221 | CPU222 | CPU224 | CPU226 |
|---|---|---|---|---|
| 输入映像寄存器 | I0.0～I15.7 | I0.0～I15.7 | I0.0～I15.7 | I0.0～I15.7 |
| 输出映像寄存器 | Q0.0～Q15.7 | Q0.0～Q15.7 | Q0.0～Q15.7 | Q0.0～Q15.7 |
| 模拟量输入（只读） | — | AIW0～AIW30 | AIW0～AIW62 | AIW0～AIW62 |
| 模拟量输出（只写） | — | AQW0～AQW30 | AQW0～AQW62 | AQW0～AQW62 |
| 变量存储器（V）[①] | VB0.0～VB2047.7 | VB0.0～VB2047.7 | VB0.0～VB5119.7 | VB0.0～VB5119.7 |
| 局部存储器（L）[②] | LB0.0～LB63.7 | LB0.0～LB63.7 | LB0.0～LB63.7 | LB0.0～LB63.7 |
| 位存储器（M） | M0.0～M31.7 | M0.0～M31.7 | M0.0～M31.7 | M0.0～M31.7 |
| 特殊存储器（SM）只读 | SM0.0～SM179.7<br>SM0.0～SM29.7 | SM0.0～SM179.7<br>SM0.0～SM29.7 | SM0.0～SM179.7<br>SM0.0～SM29.7 | SM0.0～SM179.7<br>SM0.0～SM29.7 |
| 定时器 | 256（T0～T255） | 256（T0～T255） | 256（T0～T255） | 256（T0～T255） |
| 有记忆接通延迟 1ms | T0，T64 | T0，T64 | T0，T64 | T0，T64 |
| 有记忆接通延迟 10ms | T1～T4，T65～T68 | T1～T4，T65～T68 | T1～T4，T65～T68 | T1～T4，T65～T68 |
| 有记忆接通延迟 100ms | T5～T31<br>T69～T95<br>T32～T96 | T5～T31<br>T69～T95<br>T32～T96 | T5～T31<br>T69～T95<br>T32～T96 | T5～T31<br>T69～T95<br>T32～T96 |
| 接通/关断延迟 1ms | T33～T36 | T33～T36 | T33～T36 | T33～T36 |
| 接通/关断延迟 10ms | T97～T100<br>T37～T63 | T97～T100<br>T37～T63 | T97～T100<br>T37～T63 | T97～T100<br>T37～T63 |
| 接通/关断延迟 100ms | T101～T255 | T101～T255 | T101～T255 | T101～T255 |
| 计数器 | C0～C255 | C0～C255 | C0～C255 | C0～C255 |
| 高速计数器 | HC0，HC3，<br>HC4，HC5 | HC0，HC3，<br>HC4，HC5 | HC0～HC5 | HC0～HC5 |
| 顺序控制继电器 | S0.0～S31.7 | S0.0～S31.7 | S0.0～S31.7 | S0.0～S31.7 |
| 累加寄存器 | AC0～AC3 | AC0～AC3 | AC0～AC3 | AC0～AC3 |
| 跳转/标号 | 0～255 | 0～255 | 0～255 | 0～255 |
| 调用/子程序 | 0～63 | 0～63 | 0～63 | 0～63 |
| 中断时间 | 0～127 | 0～127 | 0～127 | 0～127 |
| PID 回路 | 0～7 | 0～7 | 0～7 | 0～7 |
| 端口 | 0 | 0 | 0 | 0.1 |

① 所有的 V 存储器都可以存储在永久存储器区。

② LB60～LB63 为 STEP7－Micro/WIN32 的 3.0 版本或以后的版本软件保留。

表 4 - 2               S7-200 操 作 数 范 围

| 存取方式 | CPU221 | | CPU222 | | CPU224，CPU226 | |
|---|---|---|---|---|---|---|
| 位存取<br>（字节，位） | V | 0.0～2047.7 | V | 0.0～2047.7 | V | 0.0～5119.7 |
| | I | 0.0～15.7 | I | 0.0～15.7 | I | 0.0～15.7 |
| | Q | 0.0～15.7 | Q | 0.0～15.7 | Q | 0.0～15.7 |
| | M | 0.0～31.7 | M | 0.0～31.7 | M | 0.0～31.7 |
| | SM | 0.0～179.7 | SM | 0.0～179.7 | SM | 0.0～179.7 |
| | S | 0.0～31.7 | S | 0.0～31.7 | S | 0.0～31.7 |
| | T | 0～255 | T | 0～255 | T | 0～255 |
| | C | 0～255 | C | 0～255 | C | 0～255 |
| | L | 0.0～63.7 | L | 0.0～63.7 | L | 0.0～63.7 |
| 字节存取 | VB | 0～2047 | VB | 0～2047 | VB | 0～5119 |
| | IB | 0～15 | IB | 0～15 | IB | 0～15 |
| | QB | 0～15 | QB | 0～15 | QB | 0～15 |
| | MB | 0～31 | MB | 0～31 | MB | 0～31 |
| | SMB | 0～179 | SMB | 0～179 | SMB | 0～179 |
| | SB | 0～31 | SB | 0～31 | SB | 0～31 |
| | LB | 0～31 | LB | 0～31 | LB | 0～31 |
| | AC | 0～3 | AC | 0～3 | AC | 0～3 |
| | 常数 | | 常数 | | 常数 | |
| 单字存取 | VW | 0～2046 | VW | 0～2046 | VW | 0～5118 |
| | IW | 0～14 | IW | 0～14 | IW | 0～14 |
| | QW | 0～14 | QW | 0～14 | QW | 0～14 |
| | MW | 0～30 | MW | 0～30 | MW | 0～30 |
| | SMW | 0～178 | SMW | 0～178 | SMW | 0～178 |
| | SW | 0～30 | SW | 0～30 | SW | 0～30 |
| | T | 0～255 | T | 0～255 | T | 0～255 |
| | C | 0～255 | C | 0～255 | C | 0～255 |
| | LW | 0～62 | LW | 0～62 | LW | 0～62 |
| | AC | 0～3 | AC | 0～3 | AC | 0～3 |
| | 常数 | | AIW | 0～30 | AIW | 0～62 |
| | | | AQW | 0～30 | AQW | 0～62 |
| | | | 常数 | | 常数 | |
| 双字存取 | VD | 0～2044 | VD | 0～2044 | VD | 0～5116 |
| | ID | 0～12 | ID | 0～12 | ID | 0～12 |
| | QD | 0～12 | QD | 0～12 | QD | 0～12 |
| | MD | 0～28 | MD | 0～28 | MD | 0～28 |
| | SMD | 0～176 | SMD | 0～176 | SMD | 0～176 |
| | SD | 0～28 | SD | 0～28 | SD | 0～28 |
| | LD | 0～60 | LD | 0～60 | LD | 0～60 |
| | AC | 0～3 | AC | 0～3 | AC | 0～3 |
| | HC | 0～5 | HC | 0，3，4，5 | HC | 0～5 |
| | 常数 | | 常数 | | 常数 | |

    为了便于存取操作，PLC 系统对数据信息按照固定的地址格式存放。S7-200PLC 的地址格式规定如下。

    （1）表 4-1 和表 4-2 中，存储范围和操作数范围是对应的，且是一致的。具备了相应位数的存储单元，才能存放相对应位数（长度）的数据。CPU 才能按存储单元的地址调用操作中的数据。数据存放和调用的地址是按各自的地址格式进行操作。

（2）对于每一种存储器，S7-200能够将其每一位用程序控制成为一个软继电器，组成梯形图、功能块图形式的程序，这是PLC系统与其他数字系统截然不同的一点。从而，增强工业控制能力。

（3）对于每一种存储器，数据可以位存取（1位）、字节存取（8位）、字存取（16位）和双字存取（32位）。因此，有以下几种地址格式。

1）位地址格式。在I、Q、V、M、S、SM等存储区中，存放一位独立的数据信息。

其格式如：I［字节地址］，［位地址］，如I0.7；

　　　　　　Q［字节地址］，［位地址］，如Q0.7；

由存储区标识符、字节地址和位地址组成。

2）字节、字、双字地址格式。在I、Q、V、M、S、SM、L等存储区，存放若干位（8位、16位或32位）组成的数据信息。

其格式如：I［地址长度］，［起始字节地址］，如IB2；

　　　　　　Q［地址长度］，［起始字节地址］，如QB5；

　　　　　　V［地址长度］，［起始字节地址］，如VW100等。

由存储区标志符、地址长度（B、W或D）和起始字节地址组成。

3）T、C、HC、AC存储区的地址格式。在T、C、HC、AC存储区存放它们的运行参数，如当前值、预置值。

其地址格式如：T［定时器号］，如T24；

　　　　　　　　C［计数器号］，如C10；

　　　　　　　　AC［累加器号］，如AC1；

　　　　　　　　HC［高速计数器号］，如HC1。

由存储区标志符和设备号组成。

4）模拟量输入输出（AI、AQ）存储区的地址格式。在AI、AQ中存放模拟量输入输出信号的数据信息。

地址格式如：AIW［起始字节地址］，如AIW6；

　　　　　　　AQW［起始字节地址］，如AQW6。

由模拟量存储区标志符（AI和AQ）、字长（W）和起始字节地址组成。应注意，起始字节地址必须是偶数字节地址。

5）常数存储区地址格式。在常数区存放的是在程序控制过程中不变的数据。

• 十六进制数的格式：如16#4D4F等。

• 二进制数的格式：如2#0101　1010、1110等。

• 实数或浮点数的格式：如+1.175495E−38（正数）。

• ASCⅡ常数格式：如Text goes等。

• 十进制常数格式：如23467等。

由数据符号和数值组成。

（4）"V"是全局变量存储器。"V"中存放的数据可在PLC系统全局调用；"L"是局部变量存储器，"L"中存放的数据只能在PLC系统的局部程序中调用。

（5）双字存储器，如*VD、*AC和*LD中的"*"符号表示该存储器为间接寻址的32位指针的存储器。

### 4.3.2　S7-200特殊标志存储器（SM）

S7-200的设计者，利用特殊标志存储器（SM）的位、字节、字或双字设置各种控制功能，存放运行中的各种状态数据。依此，S7-200 的 CPU 与用户程序之间交换相关的信息，为 CPU 执行控制功能提供条件。

1. SMB0 和 SMB1

利用 SMB0 中的 8 个位和 SMB1 中的 8 个位监控系统状态。

SMB0.0　PLC 运行时这一位始终为 1，是常 ON 继电器。

SMB0.1　PLC 首次扫描时为 1，一个扫描周期。用途之一是调用初始化程序。

SMB0.2　若保持数据丢失，该位为 1，一个扫描周期。

SMB0.3　开机进入 RUN 方式，将 ON（闭合）一个扫描周期。

SMB0.4　该位提供了一个周期为 1min、占空比为 0.5 的时钟。

SMB0.5　该位提供了一个周期为 1s、占空比为 0.5 的时钟。

SMB0.6　该位为扫描时钟，本次扫描置 1，下次扫描置 0。可作为扫描计数器的输入。

SMB0.7　该位指示 CPU 工作方式开关的位置，0 为 TERM 位置，1 为 RUN 位置。

SMB1.0　当执行某些命令时，其结果为 0 时，该位置 1。

SMB1.1　当执行某些命令时，其结果溢出或出现非法数值时，该位置 1。

SMB1.2　当执行数学运算时，其结果为负数时，该位置 1。

SMB1.3　试图除以零时，该位置 1。

SMB1.4　当执行 ATT（Add to Table）指令时，超出表范围时，该位置 1。

SMB1.5　当执行 LIFO 或 FIFO，从空表中读数时，该位置 1。

SMB1.6　当把一个非 BCD 数转换为二进制数时，该位置 1。

SMB1.7　当 ASCII 码不能转换成有效的十六进制数时，该位置 1。

2. SMB2 和 SMB3

在自由端口通信方式下，接收到的每个字符都放在 SMB2 中。SMB2 为自由端口通信时，接收字符的缓冲区。

SMB3 做接收字符的奇偶校验位。

SMB2 字节（自由口接收字符）。

SMB2　自由口端口通信方式下，从 PLC 端口 0 或端口 1 接收到的每一个字符。

SMB3 字节（自由口奇偶校验）。

SMB3.0　端口 0 或端口 1 的奇偶校验出错时，该位置 1。

3. SMB4

用 SMB4 监视各种中断队列溢出和通信口空闲状态。

SMB4.0　当通信中断队列溢出时，该位置 1。

SMB4.1　当输入中断队列溢出时，该位置 1。

SMB4.2　当定时中断队列溢出时，该位置 1。

SMB4.3　当运行时刻，发现编程问题时，该位置 1。

SMB4.4　当全局中断允许时，该位置 1。

SMB4.5　当（口 0）发送空闲时，该位置 1。

SMB4.6　当（口 1）发送空闲时，该位置 1。

SMB4.7　当发生强行置位时，该位置 1。

4. SMB5

用 SMB5 提供 I/O 总线的错误信息。

SMB5.0　有 I/O 错误时，该位置 1。

SMB5.1　有I/O总线上接了过多的数字量I/O点时，该位置1。

SMB5.2　有I/O总线上接了过多的模拟量I/O点时，该位置1。

SMB5.7　当DP标准总线出现错误时，该位置1。

5.SMB6

用SMB6识别S7-200系列主机型号，故称CPU识别寄存器。

SMB6.7～6.4＝0000 为CPU212/CPU222。

SMB6.7～6.4＝0010 为CPU214/CPU224。

SMB6.7～6.4＝0110 为CPU221。

SMB6.7～6.4＝1000 为CPU215。

SMB6.7～6.4＝1001 为CPU216。

6.SMB8～SMB21

用SMB8～SMB21每相邻的两个识别扩展模块有关的错误。

SMB8到SMB21字节（I/O模块识别和错误寄存器）。

识别标志寄存器的各位功能见表4-3。

表4-3　　　　　　　　　　　　识别标志寄存器的各位功能

| 位号 | 7 | 6 | 5 | 4 | 3 | 2 | 1 | 0 |
|---|---|---|---|---|---|---|---|---|
| 标志符 | M | T | T | A | I | I | Q | Q |
| 标志 | M＝0 模块已插入 M＝1 模块未插入 | TT＝00 一般I/O模块 TT＝01 保留 TT＝10 非I/O模块 TT＝11 保留 | | A＝0 数字量I/O A＝1 模拟量I/O | II＝00 无输入 II＝01 2AI/8DI II＝10 4AI/16DI II＝11 8AI/32DI | | QQ＝00 无输出 QQ＝01 2AO/8DO QQ＝10 4AO/16DO QQ＝11 8AO/32DO | |

错误标志寄存器的各位功能见表4-4。

表4-4　　　　　　　　　　　　错误标志寄存器的各位功能

| 位号 | 7 | 6 | 5 | 4 | 3 | 2 | 1 | 0 |
|---|---|---|---|---|---|---|---|---|
| 标志符 | c | ie | o | b | r | p | f | t |
| 标志 | c＝0 无错误 c＝1 组态错误 | ie＝0 无错误 ie＝1 智能模块错误 | o | b＝0 无错误 b＝1 总线故障或奇偶错 | r＝0 无错误 r＝1 输出范围错误 | p＝0 无错误 p＝1 没有用户电源错误 | f＝0 无错误 f＝1 熔丝故障 | t＝0 无错误 t＝1 终端故障 |

SMB8　模块0识别寄存器

SMB9　模块0错误寄存器

SMB10　模块1识别寄存器

SMB11　模块1错误寄存器

SMB12　模块2识别寄存器

SMB13　模块 2 错误寄存器
SMB14　模块 3 识别寄存器
SMB15　模块 3 错误寄存器
SMB16　模块 4 识别寄存器
SMB17　模块 4 错误寄存器
SMB18　模块 5 识别寄存器
SMB19　模块 5 错误寄存器
SMB20　模块 6 识别寄存器
SMB21　模块 6 错误寄存器

7. SMW22～SMW26 字节

以 16 位字的形式存放扫描时间，单位毫秒（ms）。

SMW22～SMW26 字节（扫描时间）。

SMW22　上次扫描时间。

SMW24　进入 RUN 方式后，所记录的最短扫描时间。

SMW26　进入 RUN 方式后，所记录的最长扫描时间。

8. SMB28 和 SMB29 字节

SMB28 和 SMB29 分别存放模拟电位器 0、模拟电位器 1 的输入值，故称为模拟电位器。

SMB28 和 SMB29 字节（模拟电位器）。

SMB28　存储模拟电位器 0 的输入值。

SMB29　存储模拟电位器 1 的输入值。

9. SMB30 和 SMB130 字节

SMB30 控制自由端口 0 的通信方式。SMB130 控制自由端口 1 的通信方式。

SMB30 和 SMB130 字节（自由端口控制寄存器）。

自由端口控制寄存器标志见表 4-5。

表 4-5　　　　　　　　　　端口控制寄存器标志

| 位号 | 7　6 | 5 | 4　3　2 | 1　0 |
|---|---|---|---|---|
| 标志符 | pp | d | bbb | mm |
| 标志 | pp=00 不校验 pp=01 奇校验 pp=10 不校验 pp=11 偶校验 | d=0 每字符8位数据 d=1 每字符7位数据 | bbb=000 38400baud bbb=001 19200baud bbb=010 9600baud bbb=011 4800baud bbb=100 2400baud bbb=101 1200baud bbb=110 600baud bbb=111 300baud | mm=00 PPI/从站模式 mm=01 自由口协议 mm=10 PPI/主站模式 mm=11 保留 |

**10. SMB31 和 SMB32 字节**

用 SMB31 和 SMB32 字节做 EEPROM 信息寄存器。

SMB31 到 SMB32 字节（EEPROM 写控制）。

EEPROM 信息寄存器标志见表 4 - 6。

表 4 - 6                                 **EEPROM 信息寄存器标志**

| SM 字节 | 描　　述 |
|---|---|
| 格式 | SMB31：　MSB　　　　　　　　　　　　　LSB<br>软件命令　7　　　　　　　　　　　0<br><br>    c  0  0  0  0  0  s  s<br><br>SMB32：　　MSB<br>V 存储器地址　LSB<br>7　　　　　　　　　　　　　　0<br><br>V 存储器地址 |
| SM31.0 和<br>SM31.1 | ss：被存放数据类型<br>00＝字节<br>01＝字节<br>10＝字<br>11＝双字 |
| SM31.7 | c：存入永久存储器（EEPROM）<br>0＝无执行存储操作的请求<br>1＝用户程序申请向永久存储器存储数据<br>每次存储操作完成后，由 CPU 复位 |
| SMW32 | SMW32 提供 V 存储器中被存数据相对于 V0 的偏移地址，当执行存储命令时，把该数据存到永久存储器（EEPROM）中相应的位置 |

**11. SMB34 和 SMB35**

存放定时中断 0 或定时中断 1 的时间间隔。

SMB34 和 SMB35 字节（定时中断时间间隔寄存器）。

SMB34　定义定时中断 0 的时间间隔（5～255ms，以 1ms 为增量）。

SMB35　定义定时中断 1 的时间间隔（5～255ms，以 1ms 为增量）。

**12. SMB36～SMB65**

用 SMB36～SMB45 监视控制 HSC0；用 SMB46～SMB55 监视控制 HSC1；用 SMB56～SMB65 监视控制 HSC2。

●SMB36　（HSC0 当前状态寄存器）

SMB36.5　HSC0 当前计数方向位：1 为增计数。

SMB36.6　HSC0 当前值等于预设值位：1 为等于。

SMB36.7　HSC0 当前值大于预设值位：1 为大于。

●SMB37　（HSC0 控制寄存器）

SMB37.0　HSC0 复位操作的有效电平控制位：0 为高电平复位有效，1 为低电平复位有效。

SMB37.2　HSC0 正交计数器的计数速率选择：0 为 4 倍速率，1 为 1 倍速率。

SMB37.3  HSC0 方向控制位：1 为增计数。

SMB37.4  HSC0 更新方向位：1 为更新。

SMB37.5  HSC0 更新预设值：1 为更新。

SMB37.6  HSC0 更新当前值，1 为更新。

SMB37.7  HSC0 允许位：1 为允许，0 为禁止。

● SMD38  HSC0 新的当前值

● SMD42  HSC0 新的预设值

● SMD46  （HSC1 当前状态寄存器）

SMD46.5  HSC1 当前计数方向位：1 为增计数。

SMD46.6  HSC1 当前值等于预设值位：1 为等于。

SMD46.7  HSC1 当前值大于预设值位：1 为大于。

● SMB47  （HSC1 控制寄存器）

SMB47.0  HSC1 复位操作的有效电平控制位：0 为高电平复位有效，1 为低电平复位有效。

SMB47.2  HSC1 正交计数器的计数速率选择：0 为 4 倍速率，1 为 1 倍速率。

SMB47.3  HSC1 方向控制位：1 为增计数。

SMB47.4  HSC1 更新方向位：1 为更新。

SMB47.5  HSC1 更新预设值：1 为更新。

SMB47.6  HSC1 更新当前值：1 为更新。

SMB47.7  HSC1 允许位：1 为允许，0 为禁止。

● SMD48  HSC1 新的当前值

● SMD52  HSC1 新的预设值

● SMB56  （HSC2 当前状态寄存器）

SMD56.5  HSC2 当前计数方向位：1 为增计数。

SMD56.6  HSC2 当前值等于预设值位：1 为等于。

SMD56.7  HSC2 当前值大于预设值位：1 为大于。

● SMB57  （HSC2 控制寄存器）

SMB57.0  HSC2 复位操作的有效电平控制位：0 为高电平复位有效，1 为低电平复位有效。

SMB57.2  HSC2 正交计数器的计数速率选择：0 为 4 倍速率，1 为 1 倍速率。

SMB57.3  HSC2 方向控制位：1 为增计数。

SMB57.4  HSC2 更新方向位：1 为更新。

SMB57.5  HSC2 更新预设值：1 为更新。

SMB57.6  HSC2 更新当前值：1 为更新。

SMB57.7  HSC2 允许位：1 为允许，0 为禁止。

● SMD58  HSC2 新的当前值

● SMD62  HSC2 新的预设值

13. SMB66～SMB85

监控高速脉冲的脉冲输出（PIO）和脉宽调制（PWM）

● SMB66  （PTO0/PWM0 状态寄存器）

SMB66.4  PTO0 包络溢出：0 为无溢出，1 为有溢出（由于增量计算错误）。

SMB66.5  PTO0 包络溢出：0 为不由用户命令终止，1 由用户命令终止。

SMB66.6  PTO0 管道溢出：0 为无溢出，1 为有溢出。

SMB66.7　PTO0 空闲位：0 为忙，1 为空闲。

- SMB67　（PTO0/PWM0 控制寄存器）

SM67.0　PTO0/PWM0 更新周期：1 为写新的周期值。

SMB67.1　PWM0 更新脉冲宽度：1 为写新的脉冲宽度。

SMB67.2　PTO0 更新脉冲量，1 为写入新的脉冲量。

SMB67.3　PTO0/PWM0 基准时间：0 为 1μs，1 为 1ms。

SMB67.4　同步更新 PWM0：0 为异步更新，1 为同步更新。

SMB67.5　PTO0 操作：0 为单段操作，1 为多段操作（包络表存在 V 区）。

SMB67.6　PTO0/PWM0 模式选择：0 为 PTO，1 为 PWM。

SMB67.7　PTO0/PWM0 允许位：0 为禁止，1 为允许。

- SMW68　PTO0/PWM0 周期值（2～65 535 倍的时间基准）
- SMW70　PWM0 脉冲宽度值（0～65 535 倍的时间基准）
- SMD72　PTO0 脉冲计数值（1～$2^{32}-1$）
- SMB76　（PTO1/PWM1 状态寄存器）

SMB76.4　PTO1 包络溢出：0 为无溢出，1 为有溢出（由于增量计算错误）。

SMB76.5　PTO1 包络溢出：0 为不由用户命令终止，1 由用户命令终止。

SMB76.6　PTO1 管道溢出：0 为无溢出，1 为有溢出。

SMB76.7　PTO1 空闲位：0 为忙，1 为空闲。

- SMB77　（PTO1/PWM1 控制寄存器）

SMB77.0　PTO1/PWM1 更新周期：1 为写新的周期值。

SMB77.1　PWM1 更新脉冲宽度：1 为写新的脉冲宽度。

SMB77.2　PTO1 更新脉冲量：1 为写入新的脉冲量。

SMB77.3　PTO1/PWM1 基准时间：0 为 1μs，1 为 1ms。

SMB77.4　同步更新 PWM1：0 为异步更新，1 为同步更新。

SMB77.5　PTO1 操作：0 为单段操作，1 为多段操作（包络表存在 V 区）。

SMB77.6　PTO1/PWM1 模式选择：0 为 PTO，1 为 PWM。

SMB77.7　PTO1/PWM1 允许位：0 为禁止，1 为允许。

- SMW78　PTO1/PWM1 周期值（2～65 535 倍的时间基准）
- SMW80　PWM1 脉冲宽度值（0～65 535 倍的时间基准）
- SMD82　PTO1 脉冲计数值（1～$2^{32}-1$）

14. SMB86～SMB94、SMB186～SMB194 字节

用 SMB86～SMB94 做通信口 0，用 SMB186～SMB194 做通信口 1 接收信息状态寄存器。

- SMB86　（口 0 接收信息状态寄存器）

SM86.0　由于奇偶校验出错而终止接收信息，1 为有效。

SMB86.1　因已达到最大字符数而终止接收信息，1 为有效。

SMB86.2　因已超过规定时间而终止接收信息，1 为有效。

SMB86.5　收到信息的结束符。

SMB86.6　由于输入参数错或缺省起始和结束条件而终止接收信息，1 为有效。

SMB86.7　由于用户使用禁止命令而终止接收信息，1 为有效。

- SMB87　（口 0 接收信息控制寄存器）

SMB87.2　0 为与 SMW92 无关，1 为若超出 SMW92 确定的时间，终止接收信息。

SMB87.3　0为字符间定时器，1为信息间定时器。

SMB87.4　0为与SMW90无关，1为由SMW90中的值来检测空闲状态。

SMB87.5　0为与SMW89无关，1为结束符由SMW89设定。

SMB87.6　0为与SMW88无关，1为起始符由SMW88设定。

SMB87.7　0为禁止接收信息，1为允许接收信息。

- SMB88　起始符
- SMB89　结束符
- SMW90　空闲时间间隔的毫秒数
- SMW92　字符间/信息间定时器超时值（毫秒数）
- SMB94　接收字符的最大数（1～255）
- SMB186　（口1接收信息状态寄存器）

SMB186.0　由于奇偶校验出错而终止接收信息，1为有效。

SMB186.1　因已达到最大字符数而终止接收信息，1为有效。

SMB186.2　因已超过规定时间而终止接收信息，1为有效。

SMB186.5　收到信息的结束符。

SMB186.6　由于输入参数错或缺省起始和结束条件而终止接收信息，1为有效。

SMB186.7　由于用户使用禁止命令而终止接收信息，1为有效。

- SMB187　（口1接收信息控制寄存器）

SMB187.2　0为与SMW92无关，1为若超出SMW92确定的时间，终止接收信息。

SMB187.3　0为字符间定时器，1为信息间定时器。

SMB187.4　0为与SMW90无关，1为由SMW90中的值来检测空闲状态。

SMB187.5　0为与SMW89无关，1为结束符由SMW89设定。

SMB187.6　0为与SMW88无关，1为起始符由SMW88设定。

SMB187.7　0为禁止接收信息，1为允许接收信息。

- SMB188　起始符
- SMB189　结束符
- SMW190　空闲时间间隔的毫秒数
- SMW192　字符间/信息间定时器超时值（毫秒数）
- SMB194　接收字符的最大数（1～255）

15. SMW98 字节

用SMW98监控扩展总线校验错误和系统复电信息以及控制用户程序时信息，总线校验错误，该处每次增加1。系统得电或运行用户程序前清零。

16. SMB131～SMB165

SMB131～SMD142 为 HSC3 寄存器；SMB146～SMD152 为 HSC4 寄存器；SMB156～SMD162 为 HSC5 寄存器。

SMB131～SMB165 字节（高速计数器 HSC3、HSC4 和 HSC5 寄存器）。

- SMB136　（HSC3 当前状态寄存器）

SMB136.5　HSC3 当前计数方向位：1为增计数。

SMB136.6　HSC3 当前值等于预设值位：1为等于。

SMB136.7　HSC3 当前值大于预设值位：1为大于。

- SMB137　（HSC3 控制寄存器）

SMB137.0　HSC3复位操作的有效电平控制位：0为高电平复位有效，1为低电平复位有效。

　　SMB137.2　HSC3正交计数器的计数速率选择：0为4倍速率，1为1倍速率。

　　SMB137.3　HSC3方向控制位：1为增计数。

　　SMB137.4　HSC3更新方向位：1为更新。

　　SMB137.5　HSC3更新预设值：1为更新。

　　SMB137.6　HSC3更新当前值：1为更新。

　　SMB137.5　HSC3允许位：1为允许，0为禁止。

- SMD138　HSC3新的当前值
- SMD142　HSC3新的预设值
- SMB146　（HSC4当前状态寄存器）

　　SMB146.5　HSC4当前计数方向位：1为增计数。

　　SMB146.6　HSC4当前值等于预设值位：1为等于。

　　SMB146.7　HSC4当前值大于预设值位：1为大于。

- SMB147　（HSC4控制寄存器）

　　SMB147.0　HSC4复位操作的有效电平控制位：0为高电平复位有效，1为低电平复位有效。

　　SMB147.2　HSC4正交计数器的计数速率选择：0为4倍速率，1为1倍速率。

　　SMB147.3　HSC4方向控制位：1为增计数。

　　SMB147.4　HSC4更新方向位：1为更新。

　　SMB147.5　HSC4更新预设值：1为更新。

　　SMB147.6　HSC4更新当前值：1为更新。

　　SMB147.7　HSC4允许位：1为允许，0为禁止。

- SMD148　HSC4新的当前值
- SMD152　HSC4新的预设值
- SMB156　（HSC5当前状态寄存器）

　　SMB156.5　HSC5当前计数方向位：1为增计数。

　　SMB156.6　HSC5当前值等于预设值位：1为等于。

　　SMB156.7　HSC5当前值大于预设值位：1为大于。

- SMB157　（HSC5控制寄存器）

　　SMB157.0　HSC5复位操作的有效电平控制位：0为高电平复位有效，1为低电平复位有效。

　　SMB157.2　HSC5正交计数器的计数速率选择：0为4倍速率，1为1倍速率。

　　SMB157.3　HSC5方向控制位：1为增计数。

　　SMB157.4　HSC5更新方向位：1为更新。

　　SMB157.5　HSC5更新预设值：1为更新。

　　SMB157.6　HSC5更新当前值：1为更新。

　　SMB157.7　HSC5允许位：1为允许，0为禁止。

- SMD158　HSC5新的当前值
- SMD162　HSC5新的预设值

17. SMB166~SMB194 字节

用 SMB166~SMB194 存放高速脉冲（PTO）的当前值。

SMB166~SMB194 字节（PTO0、PTO1 的包络步数、包络表地址和 V 存储器地址）

SMB166　PTO0 的包络步当前计数值。

SMW168　PTO0 的包络表 V 存储器地址（从 V0 开始的偏移量）。

SMB176　PTO1 的包络步当前计数值。

SMW178　PTO1 的包络表 V 存储器地址（从 V0 开始的偏移量）。

18. SMB200~SMB549

SMB200~SMB559 是 S7-200 系列为扩展智能模块设定的特殊标志存储区。其中，扩展的智能模块，如 EM253 位控模块、EM241 调制解调器（Modem）模块等。S7-200 按照智能模块在 I/O 系统的物理位置为每个智能模块分配 50 个字节的特殊存储区：

槽 0 为 SMB200~SMB249。

槽 1 为 SMB250~SMB299。

槽 2 为 SMB300~SMB349。

槽 3 为 SMB350~SMB399。

槽 4 为 SMB400~SMB449。

槽 5 为 SMB450~SMB499。

槽 6 为 SMB500~SMB549。

当扩展的智能模块为 EM253 位控模块，且安装在槽 0 位置上时：

SMB200~SMB215 存放 16 个 ASCII 码字符表明智能模块名称。

SMB216~SMB219 存放 4 个 ASCII 码字符表明软件版本号。

SMB220~SMB222 存放模块输入输出状态错误代码。其中，EM253 输入输出状态错误代码见表 4-7。

表 4-7　　　　　　　　　　　　EM253 输入输出状态错误代码

| | 反映 MSB | | | | | | | | LSB |
|---|---|---|---|---|---|---|---|---|---|
| | 模块输入和输出的状态 | 7 | 6 | 5 | 4 | 3 | 2 | 1 | 0 |
| | | DIS | 0 | 0 | STP | LMT- | LMT+ | RPS | ZP |
| SMW220 | DIS 禁止输出 | 0=无电流　1=有电流 | | | | | | | |
| SMB222 | STP 停止输入 | 0=无电流　1=有电流 | | | | | | | |
| 模块错误代码 | LMT-反向限位输入 | 0=无电流　1=有电流 | | | | | | | |
| | LMT+正向限位输入 | 0=无电流　1=有电流 | | | | | | | |
| | RPS 参考点开关输入 | 0=无电流　1=有电流 | | | | | | | |
| | ZP 零脉冲输入 | 0=无电流　1=有电流 | | | | | | | |
| | 反映模板 MSB | | | | | | | | LSB |
| | 的组态状态和转向的状态 7 | 6 | 5 | 4 | 3 | 2 | 1 | 0 | |
| SMB223 | | 0 | 0 | 0 | 0 | 0 | OR | R | CFG |
| 瞬间模板状态 | OR　目标速度超范围　0=在范围内；1=超范围 | | | | | | | | |
| | R　转动方向　0=正转　1=反转 | | | | | | | | |
| | CFG 组态的模板　0=未组态　1=已组态 | | | | | | | | |

续表

SMB224 指示前正在执行的包络 "CUR‑PF"。

SMB225 指示包络中当前正在执行的 "CUR‑STP"。

SMB226 指示模块的当前位置 "CUR‑POS"，是一个双字。

SMB230 指示模块的当前速度 "CUR‑SPD"，是一个双字

| SMB234<br>指令结果 | 右侧是错误代码的描述。　MSB<br>大于 127 的错误条件由向导生成的指令<br>子程序产生<br>D　Done 位　0＝操作在进行中<br>1＝操作完成（初始化过程中由模块设置） | LSB |

其中 SMB234 位图： 7　6　　　　0　｜ 0 ｜ ERROR ｜

SMB235～SMB244 保留。

SMB245 存放与该模块用作命令接口的第一个输出字节之间的偏移量，S7‑200 自动提供。

SMD246 作组态/包络表在 V 区地址的指针，EM253 一直监视该指针所指向的区域，直到收到一个有效的指针值。

当扩展的智能模块为 EM241 调制解调器模块，且亦安装在槽 0 位置上，或槽 1、槽 2 等位置上时：

SMB200～SMB215 和 SMB216～SMB219 同 EM235 的作用相同。

SMW220～SMW221 错误代码：其中，SMB200 是错误代码的最高字节。

| SMW220 至<br>SMW221<br>错误代码 | 0000—无错<br>0001—无用户电源<br>0002—Modem 故障<br>0003—无组态块 ID<br>0004—组态块超范围<br>0005—组态错误<br>0006—国家代码选择错误<br>0007—电话号码太大<br>0008—信息太大<br>0009 to 00FF—保留<br>01××—回拨号码××出错<br>02××—呼机号码××出错<br>03××—信号号码×<br>0400 to FFFF—保留 |

| SMB222<br>用信号灯<br>反映模块<br>状态 | MSB　　　LSB<br><br>7　6　5　4　3　2　1　0<br>｜ F ｜ G ｜ H ｜ T ｜ R ｜ C ｜ 0 ｜ 0 ｜<br><br>F‑EM __ FAULT　　0—无错误　　1—出错<br>G‑EM __ GOODQ　　0—不好　　　1—好<br>H‑OFF __ HOOK　　0—挂机　　　1—摘机<br>T‑NO DIALTONE　　0—语音拨号　1—无拨号音<br>R‑RING　　　　　　0—无振铃　　1—电话振铃<br>C‑CONNECT　　　　0—未连接　　1—连通 |

SMB223 存放开关设置的十进制的国家代码。

SMB224～SMB225 存放十进制确定的波特率。

| | |
|---|---|
| SMB226<br>用户命令的结果 | MSB　　　　　LSB<br>7　　6　　5　　　0<br><br>D—Done 位：<br>0—操作进行中；<br>1—操作完成；<br>ERROR：错误代码见 SMW220～SMW221 |

在 SMB226 字节图中：D ｜ 0 ｜ ERROR

SMB227 选择电话号码。

SMB228 选择发送的信息，有效值为 1～250。

SMB229～SMB244 保留。

SMB245 保存第一个输出字节的偏移量，由 CPU 提供。

SMB246～SMB249 指示专门设在 V 区中的 EM241 模块组态的存放地址的指针，且由 EM241 自动持续检查 V 区，直至指针值有效。

同上述一样，亦可以把智能通信模块用 SMB200～SMB500 中的任意 50 个字节来存放它们的运行信息。

当选用 EM277 通信模块时，50 个字节中

第 1 个～第 6 个字节　　为模块号。

第 18 个～第 21 个字节　为 S/W 版本号。

第 22 个字节　为站地址，由 DIP 开关设定（十进制 0～99）。

第 23 个字节　保留。

第 24 个字节　为标准协议。

第 25 个字节　为主站地址（十进制 0～126）。

第 26 个字节　为 V 存储区地址（双字节）。

第 28 个字节　输出数据字节数。

第 29 个字节　输入数据节数。

第 30～第 50 个字节　保留，接通电源清除其中内容，为可能产生的信息备用。

### 4.3.3　变量存储器（V）存放的信息

1. 调制解调器（Modem）模块的组态表

S7-200 在变量存储区 V 中设置了一个 Modem 组态表所提供的字节偏移量是特殊标志位存储器（SM）区指针所指的地址。Modem 组态表由四部分组成的，分别是：

（1）组态表中包括组成模块的信息。

（2）回拨电话号码块包含预定的电话号码可用回拨安全功能。

（3）信息电话号码块包含用于拨号信息服务或 CPU 数据传送的电话号码。

（4）信息块包含预定的信息服务中要发送的信息。EM241 组态表见表 4 - 8。

| 表 4-8 | | EM241 组态表 |
|---|---|---|
| **模块** | **字节偏移量** | **描　　述** |
| 组态块 | 0~4 | 模块标识：5个 ASCII 字符用于联系组态表和智能模块。<br>版本 1.00 的 EM241Modem 模块的标识是"M241A" |
| | 5 | 组态块的长度：当前为 24 |
| | 6 | 回拨电话号码长度：有效值为 0~40 |
| | 7 | 信息电话号码长度：有效值为 0~120 |
| | 8 | 回拨电话号码的号码：有效值为 0~250 |
| | 9 | 信息电话号码的号码：有效值为 0~250 |
| | 10 | 信息号码：有效值为 0~250 |
| | 11~12 | 保留（2 字节） |
| | 13 | 该字节包含所支持的特性的使能位<br>MSB　　　　　LSB<br><br>7　6　5　4　3　2　1　0<br>PD｜CB｜PW｜MB｜BD｜0｜0｜0<br><br>PD　0=语音拨号　　　　1=脉冲拨号<br>CB　0=回拨禁止　　　　1=回拨使能<br>PW　0=密码禁止　　　　1=密码使能<br>MB　0=PPI 协议使能　　1=Modbus 协议使能<br>BD　0=盲拨禁止　　　　1=盲拨使能<br>模块忽略位 2，1，0 |
| | 14 | 保留 |
| | 15 | 尝试次数-该值指定 Modem 模块在返回错误之前尝试拨号与并发送信息的次数。数值 0 则禁止 Modem 拨号 |
| | 16~23 | 密码-8 个 ASCII 字符 |
| 回拨电话<br>号码块<br>（可选） | 24 | 回拨电话号码 1：一个字符串，代表第一个授权以 EM241Modem 模块回拨访问的电话号码。按照回拨电话号码长度域中指定的长度每个回拨号码分配有相同的空间（组态块中偏移量为 6） |
| | 24+回拨号码 | 回拨电话号码 2 |
| | ⋮ | ⋮ |
| | ⋮ | 回拨号码 n |
| 信息电话<br>号码块<br>（可选） | M | 信息电话号码 1：一个字符串，代表信息电话号码，包括协议和拨号选项。<br>按照信息电话号码长度域中指定的长度。每个电话号码配有相同的空间（组态块中的偏移量是 7）<br>对于信息电话号码格式的描述在下面 |
| 组态块 | M+信息<br>号码长度 | 信息电话号码 2 |
| | ⋮ | ⋮ |
| | ⋮ | 信息电话号码 n |

| 模块 | 字节偏移量 | 描　　述 |
|---|---|---|
| 信息块可选 | N | 第一个信息的 V 区偏移量（相对于 VB0）（2 字节） |
| | N+2 | 信息 1 的长度 |
| | N+3 | 信息 2 的长度 |
| | ： | ： |
| | ： | 信息 n 的长度 |
| | P | 信息 1：一个字符串，最大（120 字节），代表第一个信息。该字符串包括文本和嵌入数据的规范，或指定一个 CPU 的数据传送。<br>请参见下在有关文本信息格式和 CPU 数据传送格式的描述 |
| | P+信息 1 的长度 | 信息 2 |
| | ： | ： |
| | ： | 信息 n |

注　电话号码是服务提供商、寻呼机的电话号码，或 CPU 传送的数据。

2. 位控模块 253 的组态/包络表

S7-200 在其变量存储器（V）中存放了 EM253 模块的组态/包络表。通过指令可用于运动控制，其种类可达 25 个运动包络。并且，是通过改变存储组态/包络表指针中的数值变换组态/包络表。位控模块 253 的组态/包络表见表 4-9。

表 4-9　　　　　　　　　　　　位控模块 253 的组态/包络表

| 模块 | 偏移量 | 名称 | 功能描述 | 类型 |
|---|---|---|---|---|
| 组态块 | 0 | MOD_ID | 模块识别域 | — |
| | 5 | CB_LEN | 以字节为单位的组态块的长度（1 字节） | — |
| | 6 | IB_LEN | 以字节为单位的交互块的长度（1 字节） | — |
| | 7 | PF_LEN | 以字节为单位的单个包络的长度（1 字节） | — |
| | 8 | STP_LEN | 以字节为单位的单步的长度（1 字节） | — |
| | 9 | STEPS | 每个包络允许的步数（1 字节） | — |
| | 10 | PROFILES | 从 0~25 的包络号（1 字节） | — |
| | 11 | 保留 | 设为 0×0000 | — |
| | 13 | IN_OUT-CFG | 定义模块输入和输出的使用（1 字节）<br><br>MSB　　　　　　　　LSB<br>7　6　5 4　3　2　1　0<br>P/D\|POL\|0\|0\|STP\|RPS\|LMT−\|LMT+<br>P/D 该位定义 P0 和 P1 的使用<br>正极性（POL=0）<br>0—P0 脉冲正转<br>P1 脉冲反转<br>1—P0 脉冲转动<br>P1 控制转动方向（0-正向，1-反向） | — |

138

| 模块 | 偏移量 | 名称 | 功能描述 | 类型 |
|---|---|---|---|---|
| 组态块 | | | POL 该位为 P0 和 P1 选择极性转换<br>（0 - 正极性，1 - 负极性）<br>STP 该位控制 STOP 输入的有效等级<br>RPS 该位控制 RPS 输入的有效等级<br>LM－该位控制反向移动限位输入的有效等级<br>LM＋该位控制正向移动限位输入的有效等级<br>0 - 有效等级高<br>1 - 有效等级低 | — |
| | 14 | STOP _ RSP | 定义驱动对 STP 输入的响应（1字节）<br>0 无响应，忽略输入条件<br>1 减速至停止并指示到达限位<br>2 终止脉冲并指示 STP 输入<br>3～255 保留（指定该数值则出错） | — |
| | 15 | LMT _ RSP | 定义驱动对反向限位输出的响应（1字节）<br>0 无响应，忽略输入条件<br>1 减速至停止并指示到达限位<br>2 终止脉冲并指示 STP 输入<br>3～255 保留（指定该数值则出错） | — |
| | 16 | LMT＋_ RSP | 定义驱动对正向限位输出的响应（1字节）<br>0 无响应，忽略输入条件<br>1 减速至停止并指示到达限位<br>2 终止脉冲并指示 STP 输入<br>3～255 保留（指定该数值则出错） | — |
| | 17 | FILTER _ TIME | 定义 STP、LMT－、LMT＋<br>和 RPS 输入的滤波时间（1字节）<br><br>MSB           LSB<br>7 6 5 4 3 2 1 0<br>\|STP,LMT－,LMT＋\| RPS \|<br>$^10000^1$ 200$\mu$s   $^10101^1$ 3200$\mu$s<br>$^10001^1$ 400$\mu$s   $^10110^1$ 6400$\mu$s<br>$^10010^1$ 800$\mu$s   $^101111^1$ 12800$\mu$s<br>$^10011^1$ 1600$\mu$s   $^11000^1$ 无滤波<br>$^10100^1$ 1600$\mu$s   $^11001^1$ 至$^11111^1$ 保留（指定该数值则出错） | — |
| | 18 | MEAS _ SYS | 定义测量系统（1字节）<br>0 脉冲（速度为每秒脉冲数，位置值为脉冲数）。数值存为 DINT。<br>1 工程单位（速度为每秒单位数，位置值为单位数）。数值存为 REAL。<br>2～255 保留（指定该数值则出错） | — |

| 模块 | 偏移量 | 名称 | 功能描述 | 类型 |
|---|---|---|---|---|
| | 19 | — | 保留（设为0） | — |
| | 20 | RLS/REV | 定义电机每转的脉冲数（4字节）<br>只有当MEAS_SYS设为1时才有意义 | DINT |
| | 24 | UNITS/REV | 定义电机每转的工程单位数（4字节） | REAL |
| | 28 | UNITS | 只有当MEAS_SYS设为1时才有意义<br>保留给STEP7-Micro/WIN存储一个定制单位的字符串（4字节） | — |
| 组态块 | 32 | RP_CFG | 定义参考点寻找组态（1字节）<br><br>MSB　　　　　　　　　　LSB<br><br>7　6　5　4　3　2　1　0<br><br>□□ 0 0 MODE<br><br>↑——— RP_ADDR_DIR<br><br>↑——— RP_SEEK_DIR<br><br>RP_SEEK_DIRY 该位定义参考点寻找的起始方向（0-正向，1-反向）<br><br>RP_ADDR_DIR 该位定义结束参考点寻找的接近方向（0-正向，1-反向）<br><br>MODE定义参考点寻找模式<br>'0000' 参考点寻找禁止<br>'0001' 参考点在RPS输入开始有效的点上<br>'0010' 参考点在RPS输入有效区域中央<br>'0011' 参考点在RPS输入有效区以外<br>'0100' 参考点在RPS输入有效区内<br>'0101' 至'1111' 保留（选择该数则出错） | — |
| | 33 | — | 保留（设为0） | — |
| | 34 | RP_Z_CNT | 用来定义参考点的ZP输入脉冲数（4字节） | DINT |
| | 38 | RP_FAST | RP寻找操作的高速：小于等于MAX_SPD<br>（4字节） | DINT<br>REAL |
| | 42 | RP_SLOW | RP寻找操作的低速：小于等于电动机能够在瞬间停止的最大速度（4字节） | DINT<br>REAL |
| | 46 | SS_SPEED | 启动/停止速度（4字节）<br>启动速度是电机能够瞬间从停止状态启动以及从运行状态瞬间停下的最大速度。允许低于该速度的操作，但加速和减速时间除外 | DINT<br>REAL |

续表

| 模块 | 偏移量 | 名称 | 功能描述 | 类型 |
|---|---|---|---|---|
| 组态块 | 50 | MAX_SPEED | 电机的最大操作速度（4字节） | DINT REAL |
| | 54 | JOG_SPEED | 拖动速度。小于等于MAX_SPEED（4字节） | |
| | 58 | JOG_INCREM-ENT | 该拖动增量是相应于一个拖动脉冲应移动的距离（或脉冲数）（4字节） | DINT REAL |
| | 62 | ACCEL_TIME | 从最小速度加速到最大速度所需时间，单位为毫秒（4字节） | DINT |
| | 66 | DECEL_TIME | 从最大速度减速至最小速度所需时间，单位为毫秒（4字节） | DINT |
| | 70 | BKLSH_COMP | 螺距误差补偿：方向转换时用于补偿系统螺距误差的距离（4字节） | DINT REAL |
| | 74 | JERK_TIME | 在加速/减速曲线（S曲线）的起始和结束两端进行急停补偿的时间。定义为零值则禁止急停补偿。急停时间以毫秒为单位（4字节） | DINT |
| 交互作用的块 | 78 | MOVE_CMD | 选择操作模式（1字节）<br>0 绝对位置<br>1 相对位置<br>2 单速连续正向转动<br>3 单速连续反向转动<br>4 手动速度控制，正转<br>5 手动速度控制，反转<br>6 带有触发停止的单速连续正向转动（RPS输入指示停止）<br>7 带有触发停止的单速连续反向转动（RPS输入指示停止）<br>8～255 保留（如果指定为该数值则出错） | — |
| | 79 | — | 保留，设为0 | — |
| | 80 | TARGET_POS | 该运动的目标位置（4字节） | DINT REAL |
| | 84 | TARGET_SPEED | 该运动的目标速度（4字节） | DINT REAL |
| | 88 | RP_OFFSET | 参考点的绝对位置（4字节） | DINT REAL |
| 包络块0 | 92（+0） | 步（STEPS） | 该运动顺序的步数（1字节） | — |
| | 93（+1） | 模式（MODE） | 选择该包络块的操作模式（1字节）<br>0 绝对位置<br>1 相对位置<br>2 单速连续正向转动<br>3 单速连续反向转动 | — |

续表

| 模块 | 偏移量 | 名称 | | 功能描述 | 类型 |
|---|---|---|---|---|---|
| 包络块 0 | 93<br>（+1） | 模式（MODE） | | 4 保留（定义的错误）<br>5 保留（定义的错误）<br>6 带有触发停止的单速连续正转（RPS 选择速度）<br>7 带有触发停止的单速连续反转（RPS 输入指示停止）<br>8 两速，连续正向转动（RPS 选择速度）<br>9 两速，连续反向转动（RPS 选择速度）<br>10～255 保留（如果指定为该数值则出错） | — |
| | 94 | 0 | POS | 运动步 0 要去的位置（4 字节） | DINT<br>REAL |
| | 98<br>（+6） | 0 | SPEED | 运动步 0 的目标速度（4 字节） | DINT<br>REAL |
| | 102<br>（+10） | 1 | POS | 运动步 1 要去的位置（4 字节） | DINT<br>REAL |
| | 106<br>（+14） | 1 | SPEED | 运动步 1 的目标速度（4 字节.） | DINT<br>REAL |
| | 110<br>（+18） | 2 | POS | 运动步 2 要去的位置（4 字节） | DINT<br>REAL |
| | 114<br>（+22） | 2 | SPEED | 运动步 2 的目标速度（4 字节） | DINT<br>REAL |
| | 118<br>（+26） | 3 | POS | 运动步 3 要去的位置（4 字节） | DINT<br>REAL |
| | 122<br>（+30） | 3 | SPEED | 运动步 3 的目标速度（4 字节） | DINT<br>REAL |
| 包络块 1 | 126<br>（+34） | STEPS | | 运动步序列中的步数（1 字节） | — |
| | 127<br>（+35） | MODE | | 为该包络块选择操作模式（1 字节） | — |
| | 128<br>（+36） | 0 | POS | 运动步 0 要去的位置（4 字节） | DINT<br>REAL |
| | 132<br>（+40） | 0 | SPEED | 运动步 0 的目标速度（4 字节） | DINT<br>REAL |
| | … | … | … | … | … |

位控模块 EM253 的组态/包络表指明了各种性质的位控程序在 SM 区中存放的地址。对于任意一种运动性质的控制程序，都可以通过该"组态/包络表"的提示，进行选择性的组合，构成所需要的程序的组态/包络表，再根据新的组态/包络表进行运行程序的编制，所以，表 4‑9 位

控模块 EM253 的组态/包络表是编制各种运动程序，如恒速、换向、位移、定位以及变速或加速控制程序的最好的软件资源。

### 4.3.4 S7-200 的特殊功能软件

S7-200 系列通过软件实现的特殊功能主要的有高速计数器控制、高速脉冲输出控制和比例/积分/微分闭环反馈控制等。

**1. 高速计数器（HSC）**

高速计数器在 S7-200 中是一个用程序组态的控制功能。通过程序每一个 HSC 都有专用的输入点作为时钟、方向控制、复位端、启动端的输入功能，且在不同的模式下有不同的计数速率。

（1）HSC 分类。HSC 可分为：带有内部方向控制的单相计数；带有外部方向控制的单相计数；带有两个时钟输入的双相计数和 A/B 两相正交计数。

（2）HSC 工作模式。HSC 的工作模式可分为 3 类 12 种。其为：无复位或启动输入；有复位无启动输入和既有启动又有复位输入，3 类共 12 种工作模式。

当激活复位输入端时，HSC 清除当前值并一直保持到复位端失效。

当激活启动端时，它允许 HSC 计数。

当启动端失效，HSC 当前值保持为一个不变的常数，且不受时钟控制。在启动输入端无效的同时，复位信号虽被激活但无效，当前值保持不变。如果在复位信号被激活的同时，启动输入端被激活，当前值被清除，以上是 HSC 的工作特点。

（3）HSC 的输入点。

HSC0 的输入点为 I0.0、I0.1、I0.2。

HSC1 的输入点为 I0.6、I0.7、I1.0 和 I1.1。

HSC2 的输入点为 I1.2、I1.3、I1.4 和 I1.5。

HSC3 的输入点为 I0.1。

HSC4 的输入点为 I0.3、I0.4、I0.5。

HSC5 的输入点为 I0.4。

（4）HSC 的编程步骤。

1）设置 HSC 并确定其工作模式。

2）设置控制字节。

3）设置初始值。

4）设置预置值。

5）指定并调用有关的中断服务程序。

6）激活 HSC。

**2. 高速脉冲输出**

高速脉冲输出也是在 S7-200 中通过两个输出点 Q0.0、Q0.1 构成高速脉冲串发生器（PTO）和脉宽调制发生器（PWM）。并且每个发生器都有一个 8 位的控制字节，一个 32 位的无符号数的计数值和一个 16 位的无符号数的脉宽值。

PTO/PWM 发生器与映像输出寄存器共用 Q0.0 和 Q0.1。当 Q0.0 和 Q0.1 被激活为 PTO/PWM 功能时，普通输出被禁止，PTO/PWM 对 Q0.0 和 Q0.1 持有控制权。当不用 PTO/PWM 功能时，对 Q0.0 和 Q0.1 的控制权交还给映像输出寄存器，作普通输出。

当 PTO/PWM 操作前，对 Q0.0 和 Q0.1 清零，两个输出的控制位、周期、脉宽和脉冲计数值的默认值均为 0。

（1）脉冲串（PTO）。PTO 分为单段管线脉冲串和多段管线脉冲串。单段管线脉冲串运行特点是：为了使发生的脉冲串有效地连续起来，在发出一个脉冲串的同时，要为下一个脉冲串更新特殊寄存器（SM）。多段管线脉冲串工作的特点是：在多段管线脉冲串模式时，CPU会自动从变量存储器（V）里的包络表中读出每个脉冲串的特性，且仅使用特殊位寄存器（SM）中的控制字节和状态字节，将包络表在V区中的起始地址偏移量装入SMW168或SMW178。

在多段管线脉冲串中，每段管线长度为8个字节、16位周期值、16位周期增量值和32位脉冲个数值，则组成多段脉冲串的包络表。

（2）脉宽调制（PWM）。在一个固定的周期时间内，根据需要对脉冲宽度进行调制的一种控制。调制脉宽的方法有两种。一是同步更新，二是异步更新。

当不改变时间基准，在脉冲波形边沿调制脉宽，称为同步更新。同时改变脉冲串和脉宽调制发生器的时间基准，称为异步更新。

（3）时间基准。脉冲串的时间基准为μs和ms，在同一个包络表中必须使用同一种时间基准，且不能改变。周期和脉宽的时间基准也为μs和ms。周期时间范围为$50\sim65535\mu s$或$2\sim65535ms$。脉宽时间范围为$0\sim65535\mu s$或$0\sim65535ms$。

3. 比例、积分、微分控制软件

比例、积分、微分的英文缩写为P·I·D，故将比例、积分、微分控制称为PID控制。在数字中，比例是数量间相比较的分数值。积分是在一段时间内某一个量的积累值。微分是时间趋于零时一个量的微小值。因此，PID演示了数量的数学规律，故PID控制是一种应用范围十分广泛的调节功能。比如，在化工生产合成中，对参与量的调整：在机械加工中，对加工精度的控制；在速度、流量和温度等方面的控制系统中，对给定量和控制变量间的PID控制，且由闭环系统循环反馈，实现预期的控制效果。

由于PID控制应用范围很广，在PLC系统中专门设有PID块，并且设有一个使能位（SM0.0）。当CPU进入RUN方式，首先检测其使能位是否有正跳变信号。如果有，马上使PID块有效，进行无扰动切换，执行PID指令一系列的动作，调用PID控制器。

（1）PID控制器。PID控制器由比例、积分、微分三种控制回路组成。三种控制回路的输入输出变量存放在PID回路表中。PID回路表是一个堆栈式的存储区，由36个字节组成，包含9个参数。它们是过程变量当前值（$PV_n$）、过程变量前值（$PV_{n-1}$）、给定值（$SP_n$）、输出值（$M_n$）、增益（$K_c$）、采样时间（$T_s$）、积分时间（$T_1$）、微分时间（$T_D$）和积分项前值（MX）。典型的回路表格式见表4-10。

表4-10　　典型的回路表格式

| 偏移地址 | 域 | 格式 | 类型 | 描述 |
|---|---|---|---|---|
| 0 | 过程变量（$PV_n$） | 双字-实数 | 输入 | 过程变量，必须在0.0~1.0之间 |
| 4 | 设定值（$SP_n$） | 双字-实数 | 输入 | 给定值，必须在0.0~1.0之间 |
| 8 | 输出值（$M_n$） | 双字-实数 | 输入/输出 | 输出值，必须在0.0~1.0之间 |
| 12 | 增益（$K_c$） | 双字-实数 | 输入 | 增益是比例常数，可正可负 |
| 16 | 采样时间（$T_s$） | 双字-实数 | 输入 | 单位为秒，必须是正数 |
| 20 | 积分时间（$T_1$） | 双字-实数 | 输入 | 单位为分钟，必须是正数 |
| 24 | 微分时间（$T_D$） | 双字-实数 | 输入 | 单位为分钟，必须是正数 |
| 28 | 积分项前值（MX） | 双字-实数 | 输入/输出 | 积分项前项，必须在0.0~1.0之间 |
| 32 | 过程变量前值（$PV_{n-1}$） | 双字-实数 | 输入/输出 | 最近一次PID运算的过程变量值 |

S7-200 系列具有 PID 控制功能，但不设置控制方式，只要 PID 模块有效，就以自动方式执行 PID 运算。其不执行 PID 运算，称手动方式。执行 PID 指令时，使能位检测到一个正跳变（从 0 到 1）信号时，PID 控制器就从手动方式切换到自动方式。切换自动控制之前，必须把当前输出值填入回路表中的 $M_n$ 栏。PID 指令对回路表赋值操作：

1）置给定值（$SP_n$）等于过程变量（$PV_n$）。

2）置过程变量前值（$PV_{n-1}$）等于过程变量现值（$PV_n$）。

3）置积分项前值（MX）等于输出值（$M_n$）。

PID 回路分为正作用回路和反作用回路。若增益为正，PID 回路为正作用回路。若增益为负，PID 回路为反作用回路。也就是说，若积分时间和微分时间为正，就是正作用回路工作。若积分时间和微分时间为负，则为反作用回路工作。

欲使 PID 运算以预想的采样频率工作，PID 指令必须用在定时中断程序中，或用在主程序中定时器控制其以一定频率执行。因此，采样时间必须通过回路表输入到 PID 运算中。

当控制过程需要对回路变量进行报警和一些特殊操作时，可用 CPU 支持的基本指令来实现。

（2）PID 算法。PID 算法就是 PID 的控制原理。其原理是：PID 控制器通过反馈控制的调节输出，使偏差（e）趋于或保证为零，系统达到稳定状态。偏差（e）是给定值（SP）和过程变量（PV）之间的差。并且，输出 M(t) 是比例项、积分项和微分项的函数。即 M(t) 随 PID 的变量而变化。其数学运算的函数式

$$M(t) = K_c^* e + K_c \int_0^T e\,dt + Minitial + K_c^* \,de/dt$$

即　　　　　　　　　　　输出＝比例项＋积分项＋微分项

式中　M(t)——PID 回路的输出，是时间的函数；

　　　$K_c$——PID 回路的增益；

　　　e——PID 回路的偏差（给定值与过程变量之差）；

　Minitial——PID 回路输出的初始值。

上述控制计算公式是个连续的模拟量控制算式。为了适应数字化系统，必须将其转换为离散的周期采样偏差算式如下

$$M_n = K_c^* e_n + K_1 \sum_1^n e\,dt + Minitial + K_D^* (e_n - e_{n-1})$$

即　　　　　　　　　　　输出＝比例项＋积分项＋微分项

式中　$M_n$——在第 n 个采样时刻 PID 回路的计算值；

　　　$K_c$——PID 回路的增益；

　　　$e_n$——在第 n 个采样时刻的偏差值；

　　$e_{n-1}$——在第 n-1 个采样时刻的偏差值（偏差前项）；

　　　$K_1$——积分项的比例常数；

　Minitial——PID 回路输出的初始值；

　　　$K_D$——微分项的比例常数。

其中，积分项是从第 1 个采样周期到当前采样周期所有误差项的函数，微分项是当前采样和前一次采样的函数，比例项是当前采样的函数。在数字系统中不保存所有的误差项。并且，从第一次采样开始，对每一个偏差采样都计算一次输出值，同时保存偏差前值和积分项前值，因此，上式可以化简为

$$M_n = K_c^* e_n + K_1 e_n + Minitial + K_D^* (e_n - e_{n-1})$$

式中　$M_n$——在第 $n$ 个采样时刻 PID 回路输出的计算值；

　　　$K_c$——PID 回路的增益；

　　　$e_n$——在第 $n$ 个采样时刻的偏差值；

　　$e_{n-1}$——在第 $n-1$ 个采样时刻的偏差值（偏差前项）；

　　　$K_1$——积分项的比例常数；

　　　$K_D$——微分项的比例常数。

在数字系统中，CPU 调用相关的程序，则按比例项、积分项和微分项计算 PID 输出值，某一时刻 PID 输出的计算公式为

$$M_n = MP_n + ML_n + MD_n$$

即　　　　　　　　　　　　输出＝比例项＋积分项＋微分项

式中　$M_n$——第 $n$ 个采样时刻的计算值；

　　$MP_n$——第 $n$ 个采样时刻的比例项值；

　　$ML_n$——第 $n$ 个采样时刻的积分项值；

　　$MD_n$——第 $n$ 个采样时刻的微分项值。

为了加深对 PID 算法的理解，即对 PID 工作原理的理解，将 CPU 求比例项、积分项和微分项的计算公式演示如下：

1）比例项。比例项 MP 是增益（$K_c$）和偏差（e）的乘积。$K_c$ 决定输出对偏差的灵敏度，而偏差（e）是给定值（SP）与过程变量值（PV）之差。CPU 执行求比例项的计算公式

$$MP_n = K_c^* (SP_n - PV_n)$$

式中　$MP_n$——第 $n$ 个采样时刻的比例项值；

　　　$K_c^*$——增益；

　　　$SP_n$——第 $n$ 个采样时刻的给定值；

　　　$PV_n$——第 $n$ 个采样时刻的过程变量。

2）积分项。积分项值 $ML_n$ 与偏差和成正比。CPU 求积分项的计算公式

$$ML_n = K_c^* T_s / T_1^* (SP_n - PV_n) + MX$$

式中　$ML_n$——第 $n$ 个采样时刻的积分项值；

　　　$K_c^*$——增益；

　　　$T_s$——采样时间间隔；

　　　$T_1^*$——积分时间；

　　　$SP_n$——第 $n$ 个采样时刻的给定值；

　　　$PV_n$——第 $n$ 个采样时刻的过程变量；

　　　$MX$——第 $n-1$ 个采样时刻的积分项（也称积分前值或积分和或偏置）。

积分和（MX）是所有积分项前值之和，在每次计算出 $ML_n$ 之后，都要用 $ML_n$ 去更新 MX。$ML_n$ 可以调整或限定。在第一次计算输出以前，MX 被设置为初始值（Minitial）。采样时间间隔（$T_s$）是重新计算输出的时间间隔。积分时间控制积分项，影响整个输出结果。

3）微分项。微分项值 MD 与偏差的变化成正比，CPU 求微分项的计算公式

$$MD_n = K_c^* T_D / T_s^* [(SP_n - PV_n) - (SP_{n-1} - PV_{n-1})]$$

当假定给定值不变，即 $SP_n = SP_{n-1}$ 时，则可以用过程变量的变化替代偏差的变化，计算公式可为

$$MP_n = K_c^* T_D / T_s^* (SP_n - PV_n - SP_n + PV_{n-1})$$

或　　　　　　　　　　$$MP_n = K_c^* T_D / T_s^* (PV_{n-1} - PV_n)$$

式中　$MD_n$——第 $n$ 个采样时刻的微分项值；

　　　$K_c^*$——增益；

　　　$T_s^*$——回路采样时间；

　　　$T_D$——微分时间；

　　　$SP_n$——第 $n$ 个采样时刻的给定值；

　　$SP_{n-1}$——第 $n-1$ 个采样时刻的给定值；

　　　$PV_n$——第 $n$ 个采样时刻的过程变量；

　　$PV_{n-1}$——第 $n-1$ 个采样时刻的过程变量。

对于过程变量，在第 1 个采样时刻初始化时设为 $PV_{n-1}=PV_n$。对过程变量参与微分项计算，必须保存，以便计算下一次微分项值。

### 4.3.5　S7-200 运行信息

#### 1. S7-200 程序的执行时间

PLC 采用的是循环扫描控制，正常投入运行后，脉冲信号就对执行的程序一遍又一遍地进行循环扫描，驱动控制信号进行相关的控制。对程序每扫描一次占用的时间称为扫描周期时间。由于程序中所用的指令不同、程序结构的长短不同、CPU 运行的速度不同以及存储、寻址方式等因素的影响，不同的程序，扫描周期时间不一样。理想的扫描周期时间愈短愈好；输出与输入相比，延迟的时间愈少愈好，一般为几十毫秒。影响延迟时间的因素有：输入采样、电路滤波、输出刷新以及输出方式的影响。其中，继电器输出方式的滞后时间为 10ms；双向晶闸管输出方式，接通负载为 1ms，切断负载小于 10ms；晶体管输出小于 1ms。因此，在程序设计中，要进行程序执行时间的计算，每一款 PLC 所配备的每一条指令，在出厂例行测试中，都进行执行时间的测试，附在产品使用手册中，供编程人员参考。S7-200 的 STL 指令执行时间见表 4-11；访问存储区增加的时间值见表 4-12；CPU226XM 某些指令增加时间额外值见表 4-13。

**表 4-11　　　　　　　　　　S7-200 的 STL 指令执行时间**

| 指　　令 | 执行时间（$\mu$s） |
|---|---|
| ＝　　使用：I | 0.37 |
| 　　　　SM，T，C，V，S，Q，M | 1.8 |
| 　　　　L | 19.2 |
| ＋D | 55 |
| －D | 55 |
| ＊D | 92 |
| /D | 376 |
| ＋I | 46 |
| －I | 47 |
| ＊I | 71 |
| /I | 115 |
| ＝I　　使用：本机输出 | 29 |
| 　　　　扩展输出 | 39 |
| ＋R | 110<br>163 最大 |

147

续表

| 指　　令 | | 执行时间（μs） |
|---|---|---|
| −R | | 113<br>166 最大 |
| *R | | 100<br>130 最大 |
| /R | | 300<br>360 最大 |
| A | 使用：I | 0.37 |
| | SM，T，C，V，S，Q，M | 1.1 |
| | L | 10.8 |
| AB<=，=，>=，>，<，<> | | 35 |
| AD<=，=，>=，>，<，<> | | 53 |
| AENO | | 0.6 |
| AI | 使用：本机输出 | 27 |
| | 扩展输出 | 35 |
| ALD | | 0.37 |
| AN | 使用：I | 0.37 |
| | SM，T，C，V，S，Q，M | 1.1 |
| | L | 10.8 |
| ANDB | | 37 |
| ANDD | | 55 |
| ANDW | | 48 |
| ANI | 使用：本机输出 | 27 |
| | 扩展输出 | 35 |
| AR<=，=，>=，>，<，<> | | 54 |
| AS=，<> 总时间＝基本时间＋（LM*N） | | |
| 基本时间 | | 51 |
| 长度系数（LM） | | 9.2 |
| N 比较的字符数 | | |
| ATCH | | 20 |
| ATH 总时间＝基本时间＋（长度*LM） | | |
| 基本时间（固定长度） | | 41 |
| 基本时间（变长度） | | 55 |
| 长度系数（LM） | | 20 |
| ATT | | 70 |
| AW<=，=，>=，>，<，<> | | 45 |
| BCDI | | 66 |

续表

| 指 令 | | 执行时间（$\mu$s） |
|---|---|---|
| BIR | 使用：本机输出 | 45 |
| | 扩展输出 | 53 |
| BIW | 使用：本机输出 | 46 |
| | 扩展输出 | 56 |
| BMB | 总时间＝基本时间＋（长度 * LM） | |
| | 基本时间（固定长度） | 21 |
| | 基本时间（变长度） | 51 |
| | 长度系数（LM） | 11 |
| BMD | 总时间＝基本时间＋（长度 * LM） | |
| | 基本时间（固定长度） | 21 |
| | 基本时间（变长度） | 51 |
| | 长度系数（LM） | 20 |
| BMW | 总时间＝基本时间＋（长度 * LM） | |
| | 基本时间（固定长度） | 21 |
| | 基本时间（变长度） | 51 |
| | 长度系数（LM） | 16 |
| BTI | | 27 |
| CALL | 无参数 | 15 |
| | 有参数 | |
| | 总时间＝基本时间＋$\Sigma$（操作数处理时间） | |
| | 基本时间 | 32 |
| | 操作数处理时间 | |
| | 位（输入，输出） | 23，21 |
| | 字节（输入，输出） | 21，14 |
| | 字（输入，输出） | 24，18 |
| | 双字（输入，输出） | 27，20 |
| 注意：对输出操作数的处理在子程序返回时 | | |
| CFND | 最大时间＝基本时间 | 79 |
| | N1 * ［（LM1 * N2）＋LM2］ | |
| | 基本时间 | 79 |
| | 长度系数1（LM1） | 9.2 |
| | 长度系数2（LM2） | 4.4 |
| | N1 是源字符串的长度 | |
| | N2 字符串的长度 | |
| COS | | 1525 |
| | | 1800 最大 |

149

续表

| 指　　令 | 执行时间（$\mu s$） |
|---|---|
| CRET | 13 |
| CRET1 | 23 |
| CSCRE | 0.9 |
| CTD　计数输入转换 | 48 |
| 　　　否则 | 36 |
| CTU　计数输入转换 | 53 |
| 　　　否则 | 35 |
| CTUD　计数输入转换 | 64 |
| 　　　　否则 | 45 |
| DECB | 30 |
| DECD | 42 |
| DECO | 36 |
| DECW | 37 |
| DISI | 18 |
| DIV | 119 |
| DTA | 540 |
| DTI | 36 |
| DTCH | 18 |
| DTR | 60 |
| | 70 最大 |
| DTS | 540 |
| ED | 15 |
| ENCO | 39 |
| | 43 最大 |
| END | 0.9 |
| ENI | 53 |
| EU | 15 |
| EXP | 1170 |
| | 1375 最大 |
| FIFO　总时间＝基本时间＋（长度 * LM） | |
| 　　　基本时间 | 70 |
| 　　　长度系数（LM） | 14 |
| FILL　总时间＝基本时间＋（长度 * LM） | |
| 　　　基本时间（固定长度） | 29 |
| 　　　基本时间（变长度） | 50 |
| 　　　长度系数（LM） | 7 |

续表

| 指　　令 | 执行时间（μs） |
|---|---|
| FND＜＝，＝，＞＝，＞，＜，＜＞总时间＝基本时间＋（长度＊LM） | |
| 　　　　基本时间 | 85 |
| 　　　　长度系数（LM） | 12 |
| FOR　总时间＝基本时间＋（Number of loops＊LM） | |
| 　　　　基本时间 | 64 |
| 　　　　循环系数（LM） | 50 |
| GPA | 31 |
| HDEF | 35 |
| HSC | 37 |
| HTA　总时间＝基本时间＋（长度＊LM） | |
| 　　　　基本时间（固定长度） | 38 |
| 　　　　基本时间（变长度） | 48 |
| 　　　　长度系数（LM） | 11 |
| IBCD | 114 |
| INCB | 29 |
| INCD | 42 |
| INCW | 37 |
| INT　1个中断的典型值 | 47 |
| INVB | 31 |
| INVD | 42 |
| INVW | 38 |
| ITA | 260 |
| ITB | 27 |
| ITD | 36 |
| ITS | 260 |
| JMP | 0.9 |
| LBL | 0.37 |
| LD　　使用：I，SM0.0 | 0.37 |
| 　　　　　SM，T，C，V，S，Q，M | 1.1 |
| 　　　　　L | 10.9 |
| LDB＜＝，＝，＞＝，＞，＜，＜＞ | 35 |
| LDD＜＝，＝，＞＝，＞，＜，＜＞ | 52 |
| LDI　　使用：本机输出 | 26 |
| 　　　　　扩展输出 | 34 |
| LDI　　使用：本机输出 | 26 |

续表

| 指　　令 | 执行时间（μs） |
|---|---|
| 　　　　　　扩展输出 | 34 |
| LDN　　使用：I，SM0.0 | 0.37 |
| 　　　　　　SM，T，C，V，S，Q，M | 1.1 |
| 　　　　　　L | 10.9 |
| LDNI　　使用：本机输出 | 26 |
| 　　　　　　扩展输出 | 34 |
| LDR<=，=，>=，>，<，<> | 55 |
| LDS | 0.37 |
| LDS=，<>总时间=基本时间＋（LM*N） | |
| 　　基本时间 | 51 |
| 　　长度系数（LM） | 9.2 |
| 　　N 比较的字符数 | |
| LDW<=，=，>=，>，<，<> | 42 |
| LIFO | 70 |
| LN | 1130 |
| | 1275 最大 |
| LPP | 0.37 |
| LPS | 0.37 |
| LRD | 0.37 |
| LSCR | 12 |
| MEND | 0.5 |
| MOVB | 29 |
| MOVD | 38 |
| MOVR | 38 |
| MOVW | 34 |
| MUL | 70 |
| NEXT | 0 |
| NETR | 179 |
| NETW　　总时间=基本时间＋（长度*LM） | |
| 　　基本时间 | 175 |
| 　　长度系数（LM） | 8 |
| NOP | 0.37 |
| NOT | 0.37 |
| O　　使用：I，SM0.0 | 0.37 |
| 　　　　SM，T，C，V，S，Q，M | 1.1 |
| 　　　　L | 10.8 |

续表

| 指　　令 | 执行时间（μs） |
|---|---|
| OB<=，=，>=，>，<，<> | 35 |
| OD<=，=，>=，>，<，<> | 53 |
| OI　　使用：本机输出 | 27 |
| 　　　　　　扩展输出 | 35 |
| OLD | 0.37 |
| ON　　使用：I，SM0.0 | 0.37 |
| 　　　　SM，T，C，V，S，Q，M | 1.1 |
| 　　　　L | 10.8 |
| ONI　　使用：本机输出 | 27 |
| 　　　　　　扩展输出 | 35 |
| OR<=，=，>=，>，<，<> | 55 |
| ORB | 37 |
| ORD | 55 |
| ORW | 48 |
| OS=，<>总时间＝基本时间＋（LM*N) | |
| 　　　　基本时间 | 51 |
| 　　　　长度系数（LM） | 9.2 |
| 　　　　N 比较的字符数 | |
| OW<=，=，>=，>，<，<> | 45 |
| PID　基本时间 | 750 |
| 　　重新计算比例积分微分的 | 1000 |
| 　　增加时间 | |
| PLS　　使用：PWM | 57 |
| 　　　　PTO 单数 | 67 |
| 　　　　PTO 复数 | 92 |
| R　长度＝1 定义为常数 | |
| 　　使用操作数＝C，T | 17，24 |
| 　　使用其他操作数 | 5 |
| 　　否则，总时间＝基本时间＋（长度*LM） | |
| 　　操作数 C，T 的基本时间 | 19，19 |
| 　　其他操作数基本相同 | 28 |
| 　　操作数 C，T 的 LM | 8.6，16.5 |
| 　　用其他操作数 LM | 0.9 |
| 　　如果长度存为变量加入到基本时间中 | 29 |
| RCV | 80 |
| RET | 13 |

续表

| 指　　令 | 执行时间（μs） |
|---|---|
| RETI | 23 |
| R1　总时间＝基本时间＋（长度*LM） | |
| 　　基本时间 | 18 |
| 　　LM 使用本机输出 | 22 |
| 　　LM 使用扩展输出 | 32 |
| 　　如果长度存为变量加入到基本时间中 | 30 |
| RLB　总时间＝基本时间＋（长度*LM） | |
| 　　基本时间 | 42 |
| 　　长度系数（LM） | 0.6 |
| RLD　总时间＝基本时间＋（长度*LM） | |
| 　　基本时间 | 52 |
| 　　长度系数（LM） | 2.5 |
| RLW　总时间＝基本时间＋（长度*LM） | |
| 　　基本时间 | 49 |
| 　　长度系数（LM） | 1.7 |
| ROUND | 108 |
| | 183 最大 |
| RRB　总时间＝基本时间＋（长度*LM） | |
| 　　基本时间 | 42 |
| 　　长度系数（LM） | 0.6 |
| RRD　总时间＝基本时间＋（长度*LM） | |
| 　　基本时间 | 52 |
| 　　长度系数（LM） | 2.5 |
| RRW　总时间＝基本时间＋（长度*LM） | |
| 　　基本时间 | 49 |
| 　　长度系数（LM） | 1.7 |
| RTA　总时间＝基本时间＋（LM*N） | |
| 　　基本时间（结果中的第一个数） | 1000 |
| 　　长度系数（LM） | 240 |
| 　　N 结果中的额外的数字的数量 | |
| RTS　总时间＝基本时间＋（LM*N） | |
| 　　基本时间（结果中的第一个数） | 1000 |
| 　　长度系数（LM） | 240 |
| 　　N 结果中的额外的数字的数量 | |
| S　长度＝1 指定为一个常数 | 5 |
| 　否则：总时间＝基本时间＋（长度*LM） | |

| 指　　令 | | 执行时间（μs） |
|---|---|---|
| S | 基本时间 | 27 |
| | 长度系数（LM） | 0.9 |
| | 如果长度存为变量加入到基本时间中 | 29 |
| SBR | | 0 |
| SCAT | 总时间＝基本时间＋（LM * N） | |
| | 基本时间 | 55 |
| | 长度系数（LM） | 8.8 |
| | N 是附加的字符的数量 | |
| SCPY | 总时间＝基本时间＋（LM * N） | |
| | 基本时间 | 43 |
| | 长度系数（LM） | 8.8 |
| | N 复制的字符的数量 | |
| SCRE | | 0.37 |
| SCRT | | 17 |
| SEG | | 30 |
| SFND | 最大时间＝基本时间＋（N1－N2）* ［LM1 * N2＋LM2］ | |
| | 基本时间 | 79 |
| | 长度系数 1（LM1） | 11.5 |
| | 长度系数 2（LM2） | 17.8 |
| | N1 是源字符串的长度 | |
| | N2 字符串的长度 | |
| SHRB | 总时间＝基本时间＋［（长度 * LM1）＋长度/8 * LM2］ | |
| | 基本时间（固定长度） | 76 |
| | 基本时间（变长度） | 84 |
| | 长度系数 1（LM1） | 1.6 |
| | 长度系数 2（LM2） | 4 |
| SI | 总时间＝基本时间＋（长度 * LM） | |
| | 基本时间 | 18 |
| | LM 使用本机输出 | 22 |
| | LM 使用扩展输出 | 32 |
| | 如果长度存为变量加入到基本时间中 | 30 |
| SIN | | 1525 |
| | | 1800 最大 |
| SLB | 总时间＝基本时间＋（长度 * LM） | |
| | 基本时间 | 43 |
| | 长度系数（LM） | 0.7 |

续表

| 指　　令 | 执行时间（μs） |
|---|---|
| SLD　总时间＝基本时间＋（长度 * LM） | |
| 　　基本时间 | 53 |
| 　　长度系数（LM） | 2.6 |
| SLEN | 46 |
| SLW　总时间＝基本时间＋（长度 * LM） | |
| 　　基本时间 | 51 |
| 　　长度系数（LM） | 1.3 |
| SPA | 243 |
| SQRT | 725 |
| | 830 最大 |
| SRB　总时间＝基本时间＋（长度 * LM） | |
| 　　基本时间 | 43 |
| 　　长度系数（LM） | 0.7 |
| SRD　总时间＝基本时间＋（长度 * LM） | |
| 　　基本时间 | 53 |
| 　　长度系数（LM） | 2.6 |
| SRW　总时间＝基本时间＋（长度 * LM） | |
| 　　基本时间 | 51 |
| 　　长度系数（LM） | 1.3 |
| SSCPY　总时间＝基本时间＋（长度 * LM） | |
| 　　基本时间 | 82 |
| 　　长度系数（LM） | 8.8 |
| 　　N 是复制的字符数 | |
| STD　总时间＝基本时间＋（LM * N） | |
| 　　基本时间（第一个源字符的） | 84 |
| 　　长度系数（LM） | 59 |
| 　　N 额外的源字符的数量 | |
| STI　总时间＝基本时间＋（LM * N） | |
| 　　基本时间（第一个源字符的） | 84 |
| 　　长度系数（LM） | 59 |
| 　　N 额外的源字符的数量 | |
| STOP | 16 |
| STR　总时间＝基本时间＋（LM * N） | |
| 　　基本时间（第一个源字符的） | 100 |
| 　　长度系数（LM） | 120 |

续表

| 指　　令 | 执行时间（μs） |
| --- | --- |
| N 额外的源字符的数量 | |
| SWAP | 32 |
| TAN | 1825 |
| | 2100 最大 |
| TODR | 2400 |
| TODW | 1600 |
| TOF | 64 |
| TON | 64 |
| TONR | 56 |
| TRUNC | 103 |
| | 178 最大 |
| WDR | 16 |
| XMT | 78 |
| XORB | 37 |
| XORD | 55 |
| XORW | 48 |

157

**表 4 - 12　　　　　　　　　　访问存储区增加的时间值**

| 存　储　区 | 执行时间增加值/μs | 存　储　区 | 执行时间增加值/μs |
| --- | --- | --- | --- |
| 模拟输入（A） | | 模拟输出（AQ） | 73 |
| 未使能模拟滤波 | 149 | 局域存储器（L） | 5.4 |
| 使能模拟滤波 | 0 | 累加器（AC） | 4.4 |

**表 4 - 13　　　　　　　　　　CPU226XM 某些指令增加时间额外值**

| 指　　令 | 执行时间增加值/μs | 指　　令 | 执行时间增加值/μs |
| --- | --- | --- | --- |
| ATCH | 1.0 | FOR（循环系数的增加值） | 3.1 |
| CALL | 4.3 | INT | 1.7 |
| CSCRE | 3.1 | JMP | 3.1 |
| FOR（时基的增加值） | 3.1 | RET | 2.8 |

　注　1. 表 4 - 11 的执行时间是当使能位（驱动位）接通时，该指令逻辑或功能直接影响所需要的执行时间。当使能位未接通时，指令执行时间为 3μs；

　　　2. 表 4 - 12，表 4 - 13 是在表 4 - 11 基础上的增加值。

2. S7-200 系列的中断控制

S7-200 系列 PLC 执行通信中断、输入中断和定时中断、高速计数中断、高速脉冲输出中断，共设计了 34 种中断事件，且对中断事件按优先级排队，在每个扫描周期集中地进行中断事件处理。S7-200 中断事件见表 4 - 14。S7-200 中断事件优先级排队见表 4 - 15。

表 4 - 14                                     S7-200 中断事件

| 事件号 | 中断描述 | CPU221 | CPU222 | CPU224 | CPU226 |
|---|---|---|---|---|---|
| 0 | I0.0 上升沿 | 有 | 有 | 有 | 有 |
| 1 | I0.0 下降沿 | 有 | 有 | 有 | 有 |
| 2 | I0.1 上升沿 | 有 | 有 | 有 | 有 |
| 3 | I0.1 下降沿 | 有 | 有 | 有 | 有 |
| 4 | I0.2 上升沿 | 有 | 有 | 有 | 有 |
| 5 | I0.2 下降沿 | 有 | 有 | 有 | 有 |
| 6 | I0.2 上升沿 | 有 | 有 | 有 | 有 |
| 7 | I0.3 下降沿 | 有 | 有 | 有 | 有 |
| 8 | 端口 0 接收字符 | 有 | 有 | 有 | 有 |
| 9 | 端口 0 发送字符 | 有 | 有 | 有 | 有 |
| 10 | 定时中断 0 （SMB34） | 有 | 有 | 有 | 有 |
| 11 | 定时中断 1 （SMB35） | 有 | 有 | 有 | 有 |
| 12 | HSC0 当前值＝预置值 | 有 | 有 | 有 | 有 |
| 13 | HSC1 当前值＝预置值 | | | 有 | 有 |
| 14 | HSC1 输入方向改变 | | | 有 | 有 |
| 15 | HSC1 外部复位 | | | 有 | 有 |
| 16 | HSC2 当前值＝预置值 | | | 有 | 有 |
| 17 | HSC2 输入方向改变 | | | 有 | 有 |
| 18 | HSC2 外部复位 | | 有 | 有 | 有 |
| 19 | PLS0 脉冲数完成中断 | 有 | 有 | 有 | 有 |
| 20 | PLS1 脉冲数完成中断 | 有 | 有 | 有 | 有 |
| 21 | T32 当前值＝预置值 | 有 | 有 | 有 | 有 |
| 22 | T96 当前值＝预置值 | 有 | 有 | 有 | 有 |
| 23 | 端口 0 接收信息完成 | 有 | 有 | 有 | 有 |
| 24 | 端口 1 接收信息完成 | | | | 有 |
| 25 | 端口 1 接收字符 | | | | 有 |
| 26 | 端口 1 发送字符 | | | | 有 |
| 27 | HSC0 输入方向改变 | 有 | 有 | 有 | 有 |
| 28 | HSC0 外部复位 | 有 | 有 | 有 | 有 |
| 29 | HSC4 当前值＝预置值 | 有 | 有 | 有 | 有 |
| 30 | HSC4 输入方向改变 | 有 | 有 | 有 | 有 |
| 31 | HSC4 外部复位 | 有 | 有 | 有 | 有 |
| 32 | HSC3 当前值＝预置值 | 有 | 有 | 有 | 有 |
| 33 | HSC5 当前值＝预置值 | 有 | 有 | 有 | 有 |

| 表 4 - 15 | | S7-200 中断事件优先级排队 | |
|---|---|---|---|
| 事件号 | 中 断 描 述 | 优先组 | 优先组中的优势 |
| 8 | 通信口 0：接收字符 | 通信（最高） | 0 |
| 9 | 通信口 0：发送信息完成 | | 0 |
| 23 | 通信口 0：接收信息完成 | | 0 |
| 24 | 通信口 1：接收信息完成 | | 1 |
| 25 | 通信口 1：接收字符 | | 1 |
| 26 | 通信口 1：发送信息完成 | | 1 |
| 19 | PTO0 完成脉冲数输出 | I/O（中等） | 0 |
| 20 | PTO1 完成脉冲数输出 | | 1 |
| 0 | I0.0 上升沿 | | 2 |
| 2 | I0.1 上升沿 | | 3 |
| 4 | I0.2 上升沿 | | 4 |
| 6 | I0.3 上升沿 | | 5 |
| 1 | I0.0 下降沿 | | 6 |
| 3 | I0.1 下降沿 | | 7 |
| 5 | I0.2 下降沿 | | 8 |
| 7 | I0.3 下降沿 | | 9 |
| 12 | HSC0 CV=PV（当前值＝设定值） | | 10 |
| 27 | HSC0 输入方向改变 | | 11 |
| 28 | HSC0 外部复位 | | 12 |
| 13 | HSC1 CV=PV（当前值＝设定值） | | 13 |
| 14 | HSC1 输入方向改变 | | 14 |
| 15 | HSC1 外部复位 | | 15 |
| 16 | HSC2 CV=PV（当前值＝设定值） | | 16 |
| 17 | HSC2 输入方向改变 | | 17 |
| 18 | HSC2 外部复位 | | 18 |
| 32 | HSC3 CV=PV（当前值＝设定值） | | 19 |
| 29 | HSC4 CV=PV（当前值＝设定值） | | 20 |
| 30 | HSC4 输入方向改变 | | 21 |
| 31 | HSC4 外部复位 | | 22 |
| 33 | HSC5 CV=PV（当前值＝设定值） | | 23 |
| 10 | 定时中断 0 | 定时（最低） | 0 |
| 11 | 定时中断 1 | | 1 |
| 21 | 定时器 T32  CT=PT 中断 | | 2 |
| 22 | 定时器 T96  CT=PT 中断 | | 3 |

3. S7-200 的错误信息

(1) S7-200 程序编程规则错误（见表 4 - 16）。

表 4 - 16           S7-200 程序编程规则错误

| 错误代码 | 编译错误（非致命） |
|---|---|
| 0080 | 程序太大无法编译：你必须缩短程序 |
| 0081 | 堆栈溢出：你必须把一个网络分成多个网络 |
| 0082 | 非法指令：检查指令助记符 |
| 0083 | 无 MEND 或主程序中有不允许的指令：加条 MEND 或删去不正确的指令 |
| 0084 | 保留 |
| 0085 | 无 FOR 指令：加上 FOR 指令或删条 NEXT 指令 |
| 0086 | 无 NEXT：加条 NEXT 指令，或删条 FOR 指令 |
| 0087 | 无标号（LBL, INT, SBR）：加上合适标号 |
| 0088 | 无 RET，或子程序中有不允许的指令：加条 RET，或删去不正确的指令 |
| 0089 | 无 RETI，或中断程序中有不允许的指令：加条 RETI，或删去不正确的指令 |
| 008A | 保留 |
| 008B | 保留 |
| 008C | 标号重复（LBLNINT, SBR）：重新命名标号 |
| 008D | 非法标号（LBL, INT, SBR）：确保标号数在允许范围内 |
| 0090 | 非法参数：确诊指令所允许的参数 |
| 0091 | 范围错误（带地址信息）：检查操作数范围 |
| 0092 | 指令计数域错误（带计数信息）：确认最大计数范围 |
| 0093 | FOR/NEXT 嵌套层数超出范围 |
| 0095 | 无 LSCR 指令（装载 SCR） |
| 0096 | 无 SCRE 指令（SCR 结束）或 SCRE 前面有不允许的指令 |
| 0097 | 保留 |
| 0098 | 在运行模式进行非法编辑 |
| 0099 | 隐含程序网络太多 |

注   在编程序系统对程序进行检测调试过程中，一旦发现程序编译规则错误，主机会停止下载程序，并显示一个对应的错误代码。

(2) S7-200 运行程序错误（见表 4 - 17）。

表 4 - 17           S7-200 运 行 程 序 错 误

| 错误代码 | 运行程序错误（非致命） |
|---|---|
| 0000 | 无错误 |
| 0001 | 执行 HDEF 之前，HSC 不允许 |
| 0002 | 输入中断分配冲突，已分配给 HSC |
| 0003 | 到 HSC 的输入分配冲突，已分配给输入中断 |
| 0004 | 在中断程序中企图执行 ENI, DISI, 或 HDEF 指令 |

续表

| 错误代码 | 运行程序错误（非致命） |
| --- | --- |
| 0005 | 第一个 HSC/PLS 未执行完之前，又企图执行同编号的第二个 HSC/PLS（中断程序中的 HSC 同主程序中的 HSC/PLS 冲突） |
| 0006 | 间接寻址错误 |
| 0007 | TODW（写实时时钟）或 TODR（读实时时钟）数据错误 |
| 0008 | 用户子程序嵌套层数超过规定 |
| 0009 | 在程序执行 XMT 或 RCV 时，通过口 0 又执行另一条 XMT/RCV 指令 |
| 000A | 在同一 HSC 执行时，又企图用 HDEF 指令再定义该 HSC |
| 000B | 在通信口 1 上同时执行 XMT/RCV 指令 |
| 000C | 时钟存储卡不存在 |
| 000D | 重新定义已经使用地脉冲输出 |
| 000E | PTO 个数设为 0 |
| 0091 | 范围错误（带地址信息）：检查操作数范围 |
| 0092 | 某条指令的计数域错误（带计数信息）：确认最大计数范围 |
| 0094 | 范围错误（带地址信息）：写无效存储器 |
| 009A | 用户中断程序试图转换成自由口模式 |

**注** 运行程序错误是非致命错误。在产生运行程序错误时产生一个对应的错误代码。

（3）S7-200 的致命错误（见表 4-18）。

表 4-18 **S7-200 的 致 命 错 误**

| 错误代码 | 描 述 |
| --- | --- |
| 0000 | 无致命错误 |
| 0001 | 用户程序检查和错误 |
| 0002 | 编译后的梯形图程序检查和错误 |
| 0003 | 扫描监视超时错误 |
| 0004 | 内部 EEPROM 错误 |
| 0005 | 内部 EEPROM 用户程序检查错误 |
| 0006 | 内部 EEPROM 配置参数检查错误 |
| 0007 | 内部 EEPROM 强制数据检查错误 |
| 0008 | 内部 EEPROM 默认输出表值检查错误 |
| 0009 | 内部 EEPROM 用户数据、DB1 检查错误 |
| 000A | 存储器卡失灵 |
| 000B | 存储器卡上用户程序检查错误 |
| 000C | 存储器卡上配置参数检查错误 |
| 000D | 存储器卡上强制数据检查错误 |
| 000E | 存储器卡上默认输出表值检查错误 |

续表

| 错误代码 | 描　　述 |
|---|---|
| 000F | 存储器卡上用户数据、DB1 检查错误 |
| 0010 | 内部软件错误 |
| 0011 | 比较接点间接寻址错误 |
| 0012 | 比较接点非法值错误 |
| 0013 | 存储器卡空，或者 CPU 不识别该卡 |

注　致命错误代码是 CPU 在控制执行的程序和系统时读出来的，当发生致命错误时，CPU 马上进入停止（STOP）
　　方式，断开输出，致命错误指示灯和停止信号灯被点亮，直到错误被清除。

（4）执行变频器指令（USS）时出现的错误（见表 4 - 19）。

表 4 - 19　　　　　　　　　　执行变频器指令（USS）时出现的错误

| 出错号 | 说　　明 |
|---|---|
| 0 | 没有出错 |
| 1 | 变频器不能响应 |
| 2 | 检测到变频器响应中包含加和校验错误 |
| 3 | 检测到变频器响应中包含奇偶校验错误 |
| 4 | 由用户程序干扰引起的错误 |
| 5 | 企图执行非法命令 |
| 6 | 提供非法的变频器地址 |
| 7 | 没有为 USS 协议设置通信口 |
| 8 | 通信口正忙于处理指令 |
| 9 | 输入的变频器速率超出范围 |
| 10 | 变频器响应的长度不正确 |
| 11 | 变频器响应的第一个字符不正确 |
| 12 | 变频器响应的长度字符不正确 |
| 13 | 变频器错误响应 |
| 14 | 提供的 DB＿PTR 地址不正确 |
| 15 | 提供的参数号不正确 |
| 16 | 所选择的协议无效 |
| 17 | USS 激活，不允许更改 |
| 18 | 指定了非法的波特率 |
| 19 | 没有通信，变频器没有激活 |
| 20 | 在变频器中响应中的参数或数值有误 |

（5）位控模块和位控指令的错误代码。S7-200 系列配置了功能理想的 EM253 位控模块对位移、速度以及电力拖动技术在 PLC 系统中起到推动作用。位控模块和位控指令的错误代码（见表 4 - 20）。

**表 4 - 20**　　　　　　　　　　位控模块和位控指令的错误代码

| 错误代码 | 描　　述 |
|---|---|
| 0 | 无错 |
| 1 | 用户放弃 |
| 2 | 组态错误<br>使用 EM253 控制面板的诊断标签查看错误代码 |
| 3 | 非法命令 |
| 4 | 由于没有有效的组态而放弃<br>使用 EM253 控制面板的诊断标签查看错误代码 |
| 5 | 由于没有用户电源而放弃 |
| 6 | 由于没有定义的参考点而放弃 |
| 7 | 由于 STP 输入激活而放弃 |
| 8 | 由于 LMT－输入激活而放弃 |
| 9 | 由于 LMT＋输入激活而放弃 |
| 10 | 由于运行执行的问题而放弃 |
| 11 | 没有为指定包络所组态的包络块 |
| 12 | 非法操作模式 |
| 13 | 该命令不支持的操作模式 |
| 14 | 包络块中非法的步号 |
| 15 | 非法的方向改变 |
| 16 | 非法的距离 |
| 17 | RPS 触发在达到目标速度前出现 |
| 18 | 在 RP 附近时速度不是 RP＿Slow |
| 19 | 速度超出范围 |
| 20 | 没有足够的距离执行所希望的速度改变 |
| 21—127 | 保留 |
| 128 | 位控模块正在处理其他指令 |
| 129 | 位控模块错误 |
| 130 | 位控模块未使能 |
| 131 | 位控模块不能使用由于模块故障或未使能<br>（参见 POS×＿CTRL 状态） |
| 0 | 无错 |
| 1 | 无用户电源 |
| 2 | 没有组态块 |
| 3 | 组态块指针错误 |
| 4 | 组态块的大小超过了可用的 V 区 |
| 5 | 非法的组态块格式 |
| 6 | 定义了太多的包络 |

| 错误代码 | 描　　述 |
|:---:|:---|
| 7 | 非法的 STP _ RSP 定义 |
| 8 | 非法 LMT－定义 |
| 9 | 非法 LMT＋定义 |
| 10 | 非法的 FILTER _ TIME 定义 |
| 11 | 非法的 MEAS _ SYS 定义 |
| 12 | 非法的 RP _ CFG 定义 |
| 13 | 非法的 PLS/REV 值 |
| 14 | 非法的 UNITS/REV 值 |
| 15 | 非法的 RP _ ZP _ CNT 值 |
| 16 | 非法的 JOG _ INCREMENT 值 |
| 17 | 非法的 MAX _ SPEED 值 |
| 18 | 非法的 SS _ SPD 值 |
| 19 | 非法的 RP _ FAST 值 |
| 20 | 非法的 RP _ SLOW 值 |
| 21 | 非法的 JOG _ SPEED 值 |
| 22 | 非法的 ACCEL _ TIME 值 |
| 23 | 非法的 DECEL _ TIME 值 |
| 24 | 非法的 JERK _ TIME 值 |
| 25 | 非法的 BKLSH _ COMP 值 |

### 4.3.6　变频器控制软件

控制变频器的软件就是 USS 协议指令。USS 协议指令是编程软件 STEP7－Micro/WIN32 软件工具包的一个组成部件。在该软件工具包中专为 USS 协议通信预配置的子程序和中断程序。这些程序可控制变频器和读写变频器参数。

1. USS 协议指令的资源

当选用变频器且用 USS 协议指令控制时，所用的 S7-200 的 CPU 应具备：

(1) 存储容量为 1250～1750 字节。

(2) 用 S7-200 的端口 0 通信。

(3) 能控制变频器的子程序 8 个，中断程序 3 个。

(4) 全局变量存储器（V）应有 16 个字的数据缓冲区和 400 个字节的备用容量，以便存放编程用的符号表。

2. 设置变频器参数

(1) 将变频器的工作参数复位到工厂设定值。

(2) 按变频器小键盘上的 P 键：显示 P000，按向上或向下箭头键，直到显示 P944（P944＝1），输入参数。

(3) 按 P 键，允许读/写所有参数。按向上或向下箭头键，直到显示 P009（P009＝3），输入参数。

(4) 检查电动机的设定值，电动机参数对应的编码是：

P081 为电动机的额定频率（Hz）；P082 为电动机的额定转速（RPM）；

P083 为电动机的额定电流（A）；P084 为电动机的额定电压（V）；

P085 为电动机的额定功率（kW/hp）。

对于上述参数的编码，通过按向上或向下箭头键，直到显示欲设定参数的编码，再按 P 键，输入对应的参数。

（5）设定控制方式，远控编码 P910。按向上或向下键，直到显示 P910，按 P 键，输入控制方式。

（6）设定 RS-485 串行接口的波特率。各种波特率对应的编码是：

3 为 1200 波特率；4 为 2400 波特率；5 为 4800 波特率；6 为 9600 波特率（系统默认值）；7 为 19 200 波特率。

先按 P 键，再按向上或向下箭头键，直到显示 P092。按 P 键，输入各种波特率对应的编码。

（7）输入从站地址。通过一组总线可以连接 32 台变频器，变频器的编码 P091=0～31。按向上或向下箭头键，直到出现 P091。按 P 键，输入参数。按向上或向下箭头键，直到显示所需要的从站地址，按 P 键输入参数。

（8）确定增速时间。可根据电动机对电网影响程度，酌情选用。按 P 键，按向上或向下箭头键，直至出现 P002（P002=0～650）。按 P 键，输入参数。按向上或向下箭头键，直到显示所需要的增速时间为止。按 P 键，输入参数。

（9）设定斜坡减速时间。该参数是以秒为单位，使电动机减速，且到完全停止所需的时间。按 P 键，按向上或向下箭头键直到出现 P003（P003=0～650）。按 P 键，输入参数。按向上或向下箭头键，直到显示所需要的减速时间为止，按 P 键输入参数。

（10）串行链路超时。这是两个输入数据之间的最大允许时间间隔；当通信发生故障时断开变频器。

在通信中，收到有效数据的报文之后，开始定时。如果在规定的时间间隔内没有收到其他的数据报文，变频器跳闸并显示故障代码 F008。将值设定为 0，断开控制回路。变频器进入轮询状态。轮询的时间必须符合变频器能信时间。变频器能信时间见表 4-21。

表 4-21　　　　　　　　　　变频器能信时间

| 波特率 | 轮询有效变频器的间隔时间/ms | 波特率 | 轮询有效变频器的间隔时间/ms |
|---|---|---|---|
| 1200 | （460 最大/230 典型）* 变频器数 | 9600 | （80 最大/40 典型）* 变频器数 |
| 2400 | （240 最大/120 典型）* 变频器数 | 19200 | （50 最大/25 典型）* 变频器数 |
| 4800 | （130 最大/65 典型）* 变频器数 | | |

按 P 键。按向上或向下箭头键，直到出现 P093（P093=0～240，其中，0 是默认值，单位秒）。按 P 键，输入参数。按向上或向下箭头键，直到显示所需要的串行链路超时为止，按 P 键，输入参数。

（11）串行链路额定系统设定点，其典型情况相当于 50Hz 或 60Hz，相当于 100% 的 $PV_s$ 或 $SP_s$ 的数值，这个数值可以改变。按 P 键，按向上或向下箭头键，直到出现 P094（P094=0～400）。按 P 键，输入参数。按向上或向下箭头键，直到显示所需要的串行链路额定系统设定点为止，按 P 键，输入参数。

（12）USS 协议兼容性，按 P 键，按向上或向下箭头键，直到出现 P095（P095=0，为 0.1Hz 分辨率为默认值，P095=1 为 0.01Hz 分辨率）。按 P 键，输入参数。按向上或向下箭头键直到出现相当于 USS 兼容性的数据为止，按 P 键，输入参数。

（13）设 EEPROM 存储器控制。按 P 键，按向上或向下箭头键，直到出现 P971（P971＝0，当断电时，丢失更改的参数设定值，包括 P971，P971＝1，默认值，断电时期内仍保持更改的参数设定值）。按 P 键，输入参数。按向上或向下箭头键直到显示相当于 EEPROM 存储器控制的数值为止。按 P 键，输入参数。

运行显示，按 P 键，退出参数方式 P。

以上，综合地介绍了 PLC 的软件资源，并介绍了 S7-200 系列软件的配置。从中可以看出，多数软件是由厂家配置。只有用户的应用程序由用户编程，其中的一些工作参数由用户配置。实践证明，要依据硬件系统来配置软件。也就是说，软件系统应与硬件结构相对应，软件的控制才能有的放矢，发挥其功能。软件配置应包括：

（1）系统控制类软件。比如，指令系统及"初始化，自诊断"等控制类程序。

（2）系统功能软件。如逻辑操作、A/D、D/A 转换程序以及一些功能性子程序。

（3）系统扩展功能软件。如通信程序、高速计数器、高速脉冲输出 PID 控制程序等。

（4）操作系统和编程软件。

（5）系统配置的数据和工作参数。

1）默认的工作参数。

2）相关的信息。硬件规格型号、错误信息及其他代码。

3）数据结构、数据类型。

4）数字计算程序等。

（6）软继电器种类及数量的设置。

综上，软件应与硬件相匹配，满足控制的需要，且安全、可靠、经济实用。

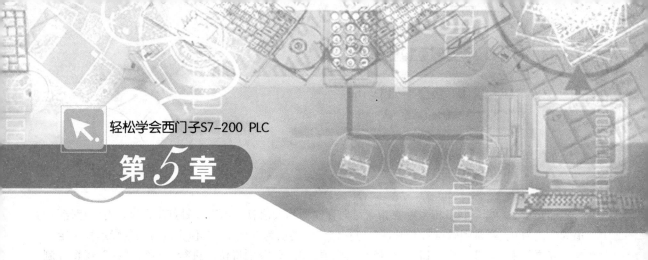

# 第5章

# PLC 的 指 令 系 统

可编程序控制器生产厂家按照国际标准化组织制定的《IEC 1131—3 标准》编制了基本功能指令。同时，为了发挥本厂开发研制的扩展功能，则按本国标准（或本厂标准）编制扩展功能指令。指令是构成程序的主要元素。因此要编好程序，必须熟悉系统配置的指令。熟知：

（1）指令的功能。按程序控制目的，选用相适应的指令。

（2）指令的操作数。应知道操作数的数据类型、数据结构和数据的存储区，应进一步理解操作数。

由于 PLC 采取的是存储记忆的控制方式，对控制的数据信息是先存储后调用。因此，所说指令的操作数多数是指令所控制数据信息存放的地址。按照地址找到存放该数据信息的存储单元，调用其中信息，参与控制。

指令系统中，有的是只操作存储位的指令。如，位逻辑指令等。有的是操作子程序的指令。如，数字运算指令等。有的是一组操作应用程序的指令。如，通信指令、PID 指令等。

一个用户的应用程序往往是上述各类指令有机地组合。

西门子公司为 S7-200PLC 配备了二十余种操作控制指令。并且，这些指令可以用梯形图、功能块图或语句表三种编程语言来表达。

## 5.1 位 逻 辑 指 令

位逻辑指令是控制每一个存储位中存放的信息的指令。每个存储位的信息仅有两种状态"1态"和"0态"。PLC中触点和线圈各有两种状态，存放在对应的存储位中，则用位逻辑指令控制。

1.标准触点指令

标准触点　即进行标准逻辑控制（或 ON 或 OFF）。包括标准常开触点和标准常闭触点。

（1）指令形式。在梯形图（LAD）、功能块图（FBD）和语句表（STL）中标准触点的形式分别是：

1）在 LAD 中，$—|\overset{bit}{\quad}|—$ 、$—|\overset{bit}{/}|—$ ，标准常开、常闭触点指令由触点和操作数位地址（bit）组成。其中，"/"表示常闭的意思。

2）在 FBD 中，$\boxed{\text{AND}}$ 、$\boxed{\text{OR}}$ ，标准常开、常闭触点指令由 AND/OR 组成。

3）在 STL 中，常开触点　　　LD　bit

　　　　　　　　　　　　　　　A　　bit

　　　　　　　　　　　　　　　＝　　bit

常闭触点：　　LD　bit

　　　　　　　O　　bit

　　　　　　　＝　　bit

（2）指令功能。执行标准触点指令是向存储器存入信息。当常开触点闭合时，对应存储位的值为 1 或为 0。当常闭触点打开时，对应存储位中的值为 0 或 1，其值由进行的逻辑运算决定。

在语句表（STL）中，LD 将位值装入栈顶；A、O 分别将位值进行"与"、"或"逻辑控制，结果仍存入栈顶。

（3）操作数数据类型和存储区，皆用布尔型数据形式，输入 I、Q、M、SM、T、C、V、S、L 区中，是按数据的功能分别输入对应的存储器中。

2. 立即触点指令

立即触点包括常开立即触点和常闭立即触点。

（1）型式。立即触点在梯形图（LAD）、功能块图（FBD）和语句表（STL）中的形式分别是：

1）在 LAD 中，—| I |—、—| /I |—，标准端常开、端常闭触点指令由触点和操作数位地址（bit）组成。其中"I"为立即动作的意思。

2）在 FBD 中，—□ 立即常开指令由操作数前加立即标示符组成；

0—□ 立即常闭指令由操作数前加立即标示符和圆圈组成。

3）在 STL 中，①立即常开触点　　LDI　bit

　　　　　　　　　　　　　　　　AI　　bit

　　　　　　　　　　　　　　　　OI　　bit

由 LDI（立即装载）、AI（立即与）、OI（立即或）指令和操作数 bit 组成。

②立即常闭触点　　LDNI　bit

　　　　　　　　　ANI　　bit

　　　　　　　　　ONI　　bit

由 LDNI（立即非装载）、ANI（立即非与）、ONI（立即非或）指令和地址 bit 组成。

（2）功能。执行立即指令时，读取物理点输入的值，不更新寄存器。当立即常开触点闭合，物理输入点（bit）的位值为 1。当常闭立即触点断开，物理输入点 bit 的位值为 0。用这些指令也是处理布尔信号。

或者说：LDI 把物理输入点 bit 的位值立即装入栈顶，ANI、ONI 分别将物理输入点 bit 的位值与、或栈顶值，运算结果仍存入栈顶。LDNI 把物理输入点 bit 的位值取反后立即装入栈顶。ANI、ONI 先将物理输入点 bit 的位值取反后，再分别与、或栈顶值，运算结果仍存入栈顶。

（3）操作数的存储区和数据类型。在 LAD、FBD 和 STL 中以位输入（I）中，皆为布尔型（BOOL）数据。

3. 取非触点

（1）型式。取非触点在梯形图、功能块图和语句表中的型式分别是：

1）在 LAD 中　　—|NOT|—　　取非指令由触点和助记符组成。

2）在 FBD 中　　0 ⌐……⌐　　由带有非号的布尔盒输入组成。

3）在 STL 中，NOT 由取非指令助记符组成。

（2）功能。执行取非指令能改变能流状态。能流到达取非触点时就停止。能流未到达取非触点时继续传输。或者说，取非指令改变栈顶值，由 0 变到 1，或由 1 变到 0。

此指令无有操作数，只是一种控制形式。

4. 正、负跳变（或称上升沿、下降沿转换或称上微分、下微分）触点

（1）型式。在梯形图、功能块图和语句表中，正、负跳变触点的型式：

1）在 LAD 中　—|P|—　、　—|N|—　　由触点组成。

2）在 FBD 中　—[P]—　、　—[N]—　　由指令盒组成。

其中"P"表示正跳变，"N"表示负跳变。

3）在 STL 中由指令助记符"EU、ED"组成。

（2）功能。正跳变（上升沿）触点从断开转变为接通，或负跳变（下降沿）触点从接通变为断开，使能流接通一个扫描周期。但此类指令只能执行一次。因此它是微分型指令。

或者说，栈顶值出现正跳变（由 0 到 1）时，栈顶值置 1。栈顶值出现负跳变（由 1 到 0）时，栈顶值也被置 1。它们都能使能流接通一个扫描周期。

（3）操作数的存储区和数据类型。以布尔型（BOOL）数据按堆栈存储方式将数据压入 I、Q、M、SM、T、C、V、S、L 区的堆栈中。

5. 输出触点

（1）型式。输出触点在梯形图、功能块图和语句表中的型式：

1）在 LAD 中　——( bit )　由线圈式的触点和操作数（bit）组成。

2）在 FBD 中　——[ bit = ]　由指令盒和操作数（bit）组成。

3）在 STL 中，＝ bit　由指令助记符和操作数（bit）组成。

（2）功能。执行输出指令时，将运算处理后存放在输出映像寄存器中指定存储位的数据传送到物理输出点，或者说，输出指令把栈顶值传送到对应的物理输出点（bit）。

（3）操作数存储区和数据类型。在 I、Q、M、SM、T、C、V、S、L 存储区中以布尔型数据取出，处理后的数据经映像寄存器的指定位传送到物理输出点（bit）。

6. 立即输出

（1）型式。在梯形图、功能块图和语句表中，立即输出指令的型式：

1）在 LAD 中　——( bit I )　由线圈、立即符号（I）和操作数（bit）组成。

2）在 FBD 中　——[ bit =I ]　由=I指令盒和操作数（bit）组成。

3）在 STL 中，＝ I bit　由指令助记符=I和操作数（bit）组成。

（2）功能。执行立即输出指令时，立即输出值被传送到物理输出点的同时，也被存放到相应的输出寄存器的位中。或者说，把输出数据传送到栈顶的同时也传送到对应的物理输出点（bit）。

（3）操作数存储区和数据类型。把从 I、Q、M、SM、T、C、V、S、L 取出且经处理的布

尔型（BOOL）数据传送到物理输出点的同时也压入堆栈的栈顶。

应该注意，立即输入/输出指令是直接访问物理 I/O 点，比一般指令访问 I/O 映像区占用 CPU 的时间要长，不能盲目使用立即指令，加长扫描周期，会对系统不利。

7. 置位和复位（N 位）

（1）型式。置位和复位指令在梯形图、功能块图和语句表中的型式：

1）在 LAD 中 ——( S ) ；  ——( R )  由置位、复位线圈、置位复位符号（S 或 R）和
         N              N
操作数位数（N）和（bit）组成。

2）在 FBD 中 $\boxed{\text{N} \quad \text{S}}$ ；$\boxed{\text{N} \quad \text{R}}$  由置位、复位的指令盒和操作数（bit）组成。

3）在 STL 中，S bit N；R bit N  由指令助记符（S 或 R）、操作数地址（bit）和操作数的位数（N）组成。

（2）功能。执行置位或复位是 PLC 系统经常使用的一种操作。所说置位就是使输出状态为 1。复位就是使输出状态为 0。且从 OUT 指定的地址开始的 N 个点连续地被置位或复位。N 可以是 1～255。当复位时，当前值被清零，如对定时器/计数器（T/C）的复位操作。

（3）操作数存储区和数据类型。可以对布尔型（BOOL）数据的存储位置位或复位，操作数的存储区为 I、Q、M、SM、T、C、V、S、L。也可以以字节（B）形式对 VB、IB、QB、MB、SMB、SB、LB、AC 中的 N 位进行置位或复位。还可以双字形式对常数或对 * VD、* VC、* LD 中的若干位进行置位和复位。

应注意，ENO＝0 的出错条件，通过标志位 SM4.3 给出。

8. 立即置位和立即复位（N 位）

（1）型式。立即置位和复位指令在梯形图、功能块图和语句表中的型式：

1）在 LAD 中 ——( SI ) ；  ——( RI )  由立即置位或复位的线圈符号、操作数（bit）和
         N              N
立即置位或立即复位数据的位数（N）组成。

2）在 FBD 中 $\boxed{\text{N} \quad \text{SI}}$ ；$\boxed{\text{N} \quad \text{RI}}$  由立即置位或立即复位的指令盒和操作数（bit）组成。

3）在 STL 中，SI bit N；RI bit N  由立即置位或立即复位的助记符、操作数（bit）和被立即置位或立即复位数据的位数（N）组成。

（2）功能。执行立即置位或立即复位指令时，从逻辑结果（OUT）指定开始的 N 个（1～128）物理输出点被立即置位或立即复位的同时，也将数据存入输出映像区。

（3）操作数存储区和数据类型。可以布尔型（BOOL）数据在 Q 中立即置位或立即复位。也可以以字节（B）的形式对 VB、IB、QB、MB、SMB、SB、LB、AC 中的 N 位立即置位或立即复位。还可以双字形式对常数或对 * VD、* VC、* LD 中的 N 位立即置位和立即复位，其为 BYTE 型数据。

应注意，ENO＝0 的出错条件，通过标志位 SM4.3 中给出。

9. 位逻辑指令的应用

在 PLC 控制系统中，把触点和线圈的状态信息存放在对应存储区的存储位中。因此，位逻辑指令是控制触点存放位和线圈存放位的指令。当对触点或线圈进行逻辑操作时，应选用位逻辑指令编写程序。

位逻辑指令包括标准触点指令、立即触点指令、输出线圈指令、立即输出线圈指令、置位复位指令、立即置位、复位指令以及微分操作指令。

（1）标准触点指令。PLC标准控制方式是边扫描输入，边映像存储，然后集中输入，且以位的形式控制。在S7-200系列中，标准触点指令是表示一个程序的开始，且对信息进行位逻辑控制：

1）数据是位结构，存放在相对应的存储区中。

2）数据是布尔型的。

3）指令操作数多数是存放数据的位地址。

（2）立即触点指令。在S7-200系列中，CPU可以直接访问物理输入点，不须经过映像存储，立即触点起开关作用。对被控制的数据可以是：

1）直接输入，不需要映像存储。

2）数据是位结构，执行位逻辑控制。

3）操作数是用常数表达的物理地址编号。

（3）输出线圈指令。PLC控制系统把线圈作为输出元素，且是经过映像存储，然后才输出。输出线圈指令多数用在每一逻辑行的末尾，其操作数中的数据是：

1）经过映像存储，从相关的存储区传送来的。

2）数据是位结构，进行位逻辑控制。

3）指令操作数是相关的存储区中的位地址。

（4）立即输出线圈指令。是CPU立即访问物理输出端点的指令。执行时，立即输出，不需映像存储。立即输出线圈指令起开关作用，多数用在程序段结尾，或者说逻辑行的右侧输出处。其操作数中的数据是：

1）立即输出，不需存储。

2）数据是位结构，进行位逻辑操作。

3）操作数多数是输出的物理地址（端子排的编号）。

（5）置位复位指令。在PLC控制过程中，CPU要命令某一位置于高电平导通状态，或命令某一位恢复为低电平的断开状态。这种逻辑操作是采用置位指令或复位指令。置位或复位主要是指开始置位的位，或开始复位的位及置位或复位线圈的个数，其操作数的数据是：

1）由用户根据控制需要，编程时设定，并指定存储区。

2）数据是位结构，进行位逻辑操作。

3）操作数是置位或是复位的起始位和被置位或复位线圈存储位的个数。

（6）立即置位复位指令。立即置位或立即复位指令是CPU直接读取物理输入点的状态值，不经映像输入，立即传送到物理输出点，同时，将输出值存入相应的输出映像区。其操作是：

1）数据是位结构，执行位逻辑操作。

2）输入数据不需要映像存储。而输出到物理点的同时，将输出值存入相应的输出映像存储区。

3）操作数是映像输出开始的地址和立即置位或立即复位线圈存储位的个数。

（7）微分操作指令。微分操作指令又称跳变指令，并分别有上微分和下微分之说，或正跳变和负跳变。即在脉冲的上升沿，触点从断开状态变成导通状态称正跳变（上微分）。在脉冲的下降沿，触点从导通变成断开状态，称负跳变（下微分）。即微分操作指令是控制触点状态变化的指令。其操作数是：

171

1）数据是位结构，执行位逻辑操作。

2）微分操作只表达时序关系，存在一个扫描周期。

3）操作数是一个跳变符号。

（8）对于上述各条指令，应了解在各存储区为其配置的控制位和特殊标志位，依据规定，将它们编入程序，起到预期既定的控制功能。比如：SM0.1、SM0.0位功能。

## 5.2 逻辑堆栈指令

逻辑堆栈指令是一组对数据存储为堆栈形式的逻辑操作指令。

1. 栈装载与（ALD）

（1）形式。在STL中ALD由指令助记符组成。

（2）功能。将堆栈中第一层和第二层的值进行逻辑与操作，结果放回栈顶。执行完ALD指令后堆栈深度减1，见图5-1（a）。

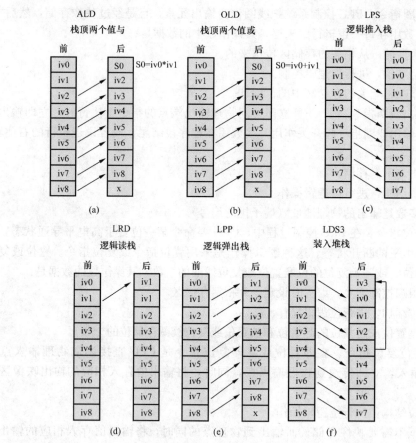

图5-1 逻辑堆栈操作

注：x表示一个不确定的值（可能为0或1）。由于执行了LPS指令，iv8丢失了。

（3）无操作数，只是对堆栈进行逻辑与操作。

2. 栈装载或（OLD）

（1）形式。在STL中OLD由指令助记符组成。

（2）功能。将堆栈中第一层和第二层的值进行逻辑或操作，结果放回栈顶。执行完OLD指令后堆栈深度减1，见图5-1（b）。

（3）无操作数，只是对堆栈进行逻辑或操作。

3. 逻辑推入栈（LPS）

（1）形式。在STL中LPS由指令助记符组成。

（2）功能。复制栈顶值，并将其推入栈。栈底的值被迫推出并丢失，见图5-1（c）。

（3）无操作数，只是将栈顶值复制后推入栈。

4. 逻辑读栈（LRD）

（1）形式。在STL中由指令助记符"LRD"组成。

（2）功能。复制堆栈中的第二层值到栈顶，即原栈顶值被复制值取代，见图5-1（d）。

（3）无操作数，只是进行逻辑读栈。

5. 逻辑弹出栈（LPP）

（1）形式。在STL中由指令助记符"LPP"组成。

（2）功能。将栈顶值弹出，堆栈的第二层值成为新的栈顶值，见图5-1（e）。

（3）无操作数，只是进行逻辑弹出栈操作。

6. 装入堆栈（LDS　n）

（1）形式。在STL中由指令助记符LDS和操作数 n（1—8）组成。

（2）功能。复制堆栈中第 n 层值到栈顶。栈底丢失，见图5-1（f）。

（3）操作数，n（1—8）。

7. 逻辑堆栈操作指令的应用

逻辑操作指令　是对各种逻辑电路进行逻辑控制的操作指令。它们可以对位与位、字节与字节、字与字，以及双字与双字电路进行各种逻辑控制。

逻辑操作指令包括逻辑与、逻辑或、逻辑非、异或、串联电路的并联、并联电路的串联操作指令，即对数据以堆栈形式存储时的各种操作规律。

逻辑堆栈操作指令具有如下共同特点：

（1）数据结构可能是位、字节、字或双字。

（2）它们都具有源操作数和目的操作数，且把运算结果存储在目的操作数指定的存储单元中。源操作数和目的操作数属于同一存储区，其地址编号遵循扫描规律是连续的，最深有八层栈。

（3）位之间、字节之间、字之间或双字之间的逻辑运算都是逐位进行操作。然后，将结果输出。该类指令是用于逻辑运算的指令。当确定了变量间逻辑关系后，用其调用相关程序。

## 5.3 中断和中断指令

中断处理是数字系统通过中断程序对特殊的内部或外部事件的一种响应，通过中断程序来执行一个特殊的任务，然后把控制返回主程序。

中断程序由中断程序标号和无条件中断返回指令间的所有指令组成。用中断程序入口处的中断程序标号来识别每个中断程序。在响应相关联的内部或外部事件时执行中断程序。执行后，用无条件中断返回指令（RETI）或条件中断返回指令（CRETI）退出中断程序。

执行中断指令要影响接点、线圈和累加器等逻辑操作。

为了避免中断程序对用户程序执行现场所造成的影响，系统设计用特殊标志位（SM）保存和恢复逻辑堆栈、累加寄存器以及指令的操作状态，保障了中断返回后系统主程序的正常执行。

173

因此，对中断程序必须给予优化。并且，与其有关系事务的处理不要过长，故中断程序本身应短小简单，越短越好。

中断程序中可以调用子程序。在中断程序和被调用的子程序可以共用累加器和逻辑堆栈式的存储器。

1. 中断程序和主程序可以共享数据

（1）主程序和中断程序可以相互提供要用到的数据，但要考虑中断事件异步特性的影响，解决共享数据的一致性问题。

（2）语句表（STL）程序共享单个变量。例如：共享数据是单个字节、字、双字变量，则要把共享数据操作得到的中间值存储到非共享的存储单元或累加器中，可以保证正确的共享访问。

（3）梯形图（LAD）程序共享单个变量。例如共享数据是单个字节、字或双字变量，则把STL指令系列分成两种组织形式。一种是传送指令MOVE（MOVB、MOVW、MOVD、MOVR）访问共享存储器单元。MOVE指令由执行时不受中断事件影响的单条STL指令组成。另一种共享数据以外的其他梯形图指令由可被中断的STL指令序列组成。

（4）梯形图（LAD）或语句表程序共享多个变量。例如：共享数据是字节、字或双字组成，则用中断禁止/允许指令（DISI/NEI）来控制中断程序的执行。这样，在用户程序开始操作共享存储单元的地方禁止中断。共享存储单元操作完成后再允许中断。注意，此种方法会导致对中断事件响应的延迟。

2. 中断种类

S7-200CPU支持通信口中断、I/O中断和时基中断等5种中断。

（1）通信口中断。用LAD或STL程序控制串行通信口，这种操作称为自由端口模式。在自由端口模式下，可用程序定义波特率、每个字符位数、奇偶校验和通信协议。在执行主程序时，申请中断，才能定义自由端口模式，利用接收和发送中断来简化对通信的控制。

（2）I/O中断。I/O中断包括输入信号在上升沿或下降沿的中断、高速计数器中断、脉冲串输出中断。

S7-200CPU用输入I0.0～I0.3的上升沿或下降沿产生中断，则使上升沿或下降沿发生的事件被输入点捕获。同时，对发生的事件可以被用来指示事件发生时必须注意的出错条件。

当高速计数器的当前值等于预置值、相应轴转动方向变化的计数方向改变和计数器外部复位等事件发生时，允许高速计数时申请并发生中断。PLC的扫描速率对高速事件是不能控制的，每种高速计数器通过申请中断来处理高速事件。

脉冲串在完成指定脉冲数输出时发生中断，指示脉冲输出数已完成。

（3）时基中断。时基中断包括定时中断和定时器T32/T96中断。其中：

定时中断又分定时中断0和定时中断1。定时中断0把周期时间写入SMB34。定时中断1把周期时间写入SMB35。CPU支持定时中断，用定时中断指定一个周期性的活动，周期以1ms为增量单位，周期时间可以从5ms到255ms。当定时器溢出时，由相应的中断程序控制逻辑操作，则以固定时间间隔控制模拟量的采样输入或控制一个PID回路。

若定时中断被允许，某个中断程序就被连接到一个定时中断事件上，定时器就开始计时，系统就按周期时间值运行。若改变周期时间必须修改周期时间值，且要把中断程序重新连接到定时中断事件上。此时，定时中断功能清除前一次连接时的累计值，重新计时。

若定时中断被允许，定时中断就连续运行，按指定的时间间隔执行被连接的中断程序。若分离定时中断或系统退出运行模式（RUN），定时中断被禁止。若执行的是全局中断禁止指令，会不断出现定时中断事件，每个定时中断事件将进入中断队列，按其优先级执行。

定时器 T32/T96 中断 该种中断只支持 1ms 分辨率的延时接通定时器（TON）和延时断开定时器（TOF）T32 和 T96。当有效定时器当前值等于预置值时，允许中断，在 CPU 的正常 1ms 定时刷新时执行被连接的中断程序。

3. 中断优先级排队

S7-200 系列 CPU 按固定的中断优先级执行中断控制，且规定了中断队列允许的最多中断数。

（1）最高优先级为通信中断；中等优先级为 I/O 中断；最低优先级为时基中断。

（2）中断处理的原则：先来先服务。任一时间点上，只执行一个中断程序。对一个中断程序，一旦开始就一直执行到结束，而不会被别的、甚至更高级的中断程序所打断。当正执行一个中断程序，新出现的中断需要排队等待。

（3）每个中断队列允许的最多中断数见表 5-1；中断队列溢出的特殊存储器位见表 5-2；按优先级排列的中断事件见表 5-3。

**表 5-1**                 **每个中断队列允许的最多中断数**

| 队 列 | CPU221 | CPU222 | CPU224 | CPU226 |
|---|---|---|---|---|
| 通信中断队列 | 4 | 4 | 4 | 8 |
| I/O 中断队列 | 16 | 16 | 16 | 16 |
| 定时中断队列 | 8 | 8 | 8 | 8 |

**表 5-2**                 **中断队列溢出的特殊存储器位**

| 描述（0=不溢出，1=溢出） | SM 位 | I/O 中断队列溢出 | SM4.1 |
|---|---|---|---|
| 通信中断队列溢出 | SM4.0 | 定时中断队列溢出 | SM4.2 |

**表 5-3**                 **按优先级排列的中断事件**

| 事件号 | 中 断 描 述 | 优先组 | 优先组中优先 |
|---|---|---|---|
| 8 | 端口 0：接收字符 | 通信（最高） | 0 |
| 9 | 端口 0：发送完成 | | 0 |
| 23 | 端口 0：接收信息完成 | | 0 |
| 24 | 端口 1：接收信息完成 | | 1 |
| 25 | 端口 1：接收字符 | | 1 |
| 26 | 端口 1：发送完成 | | 1 |
| 19 | PTO0：完成中断 | I/O（中等） | 0 |
| 20 | PTO1：完成中断 | | 1 |
| 0 | 上升沿，I0.0 | | 2 |
| 2 | 上升沿，I0.1 | | 3 |
| 4 | 上升沿，I0.2 | | 4 |
| 6 | 上升沿，I0.3 | | 5 |
| 1 | 下降沿，I0.0 | | 6 |
| 3 | 下降沿，I0.1 | | 7 |
| 5 | 下降沿，I0.2 | | 8 |
| 7 | 下降沿，I0.3 | | 9 |

续表

| 事件号 | 中 断 描 述 | 优先组 | 优先组中优先 |
|---|---|---|---|
| 12 | HSC0 CV=PV（当前值=预置值） | | 10 |
| 27 | HSC0 输入方向改变 | | 11 |
| 28 | HSC0 外部复位 | | 0 |
| 13 | HSC1 CV=PV（当前值=预置值） | | 0 |
| 14 | HSC1 输入方向改变 | | 0 |
| 15 | HSC1 外部复位 | | 1 |
| 16 | HSC2 CV=PV | I/O（中等） | 1 |
| 17 | HSC2 输入方向改变 | | 1 |
| 18 | HSC2 外部复位 | | 0 |
| 32 | HSC3 CV=PV（当前值=预置值） | | 1 |
| 29 | HSC4 CV=PV（当前值=预置值） | | 2 |
| 30 | HSC4 输入方向改变 | | 3 |
| 31 | HSC4 外部复位 | | 4 |
| 33 | HSC5 CV=PV（当前值=预置值） | | 5 |
| 10 | 定时中断 0 | | 6 |
| 11 | 定时中断 1 | 定时（最低） | 7 |
| 21 | 定时器 T32 CT=PT 中断 | | 8 |
| 22 | 定时器 T96 CT=PT 中断 | | 9 |

（4）S7-200 系列 CPU 能执行的中断事件见表 5-4。

表 5-4　　　　　　　　　　　　　S7-200 系列 CPU 能执行的中断事件

| 事件号 | 中断描述 | CPU221 | CPU222 | CPU224 | CPU226 |
|---|---|---|---|---|---|
| 0 | 上升沿，I0.0 | Y | Y | Y | Y |
| 1 | 下降沿，I0.0 | Y | Y | Y | Y |
| 2 | 上升沿，I0.1 | Y | Y | Y | Y |
| 3 | 下降沿，I0.1 | Y | Y | Y | Y |
| 4 | 上升沿，I0.2 | Y | Y | Y | Y |
| 5 | 下降沿，I0.2 | Y | Y | Y | Y |
| 6 | 上升沿，I0.3 | Y | Y | Y | Y |
| 7 | 下降沿，I0.3 | Y | Y | Y | Y |
| 8 | 端口0：接收字符 | Y | Y | Y | Y |
| 9 | 端口0：发送完成 | Y | Y | Y | Y |
| 10 | 定时中断 0，SMB34 | Y | Y | Y | Y |
| 11 | 定时中断 1，SMB35 | Y | Y | Y | Y |
| 12 | HSC0 CV=PV（当前值=预置值） | Y | Y | Y | Y |

续表

| 事件号 | 中断描述 | CPU221 | CPU222 | CPU224 | CPU226 |
|---|---|---|---|---|---|
| 13 | HSC1 CV＝PV（当前值＝预置值） | | | Y | Y |
| 14 | HSC1 输入方向改变 | | | Y | Y |
| 15 | HSC1 外部复位 | | | Y | Y |
| 16 | HSC2 CV＝PV（当前值＝预置值） | | | Y | Y |
| 17 | HSC2 输入方向改变 | | | Y | Y |
| 18 | HSC2 外部复位 | | | Y | Y |
| 19 | PLS0 脉冲数完成中断 | Y | Y | Y | Y |
| 20 | PLS1 脉冲数完成中断 | Y | Y | Y | Y |
| 21 | 定时器 T32 CT＝PT 中断 | Y | Y | Y | Y |
| 22 | 定时器 T96 CT＝PT 中断 | Y | Y | Y | Y |
| 23 | 端口 0：接收信息完成 | Y | Y | Y | Y |
| 24 | 端口 1：接收信息完成 | | | Y | Y |
| 25 | 端口 1：接收字符 | | | Y | Y |
| 26 | 端口 1：发送完成 | | | Y | Y |
| 27 | HSC0 输入方向改变 | Y | Y | Y | Y |
| 28 | HSC0 外部复位 | Y | Y | Y | Y |
| 29 | HSC4 CV＝PV（当前值＝预置值） | Y | Y | Y | Y |
| 30 | HSC4 输入方向改变 | Y | Y | Y | Y |
| 31 | HSC4 外部复位 | Y | Y | Y | Y |
| 32 | HSC3 CV＝PV（当前值＝预置值） | Y | Y | Y | Y |
| 33 | HSC5 CV＝PV（当前值＝预置值） | Y | Y | Y | Y |

（5）定时中断时间间隔寄存器。S7-200 系列在特殊标志位存储区将 SMB34、SMB35 两个字节设置为定时中断时间间隔寄存器。若通信或其他操作超过了设计的时间，产生定时中断事件且与相关的中断程序相连接时，CPU 响应中断。

如果改变时间间隔值必须把定时中断事件再分配给原中断程序或另一个中断程序，通过撤销定时事件可终止定时中断。定时中断的时间间隔寄存器见表 5-5。

表 5-5　　　　　　　　　　　　定时中断的时间间隔寄存器

| SM 字节 | 描　　　述 |
|---|---|
| SMB34 | 定义定时中断 0 的时间间隔（从 1～255ms，以 1ms 为增量） |
| SMB35 | 定义定时中断 1 的时间间隔（从 1～255ms，以 1ms 为增量） |

4．中断处理

PLC 的中断处理与计算机的处理不同。计算机在发生中断事件请求时，按中断优先级以中断嵌套方式马上处理。PLC 的 CPU 接到中断请求后，先查看优先级排队，待到一个扫描周期即将结束的时候，以优先级最高到最低的顺序处理事件，没有中断嵌套。处理完中断，再以一个新的周期进行扫描控制。

S7-200中断事件包括I/O中断，如微分操作、高速脉冲输出；时基中断，如定时器中断、高速计数器中断和通信中断。

5. 中断连接指令（ATCH）

（1）型式。中断连接指令在梯形图、功能块图和语句表中的型式：

1）在LAD中，

```
  ATCH
EN   ENO
INT
EVNT
```

由指令助记符（ATCH）、中断事件（EVNT）、中断程序（INT）、指令允许输入端（EN）和使能输出端ENO构成。

2）在FBD中，同上。

3）在STL中，ATCH INT，EVNT由指令助记符（ATCH）、中断事件（EVNT）和中断程序助记符（INT）构成。

（2）功能。通过中断连接指令（ATCH）把中断事件（EVNT）和一个相应的中断程序（INT）连接起来，并允许这个事件的中断申请。

（3）操作数。中断程序（INT）为BYTE型常数。中断事件（EVNT）也为BYTE型常数。其常数默认值：CPU221/222为0～12、19～23、27～33；CPU224为0～23、27～33；CPU226为0～33，来自表5-4。

（4）注意。中断连接指令连接的是中断事件号指定的中断事件和由中断程序号指定的中断程序。多个中断事件可调用同一个中断程序。但一个中断事件不能同时调用多个中断程序。当某个中断事件指定其对应的中断程序时，该中断会被自动允许。如果用全局中断禁止指令（DISI），能禁止所有中断。这样，所出现的中断事件就进入中断队列，直到用全局允许指令（ENI）重新允许中断。

6. 中断分离指令（DTCH）

（1）型式。中断分离指令在梯形图、功能块图和语句表中的型式：

1）在LAD和FBD中

```
  DTCH
EN   ENO
EVNT
```

由指令助记符DTCH、中断指令信号允许输入端EN、中断事件EVNT和使能输出端ENO构成。

2）在STL中，DTCH，EVNT由指令助记符（DTCH）和中断事件（EVNT）组成。

（2）功能。断开一个中断事件（EVNT）和所有的中断程序的联系，并禁止了该中断事件。

（3）操作数。中断程序号为BYTE型常数，中断事件号也为BYTE型常数，见表5-4。

7. 中断允许指令（ENI）

（1）型式。中断允许指令在梯形图、功能块图和语句表中的型式：

1）在LAD中 ——（ENI） 由中断允许指令助记符和线圈符号组成。

2）在FBD中 — ENI 由中断允许指令盒和指令助记符组成。

3）在STL中，ENI由指令助记符组成。

（2）功能。允许连接所有的中断事件。

（3）无操作数，只用于中断中的逻辑操作。

8. 中断禁止指令（DISI）

（1）型式。中断禁止指令在梯形图、功能块图和语句表中的型式：

1）在LAD中——（DISI）由线圈符号和指令助记符组成。

2）在FBD中 — DISI 由指令盒和指令助记符组成。

3）在 STL 中，DISI 由指令助记符组成。

（2）功能。禁止处理所有的中断事件。

（3）无操作数，只是进行中断禁止。

当数字系统进入运行（RUN）模式，就禁止了中断。在 RUN 模式下，可以执行中断允许指令。中断禁止时允许中断事件排队等待。

9. 中断返回指令（RETI）

（1）型式。中断返回指令在梯形图、功能块图和语句表中的型式：

1）在 LAD 中——（RETI)由线圈符号和指令助记符组成。

2）在 FBD 中——│RETI│ 由指令盒和指令助记符组成。

3）在 STL 中，RETI 由指令助记符组成。

（2）功能。有条件中断返回指令可根据逻辑操作的条件从中断程序中返回，即对中断事件处理结束时返回。

（3）无操作数。

10. 中断控制指令的应用

中断工作方式增强了 PLC 的功能。使一些重要的操作，如高速计数、通信等得到优先执行。对运行中的故障得到及时排除，提高了 PLC 的工作效率和稳定性。S7-200 通过中断允许、中断禁止、中断连接、中断分离和中断返回指令对中断事件进行控制。中断指令的操作数：

（1）S7-200 系列共有 128 个中断子程序，在执行中断指令时，在操作数中必须指出中断程序号 0～127。

（2）S7-200 系列共有 34 种中断事件，在执行中断指令时，在操作数中必须指出中断事件号 0～33。

（3）编程时，五条指令根据需要组合使用。在语句表编程时，访问共享存储区得到的中间数据存放到非共享存储单元中。在用梯形图编程时，用传送指令（MOV）访问共享存储区，再把中间结果仍存放在共享存储单元中。

结合中断类型，判定程序中是否需要中断，用中断指令加以控制。

## 5.4 通信控制和通信指令

用户对通信操作的控制就是用程序控制 CPU 的串行通信口，即所说的自由端口模式。梯形图程序可使用接收中断、发送中断、发送指令（XMT）和接收指令（RCV）来控制通信操作。在自由端口模式下，通信协议完全由梯形图程序控制。比如：打印机、显示器、条码阅读器等外部设备要与 CPU 建立通信协议。通过自由端口对通信系统初始化，用 SM 区中 SMB30 和 SMB130 分别配置自由端口 0 和 1，为通信选择波特率、奇偶校验和传送数据的位数。SMB30 和 SMB130 特殊标志位配置应用见表 5-6。

**表 5-6** 　　　　　　　　　　特殊标志位配置应用

| 端口 0 | 端口 1 | 描　　　述 | | |
|---|---|---|---|---|
| SMB30 格式 | SMB130 格式 | MSB　　　　　　LSB<br>自由口模式控制字节 | | |
| | | p p d b b b m m | | |

179

| 端口 0 | 端口 1 | | 描　述 |
|---|---|---|---|
| SM30.6<br>和 SM30.7 | SM130.6<br>和 SM130.7 | pp | 奇偶选择<br>00＝无奇偶校验<br>01＝偶校验<br>10＝无奇偶校验<br>11＝奇校验 |
| SM30.5 | SM130.5 | d | 每个字符的数据位<br>0＝每个字符 8 位<br>1＝每个字符 7 位 |
| SM30.2<br>和<br>SM30.4 | SM130.2<br>和 SM130.4 | bbb | 自由口波特率<br>000＝38，400baud<br>001＝19，200baud<br>010＝9，600baud<br>011＝4，800baud<br>100＝2，400baud<br>101＝1，200baud<br>110＝600baud<br>111＝300baud |
| SM30.0<br>和<br>SM30.1 | SM130.0<br>和<br>SM130.1 | mm | 协议选择<br>00＝点到点接口协议（PPI/从站模式）<br>01＝自由口协议<br>10＝PPI/主站模式<br>11＝保留（默认设置为 PPI/从站模式） |

注　每个配置都有一个停止位。

1. 网络读、网络写指令

网络读指令（NETR）能够从远程站点上最多读 16 个字节的信息。通过通信端口（PORT）从远程设备上接收数据并形成通信数据表（TBL），完成通信初始化操作。

网络写指令（NETW）能够向远程站点上最多发送 16 个字节的信息。通过通信端口（RORT）向远程设备上发送数据并形成通信数据表（TBL），完成通信初始化的操作。

（1）结构型式。在梯形图、功能块图和语句表中，网络读、网络写指令型式：

1）在 LAD 和 FBD 中 由指令助记符（NETR）和（NETW）、指令信号允许输入端（EN）、通信端口（PORT）、通信数据表（TBL）和使能输出端 ENO 构成。

2）在 STL 中，NETR　TBL，PORT；NETW　TBL，PORT，指令由指令助记符 NETR 和 NETW、源操作数 TBL 和目的操作数 PORT 构成。

（2）功能。进行初始化操作，通过自由端口设定由波特率、奇偶校验和数据位数构成的数据表（TBL）S7-200 网络读、网络写形成的数据表见表 5-7。

（3）操作数存储区和数据类型。源操作数 TBL 以 BYTE 型数据字节或双字存放在 VB、MB、*VD、*AC、*LD 中。目的操作数 PORT 为 BYTE 型常数。

**表 5 - 7**　　　　　　　　　　　　**S7-200 网络读、网络写形成的数据表**

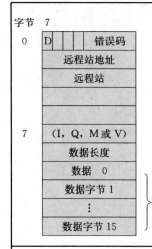

| | |
|---|---|
| D 完成（操作已完成）： | 0 未完成　1＝完成 |
| A 有效（操作已被排队）： | 0＝无效　1＝有效 |
| E 错误（操作返回一个错误）： | 0＝无错误　1＝错误 |

远程站地址：被访问的 PLC 的地址

远程站点的数据区指针：被访问数据的间接指针

数据长度：远程站上被访问数据的字节数

接收和发送数据区：如下描述的保存数据的 1 到 16 个字节

对 NETR，执行 NETR 指令后，远程站　数据　个数据

对 NET，执行 NETW 指令前，远程站　数据　个数据

| 错误码 | 错 误 码 意 义 |
|---|---|
| 0 | 无错误 |
| 1 | 时间溢出错： |
| 2 | 接收错：　错，　时　　出错 |
| 3 | 离线错：　　无 |
| 4 | 队列溢出错：　　　／ |
| 5 | 违反通信协议 |
| 6 | 非法参数：　　　非法　无' |
| 7 | 没有资源： |
| 8 | 第　错误：违反　协议 |
| 9 | 信息错误：错误　数　　　数 |
| A - F | 未用：　　用 |

2. 发送接收指令

S7-200 采用以太网通信，用发送指令发送数据。用接收指令接收数据。发送指令（XMT）能发送一个、多个，最多为 255 个字符。这 255 个字符都存放在一个缓冲寄存器中，也称缓冲区。当发送事件结束且与一个中断程序相连接，则产生一个 XMT 中断。对于端口 0 发送事件中断号为 9；对于端口 1 发送事件中断号为 26。监视发送完成状态用 SM4.5 或 SM4.6 位来存储。即用 SM4.5 或 SM4.6 反映 XMT 当前状态。

接收指令（RCV）能接收一个、多个，最多为 255 个字符。这 255 个字符也存放在缓冲区中。当接收到最后一个字符且与一个中断程序相连接，则产生一个 RCV 中断。对端口 0 接收完成中断号为 23；对端口 1 接收完成中断号为 24。接收工作状态值用 SMB86 或 SMB186 存储。当正在接收时，SMB86 或 SMB186 为 0，未启动接收邮箱或接收结束不为 0。

在 S7-200 系统，用特殊标志存储区的 SM86～SM94 和 SM186～SM194 来选择接收信息开始和结束的条件，且反映接收信息状态。

存储缓冲器超界或奇偶校验错时，接收功能自动终止，则必须为接收功能操作确定一个启动条件（X 或 Z）和一个结束条件（Y、T 或最多字符数）。特殊标志位中的通信信息见表 5 - 8。

表 5-8                                **特殊标志位中的通信信息**

| 端口 0 | 端口 1 | 描　　述 |
|--------|--------|----------|
| SMB86 | SMB186 | MSB             LSB<br><br>                          接收信息状态字节<br><br>`n r e 0 0 t c p`<br><br>n：1＝用户通过禁止命令结束接收信息<br>r：1＝接收信息结束：输入参数错误或缺省起始和结束条件<br>e：1＝收到结束字符<br>t：1＝接收信息结束：超时<br>c：1＝接收信息结束：字符数超长<br>p：1＝接收信息结束：奇偶校验错误 |
| SMB87 | SMB187 | MSB             LSB<br><br>7              0<br><br>`en sc ec il c/m tmr bk 0`          接收信息状态字节<br><br>en：0＝禁止接收信息功能<br>    1＝允许接收信息功能<br>    每次执行 RCV 指令时检查允许/禁止接收信息位<br>sc：0＝忽略 SMB88 或 SMB188<br>    1＝使用 SMB88 或 SMB188 的值检测起始信息<br>ec：0＝忽略 SMB89 或 SMB189<br>    1＝使用 SMB89 或 SMB189 的值检测起始信息<br>il：0＝忽略 SMB90 或 SMB190<br>    1＝使用 SMB90 的值检测空闲状态<br>c/m：0＝定时器是内部字符定时器<br>      1＝定时器是信息定时器<br>tmr：0＝忽略 SMW92 或 SMW192<br>     1＝当执行 SMW92 或 SMW192 时终止接收<br>bk：0＝忽略中断条件<br>    1＝使用中断条件来检测起始信息<br><br>信息的中断控制字节位用来定义识别信息的标准。信息的起始和结束均需定义<br>起始信息＝il* sc＋bk* sc<br>结束信息＝ec＋tmr＋最大字符数<br>起始信息编程<br>1. 空闲检测　　　　　　il=1，sc=0，bk=0，SMW90>0<br>2. 起始字符检测　　　　il=0，sc=1，bk=0，SMW90<br>                  is a don't care<br>3. 中断检测　　　　　　il=0，sc=1，bk=1，SMW90<br>                  is a don't care<br>4. 对一个信息的响应　　il=1，sc=0，bk=0，SMW90=0<br>（信息定时器用来终止没有响应的接收）<br>5. 中断一个起始字符　　il=0，sc=1，bk=1，SMW90<br>                  is a don't care |

| 端口 0 | 端口 1 | 描　　述 |
|--------|--------|----------|
| SMB87 | SMB187 | 6. 空闲和一个起始字符 il＝1，sc＝1，bk＝0，SMW90＞0<br>7. 空闲和起始字符（非法）il＝1，sc＝1，bk＝0，SMW90＝0<br>注意：通过超时和奇偶校验错误（如果允许），可以自动结束接收过程 |
| SMB88 | SMB188 | 信息字符的开始 |
| SMB89 | SMB189 | 信息字符的结束 |
| SMB90<br>SMB91 | SMB190<br>SMB191 | 空闲线时间段按毫秒设定。空闲线时间溢出后接收的第一个字符是新的信息的开始字符<br>SM90（或 SM190）是最高有效字节，SM91（SM191）是最低有效字节 |
| SMB92<br>SMB93 | SMB192<br>SMB193 | 中间字符/信息定时器溢出值按毫秒设定。如果超过这个时间段，则终止接收信息。<br>SM92（或 SM192）是最高有效字节，SM93（SM193）是最低有效字节 |
| SMB94 | SMB194 | 要接收的最大字符数（1～255 字节）<br>注：这个范围必须设置到所希望的最大缓冲区大小，即使信息的字符数终止用不到 |
| SMB2 | | 在自由端口通信方式下，该字符存储从口 0 或口 1 接收到的每一个字符 |
| SM3.0 | | 口 0 或口 1 的奇偶校验错（0＝无错，1＝有错） |
| SM3.1～SM3.7 | | 保留 |
| SM4.0[1] | | 当通信中断队列溢出时，将该位置 1 |
| SM4.1[1] | | 当输入中断队列溢出时，将该位置 1 |
| SM4.2[1] | | 当定时中断队列溢出时，将该位置 1 |
| SM4.3 | | 在运行时刻，发现编程问题时，将该位置 1 |
| SM4.4 | | 该位指示全局中断允许位，当允许中断时，将该位置 1 |
| SM4.5 | | 当（口 0）发送空闲时，将该位置 1 |
| SM4.6 | | 当（口 1）发送空闲时，将该位置 1 |
| SM4.7 | | 当发生强置时，将该位置 1 |

**183**

（1）结构型式。在梯形图、功能块图和语句表中，发送和接收指令的结构型式：

1）在 LAD 和 FBD 中　[XMT｜EN ENO｜TBL｜PORT]、[RCV｜EN ENO｜TBL｜PORT]　由发送和接收指令（XMT 和 RCV）助记符，发送、接收数据表（TBL），通信端口（PORT）、指令信号允许输入端（EN）和使能输出端（ENO）构成。

2）在 STL 中，XMT TBL，PORT；RCV TBL，PORT，由指令助记符（XMT 和 RCV）、源操作数 TBL 和目的操作数 PORT 组成。

（2）功能。发送指令（XMT）激活发送数据缓冲区（TBL）中的数据，数据缓冲区的第一个数据指明要发送的字节数。PORT 指定发送信息的通信端口。接收指令通过指定的通信端口（用 PORT 指定端口 0 或端口 1）接收的信息存放在数据缓冲区（TBL）中。并且，数据缓冲区第一个数据指明接收的字节数。

（3）操作数存储区和数据类型。源操作数 TBL（数据表）以 BYTE 型数据可存放在 VB、IB、QB、MB、SMB、SB，或以双字形式存放在＊VD、＊AC、＊LD 中。目的操作数为 BYTE 型常数：CPU221/222/224 为 0；CPU226 为 0 或 1。即端口 0 或端口 1。

3. 获取口地址指令和设定口地址指令（GET ADDR 和 SET ADDR）

由若干个站点构成的通信网络必须给通信设备设定在网络中唯一的站地址，才能按相关的通信协议有条不紊地发送、接收信息。

（1）结构型式。在梯形图、功能块图和语句表中，获取口地址指令和设定口地址指令的结构型式：

1）在 LAD 和 FBD 中

```
┌─────────────┐      ┌─────────────┐
│  GET ADDR   │      │  SET ADDR   │
┤ EN    ENO ├─  、 ┤ EN    ENO ├─
│ ADDR        │      │ ADDR        │
┤ PORT        │      ┤ PORT        │
└─────────────┘      └─────────────┘
```
由指令助记符 GET ADDR 和 SET ADDR、口地址表 ADDR、通信端口 PORT、指令信号允许输入端 EN 和使能输出端 ENO 构成。

2）在 STL 中，GPA ADDR, PORT；SPA ADDR, PORT 由指令助记符 GPA 和 SPA、口地址表 ADDR 和通信端口 PORT 组成。

（2）功能。读取或设定源操作数 ADDR 中的站地址，通过目的操作数（PORT）输入或输出。即通过通信端口（PORT）接收或发送站地址，存入口地址表（ADDR）指定的地址中。

（3）操作数存储区和数据类型。源操作数 ADDR 以 BYTE 型数据存入 VB、IB、QB、LB、SMB、SB，常数或 * VD、* AC 和 * LD 中。目的操作数为 BYTE 型常数 0 和 1，即端口 0 或端口 1。其中，* VD、* AC、* LD 为地址指针。

4. 通信操作指令应用

通信操作指令包括网络读指令、网络写指令、发送指令和接收指令。通信过程中，通信操作指令完成如下功能：

（1）在特殊存储区 SM 中相关的字节及其存储位建立通信协议控制。

（2）建立网络通信读/写数据表（PBL），且以字节或双字的结构形式将相关信息存放在 V、M、AC、L 存储区中。

（3）建立发送和接收数据缓冲器（PBL），亦是以字节、双字的形式将数据信息存放在 V、I、Q、M、S、SM、AC 和 L 中。

（4）通信口数据为二进制"0"和"1"。

（5）编程时，对通信数据以十六进制和十进制数编制，且通过传送指令输入。

凡通过控制程序，都需要对通信系统初始化、发送和接收数据以及通信中断处理。因此，应将通信操作指令组合起来编写程序。

5. 通信控制

自由口模式串行通信　所说的自由口模式就是通信协议由用户通过程序定义。当选用了自由口模式串行通信，用户可通过程序使用接收中断、发送中断、发送指令和接收指令来控制通信端口的操作。在 S7-200 系列中，分别用 SMB30 和 SMB130 来配置通信端口 0 和通信端口 1，其中各位的配置及功能见表 5-6~表 5-8。

（1）接收指令（RCV）的起始条件。执行接收指令须确定接收信息的起始条件和结束条件，即接收信息应遵循的规约。

1）传输线空闲时间。是指传输线上一段没有通信的时间，该时间单位为数毫秒。空闲时间总是大于在某一波特率下传输一个字符的时间。一个字符时间包括起始位、数据位、校验位和停止位。空闲时间一般指定波特率下传输三个字符的时间。在空闲时间之前，对传输的任何字符都不予理睬。只有空闲时间之后，才能把接收的所有信息都存入接收缓冲区（TBL）中。

当检测到空闲时间就启动接收指令，或按 SMB90 或 SMB190 的设定启动空闲线定时器控制接收指令。对于没有特定起始字符的通信协议和指定了信息之间最小时间间隔的通信协议，可以用空闲时间检测作为起始条件，用空闲时间控制接收指令适用于二进制协议。

2）起始字符检测。起始字符存放在 SMB88 或 SMB188 中，来控制接收指令。当检测到起始字符和起始字符之后接收到的所有信息存入数据缓冲区（TBL），对起始字符之前的信息不予理睬。

在 ASCII 码协议中，用同一个字符做起始条件可以用来检测起始字符，启动接收指令。

3）空闲时间和起始字符检测。把空闲时间和起始字符组合来启动接收指令。在检测到传输线空闲时间后，再搜寻指定的起始字符来启动接收指令，适用于多个设备间的通信。

在一般情况下接收到某一站号的起始字符后，以接收中断方式进行通信。

4）断点时间检测。断点时间是指大于一个完整字符传输时间内接收数据一直为 0。所说一个完整字符传输时间为传输起始位、数据位、校验位和停止位所占时间的总和。当配置启动接收指令的条件为断点时间时，将断点后的信息存入数据缓冲区（TBL），而对断点前的信息不予理睬。

5）断点和起始字符。当启动接收指令的条件配置为断点和起始字符之后，只有在断点和起始字符条件都得到满足才能启动接收指令，将接收的信息存入数据缓冲区（TBL）。

6）任意字符。启动接收指令的条件为立即接收的任意字符，它是空闲时间检测的一种特殊情况。在特殊标志存储区 SMW90 或 SMW190 被置 0 时，被启动的接收指令就立即接收信息，且用信息定时器监视接收是否超时。如果对在指定时间内没有从站发来的信息也按超时处理，将对自由口协议非常有用。

（2）接收指令（RCV）的结束条件。

1）结束字符。是表示信息结束的任意字符。在起始条件满足后，接收指令检查接收的每一个字符，判断其是不是结束字符。如是，将所接收的信息存入数据缓冲区（TBL），结束接收。结束字符存放在 SMB89 或 SMB189 中，适用于 ASCII 码协议。

2）字符间隔定时器。字符间隔是从一个字符的停止位到下一个字符停止位之间的间隔。如接收信息的间隔时间超过规定的毫秒数，结束接收。字符间隔时间存放在特殊标志存储区 SMW92 或 SMW192 中。

3）信息定时器。用信息定时器控制接收指令的执行时间，接收指令开始执行的同时启动信息定时器。当超出规定的毫秒数，定时时间到，结束接收。当特殊标志存储区 SMW92 或 SMW192 中的 c/m＝0、tmy＝1 为超时，结束接收。

4）最大字符计数。在特殊标志存储器的 SMB94 或 SMB194 中，存放接收字符个数允许的最大数量值，超过这个最大数量值结束接收。

5）校验错误。在特殊标志位存储区中的 SMB30 或 SMB130 中设置错误校验位，出现校验错误就结束接收。

6）使用字符中断控制接收数据。即接收每个字符时都产生中断。在执行与接收字符事件相连接的中断程序前，接收的字符存入特殊标志存储区 SMB2 中，被激活的校验状态存入特殊标志存储区 SMB3.0 中。

SMB2 是自由口接收字符缓冲区。在自由口模式下，接收到的每一个字符都会存放到 SMB2 中，便于用户程序访问。

SMB3 中包含一个校验错误标志位。当检测到错误时该位被置位，中断接收。中断控制接收适合于各种通信协议。

（3）数据表（TBL）参数的错误代码见表 5-9。

表5-9　　　　　　　　　　　　　数据表（TBL）参数的错误代码

| 错误码 | 定　　义 |
|---|---|
| 0 | 无错误 |
| 1 | 时间溢出错，远程站不响应 |
| 2 | 接收错：奇偶校验错，响应时帧或校验和出错 |
| 3 | 离线错：相同站地址或无效的硬件引发冲突 |
| 4 | 队列溢出错：激活了超过 8 个 NETR/NETW 方框 |
| 5 | 违反通信协议：没有在 SMB30 中允许 PPI，就调用执行 NETR/NETW 指令 |
| 6 | 非法参数：NETR/NETW 表中包含非法或无效的值 |
| 7 | 没有资源：远程站正在忙中（上装或下装程序在处理中） |
| 8 | 第 7 层错误：违反应用协议 |
| 9 | 信息错误：数据地址错或数据长度不正确 |
| A-F | 未用（为将来使用保留） |

# 5.5 比 较 指 令

在 PLC 的程序控制中，会经常遇到两个变量相比较的问题。以比较方式分为相等比较、不相等比较、小于比较、小于等于比较、大于比较和大于等于比较。而从变量数据类型则可将比较分为字节比较、整数比较、双字整数型比较和实数比较。相比较的两个变量值（IN1 和 IN2）在数据类型上必须保持一致。在此重点以数据类型介绍比较指令。

逻辑控制中，是通过触点状态比较，故又称比较触点指令。

1. 字节比较指令

字节比较指令是把两个字节类型数据 IN1 和 IN2 相比较。比较的方式有 IN1＝IN2、IN1＜IN2、IN1＜＝IN2、IN1＞IN2、IN1＞＝IN2 和 IN1＜＞IN2。

（1）结构型式。在梯形图、功能块图和语句表中，字节比较指令的结构型式：

1）在 LAD 中 —— ⌈IN1 ==B IN2⌋ ——，由比较触点、字节比较指令助记符和两个相比较的变量 IN1 和 IN2 构成。若能比较，触点闭合。

2）在 FBD 中 ⌈==B⌋，由比较指令盒组成。该指令盒有两个输入端和一个输出端，恰能输入两个相比较的变量 IN1 和 IN2。若能比较，输出接通，逻辑结果为 1。

3）在 STL 中，是将字节型的装载触点（LDB）与触点（A）或触点 O 相比较。相比较的逻辑值是两个装载值、两个与逻辑值或两个或逻辑值，对它们进行 "=" 、 "<>" 、 "<" 、 ">" 、 "<=" 、 ">=" 形式的比较。语句表（STL）比较指令结构形式见表 5-10（a）。

（2）功能。输入两个相比较的字节型的变量 IN1 和 IN2，若能够比较（为真），逻辑结果（OUT）端输出一个布尔量。

（3）操作数存储区和数据类型。输入的两个变量可以字节型或由字节组成的字、双字的数据结构。数据类型为字节型（BYTE）、整数型（INT）、双字整数型（DINT）或实数型（REAI）存放在任意的存储区中。输出的逻辑结果（OUT）为布尔量（BOOL），可存放在 I、Q、M、

SM、T、C、V、S、L中，是在能流作用下，触点闭合或称输出接通，OUT端输出一个布尔量。

应注意，进行逻辑比较操作，输入相比较的两个逻辑变量的数据类型必须一致。输入和输出的数据类型可以变化，但输出是布尔型的量。字节比较是无符号的数。

2. 整数比较指令

整数比较同字节比较一样，可进行"六种形式"的比较。但两个相比较的变量是有符号的整数，可比较的数值范围：16#7FFF＞16#8000。

（1）结构型式。在梯形图、功能块图和语句表中，整数比较指令的结构型式：

1）在LAD中 ──┤$\frac{IN1}{==I}$├── ，由比较触点、整数比较指令助记符和两个相比较的整数IN1和IN2组成。若能比较，触点闭合。

2）在FBD中 ─┤==I├─ ，由比较指令盒组成。该指令盒有两个输入端和一个输出端，恰能输入两个相比较的变量IN1和IN2。若能比较，输出接通，逻辑结果（OUT）为1。

3）在STL中，与字节型的装载（LD）、与（A）或（O）相比较一样。能进行"六种形式"的比较。结构型式见表5-10（b），当能比较时，栈顶置1。

（2）功能。与字节比较相同。但多数对十六进制数比较。

（3）操作数存储区、数据类型。以整数型数据字或双字型输入，可存放在所有的存储区中，输出是以布尔量型数据存放在I、Q、M、SM、T、C、V、S、L中。

3. 双字整数型比较指令

双字整数型同字节比较一样，可进行"六种形式"的比较。双字整数型比较是有符号的，比较取数范围为16#7FFFFFFF＞16#80000000。

（1）结构型式。在梯形图、功能块图和语句表中，双字整数型比较指令的结构型式：

1）在LAD中，──┤$\frac{IN1}{==D}$├── 由比较触点、双字整数型指令助记符和两个相比较的整数IN1和IN2组成。

2）在FBD中 ─┤==D├─ ，由双字整数型指令盒组成。该指令盒有两个输入端和一个输出端，恰能输入两个相比较的变量IN1和IN2。若能比较，输出接通，逻辑结果（OUT）为1。

3）在STL中，双字整型数进行逻辑装载（LDD）、逻辑与（AD）、逻辑或（OD）后相比较。结构型式见表5-10（c），当能比较时，栈顶值为1。

（2）功能。和字节比较及整数比较相同。但多数程序是对十六进制数进行比较。

（3）操作数存储区、数据类型。以双字形式输入存放在任意存储区，以布尔型数据输出，存放在I、Q、M、SM、T、C、V、S、L中。

4. 实数比较指令

实数比较指令用来比较两个实数IN1和IN2的大小，同样可以进行六种型式的比较。实数比较是有符号的。

（1）结构型式。在梯形图、功能块图和语句表中，实数比较指令的结构型式：

1）在LAD中 ──┤$\frac{IN1}{==R}$├── ，由比较触点、实数比较指令助记符和两个相比较的实数变量IN1和IN2组成。

2）在FBD中 ─┤==R├─ ，由指令盒、实数比较助记符组成。该指令盒有两个输入端和一个输出端，恰能输入两个相比较的实数变量 IN1 和 IN2。若能比较，输出接通，逻辑结果（OUT）为 1。

3）在 STL 中，实数进行逻辑装载（LDR）、逻辑与（AR）、逻辑或（OR）后相比较。结构型式见表 5-10（d），当能比较时，栈顶值为 1。

表 5-10　　　　　　　　语句表（STL）比较指令结构型式

| 字节比较（a） | | 整数比较（b） | | 双字整型比较（c） | | 实数比较（d） | |
|---|---|---|---|---|---|---|---|
| LDB= | IN1,IN2 | LDW= | IN1,IN2 | LDD= | IN1,IN2 | LDR= | IN1,IN2 |
| AB= | IN1,IN2 | AW= | IN1,IN2 | AD= | IN1,IN2 | AR= | IN1,IN2 |
| OB= | IN1,IN2 | OW= | IN1,IN2 | OD= | IN1,IN2 | OR= | IN1,IN2 |
| LDB<> | IN1,IN2 | LDW<> | IN1,IN2 | LDD<> | IN1,IN2 | LDR<> | IN1,IN2 |
| AB<> | IN1,IN2 | AW<> | IN1,IN2 | AD<> | IN1,IN2 | AR<> | IN1,IN2 |
| OB<> | IN1,IN2 | OW<> | IN1,IN2 | OD<> | IN1,IN2 | OR<> | IN1,IN2 |
| LDB> | IN1,IN2 | LDW> | IN1,IN2 | LDD> | IN1,IN2 | LDR> | IN1,IN2 |
| AB> | IN1,IN2 | AW> | IN1,IN2 | AD> | IN1,IN2 | AR> | IN1,IN2 |
| OB> | IN1,IN2 | OW> | IN1,IN2 | OD> | IN1,IN2 | OR> | IN1,IN2 |
| LDB<= | IN1,IN2 | LDW<= | IN1,IN2 | LDD<= | IN1,IN2 | LDR<= | IN1,IN2 |
| AB<= | IN1,IN2 | AW<= | IN1,IN2 | AD<= | IN1,IN2 | AR<= | IN1,IN2 |
| OB<= | IN1,IN2 | OW<= | IN1,IN2 | OD<= | IN1,IN2 | OR<= | IN1,IN2 |
| LDB>= | IN1,IN2 | LDW>= | IN1,IN2 | LDD>= | IN1,IN2 | LDR>= | IN1,IN2 |
| AB>= | IN1,IN2 | AW>= | IN1,IN2 | AD>= | IN1,IN2 | AR>= | IN1,IN2 |
| OB>= | IN1,IN2 | OW>= | IN1,IN2 | OD>= | IN1,IN2 | OR>= | IN1,IN2 |

（2）功能。与字节、整数、双字整数型比较相同。

（3）操作数存储区。以实数型且双字结构输入，可存放在所有存储区中，以布尔型数据输出，存放在 I、Q、M、SM、T、C、V、S、L 中。

5. 比较指令的应用

有比较，才有鉴别。通过比较，才能得知好坏、高低和大小。S7-200 中的比较指令是进行数值比较。可对字节、字、双字三种结构的数，实现"=、<、>、<>、>=、<="六种比较。当用于设定值与当前值之间的比较时，可以界定数值的上限和下限，从而确定调节值。实现反馈调节控制以及数值控制。因此，比较指令的操作数应该是：

（1）可以比较无符号的或有符号的整数、小数和有理数。

（2）数据类型相同、数据结构相同的数值才能相互比较。

（3）比较的数据应为同一存储区或者说同一电路的数据。比较之后，将结果存放在指定的存储单元中，然后再调用。分清被比较的数据类型，有针对的选用。在程序中，多数是以十六进制数的形式相比较。

# 5.6 转 换 指 令

PLC 数字系统能够进行变量比较等方面逻辑运算和数值方面的数学运算。无论是逻辑运算，还是数学运算，数据类型必须一致，或者说数制必须一样。但是，在实际控制中所遇到的变量或数值往往是数据类型不一致，数据也不一样，则必须通过数据转换指令，调用相关的转换程序，由系统的逻辑电路予以转换。使参加运算的变量变成一致的为指定格式的数据。

转换指令包括BCD码到整数转换、整数到BCD码转换、双整数到实数转换、实数到双整数转换、双整数到整数转换、整数到双整数转换、字节到整数转换、整数到字节转换、取整（ROUND）和取整（TRUNC）指令。

数据转换就是输入被转换的变量或数值，输出得到预期的变量或数值，使参加运算的数据类型一致，数制一致。数据转换是数字系统的一种逻辑功能，用户必须正确地判断被转换的变量或数值，就能收到预期的逻辑结果（OUT）。

1. BCD码转为整数（BCD-I），整数转为BCD码（I-BCD）

（1）指令结构型式。梯形图、功能块图和语句表中，BCD-I或I-BCD指令的结构型式：

1）在LAD和FBD中

```
┌─────────┐        ┌─────────┐
│  BCD-I  │        │  I-BCD  │
│ EN  ENO │   ；    │ EN  ENO │
│ IN  OUT │        │ IN  OUT │
└─────────┘        └─────────┘
```

由指令助记符BCD-I、I-BCD、指令盒中指令信号允许输入端（EN）、被转换的BCD码或整数的输入端（IN）、逻辑结果（OUT）输出端和错误条件使能输出端ENO构成。

2）在STL中，BCD-I OUT；I-BCD OUT，由指令助记符（BCD-I或I-BCD）和逻辑结果（OUT）组成。

（2）功能。BCD-I指令将BCD码转换成整数，送入逻辑结果（OUT）指定的变量中。同理，I-BCD指令将整数转换为BCD，送入逻辑结果（OUT）指定的变量中。

（3）操作数存储区和数据类型。输入（IN）WORD型数据，以字（W）形式或双字（D）形式存储到VW、T、C、IW、QW、MW、SMW、LW、AC、AIW、常数、*VD、*AC、SW、*LD中。逻辑结果（OUT）也以WORD型数据以字或双字形式存放在除AIW和常数的上述存储区中。IN的范围为0～9999。其中，*VD、*AC、*LD为间接寻址地址指针。

使ENO＝0的错误条件是：SMB1.6（非法BCD错误）；SMB4.3（运行超时）0006（间接寻址错误）。

2. 双整数到整数转换（DI-I）、整数到双整数转换（I-DI）

（1）结构型式。梯形图、功能块图和语句表中，DI-I和I-DI指令的结构型式：

1）在LAD和FBD中

```
┌─────────┐        ┌─────────┐
│  DI-I   │        │  I-DI   │
│ EN  ENO │   ；    │ EN  ENO │
│ IN  OUT │        │ IN  OUT │
└─────────┘        └─────────┘
```

由指令助记符（DI-I或I-DI）、指令盒中指令信号允许输入端（EN）、被转换的双整数或整数的输入端IN、错误条件输出端（ENO）和逻辑结果（OUT）输出端构成。

2）在STL中，DTI IN，OUT；ITD IN，OUT，由指令助记符（DTI或ITD）、源操作数IN和目的操作数（OUT）组成。

（2）功能。DTI指令将双整数转换成整数，送入逻辑结果（OUT）指定的变量中。同理，ITD指令将整数转换为双整数，送入逻辑结果（OUT）指定的变量中。由使能输出端ENO指出错误条件：ENO＝0的错误条件是：SMB1.1（溢出）；SMB4.3（运行时间错误）；0006（间接寻址错误）。如果要转换的数太大，溢出位被置位，且保持输出不变。

（3）操作数存储区和数据类型。输入（IN）以双字整型数存入VD、ID、QD、MD、SMD、AC、LD、HC、常数、*VD、*AC、SD、*LD中。逻辑结果（OUT）以字整数存入VW、IW、QW、MW、SW、SMW、LW、T、C、AC；*VD、*LD、*AC中存放间接寻址地址指针。

3. 双字整数转为实数（DIR）

（1）指令结构型式。梯形图、功能块图和语句表中，DIR的结构型式：

1）在 LAD 和 FBD 中 [DI-R EN ENO IN OUT] 由指令助记符 DI－R、指令信号允许输入端（EN）、被转换的数 IN、逻辑结果（OUT）和错误条件输出端 ENO 构成。

2）在 STL 中，DIR IN，OUT，由指令助记符 DIR、源操作数 IN 和目的操作数（OUT）组成。

（2）功能。DIR 指令将双字整数转换为实数，送入逻辑结果（OUT）指定的变量中。且由使能输出端 ENO 指出错误条件：ENO＝0 的错误条件是：SMB4.3（运行时间超时）；0006（间接寻址错误）。结果，把 32 位有符号整数（IN）转换成 32 位实数（OUT）。

（3）操作数存储区和数据类型。输入 32 位双字整数（IN）存放在 VD、ID、OD、MD、SMD、AC、LD、HC、常数、＊VD、＊AC、SD、＊LD 中。输出逻辑结果（OUT）指定存放在 VD、ID、OD、MD、SMD、AC、LD、＊VD、＊AC、SD、＊LD 中。

4．整数到实数转换

先把整数传换为双字整数。然后，再把双字整数转换为实数。

5．字节到整数（B-I），整数到字节（I-B）指令

（1）指令结构型式。梯形图、功能块图和语句表中，B-I和I-B指令的结构型式：

1）在 LAD 和 FBD 中 [B-I EN ENO IN OUT] 、 [I-B EN ENO IN OUT] 由指令助记符 B-I 和 I-B、指令信号允许输入端（EN）、被转换数（字节或整数）输入端 IN、逻辑结果（OUT）和错误条件输出端 ENO 构成。

2）在 STL 中，BTI IN，OUT；ITB IN，OUT 由指令助记符 BTI 或 ITB、源操作数 IN 和目的操作数（OUT）组成。

（2）功能。把输入字节转换为整数，或把整数转换为字节，送入逻辑结果（OUT）指定的变量中。由错误条件使能输出端 ENO 指出：B-I中，ENO＝0 的错误条件是：SMB4.3（运行超时）；0006（间接寻址错误）；I-B中，ENO＝0 的错误条件是：SMB1.1（溢出）；SMB4.3（运行超时）；00006（间接寻址错误）。

（3）操作数数据类型和存储区。在 B-I 中以字节型存入 VB、IB、QB、MB、SB、SMB、LB、AC、常数，或以双字型存入、＊VD、＊AC、＊LD 中。在 I-B 中，以字型整数输入（IN），存放在 VW、IW、QW、MW、SW、SMW、LW、AC、常数，或以双字型存入，＊VD、＊AC、＊LD 中。在逻辑结果（OUT）输出端输出，以字节型式存入指定的 VB、IB、QB、MB、SB、SMB、LB、AC，或以双字（4个字节）形式存入＊VD、＊AC 和＊LD 中。

6．取整指令（ROUND）和取整指令（TRUNC）

ROUND 是一种四舍五入取整指令，小数部分只保留一位，而 TRUNC 是一种舍去小数的取整指令。

（1）指令结构型式。梯形图、功能块图和语句表中，ROUND 和 TRUNC 指令的结构型式：

1）在 LAD 和 FBD 中 [ROUND EN ENO IN OUT] ； [TRUNC EN ENO IN OUT] 由指令助记符（ROUND 或 TRUNC）、指令信号允许输入端（EN）、被取整数输入端 IN、逻辑结果（OUT）和错误条件输出端（ENO）构成。

2）在 STL 中，ROUND IN，OUT；TRUNC IN，OUT 由指令助记符（ROUND 或

TRUNC)、源操作数（IN）和目的操作数（OUT）组成。

（2）功能。ROUND将实数（IN）转换成双整数值（OUT），四舍五入只保留一位小数，且使能输出ENO=0的错误条件是：SMB1.1（溢出）；SMB4.3（运行超时）；0006（间接寻址错误）。

TRUNC将32位实数（IN）转换成32位有符号整数（OUT），只转换实数中的整数部分，舍去小数，且使能输出ENO=0的错误条件是：SMB1.1（溢出）；SMB4.3（运行超时）；0006（间接寻址错误）。

（3）操作数数据类型和存储区。ROUND指令以实数型输入（IN）存放在VD、ID、QD、MD、SMD、AC、HC，常数、*VD、*AC、SD、*LD中。以双整数型输出，存入逻辑结果（OUT）指定的VD、ID、QD、MD、SMD、AC、*VD、*AC、SD、*LD中。

TRUNC指令以32位实数型数据输入（IN），存放在VD、ID、QD、MD、SMD、LD、AC；常数、*VD、*AC、SD、*LD中。且以双整数型输出逻辑结果（OUT），存入OUT指定的VD、ID、QD、MD、SMD、AC；*VD、*AC、SD、*LD中存放间接寻址地址指针。

7. ASCII码转为十六进制（ATH）、十六进制转为ASCII码（HTA）

ATH指令是将二进制的ASCII码转换为十六进制的编码，由于一位十六进制码可等值替代四位二进制ASCII码，使数码简化，方便于编程书写。反之，HTA指令是将十六进制码转换为二进制的ASCII码，便以输入PLC数字系统加工处理。

（1）结构型式。梯形图、功能块图和语句表中，ATH和HTA指令的结构型式：

1）在LAD和FBD中 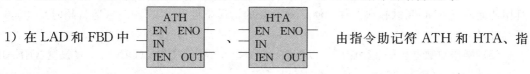 由指令助记符ATH和HTA、指令信号允许输入端（EN）、被转换数码（ASCII码或十六进制数码）、起始字符输入端（IN）、字符长度（LEN）、输入输出数据（十六进制码或ASCII码）和错误条件使能输出端（ENO）构成。

2）在STL中，ATH IN，OUT，LEN；HTA IN，OUT，LEN，由指令操作码ATH或HTA和操作数IN、OUT、LEN组成。

（2）功能。ATH是将从字符IN开始，长度为LEN的ASCII码转换为十六进制的数码，存放到从OUT开始的变量中。HTA是将从字符IN开始，长度为LEN的十六进制码，存放到从OUT开始的连续的变量中。ASCII码和十六进制数最大个数都为255个字符，但应注意S7-200所用ASCII码字符十六进制合法值在30~39和41~46之间。

ASCII码到十六进制值，ENO=0的错误条件是：SMB1.7（非法ASCII码）；SMB4.3（运行超时）；0006（间接寻址错误）；0091（操作数超界）。

十六进制值到ASCII码，ENO=0的错误条件是：SMB4.3（运行超时）；0006（间接寻址错误）；0091（操作数超界）。

（3）操作数数据类型和存储区。输入/输出（IN/OUT）以单字节或4个字节存入VB、IB、QB、SMB、LB、*VD、*AC、SB、*LD中。字符长度（LEN）以单字节或4个字节存入VB、IB、QB、MB、SMB、LB、AC、常数；*VD、*AC、SB、*LD中存放间接寻址地址指针。

8. 整数到ASCII码、双整数到ASCII码、实数到ASCII码

整数到ASCII码指令（ITA）、双整数到ASCII码（DTA）指令和实数到ASCII码（RTA）指令，是将实际控制中可能遇到的数值转换为机器能够处理的内码（ASCII码）的指令。

实际数值到 ASCII 码过程中的转换精度是转换中保留十进制小数点右边的位数，称为转换精度格式（FMT）。转换精度格式指定了输出缓冲区中十进制对应位右边的位数。输出缓冲区的大小用"nnn"或"ssss"表示。在 ITA 中，输出缓冲区为 8 个字节。在 DTA 中，输出缓冲区为连续的 12 个字节。在 RTA 中，输出缓冲区为 3～15 个字节。输出缓冲区格式化的规则：

1）在缓冲区中数值采用右对齐。

2）正值不带符号写入输出缓冲区。

3）负值带负号写入输出缓冲区。

4）小数点左边前的 0 删除，但临近小数点的 0 不删除。

5）小数点右边的值是小数点右边数的位数，"nnn"或"ssss"表示小数点右边的位数。

（1）结构型式。梯形图、功能块图和语句表中：

1）在 LAD 和 FBD 中     、    、    由指令助记符

ITA 或 DTA 或 RTA、指令信号允许输入端（EN）、被转换的数（整数、双整数或实数"IN"）、转换精度格式（FMT）、错误条件使能输出端 ENO 和逻辑结果（OUT）构成。

2）在 STL 中，ITA IN, OUT, FMT；DTA IN, OUT, FMT；RTA IN, OUT, FMT，由指令操作码（ITA、DTA 或 RTA）和操作数 IN、OUT、FMT 组成。

（2）功能。依照转换精度格式（FMT）将整数或双整数或实数转换成一个 ASCII 字符串，且用使能输出 ENO 反映错误条件。使 ENO＝0 的错误条件是：SMB4.3（运行超时）；0006（间接寻址错误）。

（3）操作数数据类型及存储区。以整数型（INT）或双整数型（DINT）、实数型（REAL）。

1）输入端（IN）

ITA 以字的形式存入 VW、IW、QW、MW、SW、SMW、LW、AIW、T、C、AC，常数；*VD、*AC、*LD 中存放间接寻址地址指针。

DTA、RTA 以 4 个字节（双字）形式存入 VD、ID、QD、MD、SD、SMD、LD、HC、常数、AC、*VD、*AC 和*LD 中。

2）输入端（FMT）：以字节型式（BYTE）存入 VB、IB、QB、MB、SMB、LB、AC、常数；*VD、*AC、SB、*LD 中。

3）输出端（OUT）：以字节型式（BYTE）存入 VB、IB、QB、MB、SMB、LB；*VD、*AC、SB、*LD 中。

9. 编码指令（ENCO）、译码指令（DECO）

（1）结构型式。梯形图、功能块图和语句表中，ENCO 和 DECO 指令的结构型式：

1）在 LAD 和 FBD 中     、    由指令助记符 ENCO 和 DECO、指令信号允许输入端（EN）、被编码的字或被译码字节的输入端 IN、字或字节相应位的输出端（OUT）和错误条件输出端 ENO 构成。

2）在 STL 中，ENCO IN, OUT；DECO IN, OUT 由指令操作码 ENCO 或 DECO、操作数 IN, OUT 组成。

（2）功能。ENCO 将输入字（IN）中值为 1 的最低位的位号写入输出字节（OUT）的低 4 位。同时，使能输出错误条件：ENO＝0 的错误条件是：SM4.3（运行超时）；0006（间接寻址错误）。

DECO 是将输入字（IN）的低 4 位中对应的位号置输出字（OUT）的相应位为 1，其他位置 0。同时使能输出错误条件：ENO＝0 的错误条件是：SMB4.3（运行超时）；0006（间接寻址错误）。

（3）操作数数据类型及存储区。编码以字形数据（WORD）输入（IN）存放在 VW、T、C、IW、QW、MW、SMW、AC、AIW、常数、*VD、*AC、SW、*LD 中；以字节型（BYTE）输出（OUT）存放在 VB、IB、QB、MB、SMB、LB、AC；*VD、*AC、SB、*LD 中。

译码相反，以字节型数据（BYTE）输入（IN）存入 VB、IB、QB、MB、SMB、LB、SB、AC；常数；*VD、*AC、*LD 中。以字型数据（WORD）输出（OUT），存入 VW、IW、QW、MW、SMW、LW、SW、AQW、T、C、AC；*VD、*AC、*LD 中存放间接寻址地址指针。

10. 段码指令（SEG）

简言之，段码指令就是用八位二进制码构成七段码显示器。即被显示的每一个数一般由七个代码（a、b、c、d、e、f、g）的发光二极管或液晶组成，称为七段码显示器。也就是说，段码指令是构成七段码显示器的指令。七段码显示编码见图 5 - 2。

| (IN) LSD | 段显示 | (OUT) .gfe dcba | | (IN) LSD | 段显示 | (OUT) .gfe dcba |
|---|---|---|---|---|---|---|
| 0 | 0 | 0011 1111 | | 8 | 8 | 0111 1111 |
| 1 | 1 | 0000 0110 | | 9 | 9 | 0110 0111 |
| 2 | 2 | 0101 1011 | | A | A | 0111 0111 |
| 3 | 3 | 0100 1111 | | B | B | 0111 1100 |
| 4 | 4 | 0110 0110 | | C | C | 0011 1001 |
| 5 | 5 | 0110 1101 | | D | D | 0101 1110 |
| 6 | 6 | 0111 1101 | | E | E | 0111 1001 |
| 7 | 7 | 0000 0111 | | F | F | 0111 0001 |

图 5 - 2　七段码显示编码

（1）结构型式。梯形图、功能块图和语句表中，段码指令的结构型式：

1）在 LAD 和 FBD 中——[SEG / EN ENO / IN OUT]——由指令助记符 SEG、指令信号允许输入端（EN）、输入字节（IN）低 4 位的有效数字值、段码输出端（OUT）和错误条件输出端 ENO 构成。

2）在 STL 中，SEG IN，OUT 由指令操作码 SEG 和操作数 IN，OUT 组成。

（2）功能。根据输入字节（IN）低 4 位的有效数字值产生相应显示的段码，并使能输出 ENO＝0 的错误条件是：SMB4.3（运行超时）；0006（间接寻址错误）。

（3）操作数数据类型及存储区。输入、输出（IN，OUT）皆以字节型数据存入 VB、IB、QB、MB、SMB、LB、AC；*VD、*AC、SB、*LD 中，输入（IN）还可存入常数区。其中，*AC、*VD、*LD 中存放间接寻址地址指针。

11. 数据转换指令应用

人们对各种被监测控制的量习惯用十进制来表示。但是，PLC 与计算机一样，只认识二进制数，且能对二进制的数存储和逻辑控制。在将数据存储、调用处理和输出时，又必须将二进制的数转换成十进制的数，才能便于监测显示，才能对十进制数字模型设计的元器件或设备实现控制。归根结底，数据转换指令就是进行二—十进制数以及各种数码之间转换的命令。

数据转换指令包括　字节转换成整数指令、整数转换成字节指令、整数转换成双整数指令、双整数转换成整数指令、双整数转换成实数指令、实数转换成双整数指令、BCD 码转换成整数指令、整数转换成 BCD 码指令、ASCII 码转换成十六进制数指令、十六进制数转换成 ASCII 码指令、整数转换成 ASCII 码指令、译码指令、编码指令和段码指令。被转换的数应该：

（1）遵循相关的转换规则进行转换。

（2）被转换的数从相关的存储区中读取。

（3）转换的结果存放到指定的存储单元中。

（4）必须注意转换数据的数据结构和寻址方式，从相应存储区中读取，又存放到相应的存储区中，且注意开始的字节（字或双字）和长度。

编写程序所用数据的结构型式必须符合控制功能的需要。数据的结构型式要随控制过程和控制功能的变化而变化，对数据加以实时性地转换，这一点，在某些程序中要加以明确。

<h2>5.7 计 数 器 指 令</h2>

CPU用计数器指令调度计数器，对外部或内部程序控制中所发生的脉冲进行计数。其中，包括递增计数、递增/递减计数和减计数。

1. 递增计数器指令（CTU）

在每一脉冲信号（CU）输入的上升沿，即从断开（off）转为接通时，从当前计数值开始递增计数。当有复位信号（R）输入或执行复位指令时，计数器复位。计数器在达到最大计数值（32 767）时停止计数。

2. 递增/递减计数指令（CTUD）

在每一脉冲信号（CU）输入的上升沿，即从断开（off）转为接通时，从当前计数值开始递增计数或递减计数。当有复位信号（R）输入或执行复位指令时，计数器复位。

递增计数时，在达到计数器最大值（32 767）后的下一个脉冲信号（CU）输入的上升沿将计数值变为最小值（－32 768）。递减计数时恰好相反。

递增计数器/递减计数器记录其运行的当前值，且用预置值与当前值相比较。当前值＞＝预置值时，计数器位被置位（on）。当前值＜预置值时，计数器位被复位（off）。

3. 减 计 数 指 令

在每一脉冲信号（CU）输入的上升沿，即从断开（off）转为接通（on）时，减计数器从当前值开始减计数。当装载输入端接通时，计数器复位并把预置值装入。当计数值达到0时，停止计数。

当用复位指令时，计数器位被复位且对当前值清零。

使用计数器时，应注意：每一个计数器号是唯一的，一个计数器号只能分配给一种类型的计数器。几种类型的计数器不能使用相同的当前值。

（1）计数器指令的结构型式，在梯形图、功能块图中

1）在 LAD、FBD 中

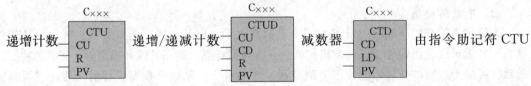

（或 CTUD 或 CTD）、计数器号 C×××、计数脉冲信号 CU（或 CD）允许输入端、复位信号（R）输入端、预置值（PV）输入端构成。

2）在 STL 中，CTU　C×××，PV；CTUD　C×××，PV；

CTD　C×××，PV；由指令操作码 CTU（或 CTUD 或 CTD）和操作数 C×××，PV组成。

（2）功能。CTU在脉冲信号上升沿启动计数器，从预置值开始递增计数到最大值。当当前值＞＝预置值（SV＞＝PV）时，计数器被置位。输入复位信号，计数器复位。CTUD是在脉冲信号上升沿时，从预置值开始递增或递减计数，输入复位信号，计数器复位。CTD是在脉冲信号上升沿启动计数器，从预置值开始递减计数。当当前值（SV）等于0时，计数器被置位。当计数值达到0时，停止计数。当输入复位（R）信号，计数器复位，装入预置值（PV）。

S7-200设置了255个计数器，计数器号从C0～C254。

（3）操作数数据类型和存储区。C×××是字形数据（WORD）为C0～C254。CU、CD、LD、R为布尔型（BOOL）数据，在能流作用下输入。在功能块图中，在能流作用下，CU、CD、LD、R以布尔型数据存入I、Q、M、SM、T、C、V、S、L中，而预置值PV以整数字型数据存入在VW、IW、QW、MW、SMW、LW、AIW、AC、T、C、常数；*VD、*AC、*LD、SW中存放间接寻址地址指针。

4.计数器指令应用

计数器指令即用设定的计数器计算生成的脉冲次数。分为增计数、减计数和增减计数指令。并对其确定计数的设定值PV。当其置位后，开始累计脉冲次数，直至最大值（增计数）或直到零（减计数），其操作数：

（1）计数器编号为0～255中任意一个数。

（2）设定值PV以字和双字的形式存储在相应的存储区中。

（3）增计数或减计数的脉冲输入信号（CU或CD）是以位的形式存放在相应的存储区中。因此，增或减一个脉冲，计数增1或减1。计数值范围为0～32 767。

应根据控制过程中的计数方式有针对性的选用。

## 5.8 高速计数器（HSC）及其指令

在数字控制系统中，有些受控对象运行速率非常快，在单位时间内发生的脉冲次数相当高，用一般的计数器（C）无法计数。在S7-200系统中开发了高速计数器（HSC），且用高速计数器指令控制。但是在选用HSC和控制HSC时，应首先掌握如下基础知识。即HSC的编号、工作模式和操作特性、HSC中断及其输入点分配、状态位和控制位、当前值和预置值、初始化、指令和相关操作。

1.HSC的编号

S7-200系列配置了HSC0、HSC1、HSC2、HSC3、HSC4和HSC5，共六种类型高速计数器。因此，编号（N）：0、1、2、3、4、5（常数）。

2.HSC工作模式和操作特性

每一种类型的HSC都设置了11～12种工作模式。HSC工作模式见表5-11（a、b、c、d、e、f）。

表5-11    HSC 工 作 模 式

| (a) HSC0 操作模式（CPU221、CPU222、CPU224和CPU226） | | | | |
|---|---|---|---|---|
| HSC0 | | | | |
| 模式 | 描　　述 | I0.0 | I0.1 | I0.2 |
| 0 | 带内部方向控制的单相增/减计数器<br>SM37.3=0，减计数 | 时钟 | | |
| 1 | SM37.3=1，增计数 | | | 复位 |
| 3 | 带外部方向控制的单相增/减计数器<br>I0.1=0，减计数 | 时钟 | 方向 | |
| 4 | I0.1=1，增计数 | | | 复位 |

| (a) HSC0 操作模式（CPU221、CPU222、CPU224 和 CPU226） | | | | |
|---|---|---|---|---|
| **HSC0** | | | | |
| 模式 | 描　述 | I0.0 | I0.1 | I0.2 |
| 6 | 带增减计数时钟输入的双相计数器 | 时钟（增） | 时钟（减） | |
| 7 | | | | 复位 |
| 9 | A/B 相正交计数器 A 相超前 B 相 90°，顺时针转动 | 时钟 A 相 | 时钟 B 相 | |
| 10 | B 相超前 A 相 90°，逆时针转动 | | | 复位 |

| (b) HSC1 工作模式（CPU224 和 CPU226） | | | | | |
|---|---|---|---|---|---|
| **HSC1** | | | | | |
| 模式 | 描　述 | I0.6 | I0.7 | I1.0 | I1.1 |
| 0 | 带内部方向控制的单相增/减计数器 | | | 复位 | |
| 1 | SM47.3＝0，减计数 | 时钟 | | | |
| 2 | SM47.3＝1，增计数 | | | | 启动 |
| 3 | 带外部方向控制的单相增/减计数器 | | | 复位 | |
| 4 | I0.7＝0，减计数 | 时钟 | 方向 | | |
| 5 | I0.7＝1，增计数 | | | | 启动 |
| 6 | 带增减计数时钟输入的双相计数器 | 时钟（增） | 时钟（减） | 复位 | |
| 7 | | | | | |
| 8 | | | | | 启动 |
| 9 | A/B 相正交计数器 A 相超前 B 相 90°，顺时针转动 | 时钟 A 相 | 时钟 B 相 | 复位 | |
| 10 | | | | | |
| 11 | B 相超前 A 相 90°，逆时针转动 | | | | 启动 |

| (c) HSC2 工作模式（CPU224 和 CPU226） | | | | | |
|---|---|---|---|---|---|
| **HSC2** | | | | | |
| 模式 | 描　述 | I1.2 | I1.3 | I1.4 | I1.5 |
| 0 | 带内部方向控制的单相增/减计数器 | | | 复位 | |
| 1 | SM57.3＝0，减计数 | 时钟 | | | |
| 2 | SM57.3＝1，增计数 | | | | 启动 |
| 3 | 带外部方向控制的单相增/减计数器 | | | 复位 | |
| 4 | I1.3＝0，减计数 | 时钟 | 方向 | | |
| 5 | I1.3＝1，增计数 | | | | 启动 |
| 6 | 带增减计数时钟输入的双相计数器 | 时钟（增） | 时钟（减） | 复位 | |
| 7 | | | | | |
| 8 | | | | | 启动 |
| 9 | A/B 相正交计数器 A 相超前 B 相 90°，顺时针转动 | 时钟 A 相 | 时钟 B 相 | 复位 | |
| 10 | | | | | |
| 11 | B 相超前 A 相 90°，逆时针转动 | | | | 启动 |

| (d) HSC3 工作模式（CPU221、CPU222、CPU224 和 CPU226） | | |
|---|---|---|
| HSC2 | | |
| 模式 | 描　述 | I0.1 |
| 0 | 带内部方向控制的单相增/减计数器<br>SM137.3＝0，减计数<br>SM137.3＝1，增计数 | 时钟 |

| (e) HSC4 工作模式（CPU221、CPU222、CPU224 和 CPU226） | | | | |
|---|---|---|---|---|
| HSC1 | | | | |
| 模式 | 描　述 | I0.3 | I0.4 | I0.5 |
| 0 | 带内部方向控制的单相增/减计数器<br>SM147.3＝0，减计数 | 时钟 | | |
| 1 | SM147.3＝1，增计数 | | | 复位 |
| 3 | 带外部方向控制的单相增/减计数器<br>I0.4＝0，减计数 | 时钟 | 方向 | |
| 4 | I0.4＝1，增计数 | | | 复位 |
| 6 | 带增减计数时钟输入的双相计数器 | 时钟<br>（增） | 时钟<br>（减） | |
| 7 | | | | 复位 |
| 9 | A/B 相正交计数器<br>A 相超前 B 相 90°，顺时针转动 | 时钟<br>A 相 | 时钟<br>B 相 | |
| 10 | B 相超前 A 相 90°，逆时针转动 | | | 复位 |

| (f) HSC5 工作模式（CPU221、CPU222、CPU224 和 CPU226） | | |
|---|---|---|
| HSC5 | | |
| 模式 | 描　述 | I0.4 |
| 0 | 带内部方向控制的单相增/减计数器<br>SM157.3＝0，减计数<br>SM157.3＝1，增计数 | 时钟 |

在表 5-11 中：

0～2 模式为内部单向增/减计数，只有一个计数输入端。

3～5 模式为外部单向计数，只有一个计数输入端。

6～8 模式为双向计数，有两个计数输入端。

9～11 模式为 A/B 两相正交计数，有两个计数输入端。A、B 两个脉冲相位差为 90°电角度。当 A 相超前 B 相为增计数。反之为减计数。计数倍率可选 1×或 4×（×为增计数或减计数的基数）。

每一种工作模式可能有复位无置位，也可能既有复位又有置位。

增时钟和减时钟在上升沿上出现的时间间隔距离不到 0.3ms，则认为这两种事件是同时发生的，当前值不会发生变化，计数方向也不会改变。当增时钟和减时钟在上升沿上的时间间隔距离大于 0.3ms 时，HSC 分别捕获这两个独立事件，加以控制。

3. HSC 中断及输入点分配

(1) HSC 中断。当 HSC 的当前值等于预置值时产生中断。使用外部复位输入的计数器模式时，当外部复位信号有效时产生中断。除模式 0、1 和 2 之外，其他模式都在计数方向改变时中断。对于中断条件的允许或禁止是分别输入的。

(2) 输入点分配，从表 5-11 可以看出，高速计数器的时钟、方向控制、复位和置位都有对应的输入点，编写程序要加以选用，归纳如下：

HSC0 的输入点：I0.0、I0.1、I0.2。

HSC1 的输入点：I0.6、I0.7、I1.0、I1.1。

HSC2 的输入点：I1.2、I1.3、I1.4、I1.5。

HSC3 的输入点：I0.1。

HSC4 的输入点：I0.3、I0.4、I0.5。

HSC5 的输入点：I0.4。

中断的输入点：I0.0、I0.1、I0.2、I0.3 在上升沿发生中断。

另外，还应注意：各种 HSC 之间重复使用同一输入点。如 I0.1、I0.4，如在同一程序中，一个输入点只能确定为一种工作模式，不能同时分配给两种工作模式。对于同一种 HSC 的各种工作模式可以使用同一输入点。如：HSC0 的所有模式可以都使用 I0.0；HSC4 的所有模式可以都使用 I0.3。

4. 状态位和控制位

每一个 HSC 都设定了一个状态字节，将当前计数方向状态，当前值等于预置值状态和当前值大于预置值的状态，存放在特殊标志位存储器的相应位中。HSC 的状态位见表 5-12。

每一个 HSC 都设定一个控制字节，来控制 HSC 的计数方向，写入计数方向、写入预置值、写入新的预置值以及允许计数和禁止计数。HSC 的控制位见表 5-13。

**表 5-12　　　　　　　　　HSC 的 状 态 位**

| HSC0 | HSC1 | HSC2 | HSC3 | HSC4 | HSC5 | 描　述 |
|---|---|---|---|---|---|---|
| SM36.0 | SM46.0 | SM56.0 | SM136.0 | SM146.0 | SM156.0 | 不用 |
| SM36.1 | SM46.1 | SM56.1 | SM136.1 | SM146.1 | SM156.1 | 不用 |
| SM36.2 | SM46.2 | SM56.2 | SM136.2 | SM146.2 | SM156.2 | 不用 |
| SM36.3 | SM46.3 | SM56.3 | SM136.3 | SM146.3 | SM156.3 | 不用 |
| SM36.4 | SM46.4 | SM56.4 | SM136.4 | SM146.4 | SM156.4 | 不用 |
| SM36.5 | SM46.5 | SM56.5 | SM136.5 | SM146.5 | SM156.5 | 当前计数方向状态位<br>0=减计数<br>1=增计数 |
| SM36.6 | SM46.6 | SM56.6 | SM136.6 | SM146.6 | SM156.6 | 当前值等于预置值状态位<br>0=不等<br>1=相等 |
| SM36.7 | SM46.7 | SM56.7 | SM136.7 | SM146.7 | SM156.7 | 当前值大于预置值状态位<br>0=小于等于<br>1=大于 |

表 5 - 13 HSC 的控制位

| HSC0 | HSC1 | HSC2 | HSC3 | HSC4 | HSC5 | 描　述 |
|------|------|------|------|------|------|--------|
| SM37.3 | SM47.3 | SM57.3 | SM137.3 | SM147.3 | SM157.3 | 计数方向控制位<br>0＝减计数，1＝增计数 |
| SM37.4 | SM47.4 | SM57.4 | SM137.4 | SM147.4 | SM157.4 | 向 HSC 中写入计数方向<br>0＝不更新，1＝更新计数方向 |
| SM37.5 | SM47.5 | SM57.5 | SM137.5 | SM147.5 | SM157.5 | 向 HSC 中写入预置值<br>0＝不更新，1＝更新计数方向 |
| SM37.6 | SM47.6 | SM57.6 | SM137.6 | SM147.6 | SM157.6 | 向 HSC 中写入新的当前值<br>0＝不更新，1＝更新计数方向 |
| SM37.7 | SM47.7 | SM57.7 | SM137.7 | SM147.7 | SM157.7 | HSC 允许：0＝禁止 HSC<br>1＝允许 HSC |

　　HSC0、HSC1、HSC2 和 HSC4 都设有 3 个控制位，用来控制上述 HSC 的复位，启动输入以及选择正交计数器的 1× 或 4× 计数方式。并且，上述操作只有在执行定义高速计数器指令（HDEF）时有用。在执行 HDEF 前，要将这种控制位设置为预期的状态。不然，计数器的计数模式的缺省设置为：复位和启动输入高电平有效；正交计数速率是 4×（4 倍输入时钟频率）。如执行 HDEF 计数器的设置就不能更改了，除非转为停止模式（STOP）才能更改。四种 HSC 的复位、启动和 1×4 的控制位见表 5 - 14。

表 5 - 14 四种 HSC 的复位、启动和 1×4 的控制位

| HSC0 | HSC1 | HSC2 | HSC4 | 描　述<br>仅当（HDEF 执行时使用） |
|------|------|------|------|--------|
| SM37.0 | SM47.0 | SM57.0 | SM147.0 | 复位有效电平控制位<br>0＝复位高电平有效；1＝复位低电平有效 |
| — | SM47.1 | SM57.1 | — | 启动有效电平控制位<br>0＝启动高电平有效；1＝启动低电平有效 |
| SM37.2 | SM47.2 | SM57.2 | SM147.2 | 正交计数器计数速率选择<br>0＝4× 计数率；1＝1× 计数率 |

　　5. 当前值和预置值（CV 和 PV）

　　所说当前值就是 HSC 运行在当前时刻的值。预置值即给 HSC 设计的整定值。每一个 HSC 都设有一个 32 位的当前值和一个 32 位的预置值，二者都是带符号整数。为了给 HSC 装入新的当前值和预置值，要先设置控制字节，把 CV 和 PV 存入 SM 的字节中。然后，执行 HSC 指令，将新的预置值、当前值送给 HSC。

　　HSC 的控制字、新的预置值和当前值保存在 SM 字节中，HSC 可以用读操作指令直接读取。HSC 的当前值和预置值存放地址见表 5 - 15。

**表 5 - 15**　　　　　　　　　　　　　**HSC 的当前值和预置值存放地址**

| 要装入的值 | HSC0 | HSC1 | HSC2 | HSC3 | HSC4 | HSC5 |
|---|---|---|---|---|---|---|
| 新当前值 | SMD38 | SMD48 | SMD58 | SMD138 | SMD148 | SMD158 |
| 新预置值 | SMD42 | SMD52 | SMD62 | SMD142 | SMD152 | SMD162 |

注　1. D 后边的数字是双字（D）开始字节的地址编号。

　　2. 当前值小于预置值时，HSC 处于 RUN（运行）状态。

　　3. 当前值等于预置值或外部复位信号有效时，HSC 产生中断。

　　4. 除 HSC0、HSC1 和 HSC2，其他三种 HSC 改变计数方向也产生中断。中断事件与中断程序相连接，用中断程序设定新的预置值，HSC 进入新一轮计数。

**6. HSC 的初始化**

S7-200 系列共设置了 HSC0～HSC5 六种高速计数器。对每种 HSC 又设置了约 12 种工作模式。对各种工作模式为特殊标志位赋值、捕捉相关的中断事件。编写中断程序、在指定的双字字节中装入预置值和当前值，执行中断和对 HSC 编程等，称为 HSC 的初始化。

对各种 HSC 而言，其初始化分为以下几个步骤：

（1）用初次扫描存储器位 SMB0.1＝1 调用执行初始化操作的子程序。

（2）通过初始化子程序，按控制操作要求给 SMB47 赋值。例如：当赋予 SMB47＝16 # F8 时，则允许计数，写入新的当前值，置计数方向为增，置启动和复位输入为高电平有效。又如：1×计数方式 SMB47＝16 # FC 时，则允许计数，写入新的当前值，写入新的预置值，置计数方向为增，置启动和复位输入为高电平有效，等等。

（3）执行定义高速计数器指令 HDEF，HSC 输入端置 1。但工作模式（MODE）输入因初始化模式不同，赋值有所不同。工作模式（MODE）在相关条件下的赋值见表 5 - 16。

**表 5 - 16**　　　　　　　　　　**工作模式（MODE）在相关条件下的赋值**

| 赋值条件<br><br>初始化模式 | 无外部复位<br>或启动 | 有外部复位<br>无外部启动 | 有外部复位<br>也有外部启动 |
|---|---|---|---|
| 模式 0、1 或 2 | 0 | 1 | 2 |
| 模式 3、4 或 5 | 3 | 4 | 5 |
| 模式 6、7 或 8 | 6 | 7 | 8 |
| 模式 9、10 或 11 | 9 | 0 | 11 |

（4）将设定的当前值（CV）装入 SMD48 双字中。若装入 0，清除 SMD48。

（5）将设定的预置值（PV）装入 SMD52 双字中。

（6）捕捉中断事件：

1）CV＝PV 中断事件（13 号），调用连接该中断子程序。

2）复位中断事件（15 号），调用连接中断子程序。

3）改变计数方向事件（14 号），调用连接中断子程序。

（7）执行全局中断允许指令（EN1），允许 HSC 中断。

（8）执行 HSC 指令，S7-200 为 HSC 编写程序。

（9）退出子程序。

7. HSC 指令

(1) HSC 指令包括定义高速计数器指令（HDEF）和高速计数器指令（HSC）。

1) 在 LAD 中

```
┌─────────┐          ┌─────────┐
│  HDEF   │          │   HSC   │
│ EN  ENO ├─     ;  ─┤ EN  ENO ├─   其中，
│  HSC    │          │    N    │
│  MODE   │          └─────────┘
└─────────┘
```

定义高速计数器（HDEF）由指令助记符 HDEF、定义高速计数器指令信号允许输入端（EN）、高速计数器号（HSC）、工作模式（MODE）和错误条件使能输出端（ENO）构成的指令来表达。

2) 在 STL 中，HDEF　HSC，MODE；HSC　$n$，由指令操作码 HDEF 或 HSC 和操作数 MODE 或 $n$ 组成。

(2) 功能。由于高速计数器只能以一种工作模式运行，且只能用 HDEF 指令定义一次。即用 HDEF 定义工作模式（MODE）0～11 中的一种。定义高速计数器编号 0～5。并且使能输出端 ENO=0 的错误条件。HDEF 出错条件：SMB4.3（运行超时）；0003（输入冲突）；0004（中断中的非法指令）；000A（HSC 重定义）。ENO=0 时，HSC 出错条件：SMB4.3（运行超时）；0001（在 HDEF 前使用 HSC　HDEF）；0005（同时操作 HSC/PLS）。

(3) 操作数数据类型和存储区。HSC 和 MODE 以字节型数据存放在常数区。N 以整数型（WORD）数据存放在常数区。

(4) 注意事项：

1) CPU221、CPU222 不能使用 HSC1 和 HSC2。

2) 存取高速计数器的计数值，必须指明计数器的地址、高速计数器的类型和计数器号。且只能用 32 位（双字）寻址。

8. 执行 HSC 指令时相关的操作

(1) 单相计数器 HSC1 的工作模式 0、1 或 2，具有内部方向控制功能。改变其计数方向的步骤：

1) 向 SMB47 写入所需的计数方向：

SMB47=16♯90　允许计数　置 HSC 计数方向为减。

SMB47=16♯98　允许计数　置 HSC 计数方向为增。

2) 执行 HSC 指令，使 S7-200 对 HSC 编程。

(2) 在所有的工作模式下，为 HSC 写入新的当前值（CV）。在改变当前值时，计数器处于停止状态，计数器不计数，也不产生中断。改变当前值的步骤：

1) 向 SMB47 写入新的当前值的控制位：

SMB47=16♯C0　允许计数　写入新的当前值。

2) 向 SMD48（双字）=16♯C0 写入设定的当前值。若写入 0，则清除。

3) 执行 HSC 指令，为 HSC 编程。

(3) 在所有的工作模式下，为 HSC 写入新的预置值（PV）。其步骤为：

1) 向 SMB47 写入允许新预置值的控制位：

SMB47=16♯A0　允许计数　写入新的预置值。

2) 向 SMB52（双字）写入设定的预置值。

3) 执行 HSC 指令，为 HSC 编写程序。

(4) 在所有的工作模式下，禁止 HSC 计数，其步骤为：

1）向 SMB47 写入禁止计数：

SMB47＝16＃00 禁止计数。

2）执行 HSC 指令，禁止计数。

**9. 高速计数器（HSC）指令的应用**

高速计数器是一个智能模块，它有 0～11，共 12 种工作模式。以常量（0～5）确定了 6 个高速计数器。在特殊存储区 SM 的相关存储单元设置控制字和状态字，来启动、关闭 HSC，确定 HSC 的计数方向，设置预定值和累计当前值，选择工作模式以及中断控制。

高速计数器有两条指令。一是定义高速计数器指令，二是高速计数器编程指令。且只能在前者定义之后，才能使用编程指令，即确定了工作模式和以编号形式确定了工作的 HSC 后，再进行编程，两条指令配合使用。其操作：

（1）在特殊存储区 SM 中以双字形式设置控制字和状态字。

（2）工作模式（MODE）为 0～11，只能选择其一。

（3）HSC 编号（$n$）为常量（0～5）。

## 5.9 高速脉冲输出指令

PLC 数字系统对一般的负载是采用映像存储集中输出，或强制置位立即输出。映像存储集中输出会产生一定的输出延迟时间。强制置位立即输出，由于直接访问物理输出点，输出所用的时间更长些。

但是，一些特殊负载要求高速输出，则必须由高速脉冲串控制。能生成高速脉冲串的装置是高速脉冲模块。

高速脉冲模块是由脉冲串生成器（PTO）和脉冲宽度调制器（PWM）组成。在 CPU 控制下。PTO/PWM 发生器产生高速脉冲串和脉冲宽度可调的脉冲波。因此，要想很好地运用高速脉冲输出功能及其指令，必须对 PTO/PWM 有充分地理解。

**1. PTO/PWM 特殊位寄存器**

（1）PTO/PWM 占用两个数字输出位 Q0.0 和 Q0.1，且与映像输出共用。Q0.0 或 Q0.1 设定为 PTO 或 PWM 功能时，PTO/PWM 控制该输出位。而映像输出、强制置位或立即输出另选输出位。当不使用 PTO/PWM 时，Q0.0 或 Q0.1 由映像输入控制，输入波形状态由映像寄存器决定。因此，在启动 PTO/PWM 控制 Q0.0 和 Q0.1 之前应将映像寄存器清 0。

（2）每个 PTO/PWM 发生器有一个 8 位的控制字节。4 位的 PTO 状态字节，16 位无符号的周期时间值、16 位无符号的脉宽值以及 32 位无符号的脉冲计数值，全部存储在指定的特殊存储器（SM）中。PTO/PWM 的控制寄存器见表 5-17。

1）表 5-17 为 PTO/PWM 的控制寄存器。

表 5-17 　　　　　　　　　　　　PTO/PWN 的控制寄存器

| Q0.0 | Q0.1 | 状　态　字　节 |
|---|---|---|
| SMB66.4 | SMB76.4 | PTO 包络由于增量计算错误而终止<br>0＝无错误；1＝终止 |
| SMB66.5 | SMB76.5 | PTO 包络由于用户命令而终止<br>0＝无错误；1＝终止 |
| SMB66.6 | SMB76.6 | PTO 管线上溢/下溢<br>0＝无上溢；1＝上溢/下溢 |

| Q0.0 | Q0.1 | 状 态 字 节 |
|------|------|----------|
| SMB66.7 | SMB76.7 | PTO空闲　0=执行中；1=PTO空闲 |

| Q0.0 | Q0.1 | 控 制 字 节 |
|------|------|----------|
| SMB67.0 | SMB77.0 | PTO/PWM 更新周期值　　0=不更新；1=更新周期值 |
| SMB67.1 | SMB77.1 | PWM 更新脉冲宽度值　　0=不更新；1=脉冲宽度值 |
| SMB67.2 | SMB77.2 | PTO 更新脉冲值　　0=不更新；1=更新脉冲值 |
| SMB67.3 | SMB77.3 | PTO/PWM 时间基准选择　0=1/时基；1=1ms/时基 |
| SMB67.4 | SMB77.4 | PWM 更新方法　　0=异步更新；1=同步更新 |
| SMB67.5 | SMB77.5 | PTO 操作　　　0=单段操作；1=多段操作 |
| SMB67.6 | SMB77.6 | PTO/PWM 模式选择　0=选择 PTO；1=选择 PWM |
| SMB67.7 | SMB77.7 | PTO/PWM 允许　　0=禁止 PTO/PWM<br>1=允许 PTO/PWM |

| Q0.0 | Q0.1 | 其他 PTO/PWM 寄存器 |
|------|------|----------|
| SMW68 | SMW78 | PTO/PWM 周期值（范围：2～65535/ms、50～65535/μs） |
| SMW70 | SMW80 | PWM 脉冲宽度值（范围：0～65535） |
| SMW72 | SMW82 | PTO 脉冲计数值（范围：1～4294967259） |
| SMW166 | SMW176 | 进行中的段数（仅用在多段 PTO 操作中） |
| SMW168 | SMW178 | 包络表的起始位置，用从 V0 开始的字节偏移表示（仅用在多段 PTO 操作中） |

2）操作使用说明。

①当特殊存储器（SM）的位被置位成所需的操作，则用脉冲指令（PLS）来调用。S7-200 CPU用PLS读取这些位，并对相对应的PTO/PWM编程。

②当要改变PTO/PWM特性时，执行PLS，可修改SM中相应位中的数据。

③当禁止PTO或PWM波形产生时，可把控制字节允许位（SMB66.7或SMB77.7）置为0，并执行PLS指令。

④所有控制字节、周期、脉冲宽度和脉冲数的缺省值都是0。

⑤PTO能产生占空比50％指定数量的脉冲串。其周期单位是微秒（μs）或毫秒（ms）。周期值的范围是50～65 535μs或2～65 535ms。但是，周期数不能是奇数，否则，会引起占空比的一些失真。

⑥脉冲数取值范围是1～4 294 967 295。

⑦周期时间少于2个时间单位，可缺省设为5个时间单位。

⑧脉冲数为0，可缺省设定为1个脉冲。

⑨PWM能产生占空比可调的脉冲输出。周期和脉宽单位是μs或ms。周期值变化范围分别是为50～65 535μs或2～65 535ms。脉宽值变化范围分别为0～65 535μs或0～65 535ms。

⑩当脉宽大于等于周期，占空比为100％时，输出连续接通。当脉宽为0，占空比为0％，输出断开。

⑪当周期小于2个时间单位，周期时间缺省地设定为2个时间单位。

⑫状态字中的PTO空闲位（SMB66.7或SMB76.7）用来指示脉冲串是否执行完。

2. 脉冲串发生器（PTO）对脉冲串的控制

PTO的控制就是按指定的脉冲数和脉冲周期来控制脉冲串。脉冲串的控制模式有两种：一种是单段管线，另一种是多段管线。

单段管线就是在变量（V）存储区的控制寄存器中只能存放一个脉冲串的控制参数。因此，执行第一段脉冲串的同时，就要用第二个脉冲串的特性参数立即更新控制寄存器，使第二个脉冲串的控制参数在管线中一直保持到第一个脉冲串发送完成，紧接着就发送第二个脉冲串。按此规律，连续输出。

多段管线就是在变量（V）存储区中，用控制寄存器建立一个由多个脉冲串控制参数的包络表。CPU调用脉冲输出（PLS）指令，启动多段管线，自动地从包络表中按顺序取出每个脉冲串的控制参数，输出脉冲串。

一般情况下，脉冲串之间能平滑转换，但在下面两种情况下，脉冲串间不能平滑转换。

（1）改变脉冲串的时基。

（2）PLS指令启动的脉冲串已经完成，新的脉冲串还没有捕捉到。

当管线满时，如若再装管线，状态寄存器中的PTO溢出位SMB66.6或SMB76.6将置位。当PLC进入运行（RUN）状态时，SMB66.6或SMB76.6将被初始化为0。如果检测到脉冲串序列溢出必须手动清除这个位。

在多段管线模式下，仅使用SM区的控制字节和状态字节，则装入包络表的起始V存储区的偏移地址（SMW168或SMW178）。多段管线操作的时基可选择微秒或者毫秒。在同一个包络表中，所有的周期值必须使用同一个时基，且在执行时不能改变。多段PTO包络表的格式见表5-18。

**表5-18**                          **多段PTO包络表的格式**

| 从包络表开始的字节偏移 | 包络段数 | 描　　　述 |
|:---:|:---:|---|
| 0 | | 段数（1～255）；数0产生一个非致命性错误，将不产生PTO输出 |
| 1 | | 初始周期（2～65 535 时间基准单位） |
| 3 | ♯1 | 每个脉冲的周期增量（有符号值）（－32 768～32 767 时间基准单位） |
| 5 | | 脉冲数（1～4 294 967 295） |
| 9 | | 初始周期（2～65535 时间基准单位） |
| 11 | ♯2 | 每个脉冲的周期增量（有符号值）（－32768～32767 时间基准单位） |
| 13 | | 脉冲数（1～4294967295） |
| ⋮ | ⋮ | ⋮ |

包络表里每段脉冲串长度是8个字节，周期值是16位，周期增量值是16位，脉冲计数值是32位。并且，每个脉冲的个数自动增减周期。输入一个正值增加周期，输入一个负值将减小周期，输入0周期不变。如指定的周期增量值产生非法周期，会产生算术溢出错误，同时停止PTO功能，PLC输出则变为映像输出控制，状态字节中的增量计算错误位 SMB66.4 或

SMB76.4 置为 1。若人为地终止正执行的 PTO 包络，把状态字节的用户终止位 SMB66.5 或 SMB76.5 置为 1。

执行 PTO 包络时，当前启动的段数目保存在 SMB166 或 SMB176 中。

3. 脉宽调制器（PWM）对脉冲波的控制

PWM 的控制就是更新脉冲宽度和脉冲周期，产生占空比可调的脉冲波。PWM 对脉冲波的控制方式有两种：

一种是不改变脉冲的时基基准，只调制脉冲宽度，称同步更新。另一种是既改变时基，又调制脉冲宽度，称异步更新。同步更新是新、旧两个脉冲开始的上升沿和结束的下降沿是同步的。波形变化发生在周期边沿，能平滑转换。异步更新则不然，新旧两个脉冲波形不同步，会使 PTO/PWM 在瞬间失去控制功能。因此，引起受控设备的振动。

在控制字节中，PWM 设有更新方法位 SMB67.4 或 SMB77.4，执行脉冲输出指令能激活这些位。但是，异步更新时与上述更新方法位无关。

4. 高速脉冲输出指令（PLS）

（1）结构型式。

1）在 LAD 和 FBD 中 PLS 的结构型式：

```
    PLS
 ─ EN  ENO ─
    Q
```

由指令助记符 PLS、指令信号允许输入端（EN）、PTO/PWM 的输出位输入端 Q 和使能输出端 ENO 构成。

2）在 STL 中 PLS 的型式为 PLS Q，由指令操作码 PLS 和操作数 Q 组成。

（2）功能。在每输出一个脉冲串时都执行一次 PLS。当脉冲指令信号允许输入端 EN 置 1，PLS 开始检测控制寄存器相关位的状态，清理控制寄存器，初始化并启动 PTO/PWM 发生器，形成控制管线。按管线的包络表设置控制寄存器。在寄存器相关位的控制下，输出占空比可调制的脉冲串，去控制负载，这是一种在 CPU 控制下的智能型操作。

（3）操作数的数据类型和存储区。字形数据的常数，取值范围在 Q 区的 Q0.0～Q0.1。

5. 关于 PTO/PWM 的操作

（1）PTO 单段初始化。单段 PTO 初始化步骤：

1）用初次扫描存储位 SMB0.1 复位输出为 0，调用执行初始化子程序。

2）执行初始化子程序，把 16#85 送入 SMB67，PTO 以微秒（或 16#8D 以毫秒）为增量单位设置控制字节，允许 PTO/PWM 功能，设置更新脉冲计数和周期值。

3）向 SMW68 写入设置的 16 位的周期值。

4）向 SMW72 写入设置的 32 位的脉冲计数。

5）可选步骤：可以输出一个脉冲串，立即对一个相关功能进行编程。也可以使用脉冲串输出完成中断事件（事件号 19）来连接一个中断子程序，并执行全局中断允许指令。

6）执行脉冲输出指令（PLS），S7-200 对 PTO/PWM 编程。

7）退出子程序。

（2）修改单段 PTO 周期。即用中断程序或子程序改变 PTO 周期。其步骤：

1）把 16#81 送入 SMB67，使 PTO 以微秒（或 16#89 以毫秒）为增量单位来设置控制字节，允许 PTO/PWM 功能，设置更新周期值。

2）向 SMW68 写入设置的 16 位的周期值。

3）执行 PLS 指令，S7-200 对 PTO/PWM 编程。CPU 完成启动 PTO 后，再更新 PTO 波形。

4）退出中断程序或子程序。

（3）修改单段 PTO 脉冲数。即用中断程序或子程序改变 PTO 的脉冲数。

1）把 16♯84 送入 SMB67，使 PTO 以微秒（或 16♯8C 以毫秒）为增量单位来设置控制字节，允许 PTO/PWM 功能，设置更新脉冲计数。

2）向 SMD72 写入设置的 32 位的脉冲计数。

3）执行 PLS 指令，S7-200 对 PTO/PWM 编程。CPU 完成启动 PTO 操作后，再更新 PTO 波形。

4）退出中断程序或子程序。

（4）修改单段 PTO 周期和脉冲数。即用中断程序或子程序改变 PTO 的周期和脉冲计数，其步骤：

1）把 16♯85 送入 SMB67，使 PTO 以微秒（或 16♯8D 以毫秒）为增量单位来设置控制字节，允许 PTO/PMW 功能，设置更新周期和脉冲计数。

2）向 SMW68 写入设置的 16 位的周期值。

3）向 SMD72 写入设置的 32 位的脉冲计数。

4）执行 PLS 指令，S7-200 对 PTO/PWM 编程。CPU 完成启动 PTO 后，更新 PTO 波形。

5）退出中断程序或子程序。

（5）多段 PTO 初始化。多段 PTO 初始化　即调用多段 PTO 初始化子程序，其步骤：

1）用初次扫描将存储位 SMB0.1 复位为 0，并调用执行初始化子程序。

2）执行初始化子程序，把 16♯A0 送入 SMB67，使 PTO 以微秒（或 16♯A8 以毫秒）为增量单位来设置控制字节，允许 PTO/PWM 功能，设置更新脉冲计数和周期值。

3）向 SMW168 中写入包络表在局部变量存储器（V）中的 16 位的起始偏移值。

4）设定包络表的段数，确定表的第一个字节（段的区数）正确。

5）可选步骤：可在输出一个脉冲串时，对执行的一个功能编程。也可以用脉冲串输出完成中断事件（事件号 19）连接一个中断子程序，并执行全局中断允许指令。

6）执行 PLS 指令，S7-200 对 PTO/PWM 编程。

7）退出子程序。

（6）PWM 初始化。即把输出位 Q0.0 初始化成 PWM，其步骤：

1）将初次扫描存储位（SMB0.1）设置为 1，调用执行初始化子程序。

2）执行初始化子程序，把 16♯D3 送入 SMB67，使 PWM 以微秒（或 16♯D8 以毫秒）为增量单位来设置控制字节，允许 PTO/PWM 功能，设置更新脉宽和周期值。

3）向 SMW68 写入设置的 16 位周期值。

4）向 SMW70 写入设置的 16 位脉宽值。

5）执行 PLS 指令，S7-200 对 PTO/PWM 编程。

6）向 SMB67 写入 16♯D2 以微秒（或 16♯DA 以毫秒）为增量单位来复位控制字节，更新周期值，且允许改变脉宽，装入一个新的脉宽值，执行 PLS 指令。

7）退出子程序。

（7）修改 PWM 输出的脉冲宽度。即调用相应的子程序改变 PWM 输出的脉宽，其步骤：

1）调用相应的子程序，把设定的脉宽装入 SMW70 中。

2）执行 PLS 指令，S7-200 对 PTO/PWM 编程。

3）退出子程序。

以上综合叙述了 PTO/PWM 的一些控制的操作步骤，即编写控制程序的步骤，以利于编写 PTO/PWM 应用程序时参考。PTO/PWM 控制操作一览表见表 5-19。在表中可看出，每一个十六进制控制字能表达哪些控制参数。

表 5-19　　　　　　　　　PTO/PWM 控制操作一览表

| 控制寄存器（十六进制） | 执行 PLS 指令的结果 | | | | | | | |
| --- | --- | --- | --- | --- | --- | --- | --- | --- |
| | 允许 | 模式选择 | PTO段操作 | PWM更新方法 | 时基 | 脉冲数 | 脉冲宽度 | 周期 |
| 16#81 | Yes | PTO | 单段 | | 1$\mu$s/周期 | | | 装入 |
| 16#84 | Yes | PTO | 单段 | | 1$\mu$s/周期 | 装入 | | |
| 16#85 | Yes | PTO | 单段 | | 1$\mu$s/周期 | 装入 | | 装入 |
| 16#89 | Yes | PTO | 单段 | | 1ms/周期 | | | 装入 |
| 16#8C | Yes | PTO | 单段 | | 1ms/周期 | 装入 | | |
| 16#8D | Yes | PTO | 单段 | | 1ms/周期 | 装入 | | 装入 |
| 16#A0 | Yes | TPO | 多段 | | 1$\mu$s/周期 | | | |
| 16#A8 | Yes | TPO | 多段 | | 1ms/周期 | | | |
| 16#D1 | Yes | PWM | | 同步 | 1$\mu$s/周期 | | | 装入 |
| 16#D2 | Yes | PWM | | 同步 | 1$\mu$s/周期 | | 装入 | |
| 16#D3 | Yes | PWM | | 同步 | 1$\mu$s/周期 | | 装入 | 装入 |
| 16#D9 | Yes | PWM | | 同步 | 1ms/周期 | | | 装入 |
| 16#DA | Yes | PWM | | 同步 | 1ms/周期 | | 装入 | |
| 16#DB | Yes | PWM | | 同步 | 1ms/周期 | | 装入 | 装入 |

6. 脉冲输出操作指令的应用

在 PLC 控制中，多数以固定的扫描周期，且在一个扫描周期中以固定的脉冲数的形式进行循环扫描，就能满足负载在控制上的要求。但是，变频器一类的负载则要求控制它的脉冲信号的脉冲宽度可调且能高速输出脉冲串，形成连续不断的管线控制形式。

S7-200 系列中，设计了脉冲输出指令（PLS）。利用 PLS 激活 S7-200 在特殊存储区（SM）中设置的脉冲串生成器/脉冲宽度调制器（PTO/PWM），可由用户控制脉冲数目、脉冲宽度和扫描周期时间。从而，满足控制负载的需要。当用 PLS 激活 PTO/PWM 时，应注意：

（1）要使 PTO/PWM 输出负载至少为其额定负载的 10%，产生的脉冲的上升沿和下降沿才是陡直的，控制才不会失真。

（2）PTO/PWM 置位（从 0～1）和复位（从 1～0）切换时间不一样。这种时间上的差异会引起脉冲方波占空比（一般为 50%）的畸变。

（3）对 PTO/PWM 而言，只有将周期时间值、脉冲宽度值和脉冲计数值在 SM 中存储位被置位后，才能用脉冲输出指令 PLS 来启动 PTO/PWM 的相关操作。

（4）若停止 PTO/PWM 运行，可将 SM 中控制字节的启动位复位（写入 0），PTO/PWM 就停止波形的生成。这时，对 PTO/PWM 所有的运行参数，如脉冲宽度、脉冲数以及周期时间等都默认为 0。

（5）PLS 的操作数就是输出映像存储区 Q 中的 Q0.0 和 Q0.1 两个输出点。凡需高速脉冲输出者都要通过 PLS 指令来调用相关的程序，且通过 Q0.0 和 Q0.1 输出。

## 5.10 定时器及其指令

定时器是计算时间的元器件。PLC 数字系统一般具有三种定时器。即接通延时定时器（TON）、有记忆接通延时定时器（TONR）和断开延时定时器（TOF）。

1. 控制定时器的参数

控制定时器的参数有分辨率、定时器号、当前值、预设值以及定时器实际设定时间。

（1）分辨率。或称时间计数间隔基准，简称时基。分为 1ms、10ms 和 100ms。其中，1ms 就是定时器计数间隔 1ms。10ms 就是定时器计数间隔为 10ms。100ms 就是定时器计数间隔为 100ms。即定时器每隔 1ms 或 10ms 或 100ms 刷新一次定时器位和定时器当前值。它们分别以上述各自的时基来计时，接通延时或断开延时。

（2）定时器号。一般的 PLC 都配备 256 个定时器，它们的编号为 T0～T255，执行上述三种定时器指令时，必须指明对应的定时器号。以便确定其对应的分辨率以及计时范围。定时器参数见表 5-20。

**表 5-20**                  定 时 器 参 数

| 定时器类型 | 定时器编号 | 分辨率/ms | 最大当前值/s |
|---|---|---|---|
| | $T_0$、$T_{64}$ | 1 | 32.767 |
| TONR | $T_1 \sim T_4$、$T_{65} \sim T_{68}$ | 10 | 327.67 |
| | $T_5 \sim T_{31}$、$T_{69} \sim T_{95}$ | 100 | 3276.7 |
| TON | $T_{32}$、$T_{96}$ | 1 | 32.767 |
| | $T_{33} \sim T_{63}$、$T_{97} \sim T_{100}$ | 10 | 327.67 |
| TOF | $T_{37} \sim T_{63}$、$T_{101} \sim T_{255}$ | 100 | 3276.7 |

（3）当前值（PT）。在当前的任一时刻，定时器计数的累计值。其中，1ms 分辨率的定时器可每隔 1ms 刷新一次。10ms 和 100ms 分辨率在每次扫描周期的开始刷新并在整个周期内保持当前值，实际是把按时基间隔累计的间隔数加到定时器的当前值。

（4）预设值（SV）。定时器按时基确定的计数值。对三种不同分辨率的定时器预设值有不同的规定。

1ms 分辨率的定时器可在 1ms 内的任何时刻启动，其预置值必须大于启动所需要的最小时间间隔。1ms 定时器启动至少需 56ms 的时间间隔。因此，最小的预设值应为 57ms。

10ms 分辨率的定时器是在每次扫描周期开始启动刷新，且把累计的 10ms 的间隔数加到启动定时器的当前值。因此，预设值必须大于这个最小的时间间隔，其最小间隔时间一般为 140ms。因此，预设值应为 15（150ms）。同理，100ms 定时器的最小间隔时间一般为 2100ms，预设值应为 22（2200ms）。

（5）定时器实际设定时间。定时器实际设定时间 $T =$ 预设值 × 时基。

2. 定时器功能

在定时器指令控制下，三种定时器各具备不同的功能。其中，接通延时定时器（TON）用于单一间隔的定时。有记忆接通延时定时器（TONR）用于累计许多时间间隔的定时。而断开延时定时器（TOF）用于故障事件后的时间延时。因此，三种定时器中，TON 型定时器位接通（ON），当前值连续计数到 32 767ms。TONR 型定时器位接通（ON），当前值连续计数到 32 767ms。TOF 型定时器位断开（OFF），当前值等于预设值，停止计数。

3. 定时器指令

定时器指令包括接通延时定时器（TON）指令，有记忆接通延迟定时器（TONR）指令和断开延时定时器（TOF）指令。

（1）结构型式。

1）在 LAD 和 FBD 中：

| $T_{xxx}$ | $T_{xxx}$ | $T_{xxx}$ |
|---|---|---|
| IN  TON | IN  TONR | IN  TOF |
| PT | PT | PT |

由指令助记符 TON（或 TONR 或 TOF）、定时器指令信号使能输入端 IN、时间预设值输入端 PT 和定时器编号 $T_{xxx}$ 构成。

2）在 STL 中，TON $T_{xxx}$，PT；TONR $T_{xxx}$，PT；

TOF $T_{xxx}$，PT

由指定操作码 TON（或 TONR 或 TOF）和操作数 $T_{xxx}$、PT 组成。

（2）功能。当使能输入接通时，接通延时定时器开始计时，当前值大于等于预设值（PT）时，定时器位被置位。当使能输入断开时，清除接通延时定时器的当前值，当达到预设时间后，接通延时定时器继续计时，一直计到最大值 32767ms。

当使能输入接通时，有记忆接通延时定时器开始计时，定时器的当前值大于等于预设值（PT）时，定时器位置位。当使能输入断开时，记忆接通延时定时器当前值保持不变。在记忆定时器输入信号累计接通时间内，利用复位指令（R）清除当前值。当达到预设时间后，记忆接通延时定时器继续计时，一直计到最大值 32767ms。

断开延时定时器（TOF）在使能输入断开后延时一段时间断开输出。当使能输入接通时，定时器立即接通，并把当前值设为 0，即从 0 开始计时。当输入断开时，定时器开始计时，直至达到预设的时间。当达到预设时间时，定时器位断开，停止计时。但是，当输入断开的时间小于预设时间时，定时器位保持接通。而断开延时定时器指令（TOF）必须用输入信号的跳变启动计时，即输入信号必须从断开且经一定的延时，才能启动计时。

（3）操作数数据类型和存储区。$T_{xxx}$ 为字形常数。预设值 PT 为整数字形数据存放在 VW、IW、QW、MW、SW、SMW、LW、AIW、T、C、AC、常数区中，或在间接寻址时以双字型数据存放在 *VD、*AC、*LD 中。输入端 IN 皆以布尔型（BOOL）输入，缓存在 I、Q、M、SM、T、C、V、S、L 中。

（4）注意：同一个定时器号不能用在多种定时器上。

4. 定时器指令的应用

定时器指令包括接通延时定时器指令、断开延时定时器指令和有记忆接通延时定时器指令。它们的操作数是：定时器编号 Tn，目的操作数是设定值 PT。它们的存储区是对应计时的存储区。Tn 是常数 0～255；PT 值是字结构数据。信号 IN 是位结构数据。

当确定定时器类型后，用相关指令到对应的存储单元中调用相对应的定时器程序，同时设定相关的运行参数。

## 5.11 时 钟 指 令

时钟指令是读取或设定日期、时间的指令。在 PLC 数字系统有的设有时钟指令，有的不设时钟指令。凡设时钟指令的在 CPU 中都设有时钟缓冲区。在 S7-200 系列中，CPU212 无时钟指令。CPU221、CPU222 中安装有时钟卡。而 CPU224 和 CPU226 内置时钟，设置 8 个字节的时钟缓冲区，也称时钟缓冲器。时钟缓冲器格式见表 5 - 21。

表 5 - 21　　　　　　　　　　　　时钟缓冲器格式

| 时间日期 | 年 | 月 | 日 | 小时 | 分钟 | 秒 | 0 | 星期 |
|---|---|---|---|---|---|---|---|---|
| 取值范围 | 00～99 | 0～12 | 01～31 | 00～23 | 00～59 | 00～59 | | 0～7 |
| 表达方式 | T | T+1 | T+2 | T+3 | T+4 | T+5 | T+6 | T+7 |

1. 用 BCD 码表示日期和时间值的数据格式

年/月　yymm　yy —　0 to 99　mm — 1 to 12

日/时　ddhh　dd —　1 to 31　hh — 0 to 23

分/秒　mmss　mm —　0 to 59　ss — 0 to 59

星　期　d　　d —　0 to 7　1＝Sunday（星期日）

　　　　　　　　　　0＝禁用星期（保持 0）

注：编写时钟程序必须用 BCD 码。S7-200 不使用年信息，不受世纪跨越的影响。

2. 时钟指令

时钟指令包括读实时时钟（TODR）和写时钟（TODW）指令。

（1）结构型式。

1）在 LAD 和 FBD 中

```
READ_RTC            SET_RTC
EN   ENO            EN   ENO
T                   T
```

读实时时钟指令由指令助记符 READ_RTC；写时钟指令由指令助记符 SET_RTC 和指令信号允许输入端（EN）、时钟缓冲器开始字节地址 T 及出错条件输出端 ENO 构成。

2）在 STL 中 TODR T；TODW T 由指定操作码 TODR 或 TODW 和操作数 T 组成。

（2）功能。读实时时钟指令（TODR）读当前时间或日期并将其装入一个 8 个字节的开始字节地址（T）缓冲区中。写实时时钟指令或称设定实时时钟指令（TODW）写当前时间或日期并把开始字节地址（T）的 8 个字节装入时钟。同时，用使能输出端 ENO 指出出错条件。TODR 使 ENO＝0 的出错条件是：SMB4.3（运行超时）；000C（时钟模块不存在）；0006（间接寻址）出错。TODW 使 ENO＝0 的出错条件是：SMB4.3（运行超时）；0006（间接寻址错误）；0007（TODW 数据错误）。

（3）操作数"T"以字节型式数据存入 VB、IB、QB、MB、SMB、SB、LB，或在间接寻址时，以双字形将地址指针存入 ∗ VD、∗ AC、∗ LD 中。

3. 时钟指令的应用

时钟功能不是所有的 PLC 都具备。有的 PLC 没有时钟功能，有的 PLC 设时钟卡，有的 PLC 内置石英振荡时钟。但必须以固定的表达方式、固定的取值范围在一些存储区中设置时钟缓冲区，用写时钟指令和读时钟指令来控制时钟功能。时钟指令的操作数：

（1）一种计时对应一种固定的表达方式和固定的取值范围。

（2）时钟是用 BCD 码存放在几种存储区中，数据的存储结构是字节或双字。

（3）操作数是以十六进制数编制的。

对时间、日期根据需要，用它们自己的指令调用对应的程序，予以设定。

## 5.12　逻辑运算指令

逻辑运算指令即逻辑控制指令。逻辑控制是 PLC 数字系统的基本功能。PLC 系统硬件是由逻辑电路组成的。加上逻辑指令的控制，使其逻辑功能得到充分发挥。

逻辑运算包括位、字节、字和双字的逻辑运算。而逻辑运算形式则分为逻辑与、逻辑或、逻辑非等。

1. 位逻辑运算指令或称触点逻辑指令

位逻辑运算指令包括触点逻辑与、逻辑或、逻辑非和逻辑异或等。

（1）结构型式。

1）在LAD中 ①逻辑与指令

②逻辑或指令

③逻辑异或指令

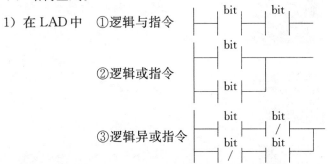

上述3条指令，由触点和存储的地址组成。

2）STL中，①逻辑与指令　　A　　bit

②逻辑或指令　　O　　bit

③逻辑异或指令　　XOR　　bit

由指令操作码和操作数组成。

（2）功能。进行逻辑与、逻辑或及逻辑异或运算。

（3）操作数数据类型及存储区。以布尔型数据存放在I、Q、M、SM、T、V中。

2. 字节与、字节或、字节异或指令

（1）结构型式。

1）在LAD、FBD中：字节与

字节或

字节异或

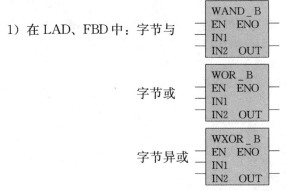

由指令助记符ANDB（字节与）或ORB（字节或）或XORB（字节异或）、指令信号允许输入端（EN）、第一个字节输入端（IN1）、第二个字节输入端（IN2）、逻辑结果（OUT）和使能输出（ENO）输出的出错条件组成。

2）在STL中，ANDB IN1，OUT；ORB IN1，OUT；XORB IN1，OUT。

（2）功能。对输入的两个字节，按位进行逻辑运算，将逻辑结果（OUT）存放到相应的存储区中，并将出错条件通过ENO输出。使ENO＝0的错误条件是：SMB4.3（运行超时）；0006（间接寻址错误）。

（3）操作数数据类型和存储区。IN1、IN2字节型数据存放在VB、IB、QB、MB、SB、SMB、LB、AC、常数，或间接寻址时地址指针以双字型存放在 *VD、*AC、*LD中。

211

逻辑结果（OUT）以字节型（BYTE）存放在 VB、IB、QB、MB、SB、SMB、LB、AC，或间接寻址时地址指针以双字型存放在 *VD、*AC、*LD 中。

3. 字与、字或、字异或指令

（1）结构型式。

1）在 LAD、FBD 中：字与

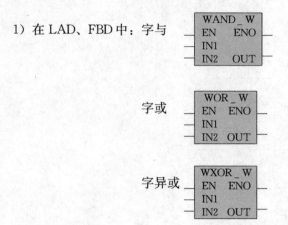

字或

字异或

由指令助记符 AND_W（字与）或 OR_W（字或）或 XOR_W（字异或）、指令信号允许输入端（EN）、第一个字节输入端（IN1）、第二个字节输入端（IN2）、逻辑结果（OUT）和使能输出（ENO）输出的出错条件组成。

2）在 STL 中，ANDW IN1，OUT；ORW IN1，OUT；XORW IN1，OUT 由指令操作码和操作数组成。

（2）功能。将两个输入字（16 位），按逻辑与、逻辑或和逻辑异或运算，把结果放入（OUT）指定的变量中，并将出错条件通过 ENO 输出。ENO=0 的错误条件是：SMB4.3（运行超时）；0006（间接寻址错误）。

（3）操作数数据类型和存储区。IN1、IN2 字型数据存放于 VW、IW、QW、MW、SW、SMW、LW、T、C、AIW、AC、常数区，或间接寻址时地址指针以双字型存放在 *VD、*AC、*LD 中。

逻辑结果（OUT）以字节型（BYTE）存放 VW、IW、QW、MW、SW、SMW、LW、T、C、AC 中，或间接寻址时地址指针以双字型存放在 *VD、*AC、*LD 中。

4. 双字与、双字或、双字异或

（1）结构型式。

1）在 LAD、FBD 中：双字与

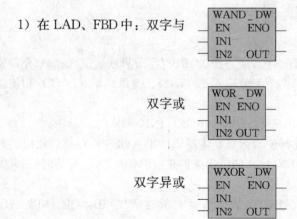

双字或

双字异或

由指令助记符 WAND-DW（双字与）或 WORD-DW（双字或）或 WXOR-DW（双字异或）和指令信号允许输入端（EN）、第一个双字输入端（IN1）、第二个双字输入端（IN2）、逻辑结果（OUT）和使能输出（ENO）输出的出错条件组成。

2）在 STL 中，ANDD IN1，OUT；ORD IN1，OUT；XORD IN1，OUT 由指令操作码和操作数组成。

（2）功能。将输入的两个字（32 位），按位进行逻辑操作，逻辑与、逻辑或和逻辑异或，再把逻辑结果存入（OUT）双字存入指定变量中，并将出错使能输出。ENO＝0 的错误条件是：SMB4.3（运行超时）；0006（间接寻址错误）。

（3）操作数数据类型和存储区。两个双字（IN1、IN2）以 DWORD（双字）数据存放在 VD、ID、QD、MD、SMD、LD、HC 和常数区，或间接寻址时地址指针以双字型存放在 *VD、*AC、SD、*LD 中。逻辑结果（OUT）以 DWORD 型存于 VD、ID、QD、MD、SMD、LD、AC，或地址指针存放在 *VD、SD、*LD 中。

5. 字节取反、字取反、双字取反指令

（1）结构型式。

1）在 LAD、FBD 中：字节取反

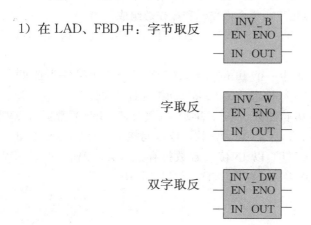

字取反

双字取反

由指令助记符 INV_B（字节取反）、INV_W（字取反）或 INV_DW（双字取反）和指令信号允许输入端（EN）、输入数据端 IN，逻辑结果（OUT）输出端和使能输出（ENO）输出的出错条件组成。

2）在 STL 中 INVB，OUT；INVW，OUT；INVD，OUT 由指令操作码和操作数组成。

（2）功能。将输入数据求反后，把反码输出存入逻辑结果（OUT）指定的存储区，并且指出 ENO＝0 的错误条件是：SMB4.3（运行超时）；0006（间接寻址错误）。

（3）操作数数据类型和存储区。字节以字节型数据输入数据（IN）存入 VB、IB、QB、MB、SB、SMB、LB、AC 常数，*VD、*AC 和 *LD，求反后，逻辑结果也以字节型数据存入 VB、IB、QB、MB、SB、SMB、LB、AC，或间接寻址时的地址指针存入 *VD、*AC、*LD 中。

字取反、双字取反只是数据类型分别以字型数据或双字型数据输入输出，存储区与字节取反相同。

6. 上述逻辑运算应根据控制中的逻辑关系分别选用

## 5.13 数学运算指令

数学运算指令包括整数运算和实数运算指令。整数运算包括整数加法和减法；双整数加法和减法；整数乘法和除法；双整数乘法和除法；整数乘法产生双整数和整数除法产生双整数；字节增和字节减；字增和字减；双字增和双字减。实数运算包括实数加减、实数乘除等指令。

1. 整数加法、减法指令

（1）结构型式。

1）在 LAD、FBD 中：整数加法

整数减法

由指令助记符（ADD＿I 或 SUB＿I）和指令信号允许输入端 EN、第一个整数输入端（IN1），第二个整数输入端（IN2），逻辑结果（OUT）和出错使能输出端（ENO）构成。

2）STL 中＋I IN1，OUT；－I IN1，OUT 由指令操作码和操作数组成。

（2）其逻辑运算式，在 LAD 和 FBD 中为：IN1＋IN2＝OUT；IN1－IN2＝OUT；在 STL 中 IN1＋OUT＝OUT；OUT－IN1＝OUT。

（3）功能。将 16 位整数相减或相加，产生一个 16 位结果（OUT）。指出出错条件 ENO＝0 的出错条件是：SMB1.1（溢出）；SMB4.3（运行超时）；0006（间接寻址错误）。

（4）操作数数据类型和存储区。两个 16 位整数（IN1、IN2）以整数型（INT）数据从 VW、IW、QW、MW、SW、SMW、LW、AIW、T、C、AC、常数，或以间接寻址时从＊VD、＊AC、＊LD 中取出，经运算处理，将逻辑结果（OUT）以 16 位整数数据存入 VW、IW、QW、MW、SW、SMW、LW、AIW、T、C、AC，或间接寻址存入＊VD、＊AC、＊LD 中。

2. 双字整数加法和双字整数减法

（1）结构型式。

1）在 LAD、FBD 中：双字整数加法

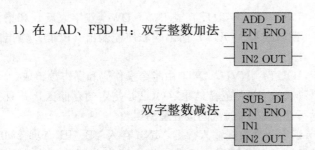

双字整数减法

由指令助记符 ADD＿DI（或 SUB＿DI）和指令信号允许输入端（EN）、两个双字整数输入端（IN1、IN2），逻辑结束（OUT）输出端和出错使能输出端 ENO 构成。

2）STL 中＋D IN1，OUT；－D IN1，OUT 由指令操作码和操作数组成。

（2）其逻辑运算式，在 LAD 和 FBD 中为：IN1＋IN2＝OUT；IN1－IN2＝OUT；在 STL 中 IN1＋OUT＝OUT；OUT－IN1＝OUT。

（3）功能。将两个 32 位的双字整数相减或相加，逻辑结果（OUT）输出 32 位双字整数。并且由使能输出指出错误，使 ENO＝0 的出错条件是：SMB1.1（溢出）；SMB4.3（运行超时）；0006（间接寻址错误）。

（4）操作数数据类型和存储区。两个 32 位双字整数（IN1、IN2）以双整数型数据从 VD、ID、QD、MD、SD、SMD、LD、AID、AC、HC，或间接寻址从 * VD、* AC、* LD 中取出，经运算处理，将逻辑结果（OUT）以 32 位双字型数据存入 VD、ID、QD、MD、SD、SMD、LD、AC，或间接寻址存入 * VD、* AC、* LD 中。

3. 整数乘法和整数除法指令

（1）结构型式。

1）在 LAD、FBD 中：整数乘法

整数除法

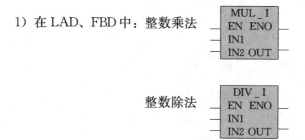

由指令助记符（MUL_I 或 DIV_I）和指令信号允许输入端（EN）、两个 16 位整数输入端（IN1、IN2），逻辑结果（OUT）输出端以及出错使能输出端 ENO 构成。

2）STL 中，* I  IN1，OUT；/I IN1，OUT 由指令操作码和操作数组成。

（2）其逻辑运算式，在 LAD 和 FBD 中为：IN1 * IN2＝OUT；IN1/IN2＝OUT；在 STL 中 IN1 * OUT＝OUT；OUT/IN1＝OUT。

（3）功能。两个 16 位整数相乘、相除，结果产生一个 16 位乘积或 16 位商不保留余数，并且，由使能输出指出错误，使 ENO＝0 的出错条件是：SMB1.1（溢出）；SMB4.3（运行超时）；0006（间接寻址错误）还影响 SMB1.0（零）；SMB1.2（负）；SMB1.3（被 0 除）。

（4）操作数数据类型和存储区。两个 16 位整数（IN1、IN2）从 VW、IW、QW、MW、SW、SMW、LW、AIW、T、C、AC、常数，或以间接寻址从 * VD、* AC、* LD 中取出，经过运算，将逻辑结果（OUT）以整数型数据存入 VW、IW、QW、MW、SW、SMW、LW、AIW、T、C、AC，或间接寻址存入 * VD、* AC、* LD 中。

4. 双整数乘法和双整数除法指令

（1）结构型式。

1）在 LAD、FBD 中，双字整数乘法

双字整数除法

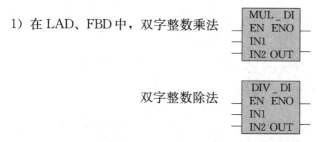

由指令助记符（MUL_DI 或 DIV_DI）和指令信号允许输入端（EN）、两个双整数（IN1、IN2）输入端，逻辑结果（OUT）输出端以及出错使能输出端（ENO）构成。

2）STL 中，* D  IN1，OUT；/D  IN1，OUT 由指令操作码和操作数组成。

（2）其逻辑运算式，在 LAD 和 FBD 中为：IN1 * IN2＝OUT；IN1/IN2＝OUT；在 STL 中 IN1 * OUT＝OUT；OUT/IN1＝OUT。

（3）功能。将两个 32 位的双字整数相乘或相除，产生 32 位双字整数的乘积或商，保留余

数，其中，高 16 位是余数，低 16 位是商。并由使能输出位指出错误，使 ENO＝0 的出错条件
是：SMB1.1（溢出）；SMB4.3（运行超时）；0006（间接寻址错误）还是同整数乘除法一样，上
述指令影响 SM 中的相应位。

（4）操作数数据类型和存储区。两个双整数（32 位）以双字型数据从 VD、ID、QD、MD、
SD、SMD、LD、AID、AC、HC，或以间接寻址从＊VD、＊AC、＊LD 中取出，经过运算，逻辑结果
以双整数型存入 VD、ID、QD、MD、SD、SMD、LD、AC，或间接寻址存入＊VD、＊AC、＊LD 中。

5. 整数乘法产生双整数和整数除法产生双整数

（1）结构型式。

1）在 LAD、FBD 中，整数乘法产生双整数

整数除法产生双整数

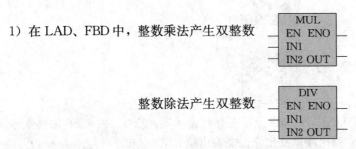

由指令助记符（MUL 或 DIV）和指令信号允许输入端（EN）、两个整数输入端（IN1、
IN2），逻辑结果（OUT）输出端和出错使能输出端（ENO）构成。

2）STL 中 MUL IN1，OUT；DIV IN1，OUT 由指令操作码和操作数组成。

（2）逻辑运算式，在 LAD 和 FBD 中为：IN1 ＊ IN2＝OUT；IN1/IN2＝OUT；在 STL 中
IN1＊OUT＝OUT；OUT/IN1＝OUT。

（3）功能。两个 16 位整数相乘或相除，产生一个 32 位双字的积或 32 位的双字的商。并由
使能输出指出错误，使 ENO＝0 的出错条件是：SMB1.1（溢出）；SMB4.3（运行超时）；0006
（间接寻址错误）还影响 SMB1.0（零）；SMB1.2（负）；SMB1.3（被 0 除）。

（4）操作数数据类型和存储区。两个 16 位整数以整数型从 VW、IW、QW、MW、SW、
SMW、LW、AIW、T、C、AC、常数中，或以间接寻址时以双字型（DINT）整数从＊VD、
＊AC、＊LD 中取出，经过逻辑运算，逻辑结果以双整数（32 位）存入 VD、ID、QD、MD、SD、
SMD、LD、AC，或间接寻址时存入＊VD、＊AC、＊LD 中。

6. 字节增 1 和字节减 1 指令

（1）结构型式。

1）在 LAD、FBD 中，字节增 1

字节减 1

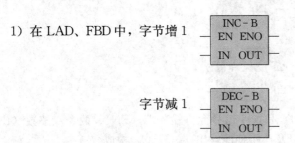

由指令助记符（INC-B 或 DEC-B）和指令信号允许输入端（EN）、字节输入端（IN），逻辑
结果（OUT）输出端以及出错条件输出端（ENO）构成。

2）STL 中，INCB OUT；DECB OUT 由指令操作码和操作数组成。

（2）逻辑运算式，在 LAD 和 FBD 中为：IN＋1＝OUT；IN1－1＝OUT；在 STL 中 OUT＋

1＝OUT；OUT－1＝OUT。

（3）功能。将输入字节（IN）加1或减1，把逻辑结果（OUT）存入指定的变量单元中，并指出出错条件，使ENO＝0的错误条件是：SMB1.1（溢出）；SMB4.3（运行超时）；0006（间接寻址错误）还影响SMB1.0（零）。

（4）操作数数据类型和存储区。输入字节（IN）以字节型（BYTE）从VB、IB、OB、MB、SB、SMB、LB、AC、常数区中，或间接寻址从＊VD、＊AC、＊LD中取出，经过运算，其逻辑结果以字节型存入VB、IB、OB、MB、SB、SMB、LB、AC，或间接寻址时存入＊VD、＊AC、＊LD中。

7. 字增1和字减1指令
（1）结构型式。

1）在LAD、FBD中，字增

字减

由指令助记符（INC－W或DEC－W）和指令信号允许输入端（EN）、字输入端（IN），逻辑结果（OUT）输出端和出错条件输出端（ENO）构成。

2）STL中INCW OUT；DECW OUT由指令操作码和操作数组成。

（2）逻辑运算式，在LAD和FBD中为：IN＋1＝OUT；IN1－1＝OUT；在STL中OUT＋1＝OUT；OUT－1＝OUT。

（3）功能。将输入字（IN）加1或减1，逻辑结果（OUT）存入指定的变量单元中，并指出出错条件，使ENO＝0的错误条件是：SMB1.1（溢出）；SMB4.3（运行超时）；0006（间接寻址错误）还影响SMB1.0（零）；SMB1.2（负）。

（4）操作数数据类型和存储区。输入字节（IN）以整数型从VW、IW、QW、MW、SW、SMW、AC、AIW、T、C常数区中，或间接寻址时从＊VD、＊AC、＊LD中取出，经运算，将结果以整数型存入VW、IW、QW、MW、SW、SMW、LW、AC、T、C，或间接寻址时存入＊VD、＊AC、＊LD中。

8. 双字增1和双字减1指令
（1）结构型式。

1）在LAD、FBD中：双字增1

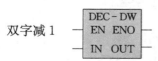

双字减1

由指令助记符（INC－DW或DEC－DW）和指令信号允许输入端（EN）、双字输入端（IN），逻辑结果（OUT）输出端和出错条件输出端（ENO）构成。

2) STL中 INCD OUT；DECD OUT由指令操作码和操作数组成。

（2）逻辑运算式，在LAD和FBD中为：IN+1=OUT；IN1-1=OUT；在STL中OUT+1=OUT；OUT-1=OUT。双字增减是有符号数量数据（16♯7FFFFFFF＞16♯80000000）。

（3）功能。将输入的双字加1或减1，逻辑结果（OUT）存入指定的变量单元中，并指出出错条件，使ENO=0的错误条件是：SMB1.1（溢出）；SMB4.3（运行超时）；0006（间接寻址错误）还影响SMB1.0（零）；SMB1.2（负）。

（4）操作数数据类型和存储区。输入双字以整数型从VD、ID、QD、MD、SD、SMD、LD、AC、HC和常数区中，或间接寻址时从*VD、*AC、*LD中取出，经运算，结果（OUT）存入VD、ID、QD、MD、SD、SMD、LD、AC区中，或间接寻址中*VD、*AC、*LD为地址指针。

9. 实数的加减指令

（1）结构型式。

1）在LAD、FBD中，实数加法

实数减法

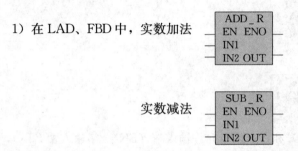

由指令助记符（ADD_R）、（SUB_R）和指令信号允许输入端（EN）、两个实数输入端（IN1、IN2），逻辑结果（OUT）输出端和出错条件输出端（ENO）构成。

2）STL中+I IN1，OUT；-1 IN1，OUT由指令操作码和操作数组成。

（2）其逻辑运算式，在LAD和FBD中为：IN1+IN2=OUT；IN1-IN2=OUT；在STL中IN1+OUT=OUT；OUT-IN1=OUT。

（3）功能。将16位整数相减或相加，产生一个16位结果（OUT）。指出出错条件ENO=0的出错条件是：SMB1.1（溢出）；SMB4.3（运行超时）；0006（间接寻址错误）并影响SMB1.0（零）；SMB1.1（溢出）；SMB1.2（负）。

（4）操作数数据类型和存储区。两个16位整数（IN1、IN2）以整数型（INT）数据从VW、IW、QW、MW、SW、SMW、LW、AIW、T、C、AC、常数，或以间接寻址从*VD、*AC、*LD中取出，经运算处理，将逻辑结果（OUT）以16位整数数据存入VW、IW、QW、MW、SW、SMW、LW、AIW、T、C、AC，或间接寻址时*VD、*AC、*LD为地址指针。

10. 实数的乘除指令

（1）结构型式。

1）在LAD、FBD中，实数乘法

实数除法

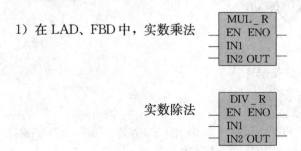

由指令助记符（MUL＿R或DIV＿R）和指令信号允许输入端（EN）、两个实数输入端（IN1、IN2），逻辑结果（OUT）输出端和出错条件输出端（ENO）构成。

2）STL中，＊R IN1，OUT；/R IN1，OUT由指令操作码和操作数组成。

（2）逻辑运算式，在LAD和FBD中为：IN1＊IN2＝OUT；IN1/IN2＝OUT；在STL中IN1＊OUT＝OUT；OUT/IN1＝OUT。

（3）功能。将输入的两个32位的实数相乘或相除，得到的乘积或商存入OUT指定的变量单元中，同时，指出出错条件，使ENO＝0的出错条件是：SMB1.1（溢出）；SMB4.3（运行超时）；0006（间接寻址错误）还影响SMB1.2（负）；SMB1.3（被0除）。

（4）操作数数据类型和存储区。输入的两个实数（IN1、IN2）以实数型从VD、ID、QD、MD、SD、SMD、LD、AC、常数区中，或以间接寻址从＊VD、＊AC、＊LD中取出，经操作运算，其结果存入VD、ID、QD、MD、SD、SMD、LD、AC区中，或间接寻址时＊VD、＊AC、＊LD为地址指针。

11．数学运算指令的应用

PLC基本功能是逻辑运算，即状态逻辑控制。对数学运算，要经过适当的数值等效转换后，通过执行相关的运算指令，亦可实现。数学运算指令包括四则运算指令；加1减1运算指令。

（1）四则运算包括整数（I）、双整数（D）和实数（R）的四则运算。其操作数是：

1）IN1和IN2分别存放在两个存储单元中，往往是IN2与运算结果OUT存放在同一单元中。整数以字（W）形式存放；双整数以双字（D）的形式存放；实数以双字（D）形式存放。

2）四则运算可在任意存储区中执行。

（2）加1减1指令。为了在某些规律性的控制中，如循环性的递增或递减控制，且每次只操作一个字节，或一个字，或一组双字的数据。为了便于控制，便于对运算结果的存储而设置加1减1指令。

1）重点强调一下，加1减1指令可用在加1个或减1个字节结构的数据、加1个或减1个字结构的数据或加1个或减1个双字结构的数据。结构相同者则可加1或减1。

2）执行加1减1指令，一定按规则将结果OUT存放在相应存储区的存储单元中。当两条指令运算方法不同以及所用编程语言不同时，运算结果存放的存储单元亦不一样。

3）加1减1指令可以操作所有的存储区。

## 5.14 数学功能指令

数学功能包括平方根、自然对数、指数、三角函数以及比例/积分/微分（PID）等运算功能。

1．平方根

（1）结构型式。

1）在LAD、FBD中：平方根

```
 SQRT
EN ENO
IN OUT
```

由指令助记符（SQRT）和指令信号允许输入端（EN）、被开方数输入端（IN），逻辑结果（OUT）和出错条件使能输出端（ENO）构成。

2）在STL中SQRT IN，OUT由指令操作码和操作数组成。

（2）功能。将一个32位的实数（IN）开方，结果还是32位实数，存入OUT指定的变量单元中，并指出错误条件，使ENO＝0的错误条件是：SMB1.1（溢出）；SMB4.3（运行超时）；0006（间接寻址错误）还影响SMB1.0（零）；SMB1.2（负）。

（3）操作数数据类型和存储区。以实数型数据从VD、ID、QD、MD、SD、SMD、LD、

AC、常数区中，或间接寻址从 * VD、* AC、* LD 中取出 32 位实数，经 $\sqrt{IN}=OUT$ 运算，以 32 位实数存入 VD、ID、QD、MD、SD、SMD、LD，或间接寻址时存入 * VD、* AC、* LD 中作为地址指针。

**2. 自然对数**

(1) 结构型式。

1) 在 LAD、FBD 中：自然对数

```
┌──────────┐
│    LN    │
│  EN  ENO │
│  IN  OUT │
└──────────┘
```

由指令助记符 LN 和指令信号允许输入端

EN、对数输入端 IN、结果放入输出端 OUT 和出错条件使能输出端 ENO 构成。

2) STL 中，LN  IN，OUT。

(2) 功能。将输入数（IN）的值取自然对数，结果放入输出（OUT）指定的变量单元中，并指出错误条件，使 ENO＝0 的错误条件是：SMB1.1（溢出）；0006（间接寻址错误）还影响 SMB1.0（零）；SMB1.2（负）；SMB4.3（运行超时）。

(3) 操作数数据类型和存储区。以实数型从 VD、ID、QD、MD、SD、SMD、LD、AC、常数区中，或间接寻址从 * VD、* AC、* LD 中取出，经运算把结果存入 VD、ID、QD、MD、SD、SMD、LD、AC，或间接寻址时存入 * VD、* AC、* LD 中，作为地址指针。

**3. 指数**

(1) 结构型式。

1) 在 LAD、FBD 中：指数指令

```
┌──────────┐
│   EXP    │
│  EN  ENO │
│  IN  OUT │
└──────────┘
```

由指令助记符（EXP）和指令信号允许输入端（EN）、数值（IN）输入端、以 e 为底数的指数的输出端（OUT）和出错条件使能输出端（ENO）构成。

2) STL 中 EXP  IN，OUT。

(2) 功能。将输入 IN 的值取以 e 为底的指数，结果存入输出 OUT 指定的变量单元中，并指出出错条件，使 ENO＝0 的错误条件是：SMB1.1（溢出）；0006（间接寻址错误）；SMB1.0（零）；SMB1.2（负）；SMB4.3（运行超时）。

(3) 操作数数据类型和存储区。输入数（IN）以实数型从 VD、ID、QD、MD、SD、SMD、LD、AC、常数区中，或间接寻址从 * VD、* AC、* LD 中取出，经运算，结果以实数型存入 VD、ID、QD、MD、SD、SMD、LD、AC、* VD、* AC、* LD 中作为地址指针。

**4. 正弦、余弦、正切指令**

在电学中，用正弦曲线描述交流电的特性。并且，用正弦函数、余弦函数、正切函数计算交流电的参数。如电压、电流、有功功率、无功功率等。

PLC 系统中，正弦、余弦、正切指令是用弧度值求函数值。若已知角度，则用 $180°/\pi$ 把角度变成弧度。

(1) 结构型式。

1) 在 LAD、FBD 中：正弦

```
┌──────────┐
│   SIN    │
│  EN  ENO │
│  IN  OUT │
└──────────┘
```

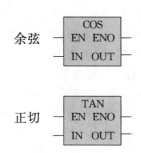

由指令助记符 SIN（COS 或 TAN）和指令信号允许输入端（EN）、弧度值输入端（IN），运算结果输出端（OUT）和出错条件使能输出端（ENO）构成。

2）在 STL 中，SIN IN，OUT；COS　IN，OUT；TAN　IN，OUT 由指令操作码和操作数组成。

（2）功能。将输入的弧度经运算求得相应的三角函数。结果存入 OUT 指定的变量单元中，并指出出错条件，使 ENO＝0 的错误条件是：SMB1.1（溢出）；0006（间接寻址错误）；SMB4.3（运行超时）；SMB1.0（零）；SMB1.2（负）。

（3）操作数数据类型和存储区。输入的弧度值以实数型从 VD、ID、QD、MD、SD、SMD、LD、AC 中，或间接寻址从 * VD、* AC、* LD 中取出，经运算，其结果也以实数型存入 VD、ID、QD、MD、SD、SMD、LD、AC，* VD、* AC、* LD 为间接寻址地址指针。

5. 数学功能指令的应用

（1）平方根指令。求实数的平方根，即对有理数、无理数进行开平方运算。被开平方的数和开平方的结果（平方根）都是双字（32 位）结构的实数。其操作数：被开方的数和平方根可存放在实数对应的任意存储区中，存储结构是 32 位的。

（2）自然对数指令。该指令是求实数的自然对数。以 e 为底的对数称为自然对数。$e＝2.718\ 281\ 828\ 459$。其操作数是：

1）双字结构（32 位）的实数（IN）。

2）运算结果（OUT）指定的存储区中存储单元的地址。

3）操作数的存储区可以是实数对应的任意存储区。

（3）自然指数指令。是求以 e 为底的实数的指数的指令。执行自然指数指令时，操作数是：

1）双字结构（32 位）的实数。

2）运算结果（OUT）指定的存储区中存储单元的地址。

3）操作数的存储区可以是实数对应的任意存储区。

（4）正弦、余弦、正切指令。该组指令是已知直角三角形中一个角的角度或弧度，求该角或弧度的正弦值、余弦值，或正切值。其操作数：

1）角度或弧度是 32 位的实数（IN）。

2）$360°＝2\pi＝2×3.14\ 159$。

3）当给出的是角度应换算成弧度。

4）求得的函数存放在运算结果（OUT）指定的存储单元中。

## 5.15 PID 控制及指令

比例、积分、微分的英文缩写是 PID，故将比例、积分和微分控制称为 PID 控制。

1. 数字系统执行 PID 的过程

数字系统 CPU 调用 PID 指令，执行 PID 控制的过程包括如下四步：

选择控制类型、输入量的转换、输出量的转换和输入/输出变量的调整以及控制出错条件。

（1）选择控制类型。PID 包括比例、积分和微分三种控制回路。在多数自动控制中，往往只需要一种或两种控制回路。因此，通过设置常量参数，确定需要的控制回路。

比如：当不需要比例回路时，可把增益（$K_C$）设为 0.0。在计算积分项或微分项时，把 $K_C$ 当作 1.0 看待。当不需要积分回路时，可把积分时间设为无穷大。当不需要微分时，可把微分时间设为零。

（2）转换输入量。每个 PID 回路有两个输入量。一是给定值（SP），二是过程变量（PV）。给定值是一个固定的数值。或者说设定的控制值。过程变量是控制过程中的随时值。给定值和控制变量可能是各种各样的数值。对这些量进行运算之前，必须把它们转换为标准的浮点数，即把 16 位或 32 位整数转换为浮点实数，然后再将实数转为标准的 0.0～1.0 之间的浮点数。转换的目的是为了适应数字系统的运算功能，完全由系统调用 PID 相关的操作。

（3）转换输出量。每一个 PID 回路输出值一般是控制量，且是标准的 0.0～1.0 之间数字化的实数。这种数字量的信号必须转换为模拟量信号，才能驱动模拟量式的负载。因此，必须把 0.0～1.0 之间数字化的实数转换为相对应的 16 位或 32 位的整数。同样，转换输出量也完全由系统调用 PID 指令，通过程序完成相关的操作。

（4）控制出错条件。执行 PID 指令可能出现以下两种错误。一是指令指定的回路表起始地址以及回路号操作数超出范围，产生编译错误，造成编译失败；二是 PID 计算中的算术运算错误，CPU 则中止 PID 指令的执行，并使标志位 SMB1.1（溢出或非法值）置 1。

PID 指令不检查回路表中的值是否超界。为了保证过程变量 $PV_n$（包括过程变量前值 $PV_{n-1}$）和设定值 $SP_n$ 在 0.0～1.0 之间，必须小心操作，勿使其超界。

当发生 PID 计算的算术运算错误后，在执行下一次 PID 运算前，一是改变回路表中的输出值，二是改变引起算术运算错误的输入值。比如：$K_C$，或 $T_s$，或 $T_1$ 或 $T_D$ 等。

2. PID 指令

（1）结构型式。

1）LAD 和 FBD 中为

```
┌──────────┐
│   PID    │
─┤ EN  ENO ├─
─┤ TBL     │
─┤ LOOP    │
└──────────┘
```

由指令助记符 PID、指令启动信号允许输入端 EN、

PID 运算回路表 TBL 和 PID 指令的回路号 LOOP 构成的。

2）STL 中：PID、TBL、LOOP 由指令操作码和操作数 TBL、LOOP 组成。

（2）功能。运用 PID 指令确定控制类型，对回路表中的输入量和输出量进行转换后，进行 PID 运算以及对出错条件进行控制。使 ENO＝0 的出错条件是 SM1.1（溢出）、SMB4.3（运行超时）、0006（间接寻址错误）。

（3）操作数存储区及操作数的数据类型。回路表 TBL 以字节型数据存入 VB 中。回路号 LOOP 以字节型数据 0～7 存入常数区中。

在此，应指出，S7-200 系列的编程软件 STEP7 - Micro/WIN32 中提供了 PID 向导，指导使用者定义一个闭环控制过程的 PID 算法。

3. 比例、积分、微分（PID）指令的应用

PID 指令是在 PLC 配置 PID 功能模块的条件下，对系统执行智能性反馈控制时的一条指令。该指令可根据需要，对比例、积分和微分控制回路有所取舍，再进行编写程序，其操作数是：

（1）数据类型是常数（LOOP）0～7。

（2）PID回路表以字节形式存放在变量存储区（V）中。

## 5.16 传 送 指 令

在定时/计数、高速计数、中断处理、脉冲输出、PID控制及通信控制的输入/输出、存/取过程中，都要对数据进行传送。所以，在程序控制中，用得比较多的是传送指令。将传送指令与相关的指令组合，且选用不同类型的数据，编制控制程序和执行程序。

1. 字节、字、双字和实数传送指令

（1）结构型式。

1）在 LAD 和 FBD 中

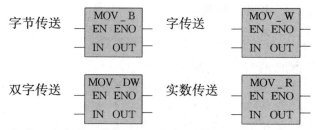

由传送指令助记符 MOV_B（或 MOV_W、MOV_DW、MOV_R）、指令信号允许输入端（EN）、数据输入端 IN、逻辑结果输出端（OUT）和出错条件使能输出端（ENO）构成。

2）在 STL 中，MOVB IN，OUT

　　　　　　　 MOVW IN，OUT

　　　　　　　 MOVD IN，OUT

　　　　　　　 MOVR IN，OUT

由指令操作码 MOVB（或 MOVW、MOVD、MOVR）、源操作数 IN 和目的操作数 OUT 组成。

（2）功能。当指令信号允许输入端 EN 置 1 时，数据从输入端 IN 传送到输出端 OUT，其类型和大小不改变，且通过使能端 ENO 指出出错条件。ENO=0 的出错条件是 SMB4.3（运行超时）；0006（间接对址错误）。

（3）操作数的数据类型及其存储区。字节传送时，输入数据（IN）以字型从 VB、IB、QB、SB、SMB、LB、AC 常数，或*VD、*AC、*LD（间接寻址时）区中取出，传送结果。仍以字节型存入 VB、IB、QB、MB、SB、SMB、LB、AC，或*VD、*AC、*LD存储区中。

字传送时，输入数据（IN）以字型整数从 VW、IW、QW、MW、SW、AC、SMW、LW、T、C、AIW，常数，或*VD、*AC、*LD（间接寻址时）存储区中取出，传送结果（OUT）仍以字型整数存入 VW、IW、QW、MW、SMW、AC、LW、T、C、AQW，或*VD、*AC、*LD（间接寻址时）区中。

双字传送时，输入数据（IN）以双字型整数从 VD、ID、QD、MD、SD、SMD、LD、HC、AC，常数，或间接寻址时从*VD、*AC、*LD 中取出。双字传送时，在间接寻址中，需用 &NB、&1B、&QB、&MB、&SB、&T、&C 表示操作数。指针不能建在 AL、AQ、HC 和 L 区中。取出的数据经传送，逻辑结果（OUT）仍以双字型整数输入 VB、ID、QD、MD、SD、SMD、LD、AC,*VD、*AC、*LD 中存放地址指针。

实数传送时，输入数据（IN）以双字型实数（32 位实数）从 VD、ID、QD、MD、SD、SMD、LD、AC，常数，或*VD、*AC、*LD 中取出，经传送结果（OUT）仍以双字型实数存入

VD、ID、QD、MD、SD、SMD、LD、AC,\*VD、\*AC、\*LD为地址指针。

**2. 字节、字和双字的块传送**

块传送是把从IN开始的N个字节值（或字值或双字值）传送到OUT开始的N个字节值（或字值或双字值）的存储区中。N可取1～255。

(1) 结构型式。

1) 在LAD、FBD中：

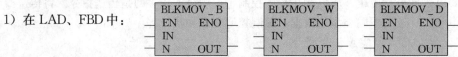

指令由指令助记符BLKMOV_B（或BLKMOV_W、BLKMOV_D）、传送启动信号允许输入端（EN）、输入数据存放的开始地址（IN）、被传送数据（字节或字、双字）的数目（N）、传送结果输出端（OUT）以及出错使能输出端（ENO）构成。

2) 在STL中，BMB IN, OUT, N

           BMW IN, OUT, N

           BMD IN, OUT, N由指令操作码、操作数组成。

(2) 功能。把输入的从IN开始的N个数据值（字节值、字值或双字值）传送到从OUT开始的N个数据值（字节值、字值或双字值）存放到原来的存储区中，且使能输出使ENO＝0的错误条件是：SMB4.3（运行超时）；0006（间接寻址错误）；0091（操作数超界）。

(3) 操作数数据类型和存储区。传送启动信号EN位存放在I、Q、M、T、C、SM、V、S、L区位中；源数据数目N存放在VB、IB、QB、MB、SMB、LB、AC、常数；\*VD、\*AC、\*LD中。

字节块传送时，字节数（N）以字节型数据从VB、IB、QB、MB、SMB、LB、AC、常数；\*VD、\*AC、\*LD（存放地址指针）中取出，且把结果（OUT）也存入上述存储区中。

字块传送时 输入（IN）和输出（OUT）皆以字型数据存放在VW、IW、QW、MW、SW、SMW、LW、T、C、AIW（AQW），或\*VD、\*AC、\*LD中。

双字块传送时，输入（IN）和输出（OUT）皆以双字型数据存放在VD、ID、QD、MD、SD、SMD、LD、\*VD、\*AC、\*LD中。

**3. 交换字节指令（SWAP）**

(1) 结构型式。

1) 在LAD、FBD中 由指令助记符SWAP、交换字节指令启动信号允许

输入端（EN）、交换地址（IN）和出错使能输出端（ENO）构成。

2) STL中，SWAP IN由指令操作码和操作数组成。

(2) 功能。将输入字的高字节和低字节进行交换，且使能输出出错条件，使ENO＝0的错误条件是：SMB4.3（运行超时）；0006（间接寻址错误）。

(3) 操作数数据类型和存储区。输入、输出的字（IN）皆是以字形数据存放在VW、IW、QW、MW、SW、SMW、LW、T、C、AC，或\*VD、\*AC、\*LD中。

**4. 传送字节立即读指令（MOV_BIR）**

(1) 结构型式。

1) 在LAD、FBD中 由指令助记符（MOV_BIR）、传送指令启动信号允许输

入端（EN）、读取物理值的输入端（IN）、结果（OUT）输出端和出错使能输出端（ENO）构成。

2）STL中，BIR  IN，OUT 由指令操作码（BIR）和操作数（IN），（OUT）组成。

（2）功能。读取输入端（IN）的物理值，经传送，将结果（OUT）存入相应的存储区中，并使能输出出错条件，使ENO＝0的错误条件是：SMB4.3（运行超时）；0006（间接寻址错误）。

（3）操作数数据类型和存储区。输入（IN）的物理值存入IB；* VD、* LD、* AC。输出（OUT）存入VB、IB、QB、MB、SMB、LB、AC，或 * VD、* AC、* LD中，输入、输出皆是字节型或双字型数据。其中，* VD、* AC、* LD存放地址指针。

5．传送字节立即写指令（MOV _ BIW）

（1）结构型式。

1）在 LAD、FBD中

```
┌─ MOV _ BIW ─┐
─┤ EN    ENO ├─
│            │
─┤ IN    OUT ├─
└────────────┘
```

由指令助记符（MOV _ BIW）、传送指令启动信号允许输入端（EN）、读取物理值的输入端（IN）、结果（OUT）立即写入的物理映像区构成。

2）STL中，BIW  IN，OUT  由指令操作码和操作数组成。

（2）功能。将输入端（IN）读取的值写入输出（OUT）指定的物理映像区中。

（3）操作数数据类型和存储区。输入字节（IN）从VB、SB、IB、QB、MB、SMB、LB、AC，常数，或 * VD、* AC、* LD中输出，存入 OUT 指定的QB、* VD、* LD、* AC中，皆为字节型或双字型数据。其中，* VD、* AC、* LD存放地址指针。

6．传送指令的应用

（1）传送指令。在PLC控制中，传送指令用得最多，尤其在中间处理过程中，需要存储、调用、再存储、再调用的反复传送过程。被传送的数据则以字节、字、双字、实数以及块的结构型式，进行传送或交换，其操作数：

1）数据结构是字节（B）、字（W）、双字（D）和块的形式。

2）数据类型：实数。

3）操作数存储区为所设置的全部存储区和存储结构。

（2）交换字节指令。由于控制需要，在传送数据时，要求把一个字的高位字节内容和低位字节内容进行交换。操作数非常简单，即被交换的高、低位字节的字地址。

（3）传送字节立即读/写指令。传送字节立即读指令和传送字节立即写指令同立即指令一样，是输入、输出直接与物理I/O点打交道。输入时，不刷新输入映像存储区，但要写入 OUT 指定的输出端的存储单元中。输出时，在立即将字节数据传送给输出端物理输出点的同时，将输出的字节型数据存入 OUT 指定的存储单元中。因此，操作数是：

1）字节（BYTE）型的数据结构。

2）无论是立即读字节，还是立即写字节，都是存入 OUT 指定的输出端的存储单元中。

3）输入的是物理输入点的信息，输出给物理输出点，CPU直接以字节型的方式控制输入/输出的物理点。

## 5.17 移位和循环指令

移位指令用在程序控制中时，当选用的数据是无符号的整数，结构型式又是8位字节、16位的字或32位的双字时，为了对其运算，往往采用移位或循环的方式。比如：左移一位是将无符号的整数乘以2，右移一位是将无符号整数除以2，且用溢出位检查数据的正确性。

1. 右移位工作原理及其指令（SHR）

（1）工作原理。

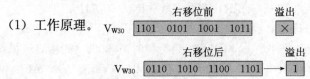

上述是 16 位字右移，右移后多出的 1 为溢出，当右移时，左侧空位填 0。

（2）指令结构型式。

1）在 LAD、FBD 中：

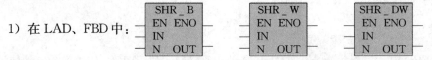

指令由指令助记符 SHR_B（或 SHR_W、SHR_DW）、右移启动信号允许输入端（EN）、被右移数输入端（IN）、右移位数（N）、右移结果输出端（OUT）和出错使能输出端（ENO）构成。

2）在 STL 中，SRB OUT，N

SRW OUT，N

SRD OUT，N

由指令操作码、操作数组成。

3）功能。把输入数据（字节、字或双字）IN 右移 N 位，把结果输出到 OUT 指定的变量中，并且使能输出出错条件，使 ENO＝0 的错误条件是：SMB4.3（运行超时）；0006（间接寻址错误）。

（3）操作数数据类型及存储区。输入数据（B 或 W 或 D）IN 和右移位数（N）以字节型（字型或双字型）从 I、Q、M、S、SM、L、AC，或 *VD、*LD、*AC,常数区中取出，经处理，又以字节型式（字型或双字型）存入除常数区外的上述各相关存储区。其中，*VD、*LD、*AC 为间接寻址地址指针。

2. 左移位指令（SHL）

（1）工作原理。

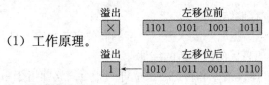

注：左侧设溢出位，右侧空位填 0。

（2）指令结构型式。

1）在 LAD、FBD 中：

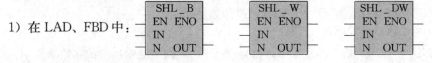

指令由指令助记符 SHL_B（或 SHL_W 或 SHL_DW）、左移启动信号允许输入端（EN）、被左移的数（IN）、左移的位数（N）、左移结果（OUT）指定的变量单元和出错使能输出端（ENO）构成。

2）在 STL 中，SLB OUT，N

SLW OUT，N

SLD OUT，N

由指令操作码和操作数组成。

（3）功能。把输入数据（字节、字或双字）左移 N 位后，再把结果输出到 OUT 指定的变量中，并且使能输出出错条件，使 ENO＝0 的错误条件是：SMB4.3（运行超时）；0006（间接寻址错误）；SMB1.0（零）；SMB1.1（溢出）。

（4）操作数数据类型及存储区。左移和右移操作数的数据类型和存储区相同。但应注意，当输入数 IN 和输出数 OUT 的存储单元不同时，用 LAD 编程和用 STL 编程稍有不同。首先，要用传送指令把"IN"的内容先传送到 OUT 中，然后把 OUT 的内容右移或左移，结果仍存放在 OUT 中。

3. 循环右移

（1）工作原理。

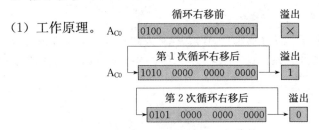

注：零存储器位 SM1.0＝0；

溢出存储器位 SM1.1＝0；

溢出位的值为 1 就是最后一次循环移出位的值。

（2）指令结构型式。

1）在 LAD、FBD 中：

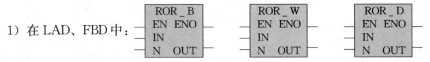

指令由助记符 ROR _ B（或 ROR _ W、ROR _ D）、循环右移启动信号允许输入端（EN）、被循环右移的数（IN）、循环右移的位数（N）、循环右移结果（OUT）和出错使能输出端（ENO）构成。

2）在 STL 中，RRB OUT，N

　　　　　　　RRW OUT，N

　　　　　　　RRD OUT，N

由指令操作码、操作数组成。

（3）功能。把输入数循环右移 N 位后，再把结果输出存入 OUT 指定的变量单元中，并且使能输出出错条件，使 ENO＝0 的错误条件是：SMB4.3（运行超时）；0006（间接寻址错误）；SMB1.0（零）；SMB1.1（溢出）。

（4）操作数数据类型和存储区。字节循环右移时，输入数（IN）以字节型数从 VB、IB、QB、MB、SMB、LB、AC，或 * VD、* AC、* LD 中取出，循环右移 N 位后，仍以字节型存入上述存储区中。而循环右移的位数（N）亦以字节数存入常数区和上述存储区。

字循环右移时，输入数（IN）以字型数据从 VW、T、C、IW、QW、MW、SW、SMW、LW、AC、AIW，常数或 * VD、* AC、* LD 中取出，经循环右移 N 位后，仍以字型数输出，存入 OUT 指定的 VW、T、C、IW、QW、MW、SMW、LW、AC、* VD、* AC、SW、* LD 中。而循环右移位数（N）以字节型数据存放在 VB、IB、QB、MB、SMB、LB、AC，常数；* VD、* AC、SB、* LD 中存放地址指针。

双字循环右移时，输入数（IN）以双字型数据从 VD、ID、QD、MD、SD、SMD、LD、AC、HC，常数或 * VD、* AC、* LD 中取出，经循环右移 N 位后，仍以双字型数据输出，存入 OUT 指定的 VD、ID、QD、MD、SMD、LD、AC、SD 或 * VD、* AC、* LD 中。

循环右移位数（N）则以字节型数存放在 VB、IB、QB、MB、SMB、LB、AC，常数；*VD、*AC、*LD 中存放地址指针。

**4. 循环左移位指令（ROL）**

（1）结构型式。

1）在 LAD、FBD 中：

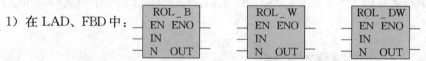

指令由指令助记符 ROL_B（或 ROL_W、ROL_DW）、循环左移启动信号允许输入端 EN、被循环左移的数输入端 IN、循环左移位数输入端 N、循环左移结果 OUT 和出错使能输出端 ENO 构成。

2）在 STL 中，RLB OUT，N

RLW OUT，N

RLD OUT，N

由指令操作码和操作数组成。

（2）功能。把输入数（IN）循环左移 N 位后，再把结果输出，存入 OUT 指定的变量单元中，并且使能输出出错条件，使 ENO＝0 的错误条件是：SMB4.3（运行超时）；0006（间接寻址错误）；SMB1.1（溢出）；SMB1.0（零）。

（3）操作数数据类型及存储区同循环右移相同。

**5. 位移位寄存器指令（SHRB）**

（1）位移位寄存器的工作原理。在每一个扫描周期整个移位寄存器移动一位，循序渐进，规律性很强，则为流水线生产提供了一种最简单的控制或排列的方法。位移位寄存器移位方向由移动位数 N 的正负决定。反移时，N 为负，输入数据从最高位移入，从最低位移出。正移时，N 为正，输入数据从最低位移入，从最高位移出。移出的数据存放在存储器的溢出位（SM1.1）中。移位寄存器的最大长度是 64 位，可正可负，以两种不同方向移位，其中，MSB 表示最高位；S_BIT 表示最低位。

（2）结构型式。

1）在 LAD、FBD 中：

```
   SHRB
EN  ENO
DATA
S_BIT
N
```

由指令助记符（SHRB）、移位启动信号允许输入端（EN）、移位数值输入端（DATA）、移位寄存器有效的最低位（S_BIT）、移位寄存器移位方向及数据长度（N 或－N）和出错条件使能输出端（ENO）构成。

2）在 STL 中，SHRB DATA，S_BIT，N 由指令操作码和操作数组成。

3）功能。把输入的 DATA 数值移入寄存器，且在每一周期移动一位。移动方向由 N 的正负决定。并且输出出错条件，使 ENO＝0 的错误条件是：SMB4.3（运行超时）；0006（间接寻址错误）；0091（操作数超界）；0092（计数区错误），并影响 SMB1.1（溢出）位。

4）操作数数据类型及存储区。移位数值（DATA）和最低位（S_BIT）以布尔型数据存放在 I、Q、M、SM、T、C、V、S、L 中。移位寄存器长度 N 以字节型数存放在 VB、IB、QB、MB、SMB、LB、AC，常数，或*VD、*AC、*LD 中存放地址指针。

6. 移位和循环移位指令的应用

(1) 左移位、右移位和循环移位指令，由于它们是控制无符号数的移位，则是逻辑移位指令，不是算术移位指令。其操作数是：

1) 数据结构是字节、字和双字。

2) 移位的位数 N 对应于字节、字和双字分别为 0~7、0~15 和 0~31 是实际移动的位数。

(2) 移位寄存器 (SHRB) 指令。是将源操作数 8 位的字节寄存器右移到目的操作数亦是 8 位字节寄存器中。

1) 源操作数寄存器和目的操作数寄存器 (或存储器) 的位数必须一致。

2) 每次移动一位。右移使目的操作数高位出现空出位，则用源操作数的低位填补，源操作数的逻辑值随位移变化。

# 5.18 程 序 控 制 指 令

程序控制指令即控制程序的指令，是一组应用最多的指令。PLC 的各种功能是在硬件支持下，通过编制和执行程序实现的。对于应用中的每一个程序，需要调用，暂停与运行的切换，运行时间的监控，执行相关的操作，实施分支、合并及顺序控制，以及跳转、循环和结束等操作。

1. 子程序

子程序是用户程序的一部分。在 PLC 的一次扫描时间内，子程序可以被调用和执行任意次。S7-200 系列配置了 64 个子程序。它们可不带参数调用，更多的场合是带参数调用，其参数即相关的变量，如存储单元地址、数据类型等。每个子程序都配置相应的局部变量表。局部变量表中定义了四种型式的变量。

(1) IN。传入子程序参数　调用子程序时，将指定参数的值传给子程序。如果参数是直接寻址，则将指定位置的值传递给子程序。如果参数是间接寻址 (如 *LD)，指针指定位置的值被传入子程序。如果参数是常数 (如 16#1234)，或者是一个地址 (VB100)，常数和地址的值被传入子程序。

(2) IN/OUT。传入传出子程序参数　指定位置的参数的值被传入子程序，执行子程序的结果被返回原地址。应注意：常数 (如 16#1234)，或者一个地址，如 & VB100 不允许作输入/输出参数。

(3) OUT。传出子程序参数　将执行子程序的结果值返回到指定位置。同样，常数或地址不允许做输出参数。

(4) TEMP。暂时变量　在子程序内部暂时存放的数据，不能用来做传递参数。

(5) 变量的存储。用局部变量存储器 (L) 存放局部变量表。加入一个参数时，系统会自动地给参数在 L 中分配存储空间。局部变量在 L 中的存储地址分配：起始地址是 L0.0；8 个连续位的参数值各分配一个字节，从 LX·0~LX·7。字节、字和双字与 L 中的 LBX、LWX 和 LDX 对应存放。S7-200 系列 STEP7 - Micro/WIN32 局部变量表见表 5 - 22。

表 5 - 22　　　　　　　　　　S7-200 系列 STEP7 - Micro/WIN32 局部变量表

| L 地址 | 参数名称 | 变量类型 | 数据类型 | 注　释 |
|---|---|---|---|---|
|  | EN | IN | BOOL |  |
| L0.0 | IN1 | IN | BOOL |  |
| LB1 | IN2 | IN | BYTE |  |
| L2.0 | IN3 | IN | BOOL |  |

229

| L地址 | 参数名称 | 变量类型 | 数据类型 | 注 释 |
|-------|----------|----------|----------|-------|
| LD3 | IN4 | IN | DWORD | |
| LW7 | IN/OUT | IN/OUT | DWORD | |
| LD9 | OUT | OUT | DWORD | |

注 1. 一个子程序被调用时，系统会保存当前的逻辑堆栈，栈顶值为1，堆栈的其他值为零。此时，控制权交给被调用的子程序。子程序执行完后，恢复逻辑堆栈，控制权交还给调用程序。

2. 子程序嵌套深度最多是8层。子程序禁止自己调用自己（称递归调用），使用时应慎重。

3. 主程序和子程序在累加器中可以自由传递。因此，子程序调用时，累加器的值既不保存也不恢复。

2. 子程序调用指令（CALL）、有条件子程序返回指令（CRET）

(1) 结构型式。

1) 在 LAD 中　子程序调用指令 ──┤ SBR / EN ├── 由指令助记符 SBR 和调用信号允许输入端（EN）组成。有条件子程序返回指令 ──（RET）　由指令助记符 RET 和使能输出线圈组成。

2) 在 FBD 中　子程序调用指令 ──┤ SBRn / EN ├── 由指令盒（SBRn）和调用信号允许输入端（EN）组成。有条件子程序返回指令 ──RET 由指令盒 RET 表示。

3) 在 STL 中，子程序调用指令　SBRn，有条件子程序返回指令 CRET，由指令操作码和操作数组成。

(2) 功能。当执行子程序调用指令时，把程序控制权交给被调用的子程序。子程序执行后，把控制权交还给调用程序。而有条件程序返回指令是根据执行有条件程序返回指令前的逻辑关系，决定是否终止且返回子程序。并且，输出出错条件。使 ENO＝0 的出错条件是：SMB4.3（运行超时）；0008（子程序嵌套超界）。

(3) 上述两条指令无操作数，也就无存储区。只是一种控制性的逻辑操作。

3. 暂停指令（STOP）

(1) 结构型式。

1) 在 LAD 中　──（STOP）　由指令助记符（STOP）和输出线圈组成。

2) 在 FBD 中　──STOP 由（STOP）指令盒组成。

3) 在 STL 中，STOP　由指令操作码表示。

(2) 功能。立即终止程序的执行，从 RUN 切换为 STOP 状态。如在执行中断程序时暂停，该中断立即停止，系统继续执行扫描，即继续运行（RUN）。在完成本次扫描的最后，CPU 从运行（RUN）转换为暂停（STOP）。

(3) 无操作数，只是一种逻辑操作。

4. 看门狗复位指令（WDR）

所谓看门狗就是为了保障系统可靠运行而设置的定时监视器。设定每个扫描周期都按固定的时间工作，不允许超时。但是，有一种情况应特别注意：当执行循环指令时，会影响扫描按周期时间完成或过长地延迟扫描时间。而看门狗是看守业已确定的扫描时间，不允许超时扫描，一旦执行看门狗指令，系统通信（自由端口方式除外）、I/O 更新（立即 I/O 除外）、强制更新、SM 位更新（SMB0、SMB5～SMB29 不能被更新）、运行时间诊断、中断程序暂停以及扫描超过正确累计等操作都不能执行。因此，使用看门狗指令（WDR）编程时应十分小心，应考虑上述因素。

（1）结构型式。

1）在 LAD 中 —（WDR） 由指令助记符（WDR）和输出线圈构成。

2）在 FBD 中 — WDR 由 WDR 指令盒构成。

3）在 STL 中，WDR 由指令操作码表示。

（2）功能。监控 CPU 的扫描周期时间。

5. 跳转指令（JMP）和标号指令（LBL）

任何一个程序，在某一个程序段中可出现分支程序，或将分支程序合并，要从主程序跳到分支程序或从分支程序回到主程序及分支程序间的跳转。上述的主程序和分支程序都必须为同一个程序。即在同一个主程序、同一个中断程序或同一个子程序中的跳转。

（1）结构型式。

1）在 LAD 中 跳转 —（JMP）；标号 $\overset{n}{\vdash}$ LBL

由指令助记符（JMP）或（LBL）和标号（n）组成。

2）在 FBD 中 跳转 — JMP 标号 LBL

由指令盒 JMP 或（LBL）和标号（n）组成。

3）在 STL 中 跳转 JMP n；标号 LBL n

由指令操作码和操作数组成。

（2）功能。在同一个程序中跳转。标记跳转目的地的位置（n）。

（3）操作数。标号的操作数 n 为常数 0～255。

6. 顺序控制继电器指令（LSCR、SCRT 和 SCRE）

当生产控制过程是由若干工艺段构成时，并且，工艺是顺序控制关系，则用装载顺控继电器（LSCR）指令、顺控继电器传输（SCRT）指令和顺控继电器结束（SCRE）指令，将生产工艺有机的组合链接结构化，加强控制，提高效率，更方便了程序的调试。

（1）结构型式。

1）在 LAD 中 $\vdash \overset{S\ bit}{(SCR)}$ 、 $\overset{S\ bit}{(SCRT)}$ 、 $\vdash (SCRE)$ 由指令助记符 SCR（或 SCRT 或 SCRE）、逻辑堆栈顶 S 位及其状态值存储地址（bit）和输出线圈组成。

2）在 FBD 中，$\overset{S\text{-}bit}{SCR}$、$\overset{S\text{-}bit}{SCRT}$、SCRE 由指令盒 SCR（或 SCRT 或 SCRE）、逻辑堆栈顶 S 位及其状态值存储地址（bit）构成。

3）在 STL 中，LSCR n；SCRT n；SCRE。

由指令操作码 LSCR（或 SCRT 或 SCRE）和操作数 n 组成。

（2）功能。由 SCR 装载开始顺控、SCRT 传输和 SCRE 结束顺控。

（3）操作数数据类型及存储区。布尔型数据存放在堆栈的 S 位中。

7. 循环指令（FOR）和循环结束指令（NEXT）

所说循环即按照规定的起始值、结束值及次数重复同一个过程。因此，执行循环指令必须具备起始值、循环次数和循环结束值。而且，循环指令（FOR）和循环结束（NEXT）两个指令成对使用。

（1）结构型式。

1）在 LAD、FBD 中，循环指令（FOR）

由指令助记符 FOR、指令启动信号允许输入端（EN）、指令指定的当前循环计数（INDX）、循环初值（INIT）和循环终值（FI-NAL）构成。

循环结束指令 （NEXT）:├── （NEXT）由指令助记符（NEXT）和输出线圈组成。

2）在 STL 中，FOR INDX, INIT FINAL

NEXT 由指令操作码和操作数组成。

（2）功能。执行循环控制 FOR 为循环开始，NEXT 为循环结束，按循环的初值、终值和指定的循环计数进行循环，并使能输出出错条件。FOR 使 ENO＝0 的出错条件是：SMB4.3（运行超时）；0006（间接寻址错误）；

（3）操作数数据类型及存储区。

1）INDX：当前循环计数以整数型字存放在 VW、IW、QW、MW、SW、SMW、LW、T、C、AC，或* VD、* AC、* LD 中。

2）INIT：循环初值以整数型字存放在 VW、IW、QW、MW、SW、SMW、LW、T、C、AC、AIW，常数，或* VD、* AC、* LD 中存放地址指针。

3）FINAL：循环终值以整数型字存放在 VW、IW、QW、MW、SW、SMW、LW、T、C、AC、AIW，常数，或* VD、* AC、* LD 中存放地址指针。

8. 结束指令（END）

（1）结构型式。

1）在 LAD 中──（END）由指令助记符（END）和结束输出线圈构成。

2）在 STL 中 END 只是一个操作码。

（2）功能。结束操作，只有满足结束条件时，才能使用结束指令。

（3）无操作数，只是一种操作。

9. 程序控制指令的应用

PLC 实现各种控制功能是靠程序控制。而每一个程序在执行过程中需要有各种各样具体的操作。如暂停、跳转、循环、调用子程序、顺序控制继电器、监视程序执行情况以及结束程序等。

（1）暂停指令只有一个操作码，没有操作数，能使 PLC 从运行模式切换进入停止模式。

（2）跳转指令的操作数是分支程序号（n）0～255。

（3）循环指令的操作数是循环起始值（INIT）、循环计数器（TNDX）和循环结束值（FI-NAL），它们以字结构型式或双字结构形式存放在相应的存储区中。循环开始（FOR）和循环结束（NEXT）两个指令成对使用。

（4）结束指令只有操作码 END，没有操作数。

（5）子程序指令。

1）子程序调用指令，它的操作数是子程序号，S7-200 系列有 64 个子程序。

2）子程序返回指令，它没有操作数，只有操作码 CRET。

（6）看门狗复位（WDR）指令，只是一个操作码。在程序中加入 WDR 指令监视扫描周期是否超时。

（7）顺序控制继电器（SCR）指令。顺序控制继电器指令包括装载顺控继电器（LSCR）指令、顺控继电器传输（SCRT）指令和顺控继电器结束（CSCRE）指令。其中，LSCR和SCRT的操作数是顺控继电器的状态位（S）及其状态值存储地址（bit）。而SCRE只是一个操作码，表示顺序继电器控制结束。

应根据程序的控制过程的需要有针对性的选用。

## 5.19 表 功 能 指 令

PLC所用的数据多数是以数据表的形式存放在堆栈式的存储区中，为了对数据表的数据进行操作，S7-200系统提供了填表、查表、移动表中数据和向表中填充数据的指令。操作数据表实际就是对数据的存/取操作。

1. 填表指令（ATT）

（1）结构型式。

1）在LAD、FBD中

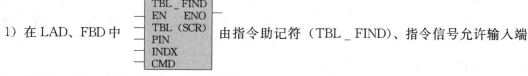

由指令助记符（AD_T_TBL）、指令信号允许输入端

（EN）、向表添加的数据字值（DATA）、数据表（TBL）和出错条件使能输出端（ENO）构成。

2）在STL中，ATT DATA， TABLE 由指令操作码和操作数组成。

（2）功能。把数据表增加一个字值的数据。并且，输出出错条件，使ENO＝0的错误条件是：SMB4.3（运行超时）；0006（间接寻址错误）；0091（操作数超界）。在数据表中，第一个数是最大填表数（TL）；第二个数是实际填表数（EC），其指出已填入表的数据的个数，一个新的数据添加在TBL中已有数据的后面，EC自动加1，TBL最多可填入100个数据。

（3）操作数数据类型及存储区。

1）DATA。以整数型字存放在VW、IW、QW、MW、SW、SMW、LW、T、C、AIW、AC、常数，或*VD、*AC、*LD中存放地址指针。

2）TBL。以字型数据存放在VW、IW、QW、MW、SW、SMW、LW、T、C；*VD、*AC、*LD中存放地址指针。

2. 查表指令

（1）结构型式。

1）在LAD、FBD中

```
TBL_FIND
EN    ENO
TBL (SCR)
PIN
INDX
CMD
```

由指令助记符（TBL_FIND）、指令信号允许输入端

（EN）、数据表（TBL）或实际填入表中的数据（EC）的字地址（SCR）、查表时进行比较的数据给定值（PIN）、被查找数据存放的地址编号（INDX）、查找的比较方式（CMD）和出错条件使能输出端（ENO）构成。

2）在STL中，依查找时比较方式，此条指令可有如下四种形式：

    FND＝TBL，PATRN  INDX
    FND＜＞TBL，PATRN  INDX
    FND＜TBL，PATRN  INDX
    FND＞TBL，PATRN  INDX

由指令操作码和操作数组成。

（2）功能。按规定的条件查找一个数据，并使能输出（ENO）出错条件。查找时，发现一个符合条件的数据，INDX指向表中该数的位置，且先加1。没有符合条件的数据时INDX=EC。出错时，使ENO=0的错误条件是：SMB4.3（运行超时）；0006（间接寻址错误）；0091（操作数超界）。

（3）操作数数据类型及存储区。

1）SCR 指向EC（实际填表数）的字地址，以字型数据存放在VW、IW、QW、MW、SMW、LW、T、C、* VD、* AC、* LD中。

2）PIN 以整数型数据存放在VW、IW、QW、MW、SW、SMW、AIW、LW、T、C、AC、常数，* VD、* AC、* LD中存放地址指针。

3）INDX 以字型数据存放在VW、IW、QW、MW、SW、SMW、LW、T、C、AC、常数；* VD、* AC、* LD中存放地址指针。

4）CMD是1～4的数值，存放在常数区，分别代表=、<>、<、>。字节型数据。

3．先进先出指令（FIFO）、后进先出指令（LIFO）

先进先出是从表中移走第1个数据，而后进先出是移走最后1个数据，并将被移数据输出到DATA中。

（1）结构型式。

1）在LAD、FBD中

```
  ┌─────────┐    ┌─────────┐
  │  FIFO   │    │  LIFO   │
──┤ EN  ENO ├──  ┤ EN  ENO ├──
──┤ TBL DATA│   ─┤ TBL DATA│
  └─────────┘    └─────────┘
```

由指令助记符FIFO（或LIFO）、指令信号允许输入端EN、数据表（TBL）、数据（DATA）输出端和出错条件使能输出端（ENO）构成。

2）STL中，FIFO　TABLE，DATA
　　　　　　　LIFO　TABLE，DATA

由指令操作码和操作数组成。

（2）功能。先进先出是将表中第1个数移走。后进先出是将表中最后1个数移走。且使能输出，使ENO=0的错误条件是：SMB1.5（表空）；SMB4.3（运行超时）；0006（间接寻址错误）；0091（操作数超界）。移走1个数据EC减1。

（3）操作数数据类型及存储区。

1）TBL（数据表）存放在整数型的VW、IW、QW、MW、SW、SMW、LW、T、C、* VD、* AC、* LD中。

2）DATA（被移的数据）以字型数据存放在VW、IW、QW、MW、SW、SMW、AQW、LW、T、C、AC、常数；* VD、* AC、* LD中存放地址指针。

4．存储器填充指令（FILL）

（1）结构型式。

1）在LAD、FBD中：

```
  ┌─────────┐
  │  FILL   │
──┤ EN  ENO ├──
──┤ IN      │
──┤ N   OUT ├──
  └─────────┘
```

由指令助记符FILL、指令信号允许输入端（EN）、填充数据输入端（IN）、填充字数（N）输入端、填充结果（OUT）和出错使能输出端（ENO）构成。

2）在STL中，FILL IN，OUT，N　由指令操作码和操作数组成。

（2）功能。用输入值（IN）向输出结果OUT指定的变量单元中填充N个字的数据（N为

1～255之间的整数），且输出出错条件，使 ENO＝0 的错误条件是：SMB4.3（运行超时）；0006（间接寻址错误）；0091（操作数超界）。

（3）操作数数据类型及存储区。

1）IN（输入值）以字型数存入 VW、IW、QW、MW、SW、SMW、LW、AIW、T、C、常数；* VD、* AC、* LD 中存放地址指针。

2）N（填充的字数）以字节型数存入 VB、IB、QB、MB、SB、SMB、LB、AC、常数，* VD、* AC、* LD 作地址指针。

3）OUT（填充结果）：以字型数存放在 VW、IW、QW、MW、SW、SMW、LW、T、C、AQW；* VD、* AC、* LD 中存放地址指针。

5．表指令的应用

表指令包括填表指令、查表指令、先进先出指令和后进先出指令，它们的操作数：

（1）填表指令。源操作数是向数据表增加一个字值（DATA），目的操作数是数据存放的地址（TABLE）。数据表（TBL）中有两个参数：一是最大填表数（TL），二是实际填表数（EC）。

（2）查表指令。源操作数是查表条件（＝、＜＞、＜、＞）、给定值（PIN）和 TBL 指明的被查表格存放地址，目的操作数 INDX 指示的是符合查找数据的地址编号。

（3）先进先出指令。源操作数是数据存放的地址（TABLE），目的操作数是数据值（DATA）。

（4）后进先出指令。源操作数是数据存放的地址（TABLE），目的操作数是数据值（DATA）。

表指令为字节型、字型或双字型数据，存放在相适应的存储区中。

## 5．20 字符串（STR）指令

在 PLC 的逻辑运算中，当发生字符串操作时，为了便于对字符串的管理和调用，要对字符串进行存储位的连接、传输过程的复制、表明指定的字符串长度，寻找字符串存储位置等操作。

1．字符串连接（SCAT）指令

LAD 指令 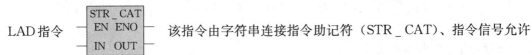 该指令由字符串连接指令助记符（STR＿CAT）、指令信号允许

输入端（EN）、（IN）中字符串和连接结果（OUT）指定的存储单元以及使能输出端（ENO）构成。

STL 指令 SCAT IN，OUT 该指令由操作码 SCAT、操作数 IN，OUT 组成。

执行 SCAT 指令，将 IN 存储单元中的字符串连接到 OUT 指定的存储单元中的字符串的后边。

2．字符串复制（SCPY）指令

LAD 指令 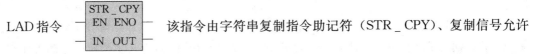 该指令由字符串复制指令助记符（STR＿CPY）、复制信号允许

输入端（EN）、存放被复制字符串存放地址（IN）和结果（OUT）指定的存储单元组成。

STL 指令 SCPY IN，OUT 该指令由操作码 STRCPY 和操作数 IN，OUT 组成。

执行 SCPY 指令，将存储单元（IN）中的字符串复制到（OUT）指定的存储单元中。

3. 字符串长度（SLEN）指令

```
        STR_LEN
LAD 指令  EN  ENO
        IN  OUT
```

该指令由字符串长度指令助记符（STR_LEN）、指令信号允许

输入端（EN）、字符串长度值存放地址（IN）和结果（OUT）指定的存储单元组成。

执行 STR_LEN 指令，将 IN 中存放的字符串长度值存放到 OUT 指定的存储单元中。

操作数存储区

字符串长度 IN：存入 VB、LB 中或以 * LD、* VD、* AC 存放间接寻址的地址指针。

OUT：IB、QB、VB、MB、SMB、SB、LB、AC 中；

或以 * LD、* VD、* AC 存放间接寻址地址指针。

字符串复制和字符串连接：

IN、OUT：存入 VB、LB、* LD、* VD、* AC（同上）。

4. 从字符串中复制子字符串（SSCPY）指令

```
        SSTR_CPY
LAD 指令  EN  ENO
        IN
        INDX
        N  OUT
```

该指令由复制子字符串复制指令助记符（SSTR_CPY）、指令

信号允许输入端（EN）、指定的字符号输入端（INDA）、字符串存储地址（IN）、被复制的子字符串位数（N）以及（OUT）指定的存储单元和使能输出端（ENO）组成。

STL 指令 SSCPY IN, INDX, N, OUT 该指令由复制子字符串指令操作码 SSCPY，操作数 IN，INDX，N，OUT 组成。

执行从字符串中复制子字符串指令，从 INDX 指定的字符号开始，将 IN 中存放的字符串中的 N 个字符复制到 OUT 指定的存储单元中。

操作数存储区如下：

IN、OUT：VB、LB、* LD、* VD、* AC。

INDX、N：IB、QB、VB、MB、SMB、SB、LB、AC；

　　　　　 * LD、* VD、* AC、常数（其中，* LD、* VD、* AC存放地址指针）。

5. 字符串搜索（SFND）指令

SFND 指令结构参数如下：

```
        STR_FIND
LAD 指令  EN  ENO
        IN1
        IN2 OUT
```

该指令由字符串搜索复制指令助记符（STR_FIND）、指令允许

端（EN）、字符串（IN1）和在（IN1）中寻找的子字符串（IN2）及（OUT）指定的存储单元组成。

STL 指令：SFND IN1, IN2, OUT 该指令由指令操作码 SFND、操作数 IN1, IN2，OUT 组成。

执行 SFND 指令，由 OUT 指定搜索的起始位置开始在 IN1 字符串中寻找子字符串 IN2。如果找到相匹配的子字符串，则把 IN2 这段字符串首个字符位置存入 OUT 指定的存储单元中。如果没有找到，OUT 清 0。

注：字符搜索（CFND）指令。

1）CFND 指令结构参数，CFND 指令同字符搜索指令相同。

2）操作数存储区　IN1、IN2：VB、LB、*LD、*VD、*AC。

OUT：IB、QB、VB、MB、SMB、SB、LB、AC；*LD、*VD、*AC（其中，*LD、*VD、*AC存放地址指针）。

**6. 字符串（STR）指令的应用**

字符串是字符组合成的。指令的操作码是字符串，所有的变量亦是用字符串表达的。用字符连接（SCTA）指令、字符串复制（STRCPY）指令、字符串长度（STRLEN）指令、从字符串中复制子字符串（SSCPY）指令和字符串搜索（SFND）指令对字符串操作、控制，就是对变量的操作控制。

（1）字符连接指令的操作数。源操作数是存放字符串的地址（IN），目的操作数是连接结果（OUT）指定的存储单元。

（2）字符串复制指令的操作数。源操作数是被复制字符串存放的地址（IN），目的操作数是复制结果（OUT）指定的存储单元。

（3）字符串长度指令的操作数。源操作数是字符串长度值存放地址（IN），目的操作数是结果（OUT）指定的定长字符串的存储单元。

（4）从字符串中复制子字符串指令的操作数。源操作数是被复制字符串存放的地址（IN）、INDA为复制的字符号，N为被复制的子字符串位数，目的操作数是复制结果（OUT）指定的存储单元。

（5）字符串搜索指令的操作数。源操作数是字符串（IN1）和在（IN1）中搜索的子字符串（IN2），目的操作数是搜索结果（OUT）指定的存储单元。

五条字符串指令操作数的数据结构为字节（B）或双字（D）型。且将它们存放在相适应的存储区中。

# PLC 编程软件及其应用

　　编程软件是生产厂商为 PLC 配备的系统软件的一部分。用它来编制用户的应用程序，可将其称为编写程序的程序。

　　为了开拓市场，各个 PLC 的生产厂商都为自己生产的 PLC 配备编程软件。无论是德国的 SIEMENS，或者是日本的 OMRON，还是美国的 AB，各大公司都投入很大的人力、财力，在研制新产品的同时，也研发编程软件，其编程软件面向系列 PLC。也就是说，随着 PLC 的升级和功能的增强，编程软件的版本亦随着升级，以便适应 PLC 扩展功能的需要。PLC 的功能愈强，编程软件包含的软件资源愈丰富。编程过程愈简便易行，易于理解，产品愈受欢迎。一个好的编程软件受到用户的青睐，则为其产品占领市场注入了不可低估的活力。

　　本书以 SIEMENS 的 S7-200 为样机，故重点介绍 SIEMENS 推出的编程软件 STEP7。STEP7 分为 STEP7 - Micro 和升级版本 STEP7V5.2-5.3 等。其中，STEP7-Micro 是面向 S7-200 系列；STEP7V5.2-5.3 是面向 S7-300/400、M7-300/400 以及 C7 系列，而 STEP7 - Micro 只能编制简单单站控制系统的应用程序。

## 6.1 S7-200 系列的编程软件

　　在 PLC 的开发研制过程中，西门子公司采用过两种操作系统。一是磁盘操作系统（DOS），二是窗口操作系统（WIN）。因此，西门子公司 PLC 的编程软件曾使用"DOS"和"WIN"操作系统。故有 STEP7 - Micro/DOS 和 STEP7 - Micro/WIN 两种编程软件。

　　两种编程软件的功能基本相同，只是操作系统不同，在编制应用程序时，具体操作有所不同。

### 6.1.1　STEP7 - Micro/DOS

　　STEP7 - Micro/DOS 是西门子公司应用磁盘操作系统（DOS）为小型 PLC S7-200 研制的编程软件。该软件是存放在一套 3.5in 的软磁盘上，当应用编程时，将它安装到编程主机个人计算机（PC）或编程器（PG）中。

　　1. 安装 STEP7 - Micro/DOS 的步骤

　　（1）先把 1# 盘插入 PC 当前有效的软盘驱动器中。

　　（2）输入相应的驱动器号（带一个冒号）并回车。

　　（3）输入 INSTALL 并回车，PC 自动安装 STEP7 - Micro/DOS。

（4）根据屏幕上的提示，依次插入其他软磁盘，直至将 STEP7 - Micro/DOS 安装完毕。

2. STEP7 - Micro/DOS 操作键简介

STEP7 - Micro/DOS 的功能是用键盘上的按键实现的。从功能上分，STEP7 - Micro/DOS 操作的键包括功能键、常用功能热键、数据输入键和区域性热键。

键盘上的 F1～F8 为功能键，用于控制各菜单指定的功能。当功能超过 8 个增加附加功能时，由空格键（SPACE）和 F1～F8 中的一个组合成附加功能组合键。

常用功能热键　一些在任何时候都可以使用的常用功能，可以用常用功能热键来控制，多数常用功能热键是由"Alt"或"Ctrl"键组成的复合键，常用功能热键见表 6 - 1。

表 6 - 1　　　　　　　　　　　　　　常 用 功 能 热 键

| 热键 | 功　　能 | 热键 | 功　　能 |
|---|---|---|---|
| ESC | 返回前级菜单 | Ctrl+V | 调用 V－内存编辑器 |
| Print Screen | 打印当前屏幕上的内容 | DEL | 删　除 |
| Shift+? | 显示当前提示域中有效的输入列表 | INS | 插　入 |
| Ctrl+L | 进入同义词编辑器 | ENTER | 执　行 |
| Alt+H | 进入帮助系统 | Esc | 退　出 |
| Ctrl+X | 调用屏幕交叉参考功能 | TAB | 查　找 |
| Ctrl+U | 调用单元使用操作表 | | |

数据输入键，在 STEP7 - Micro/DOS 中的多数程序编制中，都要输入地址、数据等变量的参数，输入操作的数据包括：

（1）在光标提示下，向提示区域输入"0"，清除提示区中的全部内容。

（2）在光标提示下，向提示区域（工具功能区除外）输入数据时，STEP7 - Micro/DOS 对输入数据是否合理进行检验。如果输入数据不合法，或超出允许的范围，系统不予接受，自动地给出该区域数据的有效范围，提示用户改正。

（3）区域性热键　执行菜单中的功能时，可敲击对应的功能键，也可以使用区域性热键。由于同一个热键在不同的菜单中有不同的功能，这些热键称为区域性热键。

区域性热键的功能有一定的规律性，配合当前的菜单项很容易理解这些热键当前的功能。熟练地使用区域性热键能够提高操作速度。对区域性热键在不同区域的功能，不允许混淆，使用时要加以注意，区域性热键见表 6 - 2。

表 6 - 2　　　　　　　　　　　　　　区 域 性 热 键

| 热键 | 功　　能 | 热键 | 功　　能 |
|---|---|---|---|
| B | 编辑"框" | J | VERT（从光标出向下画线） |
| M | 内存位 | U | VERT（从光标出向上画线） |
| K | 常数（十进制或十六进制） | L | VERTD（删除垂直线） |
| Q、A | 线　圈 | ? | 有效单元清单 |
| I、E | 触　点 | L | L－内存地址 |
| = | 等价于相关触点 | V | V－内存地址 |
| > | 大于或等于触点 | N | "不" |
| < | 小于相关触点 | Y | "是" |
| H | HORZ（画水平线） | S | STATUS（监测状态） |
| N | HORZD（删除水平线） | A | UTILS（工具功能） |

3. 启动 STEP7 – Micro/DOS

将 STEP7 – Micro/DOS 安装到 PC 或 PG 中以后，可以马上启动。由于 PLC 与 PC 连接的通信接口不同，则有不同的启动方式：

当使用的 PC 的 COM1 口时，启动时键入 S7-200 并回车；

当使用的 PC 的 COM2 口时，启动时键入 S7-200P$_2$ 并回车；

当 STEP7 – Micro/DOS 启动成功时，在屏幕上将出现一个 STEP7 – Micro/DOS 启动画面。以该画面显示用户可以设置的运行环境和工作方式。STEP7 – Micro/DOS 启动画面见图 6 - 1。

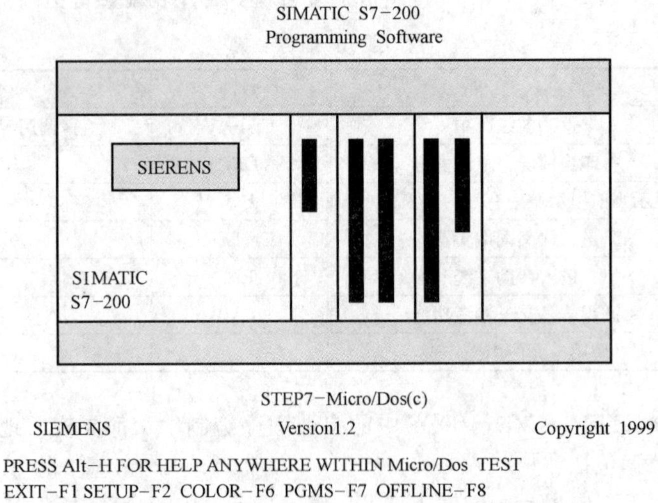

SIMATIC S7-200
Programming Software

SIERENS

SIMATIC
S7-200

STEP7-Micro/Dos(c)

SIEMENS　　　　　　　Version1.2　　　　　　　Copyright 1999

PRESS Alt-H FOR HELP ANYWHERE WITHIN Micro/Dos TEST
EXIT-F1 SETUP-F2 COLOR-F6 PGMS-F7 OFFLINE-F8

图 6 - 1　STEP7 – Micro/DOS 启动画面

4. 设置 STEP7 – Micro/DOS 的工作方式

在显示 STEP7 – Micro/DOS 启动的屏幕画面中，最下面的一行是设置 STEP7 – Micro/DOS 工作方式时用的功能键。在键盘上就可以设定对应的工作方式。其中：

（1）EXIT - F1。退出启动画面，返回操作系统。

（2）SETUP - F2。选择编程语言和指令助记符集。STEP7 提供了德、英、法、西班牙和意大利五种语言，国际电工委员会（IEC）和德国国家标准（SIMATIC）的助记符，供编程选用。

（3）ONLINE - F4。在线工作。即 PC 和 PLC 连接在通信网络中，直接通信，可在线编程。

（4）COLOR - F6。设置颜色。

（5）PGMS - F7。程序管理。

（6）OFFLINE - F8。离线工作，可实现离线编程。

5. STEP7 – Micro/DOS 功能简介

STEP7 – Micro/DOS 的功能在其主菜单上可以一览无遗。STEP7 - Micro/DOS 的主菜单见图 6 - 2。

在主菜单中，第 1 行是启动屏幕上的内容；第 2、3 行是在线功能菜单；第 4、5 行是离线功能菜单。

选定工作方式后，屏幕显示各项功能菜单，则需用功能键 F1～F8 激活菜单中指定的功能，当功能项超过 8 个增加的功能称为附加功能，当选择附加功能时，先键入空格键（SPACE）。此时，屏幕右下角将出现一个"＋"号，再用 F1～F8 选择附加功能中的对应项。若再敲击一下

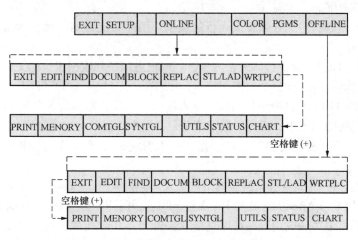

图 6 - 2 STEP7 - Micro/DOS 的主菜单

"SPACE"键,屏幕右下角的"+"号消失,系统返回一级功能。

STEP7 - Micro/DOS 具有在线功能、离线功能、颜色设置功能、程序管理功能、工具功能、帮助功能、显示功能和调试功能。

(1) 在线功能。PLC 和 PC 相连接,使 STEP7 - Micro/DOS 在通信网络中工作,称 STEP7 在线工作方式。按"F4"键,STEP7 就进行在线工作方式。在线工作,可执行以下功能的操作。

1) EXIT(退出)。执行退出返回启动屏幕画面。

2) EDIT(编辑)。执行编辑功能,用户可以输入或修改程序。在 STEP7 - Micro/DOS 中有梯形图(LAD)、语句表(STL)两种编程语言,可以用 LAD/STL 功能键切换,采用其中一种编程语言,进行编程。

3) FIND(查找)。查找时,将光标定位于指定的地址,输入/输出单元或指令框,即可寻找到程序中的单元,以便进行编辑/修改、删除或查阅。

4) DOCUM(建档)。建档功能可为用户程序建立程序标题、编辑注释、选用同义词或描述符,以及为梯形图编写注释,以便于用户理解和使用程序。

5) BLOOK(程序块处理)。主要用于复制、移动或删除程序块,以及变更其内存和建立文档。

6) REPIACE(替换)。在程序中寻找某一单元或替换程序的某一单元。

7) LAD/STL(梯形图/语句表切换)。编程时,用此功能键进行 LAD 和 STL 两种语言间的切换。

8) WRTPLC(写 PLC)。把编制好的应用程序输入对应的 PLC 中。

9) CHART(监测)。专用于语句表方式编程,监视运行过程中 PLC 各单元的状态。

10) STATUS(状态)。监测 PLC 中有关单元的状态。可通过 LAD/STL 切换,对两种语言方式的编程状态进行监测。

11) UTILS(工具)。UTILS 即用热键进行某些操作,如设置口令、清 PLC 内存等。工具栏中的命令大部分只能在联机方式下使用,小部分允许在脱机方式下使用。

12) SYNTGL(同义词)。在显示梯形图程序或图表时,用此功能键关闭同义词的显示,使程序更加简洁有序。

13) COMTGL(注释)。在用梯形图编程时,可启动或关闭有关的语句注释,使程序更加简洁、规整、直观性更强。

14）MEMORY（内存）。在编程或运行过程中，用此功能键实时地显示内存的内容和 CPU 内存的设置。

15）PRINT（打印）。设置打印装置的参数，或把由程序和数据组成的文件打印出来。

上述 15 种功能中，梯形图/语句表切换（LAD/STL）、注释（COMTGL）、同义词（SYNT-GL）、写 PLC（WRTPLC）是命令型功能，只要选择它，就立即执行。其他 11 种功能都配有一级、二级、甚至三级的子菜单。通过层层子菜单，其操作功能的分工更加详细具体。因此，对具体的功能操作需要进一步"层层"选择，直至选中对应的子菜单中的操作命令，执行特定的功能。

（2）离线功能。将 S7-200 脱离编程网络。个人计算机（PC）或编程器单独工作。其操作是：按 F8 键，配备 STEP7 - Micro/DOS 的 PC 就与 PLC 脱离。PC 仍然处于编程状态，与联机工作方式相比较，联机所编写的应用程序可以直接下载到 PLC 中，而脱机所编的程序只能由 PC 暂时存储。因此，对 STEP7 而言，联机和脱机时大多数的功能是相同的。只有以下三项功能存在一定的差异。

1）写 PLC（WRTPLC）变成了写盘（WRITDK）。在离线方式下，编好的用户程序不能直接送入 PLC，只能存入磁盘中，故执行写磁盘（WRITDK）功能。

2）BLDCHT（建监控表），这是为离线编程特设的功能。在离线脱机编程时，要建立编程监控表，把脱机编程时监控得到的状态信息记录下来。待联机时，用其调试和监测程序在 PLC 中的工作状态。

3）UTILS（工具），离线方式编程用的工具只是在线方式时所用工具的一小部分。

在 STEP7 - Micro/DOS 中，上述三项功能都配备有子菜单。其他 12 项功能离线和在线完全相同。

（3）颜色设置。STEP7 编程软件对编程信息配备了颜色设定功能，对不同的信息设定用不同的颜色加以显示和区分。比如，无效的信息用灰色显示。因此，对各种信息清晰明了，查视简易。尤其对错误和故障信息通过图标颜色的显示，可一目了然。

（4）程序管理。PLC 的程序系统包括系统程序和用户程序两大部分。尤其用户程序，要不断地编制，不断地装入 PLC，或不断地从 PLC 中删除。并且，要创建程序文件，编制子程序目录，对外设磁盘中的程序的插入、删除和转存，等等。STEP7 具备程序管理功能，按 F7 键，配有 STEP7 编程软件的 PC（或 PG）就进入程序管理方式。

（5）工具功能。STEP7 - Micro/MOS 的工具功能中包含有多达 26 项子功能。只要输入子功能号，就可调用对应子功能程序。STEP7 - Micro/DOS 工具功能子菜单见表 6 - 3。

表 6 - 3 　　　　　　　　　　　　　STEP7 - Micro/DOS 工具功能子菜单

| 功能号 | 功能（英文） | 功能说明（中文） | 注释 |
|---|---|---|---|
| 10 | STATION ADDRES | 为网络上的某个 PLC 设置站地址 | |
| 11 | PLC PASSWORD | 设置或修改密码口令 | |
| 12 | PETENTIVE RANGES | 预先保留若干输入/输出单元 | |
| 13 | SET INPUT DELAY | 设置输入的延时时间（0.14ms…8.7ms，7 个级别） | |
| 14 | SYSTEM INFORMATION | 显示 PLC 系统信息（PLC 型号、版本、错误条件等） | |
| 15 | SCAN TIME | 显示 PLC 扫描时间 | |

续表

| 功能号 | 功能（英文） | 功能说明（中文） | 注释 |
|---|---|---|---|
| 16 | MODULE CONFIGURTION | 显示 PLC 中内置 I/O 和扩展模块的配置 | |
| 20 | COMPARE PLC TO DISK | 比较 PLC 与磁盘的数据是否相同：程序块（OB1）、数据块（OB1）和系统存储块（SDB0） | 检查传输正确性 |
| 21 | PLC MODE | PLC 工作模块设置：STOP、RUN 和 N. SCAN | 也可用开关设置 |
| 22 | UPDATE. NON-VP-DATE NON-VOLATILE MEMERY | 更新 V 存储器（非易失存储区） | 数据保持 |
| 23 | SET OUTPUT TABLE | 设置 PLC 从运行转换至停止状态时的输出状态表 | 系统安全 |
| 24 | CONFIGURE TD 200 | 设置文本显示器 TD 200 | |
| 25 | PLC TIME-OF-DAY CLOCK | 设定日历时钟 | |
| 26 | PROGRAM. MEMORY CARTRIDGE | 把用户程序复制到一个 EPROM 存储卡上 | |
| 30 | ALL CLEAR PLC EMORY | 清除全部内存（OB1、DB1 和 SDB0）及输出表 | 清 PLC 内存 |
| 31 | PROGRAM BLOCK（OB1） | 清程序块内存（OB1） | |
| 32 | DATE. BLOCK（DB1） | 清数据块（DB1）和全部 V 内存 | |
| 33 | SYSTEM. MEMORYS（SDB0） | 清系统内存（SDB0） | |
| 60 | ALL UPLOAD FROM PLC | 取所有存储块（OB1、DB1 和 SDB0）及输出表 | 从 PLC 取数据并存入磁盘 |
| 61 | PROGRAM BLOCK（OB1） | 取程序块（OB1） | |
| 62 | DATE BLOCK（DB1） | 取数据块（DB1） | |
| 63 | SYSTEM MEMORY（SDB0） | 取系统存储块（SDB0） | |
| 90 | ALL DOWNLOAD TO PLC | 下载所有存储块（OB1、DB1 和 SDB0）及输出表 | 源自磁盘或内存的程序向 PLC 下载 |
| 91 | PROGRAM BLOCK（OB1） | 下载程序块（OB1） | |
| 92 | DATE BLOCK（DB1） | 下载数据块（DB1） | |
| 93 | SYSTEM MEMORY（SDB0） | 下载系统存储块（SDB0） | |

（6）帮助功能。在使用 STEP7 - Micro/DOS 过程中，遇到困难和问题，可用"Alt＋H"组合热键打开帮助系统，获得解决办法。帮助功能菜单分为四类：热键帮助、功能帮助、单元帮助和信息帮助。将光标移到相应位置，并回车，就可以得到相应的帮助信息。

1）热键帮助 热键就是当前经常使用的功能键。只要按"Hot Key Help"就在屏幕上列出全局热键及区域性热键。

2）功能帮助（Function Help）描述了与当前操作有关功能的详细说明，如调用复制菜单时，就显示关于使用复制功能的详细说明。

3）单元帮助（Elem Help）提供当前可使用的所有单元。

4）信息帮助（Msg Help）该帮助解释和说明了屏幕上出现的错误信息和状态信息的含义，有时还给出处理错误的措施。

使用帮助功能就能解决在应用中不能解决的问题，当按"ESC"键时可立即退出帮助菜单，返回主菜单。

（7）显示功能。STEP7 - Micro/DOS能使编程的全过程在屏幕上给予实时显示，对信息以一定的规律排列。在屏幕上可以看到：

1）显示的内容如果有标题，在屏幕的第1行显示标题。

2）在屏幕中间大部分区域显示各种可选的功能信息。如可选项的菜单、用户输入的数据，等等。

3）屏幕下方倒数第1行显示当前可以使用的功能键及相应键的功能。

4）屏幕下方倒数第2行分为左右两部分。左侧显示编程的错误信息。如编程错误、非法操作等。右侧显示当前操作的信息状态。这个当前操作的信息状态，在线时，显示的是PLC型号、当前编辑的程序名和PLC的工作模式。离线时，显示PLC的型号和当前编辑的程序名。

5）屏幕下方倒数第3行也分左右两部分。左侧提示用户输入PLC的型号或工作模式等信息。右侧显示已输入的参数。

通过显示器屏幕这一人机界面，用户能及时地查看编程中相关的信息，及时发现问题，排除错误，按照系统正常运行的要求进行编程。

（8）调试功能。在线工作方式下，STEP7可以通过状态（STATUS）或监测（CHART）功能实现监视PLC的工作状态，并且可以干预PLC的一些具体操作。调试功能可以通过"建立状态监测表"、"显示监测状态"和"控制变量状态"来实现。

1）建立状态监测表。在监测功能下，用BLDCHT子菜单选项操作，可以监测各个存储区的位、字节、字以及双字变量的状态并给显示。

2）显示监测状态。显示的方法有两种。一种是对被监测的变量用带阴影的梯形图显示。另一种是用语句表的程序段加以显示。

3）控制变量状态。当发现被控制的变量不符合设计的逻辑状态，要对变量或受控单元做改值操作或强制操作。改值操作是执行GHVAL子菜单中的命令。强制操作一般是执行GHVAL子菜单中的FORCE（F3）功能，将变量强制性地设定为某一个值。

4）控制PLC的工作模式。当进行专门调试时，应使用PLC进入单扫描状态，即使PLC在每经过一个扫描周期，就进行一次停止（STOP）和运行（RUN）的状态切换。逐个地显示变量状态，有针对性地改值或强制操作，进行修改程序。停止和运行状态切换的方法：按F2键，使PLC进入停止（STOP）状态；按F3键，使PLC进入RUN状态。

## 6.1.2 STEP7 - Micro/WIN32（V3.1）

STEP7 - Micro/WIN和STEP7 - Micro/DOS一样，都是西门子公司开发的编程软件，具有编程功能，帮助用户编制应用程序。但操作系统不同，STEP7 - Micro/WIN32是升级版本，在功能上比STEP7 - Micro/DOS强。编程时，DOS系统是显示启动画面。WIN是显示编程界面。

1. 安装STEP7 - Micro/WIN32

安装STEP7 - Micro/WIN32与STEP7 - Micro/DOS的方法基本相同。一是从万维网（WWW）中西门子公司网站下载。二是用光盘或软盘安装，安装步骤如下：

（1）把装有STEP7 - Micro/WIN32的光盘或软盘插入PC的当前有效的驱动器中。

（2）用鼠标左键单击"Start"按钮，启动Windows菜单。

（3）单击Run菜单。

如果用软盘安装，在"Run"对话框中键入a：\setup并按OK或Enter键，开始安装；如果用光盘安装，则在"Run"对话框中键入e：\setup并按OK或Enter键，开始安装。

（1）按照在线安装程序完成软件安装。

（2）安装自动出现设置 PG/PC 接口对话框，点击"Cancel"进行下一步。设置 PG/PC 参数和进行下一步选项操作。

如果从万维网（WWW）西门子公司网站下载，下载结束，用汉化软件将编程软件汉化，使其变成中文状态。

2. STEP7 - Micro/WIN32 编程软件主界面

STEP7 - Micro/WIN32 编程软件主界面见图 6 - 3。

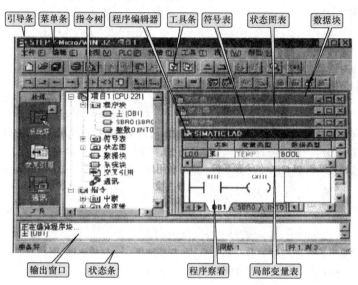

图 6 - 3　STEP7 - Micro/WIN32 编程软件主界面

STEP7 - Micro/WIN32 的编程主界面由以下几个区域组成。

（1）标题栏。标题栏是 STEP7 - Micro/WIN32 的项目 1，位于窗口的最上端。

（2）菜单栏或称菜单条。菜单就是一组命令。主菜单位于窗口顶端。窗口中的菜单栏共有 8 张主菜单。

1）文件（File）。文件主菜单中包括新建文件、打开文件、关闭文件、保存文件、文件的打印、打印设置、上装和下载程序等操作命令。

2）编辑（Edit）。编辑主菜单中包括对程序块或数据块的选择、复制、剪切和粘贴。还包括查找、替换、插入、删除和光标快速定位等操作命令。

3）检视（View）。检视包括打开和关闭各种窗口，选择编程语言以及确定编程风格。

窗口是屏幕上显示打开的程序、文件夹或磁盘内容的矩形部分。编程风格系指字体、指令盒的大小及编程结构型式和颜色设置等。

4）可编程序控制器（PLC）。PLC 主菜单包括 PLC 联机或脱机状态下相关的操作命令。如设置 PLC 工作方式、编译查看 PLC 信息、对时钟和存储卡的操作、清除程序、清除数据、程序比较、设置通信接口参数以及选择 PLC 类型等。

5）排错也称调试（Debug）。调试菜单主要是联机调试方面的命令。其下拉菜单对离线操作无效，故呈现灰色。

6）工具（Tools）。工具主菜单与工具栏有所不同。工具主菜单是为复杂指令设置的。通过调用复杂指令向导，可以调用比例/积分/微分（PID）指令、高速计数器（HSC）指令以及网络读/写指令（NETW/NETR）等指令。简化复杂指令的编程工作。用工具主菜单中的子菜单可以设置三种编程语言的模式、颜色、字体等。而工具栏是为常用的指令设置的。

7）视窗（Window）。视窗主菜单命令的功能主要是对窗口的操作。如窗口间的切换、设置窗口的排放形式以及对几个窗口的同时操作。STEP7可以同时或分别打开5个窗口。

8）帮助（Help）。帮助主菜单对编程中用的各种信息都提供目录、索引和网上查询功能，帮助用户解决编程中的疑难。按F1键显示在线帮助，在编程前先浏览"帮助"会对编程大有好处。

以上是对菜单栏中的8张主菜单的功能简单介绍。主菜单中包括的选项就是子菜单。用鼠标器的光标（或热键）操作可以打开主菜单或子菜单。在WIN（或DOS）下，用光标（或热键）能选择操作命令。光标和热键都属于键操作，只是操作形式不同。在WIN系统把热键变成了光标和操作工具相结合的形式，使人机界面更加友好，更加形象。它们都是发出脉冲，激活相关的操作命令，执行操作任务，达到操作目的。

（3）工具栏（或称工具条）。在编程界面中，工具栏是一组可以执行编程任务的按钮。STEP7-Micro/WIN32把最常用的17种操作命令以状态各异的图标来表示按钮（或称快捷键），设定在界面区域电路中，且把它们编排在监视主菜单的工具栏子菜单中，实现以快捷方式操作最常用的一组命令。当光标选中某个按钮时，它对应的功能被激活，在状态栏中给予显示。

（4）引导栏。引导栏也称引导条，即引导编程。引导的方法是以按钮形式快速地切换所用窗口，如程序块、符号表、状态图、数据块、系统块、交叉索引和通信7个组件的窗口。单击引导条中的任何一个按钮，主菜单窗口就被切换为此按钮对应的窗口，该窗口中的信息即被引入参与编写程序。在STEP7-Micro/WIN32的主界面的引导栏中，可看到如下7个组件。

1）程序块。程序块由编译程序的内部代码和注释组成。代码是用来编译主程序（OB1）、子程序（SBRO）和中断程序（INTO）的。输入的程序经代码编译后下载到PLC中，其注释被忽略。

2）符号表。STEP7把一些符号或符号串组成一个表，并赋予这些符号或符号串一定的实际意义。比如，将符号或符号串与主机的直接地址建立对应关系，附加注释，作为编程元器件参与编程。程序被编译后，下载到PLC中时，符号地址被转换为各存储区的绝对地址。因此，在PLC中只有绝对地址，没有编译时用的符号地址。

3）状态图表。状态图表是监控用户程序执行情况的一种工具。在线方式编程时，主站PC用状态图表监视各种变量值及其状态。

4）数据块。数据块由数据和注释组成。模拟量程序使用数据块。数字量程序基本都是位操作，不需要数据块。数据块的操作：

双击引导条中数据块图标，就能在变量存储区（V）中存储数据块的初始数据，或修改初始数据，适当地加以注释。

5）系统块。系统块由系统程序组成，是一个只读块。编写程序时，当需要系统程序的编程功能时，调用系统块如系统驱动程序、系统时钟程序、设定滤波时间程序，等等。将系统块打开，调用其中的程序。

6）交叉引用表。交叉引用表是设置在STEP7中的一种编程工具。在编写程序时，应用交叉引用表：

①指出每个操作数将出现在哪个程序块中及在程序块中的位置。

②表明内存储区域使用情况和数据的存储结构型式，如位、字节、字或双字型式。

③指出每个操作数对应的助记符。

④在运行状态下编程时，查看当前正使用的微分地址。既是在脉冲的上升沿，还是在脉冲的下降沿。

⑤交叉引用表不下载到PLC中。只在程序编辑成功后，才能看到其中的内容。

⑥在交叉引用表中，双击某操作数可以显示该操作数及其所在的那一部分程序。

7）通信块。通信块提供通信协议（PPI、MPI等）、通信设备参数和人机接口（HMI）的设备参数。

（5）指令树。指令树窗口为编程提供了一系列PLC指令和快捷操作命令。当选中指令树中某一指令作为编程元器件时，双击该指令，将其输入到矩形光标中。

在检视主菜单中，点击指令树选项就能打开或关闭指令树窗口，并双击该指令，选用之。

（6）输出窗口。输出窗口主要用于显示程序编辑的信息：

1）编程中所用的主程序、子程序和中断程序及其程序号。

2）编辑结果有无错误、错误编码及错误位置。

3）各程序块的大小。

（7）状态栏。也称任务栏或状态条。主要用来显示软件执行的状态：

1）编程时，显示所用网络号、行号、列号。

2）运行时，显示程序运行状态、通信波特率、远程地址等。

（8）程序编辑器。STEP7 - Micro/WIN32 提供三种程序编辑器，即梯形逻辑编辑器、功能块图编辑器和语句表编辑器。所谓编辑器就是存放三种编程语言的存储器。编程人员可根据个人条件任选一种编辑器。

1）梯形逻辑编辑器把控制逻辑分成若干"梯级"或称逻辑"段"。程序一次执行一个段，从左到右，从上到下，循环扫描执行。

梯形图是一种图形符号语言，它的指令有二种基本形式。

①触点：代表逻辑输入条件，如开关、按钮、内部条件触点等。

②线圈：代表逻辑输出结果，如各种控制外部负载的内部输出条件。

2）功能块图编辑器。功能块图编辑器设定了与梯形图编辑器中触点和线圈等效的盒指令。用盒指令的组合连接来控制程序所反映的逻辑关系，建立所需要的控制逻辑，如定时器指令盒、计数器指令盒等。

3）语句表编辑器。语句表编辑器用指令助记符创建控制程序，它能像汇编语言一样，被机器内码所接受。几乎成为CPU可以直接执行的编程语言。它能编制 LAD 和 FBD 语言编辑器无法实现的程序。但是，它适合于有经验的程序员使用。

无论是用梯形图，或者用功能块图，还是用语句表编写程序，每个程序块都有对应的变量表，或称局部变量表。在 STEP7 - Micro/WIN32 中，每一个程序的组织单元（POU）都有64KB的存储空间组成局部变量表，并且规定：当全局变量（V）和局部变量（L）相同时，L优先定义。局部变量表是由变量名称、变量类型、数据类型及注释等组成的。其中，变量类型有输入（IN）子程序参数、输出（OUT）子程序参数、输入/输出（IN/OUT）变量和暂时（TEMP）变量。数据类型有 BOOL、BYTE、INI、WORD 等，对局部变量进行如下设置及其操作。

①被调用的 POU 中的参数必须与局部变量表的数据类型相匹配，才能便于调用、传送和存储。

②设置局部变量时，将光标移到程序编辑区的上边缘，向下拖动上边缘，则自动出现局部变量表，就可以为子程序和中断程序设置局部变量。局部变量的地址由程序编辑器自动地在 L 区中分配。

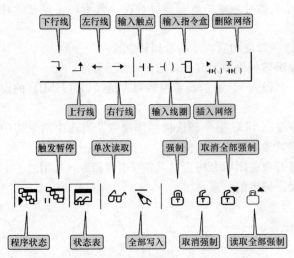

图6-4 编辑监视和调试程序按钮的图标

③要在局部变量表中加入一个参数,可右击变量类型区,得到一个选择菜单。选择"插入项",再选择"行"或"行下"即可。L区加入一个参数,系统自动地给分配存储空间。

编程按钮:在STEP7-Micro/WIN32主界面工具栏下边,设置了STEP7软件的编程按钮工具条,单击其中的一个按钮,就可以对程序进行编辑、监视和调试。编辑监视和调试程序按钮的图标见图6-4。

上述编程按钮是编制程序经常使用的工具,对编制程序是十分有用的。

3. STEP7-Micro/WIN32的编程规则

编辑软件STEP7-Micro/WIN32规定:

(1)以网络为单位编制梯形图。在梯形图中,程序被分成称为网络的一些段。一个网络是触点、线圈和功能框的有序排列。这些元器件在左右母线之间组成一个完整的电路。该电路不能存在短路、开路和反向能流,并以网络为单位给梯形图加以注释。

(2)功能块图也以网络为单位给程序分段和加注释。

(3)语句表程序不使用网络概念。但是,可以使用关键词"INETWORK"给程序分段。

(4)在梯形图、功能块图或语句表程序中,一个程序至少包含一个命令部分和其他可选部分。命令部分是主程序。可选部分包括一个或几个子程序或中断程序。主程序、子程序和中断程序存放在不同的区域中,通过选择或单击STEP7-Micro/WIN32中的分区选项,切换程序存放的分区,予以选用。

(5)在梯形图和功能块图功能框中有两个参数EN和ENO。EN和ENO是布尔量输入和布尔量输出。并且,必须具备能流,功能框才能准确无误地输入和输出。输出(ENO)则将能流传到下一个单元。如果在执行过程中发生错误,能流就在出现错误的功能框终止。该功能框的ENO=0,并给出出错条件的错误代码。

在语句表指令中没有EN和ENO。但是,对要执行的语句表指令执行堆栈存储形式,栈顶的值必须是1,才能继续执行。在语句表的输出指令中设置ENO位。

(6)在梯形图和功能块图中,如果功能框或线圈与能流有关可不与左母线直接连接。反之,如与能流无关则要与左母线直接连接。

(7)比较指令的执行与能量流的关系。如果能流不存在,比较的输出就是"0"。如果能流存在,比较的输出就和比较的结果有关。

(8)STEP7-Micro/WIN32使用如下规则:一个符号所有的大写字母(ABC)表示该符号是全局符号,在PLC的整个系统都可以使用;带着重字符的符号名♯Var1表示该符号是局部符号,只能在指定的局部使用;符号"％"指示一个直接地址;操作数符号"?"或"？？？？"指示需要一个值。

(9)在STEP7-Micro/WIN32中使用梯形图编辑器时的规则。

①用F4、F6和F9功能键输入触点、输出盒指令和线圈指令。

②符号"——→"是一个开路符号,或需要能流连接。

③符号→｜表示输出是一个可选的能流，用于指令的级联。

④符号"《"或"》"指示有一个值或一个能量流可以使用。

⑤一个连接到能量线的节点表示该指令独立于能流之中，其输入/输出（EN/ENO）都是布尔型数据。

（10）在 STEP7 – Micro/WIN32 中使用功能块图编辑器时的规则。

①键盘中的 F4、F6 和 F9 对应着与、或和输出指令。

②输入端（EN）操作数上的"——→"符号是能流或操作数指示器，表示开路或需要能流连接。

③符号→｜表示输出是一个可选的能流，用于指令的级联。

④在功能块图指令中，操作数（或驱动输入的能流）的逻辑非在输入端加小圆圈" ——○ AND —— "表示，其逻辑意义是输出等于输入的非和输入点的"与"。

⑤在功能块图中，设立即输入指示。布尔型操作数立即输入。用输入端加垂线" ｜ AND —"表示，指示立即读取特殊的物理输入，立即操作只对物理输入有效。

⑥Tab 键的使用，Tab 键把光标从一个输入移动到另一个输入时，选中的输入变为红色，光标则从第一个输入到输出循环移动。

⑦没有输入或输出的"Box"表示该指令独立于能流之中，其输入/输出（EN/ENO）都是布尔型数据。

⑧对于"与"、"或"指令，操作数可扩展到 32 个输入。

⑨使用"＋"、"－"键可增减操作数 tics。

（11）S7-200 指令系统中，凡带"＊"的双字存储区，如"＊LD、＊VD、＊AC"都是存放间接寻址地址指针的，应加以注意。

## 6.2  通  信  网  络

### 6.2.1  设置网络参数时调用软件的过程

在 STEP7 – Micro/WIN32 软件中有一个"STEP7 – Micro/WIN32 菜单"窗口（见图 6 - 5），打开该编程软件就能见到。选择菜单命令"View＞Counictions"，单击通信图标，屏幕上就出现设置 PG/PC 接口的对话框（见图 6 - 6）；在设置 PG/PC 接口的对话框中，单击"Select"按钮，就可打开安装/删除接口的对话框（见图 6 - 7），可安装或删除接口，并可修改硬件设置。

在 STEP7 – Micro/WIN32 菜单窗口中，单击通信图标，打开通信设备对话框，见图 6 - 8。

在图 6 - 8 所示的通信设备对话框中，双击 PC/PPI 电缆图标，将第二次打开设置 PG/PC 接口的对话框，从其中的接口参数设置列表中选择正确的设置。

如果确定使用 PC/PPI 电缆，在设置 PG/PC 接口对话框中单击"Properties"按钮，将打开 PC/PPI 电缆属性对话框 PPI 标签见图 6 - 9。如单击本机连接标志签，就将打开 PC/PPI 电缆属性对话框，本机连接标签见图 6 - 10。选择 PC/PPI 所连接的通信口，就可以核实接口的默认参数和设定 PC/PPI 电缆参数。

当使用通信卡（CP）、多主站接口卡（MPI 卡）或通信处理器卡组成通信网络时，可用 MPI 电缆把卡提供的 RS - 485 接口连接到网络中。并且，选择一个站运行编程软件。但是，只允许在同一个网络中运行一种卡，不允许在同一个网络中运行两种卡，即只能用一种卡组织网络通

轻松学会 西门子S7-200 PLC

信，组成多主站网络。

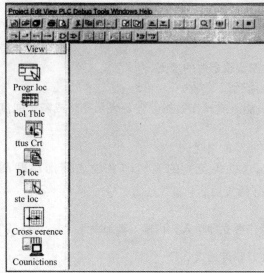

图 6-5　STEP7-Micro/WIN 菜单

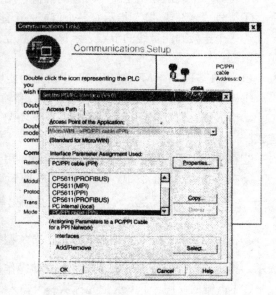

图 6-6　设置 PG/PC 接口的对话框

250

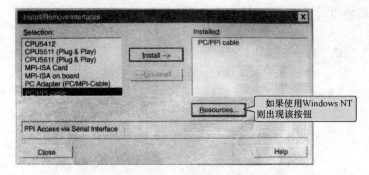

图 6-7　安装/删除接口的对话框

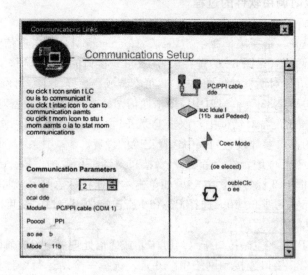

图 6-8　通信设备对话框

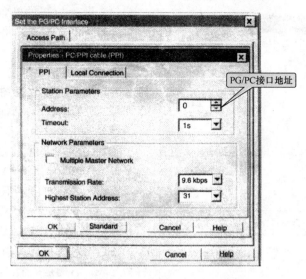

图 6 - 9　PC/PPI 电缆属性对话框 PPI 标签

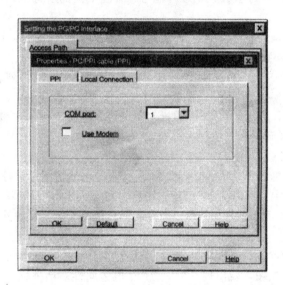

图 6 - 10　PC/PPI 电缆属性对话框本机连接标签

注：如果使用调制解调器，就选择 Modem 所连接的通信口。

　　可以把多主站和从站连接在同一个网络上。但是，应切忌：网络中站数愈多，其性能愈下降。在此建议，编程时应组织一个性能最佳，最简单的编程系统。

　　无论是 PPI 参数，还是 MPI 参数，或者是各种通信卡的参数，它们共同欲在网络中设置的参数皆为以下几种。

　　（1）在 PPI 标签的地址中，确定带有 STEP7 - Micro/WIN32 软件主机在网络中的地址，默认地址为 0。

　　（2）在超时框中确定通信处理器 CPU 检查主站地址间隙的时间，默认值为足够长。

　　（3）设定编程软件 STEP7 - Micro/WIN32 在网络中进行通信的传输速率，默认值为 9.6kbit/s。

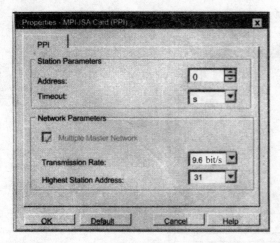

图 6-11　MPI-ISA 卡（PPI）属性对话框

（4）设置最高的站地址。限定站址数量，是编程软件停止检查网络中其他主站的最后一个的地址。

一个网络最多允许连接 32 个站，最高站地址 0～31。上述参数见图 6-11 所示的 MPI-ISA 卡（PPI）属性对话框。

设置网络参数操作步骤如下：

（1）安装/删除通信接口，如图 6-7 所示。

1）选择菜单命令"View＞Couinctions"单击通信图标之后，出现下拉菜单"设置 PG/PC 接口对话框"，在其中单击"Select"按钮，可打开安装/删除接口的对话框。

在这个对话框的左侧是一个没有安装的硬件型号表；右侧是一个已经安装的硬件型号表。

2）在选择列表框中选用一个要使用的硬件型号，并在下面的所选项目窗口中给出选用的硬件，单击"Install-->"按钮。

3）为了查看硬件参数是否已安装上。安装后，单击"Close"按钮，在又一次出现的设置 PG/PC 接口对话框的接口参数列表中能看到安装的硬件。

4）在图 6-7 中，单击"<--Uninstall"按钮，在右侧已安装的硬件列表中将要删除的硬件删除。

5）为了确定删除与否，删除后，单击"Close"按钮，在又出现的"设置 PG/PC 接口"对话框的接口参数列表中能看到被删除的硬件。

（2）核实接口的默认参数，在图 6-5 中。

1）从菜单中，选择菜单命令"View＞Couinctions"，单击通信图标，打开通信设定对话框。

2）在通信设定对话框中，双击 PC/PPI 电缆图标，打开设定 PG/PC 接口对话框，单击其中的"Properties"按钮，将打开 PC/PPI 电缆属性对话框，在 PPI 标签，按其中数据核对接口的默认参数是否正确。

（3）设定 PC/PPI 电缆参数，在图 6-6 所示的设置 PG/PC 接口对话框中：

1）单击"Properties"按钮，就出现一个 PC/PPI 电缆属性对话框在 PPI 标签窗口，单击本机连接标志签，又出现 PC/PPI 电缆属性对话框的本机连接标志签（图 6-9）。

2）在本机连接标志签中，选择 PC/PPI 电缆所连接的通信口，设定 PC/PPI 电缆相关的参数。

3）单击"OK"按钮，退出设置 PG/PC 接口对话框。

（4）设置 CP 卡或 MPI 卡（PPI）参数，在图 6-10 所示 MPI-ISA 卡（PPI）属性对话框中。

1）在 PPI 标签的地址框中，为带有 STEP7-Micro/WIN32 的 PC 或 PG 设定网站地址。

2）在超时框中确定 CPU 检查主站地址间隙时间，默认值为足够长。

3）设定带有编程软件的 PC 或 PG 在网络中的传输速率，默认值为 9.6kbit/s。

4）选择最高的站地址为 0～31。

5）单击"OK"按钮退出设置 PG/PC 接口对话框。

设置调制解调器（Modem）：

为了使本地或远程的模拟信号与数字信号更有效地相互转换，要在本地或远程的网络中设置 Modem。设置 Modem 应考虑如下问题。

正确地选择 Modem 的型号,参照相关的 Modem 的说明书,按照设定的技术参数选择 Modem。比如,通信方式(10 位或 11 位的)。本地和远程 Modem 的通信方式必须相同,传输速率一致。

本地和远程 Modem 在网络中建立连接的时间长度应适宜,所定时间长度应将本地和远程所有的 Modem 连接完善。

应尽量采用设计确定的 Modem,确保其功能与网络匹配。

(1)设置本地 Modem。

1)在 STEP7 - Micro/WIN32 菜单窗口,选择菜单命令"View>Couninctions"或单击通信图标,出现通信设置对话框,双击该窗口中通信设置对话框中的 PC/PPI 电缆图标,出现设置 PG/PC 接口对话框;如果通信设置对话框中没有 PC/PPI 电缆图标,双击 PC 图标或右边的上方图标。

2)在设置 PG/PC 接口对话框中,选择 PC/PPI 电缆(PPI),单击"Properties"按钮,出现 PC/PPI 电缆属性对话框,本机连接标签对话框中,单击本机连接标识签;如果没有这个选择,在通信口(COM)区选择"Use Modem"。

3)单击"OK"按钮,出现设置 PG/PC 接口对话框。

4)单击"OK"按钮,出现通信设置对话框,在该对话框中,有两个 Modem 图标和一个连接 Modem 的图标。

5)双击通信设置对话框中的第一个 Modem 图标,出现图 6 - 12 所示的本地 Modem 的设置对话框。

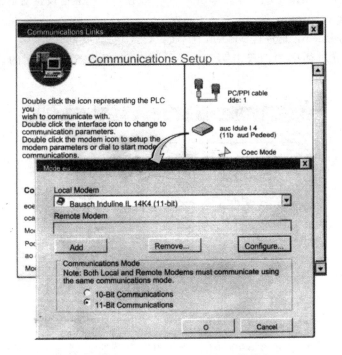

图 6 - 12　本地 Modem 的设置对话框

在图 6 - 12 所示的对话框的调制解调器区,选择所用的 Modem 型号。如果没有所需要的 Modem,按照说明书中 Modem 的"AT"命令,选择"Add"按钮来配置 Modem。

6）在通信方式区选择通信方式（10 位或 11 位）。在同一个网络中通信方式必须一致。

7）在图 6-12 中，单击"Configure"按钮，出现图 6-13 所示的本地 Modem 配置对话框。

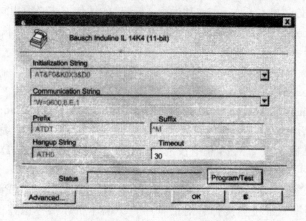

图 6-13　本地 Modem 配置

8）在图 6-13 所示的超时框中修改本地和远程 Modem 的连接时间，该时间要足够长，满足连接所有 Modem 的需要，不然，将使网络通信失败。

9）当需要对设置的 Modem 进行测试时，单击"Program/Test"按钮，把 Modem 配置成当前的协议和设置。

10）配置完成，网络接受该设置，单击"OK"按钮，返回通信设置对话框。

（2）设置远程 Modem。

1）断开本地 Modem，把远程 Modem 与本地 PC 或 PG 连接起来。

2）在通信设置对话框中，双击第二个 Modem，出现远程 Modem 的设置对话框（见图 6-14）。

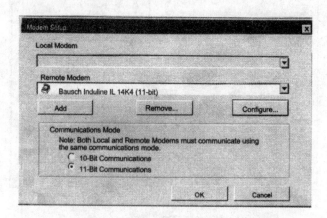

图 6-14　远程 Modem 的设置对话框

3）在远程 Modem 区选择 Modem 的型号。如果没有所选型号，则按本地 Modem 的要求操作。

4）通信方式、连接时间控制以及测试与本地配置 Modem 操作相同；单击"Configure"按钮，出现远程 Modem 配置（见图 6-15）。

5）单击"OK"按钮出现通信设置对话框。

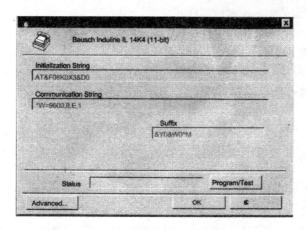

图 6-15　远程 Modem 配置

6）断开远程 Modem 与 PC（或 PG）的连接。

7）把远程 Modem 与 PLC S7-200 连接起来。

8）把本地 Modem 与 PC（或 PG）连接起来。

（3）连接 Modem。

1）双击"Communications Setup"对话框中的"Connect Modem"图标，连接 Modem，出现拨号窗口，如图 6-16 所示的连接 Modem。

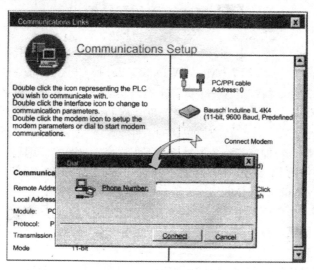

图 6-16　连接 Modem

2）在 Dial 对话窗口中的"Phone Number"区输入电话号。

3）单击"Connect"按钮，把本地和远程 Modem 连接起来。至此，设置网络参数结束。

### 6.2.2　通信网络的最小配置

配置最小的通信网络，如用一台 PC 或 PG 做主站，由一根 PC/PPI 电缆和一台 S7-200PLC 组成。其中，个人计算机的 CPU 应为 80586 或更高的处理器。16MB 内存（或选用 PG740）。安装时，把 PC/PPI 电缆标有"PC"的 RS-232 端连接到计算机的 RS-232 通信口（COM1 或 COM2），把标有"PPI"的 RS-485 端连接 PLC 的 RS-485 通信口，然后，用 PC/PPI 电缆上的波特率开关（DIP）设定传输速率和数据模式。

用 DIP 中的"1#、2#、3#"开关设定传输速率（波特率）。用 DIP 中的 4#、5# 开关设定数据传输模式。之后，将 STEP7 – Micro/WIN32 和相关的通信参数装入计算机（或编程器），构成最简单性能最佳的编程系统。

### 6.2.3 设置通信网络参数

确定通信协议：

在把网络物理部件安装完毕，将编程软件 STEP7 – Micro/WIN32 装入个人计算机（PC）或编程器（PG）之后，首先应确定通信协议，以便遵照确定的规则进行网络通信。确定通信协议的依据如下。

在设计通信网络，选定网络物理元器件时，通信协议就已经随之确定。比如，当选用 PC/PPI 电缆，则必须采用 PPI 协议。选用 MPI 电缆，必然采用 MPI 协议。

当配有编程软件的 PC 或 PG 与 S7-200 通信时，主站的默认设置为多主站 PPI 协议。允许其他主站（如 TD200 和操作面板组成的主站）与配有编程软件的主站共享网络资源。

当确定配带编程软件的 PC 或 PG 是唯一主站，应采用单主站 PPI 协议，其他主站与其不能共享网络资源。当选用调制解调器或在噪声较严重的环境中通信，应采用单主站 PPI 协议。

当选用通信卡（CP）或 MPI 卡以及其他卡通信时，则应采用多主站 MPI 协议。

编程分为离线编程和在线编程。离线编程，即 S7-200 脱离编程通信网络。在线编程即把 S7-200 连接到编程通信网络中。这是两个必须有的编程过程。

## 6.3 离线编程和在线编程

### 6.3.1 离线编程

S7-200 系列的编程软件 STEP7 – Micro/WIN32（V3.1）装入 PC 或 PG 后，就能在显示器的屏幕中看到这个软件的主界面，呈现一个资源丰富、功能齐全、界面友好的中文编程环境。如八大菜单、最常用的 17 种功能按钮、18 个编程按钮以及 17 个编程组件，为设计一个自动化方案，编写用户应用程序，提供了一个十分方便快捷的条件。

编写用户应用程序有两种方式，一种是离线编程。另一种是在线编程。离线编程，即脱离通信网络，带有编程软件的 PC 或 PG 单独工作。下面，将编程过程叙述如下。

1. 打开 STEP7 – Micro/WIN32

双击 STEP7 – Micro/WIN32 图标，或在菜单命令中选择 Start＞SIMATIC＞STEP7 – Micro/WIN32，单击程序块图标，打开程序编辑器。

2. 创建一个项目

项目中的数据以对象形式存储，以图标表示一个对象，以按钮的形式操作每一个对象。操作按钮，打开项目窗口，调用项目中的数据，进行编程。

项目由程序组成。而程序包括主程序、子程序和中断程序。要创建一个项目时，从程序存储区中将用到的程序调出，参与编程，涉及的操作如下：

（1）新建一个项目时，单击菜单文件中的"另存为"项，在弹出的对话框中键入新建项目"名称"。

（2）当为子程序或中断程序更名时，在指令树窗口中，右击更名的子程序或中断程序的"名称"，在弹出的选择按钮中，单击"重命名"，然后，键入"新名称"。

（3）编程时需要调用主程序。在 STEP7 – Micro/WIN32 中，主程序默认名称为"MAIN"，一个项目程序组成的文件中只能有一个主程序。

3. 打开已有的项目文件

创建新项目，往往需要参考已有的项目文件。单击菜单文件的"打开"项，在弹出的对话框中选择研究已有的项目文件。

（1）选用一个子程序。编制一个新项目的程序，往往需要调用成功的子程序，省时省工，方便快捷。在指令树窗口中，右击"程序块"图标，在弹出的对话框中，单击"插入子程序"项。根据所编程序中已有子程序数目，为调入的子程序更名，系统默认名称为"SBR - n"。

（2）选用一个中断程序。同理，编制新项目的程序，往往需要调用成功的中断程序，在指令树窗口中，右击"程序块"图标，在弹出的对话框中，单击"插入中断程序"项，系统默认名称为"INT - n"。

（3）用符号表编程，即用符号地址编程。编写程序时，可以使用操作数直接地址，也可以使用符号地址。在 STEP7 - Micro/WIN32 中，直接地址和符号地址一一对应，也可以相互转换。

多数编程人员习惯使用直接地址（即存储区代号和存储单元编号组成的地址，如 I0.1，Q0.1 等）。但是用符号地址编程，编程软件"STEP7"中备有符号表，且能自动转换为直接地址。故使得用符号表编程方便快捷。单击"检视"菜单中的"符号表"项，在符号表窗口中单击"单元格"，可以输入需要的符号名，也可以注释说明。

当右击"单元格"，也可以修改、插入或删除符号名。

（4）设置局部变量。局部变量只使用于局部程序，如子程序、中断程序和用户的应用程序。设置局部变量的操作方法：

将光标置于程序编辑器的上边缘，按住左键，向下拖动上边缘，窗口中自动出现一个局部变量表，在其中可以为子程序、中断程序和用户的应用程序设置变量类型、数据类型及注释。

当要把一个参数加入到局部变量表中，右击"变量类型"，在弹出的选择菜单中，选择"插入"，用光标单击"行"或"行下"，输入参数。要加入的参数就出现在局部变量表中。

（5）输入 PLC 的 CPU 型号，在编程系统，联机编制的应用程序要下载到 PLC 中，去实施自动化控制，因此，要把实施自动化控制的 PLC 的 CPU 型号输入到控制系统中，以便 CPU 接收并执行控制任务。右击项目"Project"图标，在弹出的按钮中，单击"类型"按钮。在类型对话框中输入所用的 CPU 型号。

4. 输入编程指令

当需要某一类型指令时：

（1）双击指令类型图标，显示该类型全部指令。

（2）选择要采用的指令。

（3）按住左键，用光标将指令拖入程序段中。

（4）单击指令上方的"？？？"输入操作数。

（5）按回车键，确认。

5. 离线编辑用户程序

（1）离线编译。程序编制完成后，单击菜单"PLC"中的"编译"项，进行离线编译。

（2）改正程序中的错误。使用 PLC 菜单中的"信息项"可以查看程序中的错误。能够在输出窗口显示语法错误，错误原因及错误在程序中的位置。双击输出窗口中的错误，程序编辑器中的矩形光标将移到错误在程序中所在的位置，以便改正。

（3）添加编辑元器件（如触点、线圈、数据）。将光标移到程序添加编程元器件的位置，单击"输入编程元器件"。

(4) 删除。在编辑时，右击"编辑"区，在编辑的下拉菜单中，选择"删除"，弹出子菜单，单击"删除"项，然后进行编辑排版。

(5) 插入。在编辑时，右击"编辑"区，在编辑的下拉菜单中，选择"插入"，弹出子菜单，单击"插入"项，然后进行编辑排版。

(6) 剪切和复制。当程序网络某一处需要剪切或复制时，右击"编辑"区，在编辑下拉菜单中，选择"剪切和复制"，弹出子菜单，单击"剪切"或"复制"项，可剪切或复制网络元器件。

6. 注释

如果给程序加标题或加注释时，双击梯形图编辑器的"标题"栏或"注释"栏，在弹出的对话框中的"标题"栏中输入相关的标题；在"注释"栏中输入注释。

7. 编辑语言转换

S7-200 的编程软件中设备有梯形图编辑器、功能块图编辑器和语言表编辑器。编程人员可随意使用其中一种编程语言，且通过机器内部软件可将三者相互转换。当需要转换时，选择菜单中的"检视"项，然后，单击 LAD（或 FBD，或 STL）便使编程工作进入对应的编程语言环境。

上述，对离线编程作了简单地介绍。之后，可以进行在线编程。在联机的条件下，将程序下载到 PLC 系统中，使程序经受实际应用环境的检查和考验。

在 STEP7 - Micro/WIN32 的应用中，离线编程，或在线编程，对任何一步操作都可以采取不同的方法。如有的通过菜单命令，有的通过单击按钮，都能实现同一种编程功能。因此，对编程软件的应用，要反复探讨，在反复应用中，寻找其中最便捷的操作方法，形成个人的编程风格。

### 6.3.2　在线编程

在线编程是把现场控制用的 PLC 连接在编程通信网络中。在运行（RUN）状态下，下载程序，修改程序，检查和调试程序，以及修改通信设置参数等。为了确保在线编程工作的安全，应切实注意以下几方面问题。

RUN 模式下编程是把 PLC 置于编程系统中，PLC 的 CPU 是以运行的方式，接收下载的程序（或安装程序）。因此，PLC 的 CPU 对应的版本必须指明它在 RUN 模式下具有编辑功能。

RUN 模式下，只能编辑 CPU 中的程序。故存放在存储卡 EEPROM 中的程序必须输入 CPU。

RUN 模式下，是以通信方式编译程序，必须履行通信请求，通信中断，要占用 CPU 的循环扫描时间。通信请求时间占循环扫描时间的百分比，称背景时间。CPU 处理通信请求时间占循环扫描时间的百分比的默认值为 10%。但可调节，最大值是 50%，最小增量为 5%。为系统提供一个合理的通信请求时间，减小对控制过程的影响。

RUN 模式下修改程序，是一个必须严肃对待的问题。编程人员必须明白：改动程序中任意一元素会造成什么影响？每一样具体操作会产生什么样的后果？不允许贸然的在运行方式下修改程序，不然，会损坏系统，甚至造成人身事故，在线编程步骤及其操作如下：

1. 联机

在线编程必须把选用的 PLC 连接到系统中，此操作称为联机，在此，以 S7-200 为例。操作步骤如下：

(1) 打开 STEP7 - Micro/WIN32，单击通信图标，或选择菜单中的命令 "View＞Communi-cations"。将出现一个"建立通信对话框"，见图 6 - 17，显示没有连接的 CPU。

（2）双击建立通信对话框中的刷新图标。STEP7－Micro/WIN32能检查网络中连接的任意一个S7—200CPU（站），并在建立通信对话框中显示每一个站的CPU图标。

（3）双击要进行通信的站，在建立通信对话框中可以看到所选站的通信参数，就可以与所选的S7-200CPU进行通信，联机编程。

2. 使连接的PLC处于运行（RUN）模式

在选择PLC后，并能在运行（RUN）模式下编程时，先把被连接的PLC的CPU的通信参数输入后，启动PLC，使CPU处于运行状态，其操作：

（1）选择Debug＞Program Edit in RUN，显示程序状态，如图6－18所示。

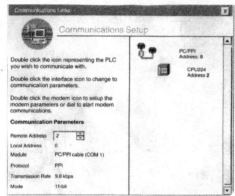

图6-17　建立通信对话框　　　　　　　　　　图6-18　显示程序状态

259

（2）图6－18中所显示的是PLC CPU中的程序。如果所显示的程序与创建项目编制的程序不同，将出现存盘提示。

（3）如果将所连接CPU中的程序安装，则选择"Continue"对话框，在该框给出RUN模式下的各种警告。

3. 修改PLC的通信参数

当把PLC连接到编程系统后，PLC的通信参数可能与编程的通信参数不一致，则需要修改PLC的通信参数，其步骤如下，参照修改PLC通信参数对话框如图6－19所示。

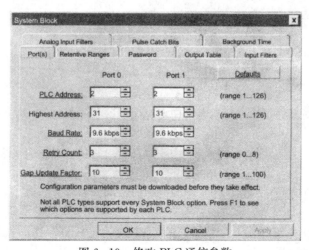

图6-19　修改PLC通信参数

（1）单击导引条中的系统块图标，或从主菜单中选择"View＞System Block"。

（2）出现系统块对话框。单击 Port（s）项。默认站地址是 2；波特率 9.6kBaud。

（3）单击"OK"存储通信参数。如果要修改参数，先进行修改，然后，单击"Apply"按钮，然后，再单击"OK"。

（4）单击工具条中的安装图标，把修改后的参数装入到 PLC。

4．设定背景时间

设定背景时间就是设定通信请求时间在循环扫描时间中的百分比。设定背景时间画面对话框如图 6-20 所示。

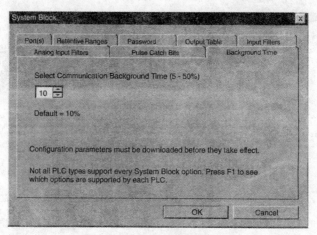

图 6-20　设定背景时间画面

其操作是选择背景时间标签页来设定通信请求时间在循环扫描时间中的百分比，并下载到CPU 中。

5．清除原有程序

为了使新编程序在执行时不受任何干扰，在往 S7-200CPU 中下载新程序之前，最好清除CPU 中原有的程序，重新分配I/O 点，也使新程序有充足的存储空间。其操作是在 STEP7-Micro/WIN32 编程软件窗口中：

（1）单击菜单 PLC 中的"清除"项。

（2）在弹出的对话框中，选择"清除全部"项。

6．存储程序

将编制的程序转存到随机存储器（RAM）或 EEPROM 存储卡中，操作步骤是在 STEP7-Micro/WIN32 编程软件窗口中：

（1）在菜单条中，选择菜单命令 File＞Save AS。

（2）在 Save AS 对话框中输入项目名，即可存储新编制的程序。

7．下载程序

在 RUN 模式上下载程序前，应全面考虑因 PLC 数字系统的存储记忆特性，可能产生如下诸多问题：

在 RUN 模式编程状态下，如果取消一个正在运行的逻辑输出，在下一次 CPU 上电前仍会保持这个逻辑输出。例如：

如果正在运行高速计数器（HSC）或高速脉冲 PTO/PWM 功能，在下一次 CPU 上电前将保持 HSC 或 PTO/PWM 功能。

如果取消给中断事件分配中断程序指令（ATCH），并满足第一次扫描要求的条件，在CPU下一次上电将继续执行中断。反之，加入一个ATCH指令，在下一次CPU上电则不执行这些指令；同理，如取消允许中断指令（ENI）在下一次CPU上电将继续执行中断。

如果修改地址表，在旧程序向新程序转换时又将接收指令激活，将把所接收的数据写入旧地址表。以及读网络指令（NETW）和写网络指令（NETR）的转换也是如此，等等。

上述种种，都将影响下载程序，留下不应有的弊病和影响，应切实禁忌！下载程序操作步骤：

（1）下载程序前，S7-200CPU必须处于停止（STOP）模式。单击工具条中"停止"按钮，可进入STOP模式。如果不在STOP模式，则可将CPU模块下方的方式开关扳至STOP位置。

（2）单击工具条中"下载"按钮，出现一个下载对话框，可分别下载程序块、数据块和系统块。

（3）下载结束，确认框显示"下载成功"。单击"OK"按钮。

如STEP7 - Micro/WIN32要下载程序的CPU型号与实际型号不一致，将会出现警告信息，应修改CPU型号后，再下载。

（4）退出RUN模式编程，选择Debug＞Program Edit in RUN，单击"Checkmark"即可。应记住存盘。

8. 显示程序状态

STEP7 - Micro/WIN32编程软件可以显示梯形图程序状态、功能块图程序和语句表程序状态，为检查监视程序提供应有的条件。

（1）编程软件中的程序编辑器能在线监视梯形图程序状态，显示梯形图操作数的状态值。梯形图操作数值状态显示选择见表6-4。梯形图程序状态显示如图6-21所示。

表 6 - 4　　　　　　　　　　梯形图操作数值状态显示选择

| 显 示 选 项 | LAD状态显示 |
|---|---|
| 显示指令内部的地址和指令外部的值 | ADD<br>EN  EB0<br>+777 — VW0  VW4 — +800<br>+23 — VW2 |
| 显示指令外部的地址和值 | ADD<br>EN  EB0<br>+777 = VW0 — IN1  OUT — +800 = VW4<br>+23 = VW2 — IN2 |
| 只显示状态值 | ADD<br>EN  EB0<br>+777 — IN1  OUT — +800<br>+23 — IN2 |

（2）显示梯形图程序和操作数值的操作。

1）选择菜单命令 Tools＞Options，然后选择 LAD 状态表。

2）打开 LAD 状态窗口，从工具条中选择程序状态图标，即显示 PLC 经过多个扫描周期采集的状态值，然后刷新屏幕上显示的梯形图。梯形图的状态显示不反映程序执行时的每个梯形图元素的实际状态。

（3）编程软件中程序编辑器也能监视功能块图程序的状态，显示所有指令操作数的值。功能块图操作数值显示和功能块图程序显示与梯形图的相同。其操作：

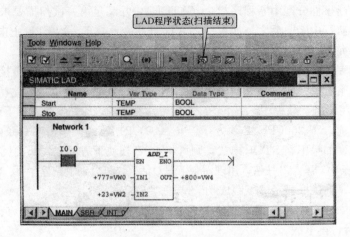

图6-21　梯形图程序状态显示

1) 选择菜单命令 Tools>Options，然后选择 FBD 状态表。

2) 打开 FBD 状态窗口，从工具条中选择状态图标。

3) 功能块图显示与梯形图显示的功能、性质相同。

（4）编程软件对语句表程序提供了一种"STL 状态图"的监控程序运行状态的方法。即通过 STL 状态窗口监控 STL 状态图，指出"指令到指令"间程序的运行状态。从编辑窗口顶端的第一句 STL 语句开始，向下滚动，将从 CPU 中获取的信息显示在屏幕中，在全屏可以显示 200 字节或 25 个 STL 状态行。如超过，在窗口出现"-"。显示语句表的操作如下：

1) 选择工具栏上的程序状态按钮，打开 STL 状态窗口。STL 状态窗口见图 6-22。

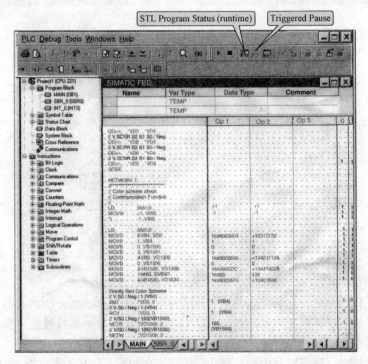

图6-22　STL 状态窗口

2) 调整 STL 编程页面的右边框来显示 STL 状态窗口。

3) 当打开 STL 状态窗口时，STL 代码出现在左侧的 STL 状态窗口里，含有操作数的状态区域显示在右侧。间接寻址的操作数将同时显示指针地址和指针所指的存储单元中的数值。指令地址显示在括号内。

4) STL 程序状态按钮连续不停地更新屏幕上的数值。

5) 用暂停键可以暂停更新屏幕上的数据。当前的数据将保留在屏幕上，直到再按下暂停键。

6) 在屏幕上显示的操作数顺序与它们在指令中出现的顺序一样，当指令被执行时，有关数值将被捕捉，可看到指令的实际运行状态。

7) 指令执行的状态分别用颜色表示：

正在执行的指令用黑色表示；执行的指令有错误用红色表示。

没有执行的指令用灰色表示（或者说无效的指令用灰色表示）。

没有被执行的指令用白色表示。

8) 指令不被执行的条件是：堆栈顶为 0；在执行时，该指令被其他指令跳过或 PLC 处于停止状态。

9) 选择菜单命令 "Tools>Options"，然后选择 STL 状态标签页，所需的变量数值就能出现在 STL 状态窗口里。所需要监控的变量数值是：操作数（每条指令最多 3 个）；逻辑堆栈值（最多 4 个来自堆栈的最新数值）；指令状态位（最多 12 个指令状态位）。

10) 将 PLC 置于停止状态，使能 STL 状态表，然后选择菜单命令：DEBUG>First Scan，可得到第一个扫描周期的信息。

9. 用单次/多次扫描来监视用户程序

单次扫描或多次扫描监视用户程序，对程序排错，应使 PLC S7-200 处于停止模式，设定 CPU 以一定的扫描次数（1~65 535）。然后启动，执行用户程序。在过程变量改变时，监视用户程序的执行情况。以指定扫描次数执行用户程序见图 6-23。

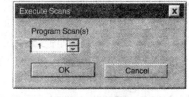

图 6-23 以指定扫描
次数执行用户程序

（1）单次扫描排错。初次扫描前在 S7-200 CPU 处于停止状态时，设定 CPU 一次扫描排错。

1) 使用菜单命令 "Debug>Multiple Scans"，显示每一次扫描中过程变量改变时，监视程序执行情况。

2) 单次扫描过后，使 CPU 处于 STOP 状态，进行排错，然后，单击 "OK" 按钮。

（2）多次扫描排错。初次扫描前，在 S7-200 CPU 处于停止状态时，设定 CPU 多次扫描排错。

1) 使用菜单命令 "Debug>Multiple Scans"，来指定扫描次数。显示扫描中过程变量改变时，监视程序执行情况。

2) 多次扫描过后，使 CPU 处于停止状态，进行排错，然后，单击 "OK" 按钮。

10. 用状态表监控修改程序

（1）创建新的状态表。在编程中，编程软件自动地记录程序状态，存储起来。如果编程元器件很多，最好分组监控，要创建多个表，具体操作：

用右键单击目录树中的 "状态表" 图标，在弹出的窗口中选择 "插入状态表"。新的状态表标签名为 "CHTn"。

（2）打开状态表。单击 "检视" 菜单中的状态表 "选项"，然后进行编辑。

（3）编辑状态表。状态表未启动时，给状态表输入要监视的地址变量和数据类型。比如，定时器、计数器可按位也可按字监视。如果按位监视，显示的是它们输出位的"0状态"或"1状态"。如果按字监视，显示的是它们的当前值。具体操作：

右击状态表中的单元，在光标位置的上部插入一行，也可以按向下的箭头键，把光标置于最后一行单元后，把新的行插在状态表的底部。

（4）启动或关闭状态表。必须关闭或启动已经创建的状态表，才有意义。不然，状态表是个空表，具体操作：

单击工具栏中的状态表图标，可以启动状态表，再操作一次，可关闭状态表。

启动状态表后，更新状态表中的数据，修改状态表中的变量。

（5）切换状态表。一个项目的编程可能有多个状态表。当分别编辑时，可以单击状态表底部的标签，进行切换，对程序进行监控。

（6）读取状态信息。启动状态表后，单击工具栏中的"单项读取"项，读取当前状态，收集状态信息。

（7）用状态表强制改变数据。强制赋值是STEP7－Micro/WIN32用状态表监控修改程序的一种特殊手段。

在RUN模式下，只有强制地对控制没有影响或影响较小的变量赋值。而在STOP模式下，所强制的值不是系统设置的，而是用户根据控制需要强制的，在控制的任意阶段对逻辑点或物理点强制赋值。

1）以位的形式对I/O点强制赋值。

2）以字节、字或双字型式在V、M、AI和AQ区中改变数据。其中，改变AI、AQ区中的模拟量只能以偶字节开始作为地址，并以字节为单元强制修改。

3）强制写入，在状态表中"地址列"选中一个操作数，在"新数值列"写入强制地址。然后，按工具条中的强制按钮。

4）强制取消操作数，选定被强制取消的操作数，作强制取消操作，被锁定的图标消失。

5）读取全部强制，即强制读取地址的当前值。

读取全部强制分为显示强制、隐式强制和部分隐式强制。显示强制就是直接对一位、一字节、一个字或双字的数据强制地全部读取。隐式强制不是直接读取，而是隐蔽地进行强制赋值，属间接性的。部分隐式强制是对数据中的某一部分实行隐式强制。

地址数据具有隐含性。当读取隐含地址的当前值时，必须强制取消隐含当前值的地址，才能读取被隐含的数据。用状态表强制变量见图6－24。

隐式强制和部分隐式强制操作：

①选定隐式强制的灰色锁定图标，作取消强制操作。

②读取被隐含的地址数据。

11. 查看S7-200出错信息

S7-200系统的出错分为致命错误和非致命错误。其中，致命错误会导致CPU停止执行程序。非致命错误不会使CPU停止执行用户程序，但能使CPU运行中某些功能效率降低。

发生致命错误后，会导致CPU无法发挥它的全部或一部分功能。由RUN方式变为STOP方式，点亮系统错误信号灯LED和停止（STOP）运行信号灯（LED），并关闭输出。此时，系统依靠自诊断能力，进行出错寻查，给出错误代码。在致命错误未消除之前，CPU一直保持这种状态。

非致命错误有三种基本类型：运行错误、程序编译错误和运行时编程错误。

运行错误：系统启动时，CPU把读取的I/O配置存放在数据存储器和特殊标志位存储器

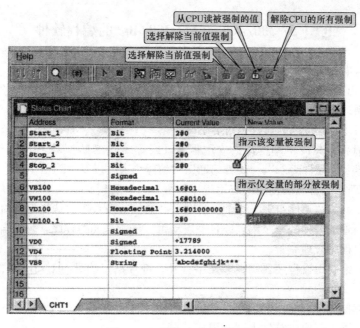

图 6-24　用状态表强制变量

（SM）中。正常运行时，I/O 状态存于 SM 中并定时更新。如果 CPU 发现 I/O 配置有差错，就会在模块错误字节中设置一个配置差错位。这一位要到 I/O 配置相匹配才会复位更新。不然，不会复位也不能更新，这一位给出错误代码。

程序编译错误：CPU 编译程序后分装程序。当 CPU 发现程序中有违反编程规则的地方，会停止下装，并在 SM 中生成错误代码，指示用户纠正后，才能重新分装程序。

在编程时，会产生一些看似正确但与运行条件不相符合的错误，在运行时将被发现，系统也在 SM 区中给出错误代码。

当 CPU 发现非致命错误不会停止执行程序，只是在 SM 区中记录该事件，给出相应的错误代码。但是，可以设计强制 CPU 进入 STOP 方式。处理 S7-200 出错的操作。

（1）查找错误。选择主菜单中的命令"PLC>Lnformation"，用 STEP7 - Micro/WIN32 查看产生错误给出的错误代码。根据代码排除错误。

（2）消除致命错误条件后，重新启动 CPU 的操作。

1）重新启动电源。

2）改变方式开关，确定运行方式。

3）在主菜单中选择"PLC>Powerup Reset"消除所有的致命错误，并重新启动 CPU。

（3）对非致命错误可在程序中设置强制 CPU 进入 STOP 方式，消除错误后，再重新启动 CPU。

（4）用 STEP7 - Micro/WIN32 中的错误状态表查找错误来源。

综上所有操作，可以看出：PLC 的编程操作是软件和硬件有机地结合形成控制系统的过程。

## 6.4 S7-300/400 和 M7-300/400 的编程软件

### 6.4.1 STEP7 标准软件包

SIEMENS 推出的 STEP7 是一个不断升级的编程软件。其中，STEP7V5.2-5.3 则面向 S7/M7/C7-300/400 系列，它是带有各种功能的标准软件包。它运行在 Window95/98/NT4.0/2000/Me/XP 操作系统下。

STEP7 标准软件包集成了编程用的应用程序（或称编程工具）。其中有："SIMATIC 管理器"、"符号编辑器"、"硬件组态"、"硬件诊断"、"编程语言"以及"通信组态"等应用程序。其中，SIMATIC 管理器是管理编程用的应用程序的程序。编程时，它为 S7/M7/C7 系列产品选择编程用的应用程序，如"硬件组态"、"硬件诊断"、"通信组态"等，选择编程时需要的数据和数据的结构形式……管理编程的全过程，能自动启动每一步所需的程序，且能自行初始化、自诊断，使所编的用户程序合理完善。

符号编辑器，编制用户程序要用很多文字符号，符号编辑器具有对 PLC 共享文字符号的管理功能。

（1）为 I/O 存储位或程序段的信号设定符号名和注释。

（2）为符号分类，以便按符号类别选用。

（3）从窗口程序或向窗口程序导出或导入符号。

（4）在任何情况下，所编的应用程序对所用的每一个符号都能自动识别，且能正确地运用。

1. 硬件组态

STEP7 标准软件包能够根据产品的功能采用适当的方式为硬件系统的组件设置参数。

（1）对微型、小型、中型和大型机分别采用位、字节、结构式数据和块参数。

（2）在 CPU 启动过程中，自动地完成各种功能模块（板）以及通信处理器参数的设置，是因为 CPU 中集成了操作系统和用户的应用程序，则由 CPU 按指定的对话框和规则对每一种模块（板）进行参数设置，保证了参数的正确性。

（3）在 CPU 控制中，能保证主站 I/O 和从站 I/O 一致，并以位或通道形式进行输入/输出，且将输入/输出的数据以位或块的结构形式保存在相应的数据区中。

2. 硬件诊断

硬件诊断能随时提供硬件系统的运行状况。通过初始化、自诊断、定时监测每一模块（板）是否正常，且用指定的符号代码在屏幕上给予显示。

（1）显示模块（板）的一般信息和状态，如名称、版本以及是否有故障等。

（2）显示主站 I/O 和从站 I/O 模块（板）的信息。比如，通过使能输出位或状态字来反映数据位或通道以及相关指令的错误信息。

（3）显示诊断缓存区发出的报文。

（4）显示 CPU 控制过程中的信息：

1）用户程序运行过程中发生的故障。

2）循环扫描时间。

3）多点接口（MPI）通信情况及负载状态。

4）显示 I/O 存储位、计数器、定时器及程序段的数量。

3. 编程语言

PLC 常用的编程语言 LAD、FBD 和 STL 是 SIMTIC 生产的任一系列 PLC 都可以选用。

另外，还有 4 种高级语言，它们是结构化控制语言（SCL）、顺序控制语言（GRAPH）、状态图形语言（Higrapn）和连续功能图（CFC）语言。它们是可选语言，都集成在可选软件包。其中：

结构化控制语言（SCL），它是 Pascsl 类型语言，用 SCL 指令编程要比语句表指令更容易，它适合于公式计算，能最优化复杂的算法和管理大量的数据。

4. 顺序控制

顺序控制（CRAPH）适用于编制顺序控制的程序。用 GRAPH 能生成一系列顺序步，确定每一步的内容和步与步之间的转换条件。它是一种类似 STL 的编程语言，能使复杂的顺序控制非常清晰，易于编程，易于故障诊断。

5. 状态图形

状态图形（Higrapn）是把程序分成若干个逻辑块，每一块为一个状态图形，各个状态图形为功能不同的单元，即用图形来描述每一个功能单元的特性。用类似语句表语言来描述赋予各种状态的功能和状态之间的转换条件，使得程序结构清晰，层次明了。整个控制过程的任一时刻只能激活一个状态。整个程序成为各个功能单元的图形组，各功能单元的信息在图形之间交换传递，实现逻辑块间的状态信息控制。

6. 连续功能图

连续功能图（CFC）是把 STEP7 中程序库已有的标准程序段，如逻辑运算、算术运算、自动控制及数据处理等，用 CFC 指令连接起来，构成所需要的应用程序。所以用 CFC 不需要掌握详细的编程知识和控制方面的专门技术。只需要编程人员了解行业的生产工艺或者说生产的控制过程，以此来选用已有的标准程序段，用 CFC 指令连接组合起来。

在 SIMTIC 生产的 M7 系列 PLC 中，还可以采用 C/C++语言编程，可使应用程序结构化得到进一步强化，逻辑规律更清晰。

7. 通信组态

通信组态也是集成在标准软件包中的一组应用程序。通信组态能为通信网络的组合元件及其接口设置通信参数。比如，为 Modem 设置波特率或地址参数。且能通过多点接口（MPI）设置通信连接。向通信数据表输入通信数据的源和目标，选择通信的站。

（1）选择通信的站，且从集成的数据库、程序库中为通信的站选择通信用的数据、数据块和功能块。

（2）通过通信指令为通信数据块和功能块设置通信参数值。

（3）自动形成需要下载的数据、数据块和功能块，且完整地下载到相关站的 CPU 单元中。

随着西门子公司 PLC 产品的更新和升级，STEP7 也在不断地升级其版本，增加了一些新的内容，以便适应增强功能的需要。对于每一位选用 SIMTIC 公司产品的编程人员，面临的是一次再学习，对基础知识重温的过程。温故知新，巩固基础，知识才能更扎实。

## 6.4.2 基本语言的输入规则

梯形图（LAD）、功能块图（FBD）和语句表（STL）被称为 PLC 的基本编程语言，在 STEP7 中，对基本编程语言的输入做了较详细的规定，称为输入规则，亦可称为编程规则。

1. 梯形图元素的输入规则

（1）可以用布尔型逻辑操作的线圈：

1）输出位（　）、置位输出（S）、复位输出（R）；

2）中间变量输出位（　）、上升沿位（P）、下降沿位（N）；

3）计数器/定时器线圈；

4）如果为非（NOT）则跳转（JMPN）；

5）接通主控制继电器（MCR<）；

6）将 RLO 保存到 BR 存储器（SAVE）；

7）返回（RET）。

（2）不可以用布尔逻辑操作的线圈：

1）激活主控制继电器（MCRA）；

2）取消激活主控制继电器（MCRD）；

3）断开主控制继电器（MCR>）；

4）打开数据块（OPN）。

（3）不能用做并行输出的线圈：

1）如果为非（ONT）则跳转（JMPN）；

2）跳转（JMP）；

3）被线圈调用的线圈（CALL）；

4）返回（RET）。

（4）逻辑框中的使能输入"EN"和使能输出"ENO"可以连接，但不是强制性的要求。

（5）如果一个分支仅由一个元素组成，当删除该元素时，整个分支也将被删除；当删除一个逻辑框时，与逻辑框布尔型输入相连接的所有分支，除主分支其他都被删除。

（6）每一个梯形图程序段必须使用线圈或逻辑方框关闭。但不能用"比较框"、"中间变量输出（#）"、上升沿（P）或下降沿（N）计算的线圈关闭程序段。

（7）一个梯形图程序段可由多个分支中的许多元素组成，所有的分支和元素必须进行连接。左电源线是必须存在的能流源，它是永远存在的。

（8）对并行分支应从左到右画出或（OR）分支。并行分支向下打开，向上关闭，并行分支总是在所选梯形图元素之后打开，又总是在所选梯形图元素之后关闭。为删除一个并行分支，可删除分支中所有的元素，删除分支中最后一个元素时，分支便被自动删除。

（9）不能给二进制连接分配常量（数）。对二进制可使用布尔型数据的地址链接。

（10）不能存在导致电流反向流动的分支。如

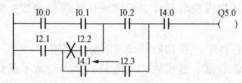

（11）在梯形图中，不能存在导致短路的分支，如

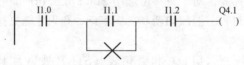

（12）当编程处于改写模式时，可以改写同一类的元素。

2. 功能块图（FBD）元素的输入规则

（1）一个 FBD 程序段中有多个元素，所有的元素都必须链接。

（2）当插入一个 FBD 元素时，要用"???"和"…"作为地址和参数的标记符号。当编程显示屏上是红色的"???"时，表示该地址和参数必须修改。如果显示屏上是黑色"…"时，则表示该地址和参数可以修改。

（3）标准功能框，如触发器、计数器、定时器、算术运算等，可插在二进制逻辑操作（与、或、非、异或）的中间。但比较框除外。

（4）不允许把不同逻辑作为输出的程序编写在一个程序段内。

（5）只能放在逻辑串右边，且结束逻辑串的功能框：

1）设置计数器参数值的功能框；

2）给加计数器或减计数器设置实际参数的功能框；

3）给脉冲定时器或扩展脉冲定时器的参数赋值及启动该定时器的功能框；

4）给接通延时或断开延时定时器的参数赋值及启动该定时器的功能框。

（6）允许用布尔逻辑操作的功能框：

1）输出位（　）、置位输出（S）、复位输出（R）；

2）中间变量输出（#）、上升沿位（P）、下降沿位（N）；

3）计数器/定时器的功能框；

4）逻辑非（ONT）且跳转（JMPN）的功能框；

5）接通主控制继电器（MCR<）；

6）将 RLO 存入 BR 存储器（SAVE）；

7）返回（RET）。

（7）不允许用布尔逻辑操作的功能框：

1）激活主控继电器（MCRA）；

2）取消激活主控继电器（MCRD）；

3）断开主控继电器（MCR>）；

4）打开数据块（OPN）；

5）其他不能用布尔逻辑操作的功能框，根据条件确定。

（8）功能框中的使能输入"EN"和使能输出"ENO"可以链接，亦可以不链接。

（9）二进制不能用常数链接。二进制只能用布尔型（BOOL）数据类型的地址。

（10）当删除一个功能框时，该功能框所有布尔输入分支都将被删除，但主分支除外。修改模式下可以只修改同类元素。

3. 语句表（STL）的输入规则

（1）STL 语句组成的程序段所采用的输入的次序非常重要。程序段语句输入次序要符合逻辑规律，符合工艺要求和事物转换条件，把程序段编好，按既定的次序输入。

（2）STL 语句由标记、指令、地址和注释组成。

（3）以结构化形式编程时，在一个逻辑块中最多可输入 999 个程序段。每个程度段最多可达 2000 行。

（4）每一条语句均单独地占一行。

（5）语句表程序中，对输入的指令或绝对地址，无论是用大写或小写的文字符号，系统都不作任何区分。

上述基本语言输入规则，对西门子公司生产的任一系列的产品都适用。其他公司的产品也有借鉴的价值。

### 6.4.3　STEP7 中的逻辑块

由于结构化的程序层次清晰、逻辑性强，编程简便，易读性强，则成为数字系统编程的发展方向。西门子公司为了适应这一发展趋势，且满足所研发的大中型 PLC（S7/M7/C7）系列产品控制功能的需要，在升级版的 STEP7 中涵盖着若干种逻辑块和数据块，成为编制结构化程序不可缺少的软件资源。

通过编制好的逻辑块可以把一个大的程序分解成单个的，自成体系的、具有独立功能的程序段。使程序结构严谨，层次分明，易于理解，易于修改，易于测试，易于查错，易于调试，简化了程序，使程序实现了标准化。

STEP7 中集成有组织块（OB）、功能块（FB）、功能（FC）和数据块（DB）、约 14 种逻辑块和数据块。

**1. 组织块**

组织块（OB）是存放在存储器中具有组织能力的程序段，是操作系统与用户之间的接口界面。组织块由操作系统调用，控制程序的启动和运行。组织块决定各个部分程序执行的顺序。而组织块之间共分为 29 个优先级，它们要按优先级执行和调用。主程序循环（OB1）优先级最高，日时钟（OB10—OB17）次之，其他依此类推。也就是说，优先级高的 OB 可以中断优先级低的 OB。其中，背景 OB，如同步错误组织块（OB70—OB87/OB121—OB122）最低。

每个组织块（OB）由操作系统提供 20 字节的启动信息。诸如，启动事件、启动日期和时间、诊断的事件以及出现的错误。

**2. 功能块**

功能块（FB）是存放在存储器中具有一定功能的程序段。是用户为了实现某一控制功能而编制的程序段，属于用户编制的程序。功能块的数据都有一个存储区域（或者说有它的背景数据块）。当用一个功能块（FB）控制多个设备时，即多次调用一个功能块时，应该有多个对应的存储区，传送给功能块的参数和数据存放在背景数据块中，以便多次调用，分别控制。

**3. 功能**

功能（FC）是通过堆栈操作实现某一功能的程序段。也是用户编制的程序段，FC 在 CPU 中没有存储区。它使用的是临时变量，临时变量只能存放在局部数据堆栈中。由于它没有存储区不能为它分配初始值。

功能逻辑块是为了执行一个工艺功能或某一逻辑功能而编制的程序段，如数学运算、位逻辑操作等。多数功能是通过对堆栈的操作实现的。

**4. 系统功能块（SFB）和系统功能（SFC）**

系统功能块（SFB）是集成在 S7 CPU 中的功能块，是操作系统的一部分。SFB 在 CPU 中有自己的存储区域。当把 SFB 编入用户程序时，必须为它设置存储区。系统功能集成在 S7 CPU 预先编好的程序，通过测试具有一定的控制功能。

系统功能（SFC）是操作系统的一部分，比如，检查程序、传送数据集、为模板寻址、系统数据通信等。因此，不能用它们编制用户程序，也不能在 CPU 中存储。

**5. 数据块（DB）**

数据块（DB）就是存放在存储器中的数据。这个存储器只存放数据，不存放程序段，数据块又分为共享数据块和背景数据块。

共享数据块中存放的数据供全系统享用，它存储的是生产设备参数和运行参数，其由系统调用，不属于某一逻辑块。

背景数据块　它为某一逻辑块存放数据，或者说是为 CPU 存放数据的存储区域称为背景数据块。比如，某一功能块变量的存储区。因此，不能修改背景数据块。

以上对升级版本 STEPV5.2～5.3 作了简单介绍，目的是说明同一厂家生产的不同系列的 PLC 所配备的编程软件包含的软件资源也存在着一定的差异。其中，有些知识也是编程必须熟悉的。

### 6.4.4 不同厂家推出的编程软件之不同

各 PLC 生产厂商都为自己的产品配备编程软件，且各家研制的编程软件互不兼容。又如前所述，同一厂商生产的 PLC 系列不同，配备的编程软件也不一样。

**1. 编程语言**

PLC 的编程语言主要常用的有梯形图、功能块图和语句表。在编程软件中设计有梯形图、功能块图和语句表的编辑器。但是不同编程软件编辑器里同一类型指令存在一定的差异。

（1）指令的助记符不同。

（2）指令操作数的地址格式不一样。

（3）执行指令的时序不同。比如，有微分和非微分的区分。

（4）相同功能的指令在扫描周期中占用的时间不一样。

（5）设定的指令的种类和数量不一样。

**2. 数据存储区**

PLC 采用数据分区存储，按地址调用，循环扫描的控制方式。为此，编程软件也要设置相适应的共享数据块、背景数据块、程序库和数据库。但是，PLC 设置的数据区存在：

（1）功能相同的数据存储区，不同厂家使用不同的文字符号命名。

（2）存储区的种类不同。

（3）各存储区的容量、地址范围大小不一。

（4）特殊存储位设定的特殊功能不一样。

**3. 数据类型和数据结构**

数据类型是指 PLC 能够处理的数据种类，分为基本数据约 7 种；复杂数据 6～7 种。数据结构通常是指组成数据的位数。不言而喻，功能较低的微型、小型 PLC 只能处理基本数据的位数较少的数据。反之，不单能处理基本数据，又能处理复杂数据。在构成数据的位数上，功能愈强，位数愈多，则以通道来传输和控制。其编程软件配置的数据种类和数据位数要与 PLC 系统功能相匹配。

**4. PLC 的功能**

逻辑控制是 PLC 的基本功能，但是，PLC 的扩展功能是生产厂商自行开发的，在一定程度上是私有的专利，在其编程软件中为其产品设置了具有独到之处的软件资源，供扩展功能编程时调用。

**5. 人机界面**

不同的 PLC 采用不同的编程软件，不同版本的编程软件采用不同的操作系统。目前，比较广泛采用"DOS"和"WIN"。但是，随着 PLC 功能的升级，操作系统的版本也随着升级，其中，人机界面中选用的功能键、触摸屏以及显示系统中的显示方式是不一样的，编程和运行操作各有千秋。

**6. 信息代码**

编程软件中的助记符代码、标题代码、功能代码、错误代码以及启动编程软件的密钥是各厂自行设定，是不通用的。

上述种种，各生产厂商的产品互不兼容，编程软件互不通用，给用户选用 PLC 产品带来一定的局限性。要么选用就得选用同一家的产品，不然，编制程序都有一定的困难。面对现实，单从编程而言，用户首先应熟悉厂家为其 PLC 系列设定的软件资源和配置的编程软件，熟悉编程软件的安装方法、编程的操作步骤、操作规则和程序的调试方法，才能利用编程软件，发挥其编程功能，编制出质量较高的应用程序。

# PLC 编 程 技 术

编写应用程序是一种技术性很强的工作。要掌握编程语言，懂得编程规则，选择编程方法，按照符合逻辑规律的步骤去编写程序。

## 7.1 编 程 语 言

在工程技术中，人们把工程图纸、绘制图纸的文字、图形符号、绘图识图知识以及相关的规则，称为工程语言。同样，当把 PLC 用于自动控制系统时，要编制相适应的应用程序。比如梯形图、功能块图、语句表等。编制的程序、编程中的文字、图形符号以及编程规则，亦称为编程语言。

国际电工委员会（IEC）颁布的《IEC1131—3 标准》是 PLC 程序设计语言的标准。它为 PLC 程序设计所用的语言规定了语法、语义和应用规则，成为 PLC 应用编程中通用标准。其中，对梯形图（LAD）、功能块图（FBD）、语句表（STL）、顺序功能图（SFC）以及《类 Pascal》的高级语言的结构文本（ST）等，都作了技术应用上的规定。

### 7.1.1 梯形图（LAD）

梯形图　用类似继电器的图形符号和指令助记符及相关的控制参数，按规定的规则，构成梯阶形的控制网络图，称之为梯形图。

梯形图简单、直观、易学易懂，易于掌握，具有继电器逻辑的编程语言，对具有继电器控制知识的人非常适宜。梯形图程序是由两条母线中间的输入触点、中间条件触点、中间条件线圈以及输出线圈，用能流线将它们联结起来，构成一层层梯阶（又称逻辑行）组成梯形网络图。其中：

母线　分为左右母线。左母线相当控制电路的相线，它是梯形图的高电位。右母线相当于控制电路的零线，它是梯形图的低电位。左右母线是两条垂直线。在梯形图中，右母线可以不画，但必须在人的逻辑意识中存在，有无右母线，只要条件具备就会产生输出，故画不画都可以。

输入触点　输入触点有两种，一种是物理触点，另一种是逻辑映像触点。二者是对应的，地址编号是相同的（这一点对编程很重要）。输入触点可以是立即输入触点，也可以是映像输入触点。可以是常开触点，也可以是常闭触点，至于采用何种输入触点，由确定的逻辑操作决定。触点状态信息能够输入的条件是：只有输入信号在输入电源两端通过触点构成工作回路且导通，在能流的驱动下触点状态信息才能进入输入映像区。即触点闭合，处于接通（ON）状态，触点状态信号才能输入映像，存储位置 1。反之，触点断开，处于断开（OFF）状态，触点信号不能输入映像，存储位置 0。

中间条件触点(或称中间条件线圈)　中间条件触点（或称线圈）是信息传输元器件，它们是一些逻辑性的常开或常闭触点，由逻辑关系决定触点状态。在控制中，或起逻辑与作用，或起逻辑或作用、逻辑非、逻辑同或、逻辑异或等作用。在功能上将它们称为定时器、计数器或状态继电器（中间继电器）。它们都是控制过程的中间结果。只有相对的逻辑条件具备时，才能被激活，才能传输控制信息。在没有被激活时，它们就是存放在各自存储单元中的信息。

输出线圈　输出线圈是输出驱动元器件，它是输出映像区的一个存储位。其位号（单元地址）与输出物理端子号相对应，地址编号是相同的。当梯阶中有能流时，输出线圈才能被激活，把控制信号传输给负载的启动元器件（晶体管、晶闸管或继电器）。负载启动元器件能够工作的条件是：启动元器件在负载电源两极间接通工作回路，电能驱动负载。

梯级　梯级由左右母线之间的输入触点、中间条件触点（或线圈）、输出线圈和能流构成的信号通道（或称逻辑行）称为梯形图的梯级。每一层梯级以及梯级中的每一条支路都以触点开始。开始触点可以是一个或几个，都体现一种逻辑关系。每一层梯级由输出线圈结束。每一层梯级只允许有一个输出元素。

能流　能流是一个虚拟的概念，相当于控制电路中的电流。在 PLC 内部，在 CPU 的控制下，必须形成一个传输控制信号的通道。在这个通道中流动着由信息和脉冲形成的信息流，称为能流。能流是构成各式各样软继电器且使其被激活的必备条件，是实现逻辑控制的决定因素。有能流，才能有输入。有能流，中间元器件才能发挥逻辑功能。有能流，才能驱动负载起动元器件。

对能流逻辑性能的规定：在梯形图左右两条母线之间，如有能流，从左边流向右边，经过触点流向线圈，线圈被激活。如没有能流，触点不能导通梯级，线圈也就不能被激活。能流只能从左边（高电位）流向右边（低电位），永远不会、也不允许它从右边流向左边，是逻辑所不允许的。

能流只是一个虚概念，但它完全符合逻辑规律，是为了理解梯形图的逻辑规律和性能而虚拟的。简言之，它就是具有一定幅度能量的信息流。

梯形图由若干层梯级组成。每一层梯级由能流传输控制命令。在这些命令的控制下，在 PLC 内部进行着各种各样的逻辑组合，执行着各种控制任务，发挥着预期的逻辑功能，这就是梯形图看似无形却有形的信息控制。

软继电器　在 PLC 内部控制中，无论是触点，还是线圈一律都被称为软继电器，即用软件（程序）控制构成的继电器。在电路结构上，它们是一个个触发器，或者说是一个存储位，它们有对应的地址编号，它们是组成梯形图的最小的逻辑元器件。构成软继电器的规则是：有能流则被激活，起继电器作用。无能流，就是在存储器件中的一位数据信息。

在 PLC 的控制中，触点和线圈是分开的独立个体，它们都称为软继电器。二者无有结构上的物理关系，只有控制上的逻辑关系。它们与物理继电器不同。物理继电器的接点和线圈是同一个继电器的组合元器件，在受电后，线圈励磁，传动接点动作，二者几乎同时动作。而 PLC 中的线圈和触点是分开的两种不同的软继电器，按逻辑关系分时动作故分开编程。

软继电器由它们的功能而命名。如：与左母线连接的输入触点称为输入继电器，与右母线连接的输出线圈称输出继电器。在控制中控制中间条件、过程状态、过程变量以及特殊标志的分别称为中间继电器、状态继电器、变量继电器、特殊标志继电器、定时继电器和计数继电器等。

梯形图是一种图形式编程语言，非常适用于开关量的断续控制系统。

### 7.1.2　功能块图（FBD）

在《IEC1131-3标准》中设有功能块库，存放着适应各种控制的程序软件块。并定义了对应的指令系统，称之为功能块图。

功能块图和梯形图基本相似。只是功能块图是以执行某种控制功能出现，是控制逻辑门电路功能性语言。功能块图指令的助记符、操作数的数据类型及其存储区中的地址完全与梯形图相同。

功能块图亦是一种图形语言，每一个功能块图构成一个指令盒，十分适用于功能性控制。

### 7.1.3　语句表（STL）

语句表是用一条一条用字符组成的指令构成的程序表。每一条指令以助记符来表达其名称和功能，很像汇编语言。在数字系统可直接转换成内码，且是按《ASICC码》、《ISO码》转换的。

但是，语句表非常适合有经验的编程人员使用，它需要编程人员清楚地了解每一条指令的逻辑功能、指令间构成程序段时内部的逻辑关系，且能与实际相结合，正确地应用。

语句表程序以程序段出现，以行为单位。一条指令可占一行或几行。一条指令只有一个步序号。语句表的标准格式见表7-1。

**表7-1　语句表的标准格式**

| 步序号 | 指令操作码 | 指令操作数（源操作数，目的操作数） |
|:---:|:---:|:---:|
| " | " | |
| " | | " |
| " | | " |
| " | | " |

语句表中，步序号指明指令执行的顺序，它与程序的逻辑顺序相对应，不可改动。因此，用语句表指令编写程序时，必须明确程序段，并以每一段需要的控制功能来选用指令。每一条指令具体的控制动作必须符合生产过程中工艺要求的客观规律。

### 7.1.4　顺序功能图（SFC）

顺序功能图表达的是受控元器件状态转换情况及其控制流程。所以，功能图又称状态转换图、状态图或顺序控制功能流程图。

通过顺序功能图描述程序的控制过程、控制功能和控制特性。因此，顺序功能图是设计顺序控制程序的一种十分得力的工具。用顺序功能图设计的程序，结构清晰，过程明了，逻辑性强，功能准确可靠。这种结构性的设计方法已被国际电工委员会（IEC）在《IEC-1131-3标准》标准化，得到国际上认可。德国西门子、美国A-B公司、日本三菱、富士通公司对所生产的PLC都配备了顺序功能图软件。

1986年，我国颁布了《GB 6988·6—1986功能图》国家标准。

1. 组成顺序功能图的元素

组成SFC的基本元素有流程步、有向线段、转换和动作说明。

（1）流程步。流程步又称工作步，它是控制流程中的一个稳定状态，它用矩形方框表示，框内的数字表示步的编号。系统工作的一个循环过程由若干个流程步组成，且是顺序连接的。其中，有活动步和非活动步。当流程步处于活动状态时，称为活动流程步。当流程步处于非活动状态，称为非活动流程步。处于控制开始阶段且与初始状态相对应的活动步，称为初始步。初始步是控制系统工作的起点，用双线矩形框表示。顺序控制功能图的图形符号见图 7-1。

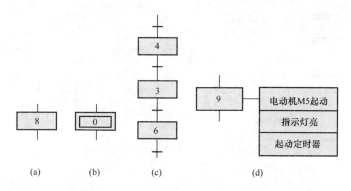

图 7-1　顺序控制功能图的图形符号

(a)、(b) 流程步；(c) 转移和有向线段；(d) 动作说明

控制系统的每一步都要执行某些命令。当某一步处于活动状态时，相对应的命令就被执行。反之，就不能被执行。

与步相关连的命令也用矩形框表示，称为命令框。命令框内的文字或符号表示命令的内容，命令框与相对应步的矩形框是相连的。

在顺序功能图中，命令框分为存储型和非存储型的。其中命令框对应的步不活动时，能继续保存它活动时的状态，称为存储型。然而命令框对应的步不活动时，不能继续保存它活动时的状态，称为非存储型。在顺序功能图中，表达命令的语句应清楚地表明该命令是存储型的还是非存储型的，以便调用及进行逻辑控制。

（2）有向线段。在顺序功能图中，流程步的活动状态进展时，用有向线段表示。步与步之间用转换分隔，且按线段方向进展。

有向线段一般是垂直的或是水平的。进展方向是从上到下或从左到右，用箭头表示。

（3）转换。转换是从一步向另一步进展时的切换条件。两步之间如能切换，就在有向线段上加一横线，表示两步之间可以转换。如向下转换，箭头可以省略。在横线旁，用文字、图形符号或逻辑表达式标注，对转换的动作加以说明。转换、有向线段和动作说明见图 7-1 (c) 和 (d)。其中，对转换动作加以说明的框就是命令框。

转换的步可分为前级步和后续步，它们都可能是一步或几步。当转换条件得到满足后，所有的前级步都活动变为不活动，马上被封锁。而后续步被激活，由不活动变成活动的，执行下一步新的程序，这个过程称为转换实现。

树立上述概念，不单能分析顺序功能图，更能加深认识顺序功能图的结构型式。

2. 顺序功能图的结构型式

顺序功能图的结构型式种类很多。其中，主要的结构型式包括单序列顺序结构、选择性分支结构、并行性分支结构、循环结构、复合结构。顺序功能图结构型式见图 7-2。

图 7-2 (a) 是单序列的顺序结构的 SFC 图，它的特点是步与步之间只有一个转换，转换与转换间只有一步，当条件满足时，发生转换，封锁上一步，激活下一步，控制发生进展。

图 7-2 (b) 是选择性分支结构，其中任一分支的条件得到满足则产生进展。至于哪一条分支能优先得到满足，由控制系统决定。总之，它是具有选择性的控制系统。在选择的前提下，实现顺序控制。这种结构体现出：

各条分支用水平线连接，且通过转换进入各个分支。当某一分支转换条件得到满足，就执行

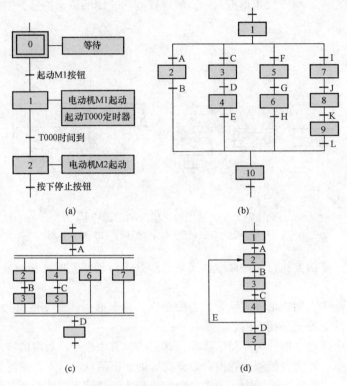

图 7 - 2　顺序功能图结构型式

（a）顺序结构的 SFC 图；（b）选择性分支结构；

（c）并行分支结构；（d）循环结构

这一分支，则不执行其他分支。

各条分支会合亦是通过水平线连接。且每个分支是经过转换进入会合的，故水平线以下不会再有转换。

各条分支会合后，共同转为一个新的流程步，或是后续步，或是结束步。

图 7 - 2（c）是并行分支结构。在图中，若某一步执行完，需要同时启动若干条分支，共同完成控制过程，则需要各分支并行进展。在某一步执行完，需要一个转换后，通过水平双线将各个分支连接起来。水平双线以上的这个必须有的转换条件，称为公共转换条件。只有公共转换条件得到满足，才能同时启动双水平线以下的所有分支。但是，由于各个分支执行完的时间可能不一样，每个分支的最后一步都设置一个等待步。

各条分支结束后，用水平双线又将各条分支汇合，水平双线以上没有转换条件，下方有一个转换条件。

图 7 - 2（d）是循环结构。凡反复运用的单序列顺序功能都采用循环结构。循环一般从某一步开始，到后续步中某一步止，且经转换又返回开始的步。一般循环是有次数的。当达到循环次数，脱离循环，而进入循环后的经转换的下一步。

在此，值得一提的是复合结构是顺序功能图中比较复杂的结构。它可能包括单序列顺序结构、选择性分支结构、并行性分支结构、循环结构中的任意几种或全部。因此，对复合结构，应针对具体问题作具体分析，先制定每一种序列结构，然后，进行复合性组合，要做到步序合理，结构合理，达到控制正确。

### 7.1.5 高级语言

从发展的角度来看，PLC将普及应用高级语言。因为高级语言接近人的语言，具有智能性，PLC将向高级智能性发展，则与之相配合的是高级语言。但这种高级语言是与现有的基本语言有机结合的语言。

当前，PLC应用的高级语言中有的是《类Pascal》，是一种符号语言，它很适应PLC系统将它编译成内码。但对编程人员提出了一个更高的要求：要有应用高级语言编程的知识、经验和能力。

## 7.2 编　　程

### 7.2.1 编程须知

编写程序是一项细微且技术性很强的工作。一般应该熟悉了解被控制的对象、选定PLC主机及其配置、熟悉编程需要的软件资源、确定输入/输出元件、确定I/O点数和编制I/O点分配表、编制内存变量表、选择编程方法和编程语言、编制指令表和编制应用程序，以及下载程序、调试、修改程序。

1. 熟悉被控制对象

熟悉了解被控制的对象是编程的基础，更是编程能否成功的关键。因此，应深入实际，调查研究。倾听生产第一线工程技术人员的意见，做到真正了解受控对象，真正认识受控对象。

（1）受控对象的控制量是数字量还是模拟量，或是脉冲量。

（2）受控对象生产工艺步骤、步骤间的转换条件。每一步所需要的逻辑器件。如输入元件、内部逻辑元件（定时器、计数器、中间继电器）和中间控制元件的数量及其工作原理。

（3）受控对象需要的控制形式。如顺序控制、反馈控制、集散式控制，等等。从而，确定编程方法、相关的逻辑算法以及通信方式等。

2. 选定主机及其配置

在真正认识和掌握了受控对象的基础上选择PLC，确定主机型号及其配置。

不同型号的PLC功能不同。同一系列的PLC型号级别不同时，功能也存在很大的差异。所选的主机应具备受控对象所要求的基础逻辑功能。在控制能力上，如I/O点数、存储容量、传输速率、控制方式应尽量满足需要，应参照相关的PLC的技术规范加以选择。如主机不能满足控制上的需要，在主机负载能力允许的条件下，参照相关扩展功能模块的技术规范，选配扩展I/O模块和扩展功能模块。S7-200 CPU能提供的电流和扩展模块需要的电流见表7-2。S7-200系列能配置扩展模块数和映像寄存器数见表7-3。

正确地选择主机和配置扩展模块，组成一个能够承担起控制任务的整机系统，并且，控制能力应留有一定的余地。

3. 熟悉编程需要的软件资源

PLC的软件是与其硬件相匹配的。选用了什么样的硬件，就应配备相对应的软件资源。如指令、程序、数据和相关信息，供中央处理器调用，实施软件控制。其中：

指令系统：应熟悉所选择的PLC配备的指令系统。根据控制需要选用其中的基本功能指令和扩展功能指令。对于指令应了解和熟知：

1）指令的功能和使用方法。

2）指令数据存储的地址格式及地址编号范围。

277

表 7 - 2　　　　　　　　　　　S7-200CPU 能提供的电流和扩展模块需要的电流

| CPU　22X 为扩展 I/O 提供的 5VDC 电流－mA | | 扩展模块 5VDC 电流消耗－mA | |
|---|---|---|---|
| | | EM221 D18×DC24V | 30 |
| | | EM222 DO8×DC24V | 50 |
| | | EM222 DO8×继电器 | 40 |
| | | EM223 D14/DO4×DC24V | 40 |
| | | EM223 D14/DO4×DC24V/继电器 | 40 |
| | | EM223 D18/DO8×DC24V | 80 |
| CPU222 | 340 | EM223 D18/DO8×DC24V/继电器 | 80 |
| CPU224 | 660 | EM223 D116/DO16×DC24V | 160 |
| CPU226 | 1000 | EM223 D116/DO16×DC24V/继电器 | 150 |
| | | EM231 A14×12 位 | 20 |
| | | EM231 A14×热电偶 | 60 |
| | | EM231 A14×RTD | 60 |
| | | EM232 AQ2×12 位 | 20 |
| | | EM235 A14/AQ1×12 位 | 30 |
| | | EM277 PROFIBUS－DP | 150 |

表 7 - 3　　　　　　　　　S7-200 系列能配置扩展模块数和映像寄存器数

| CPU 型号 | 扩展模块/个 | 数字量映像寄存器 | | 模拟量映像寄存器 | | 注　释 |
|---|---|---|---|---|---|---|
| | | 输入 | 输出 | 输入 | 输出 | |
| CPU221 | — | 128 | 128 | — | — | |
| CPU222 | 2 | 128 | 128 | 16 | 16 | |
| CPU224 | 7 | 128 | 128 | 32 | 32 | |
| CPU226 | 7 | 128 | 128 | 32 | 32 | |

　　3) 指令的数据存储区的划分及数据取值范围。

　　4) 指令采用的数据类型，在《IEC 1131 - 3 指令集》中，规定了梯形图和功能块图指令标准的标识符，颁布了 IEC 1131 - 3 基本数据类型见表 7 - 4；IEC 1131 - 3 复杂数据类型见表 7 - 5。

表 7 - 4　　　　　　　　　　　IEC 1131 - 3 基本数据类型

| 基本数据类型 | 内　容 | 数据范围 |
|---|---|---|
| BOOL（1 位） | 布尔型 | $0\sim1$ |
| BYTE（8 位） | 字节型 | $0\sim255$ |
| WORD（16 位） | 无符号整数 | $0\sim65,535$ |
| INT（16 位） | 有符号整数 | $-32\,768\sim+32\,767$ |
| DWORD（32 位） | 无符号双整数 | $0\sim2^{32}-1$ |
| DINT（32 位） | 有符号双整数 | $-2^{31}\sim2^{31}-1$ |
| REAL（32 位） | IEEE32 浮点数 | $-10^{38}\sim+10^{38}$ |

表 7 - 5　　　　　　　　　　　　　IEC 1131 - 3 复杂数据类型

| 复杂数据类型 | 内　容 | 地 址 范 围 |
|---|---|---|
| TON | 接通延时定时器 | 1ms T32, T96<br>10ms T33~T36, T97~T100<br>100ms T37~T63, T101~T255 |
| TOF | 关断延时定时器 | 1ms T32, T96<br>10ms T33~T36, T97~T100<br>100ms T37~T63, T101~T255 |
| TP | 脉冲 | 1ms T32, T96<br>10ms T33~T36, T97~T100<br>100ms T37~T63, T101~T255 |
| CTU | 加计数器 | 0~255 |
| CTD | 减计数器 | 0~255 |
| CTUD | 加/减计数器 | 0~255 |
| SR | 置位优先位触发器 | — |
| RS | 复位优先位触发器 | — |

5）熟悉各类数据存储区的功能及其相关的信息。S7-200 设置了变量存储区（V）和特殊标志位存储区（SM）的位功能、字节功能、字和双字的功能以及其中的信息的应用知识，它们是编写程序和控制运行中离不开的重要的软件资源。

6）对 PLC 配备的特殊功能模块都有对应的编程指令。如 S7-200 系列中，调制解调器（Modem）有 3 条指令、变频器有 4 条指令、位控模块 EM241 有 7 条指令。并且，将它们对应的程序存放在 V、L 或 SM 区中，供 CPU 调用。编程人员应加以熟悉和掌握。

4. 选择输入输出（I/O）元件

输入元器件是采集信号的元器件，要根据所控制的量是数字量，还是模拟量来选择输入元器件。如果是数字量，则应选用开关类元器件，如按钮、光电开关、行程开关、接近开关等。如是模拟量则应选用相适应的传感器，如压力传感器、光电传感器、温度传感器、位控传感器等。

输出元器件是启动受控对象的元器件，如继电器、晶体管和晶闸管。输入/输出元器件应与 PLC 外接电源的电压等级、功率容量相匹配。编程人员应熟悉其工作原理，使用方法、安装接线。尤其，它们所接的物理端子对应的内存地址。

5. 确定 I/O 点数，编制 I/O 分配表

确定 I/O 点数就是确定 I/O 信号的数量，对于数字量，一个信号占用一个 I/O 点，对于模拟量所占的 I/O 点数由输入/输出数据的位数决定。如数据是 8 位（字节）、16 位（字节）或 32 位（双字），则要对应 I/O 的点数，方能构成信号通道，满足传输数据的需要。

I/O 点数包括一定数量的内部控制位。如定时器位、计数器位和中间继电器位等，应根据内部逻辑位编址的规定，确定 I/O 点数。

每一种 PLC 都有特定的编制 I/O 分配表的规则。S7-200 编制 I/O 地址的规则如下。

（1）数字量 I/O 模块和模拟量 I/O 模块分别编址。数字量 I/O 模块地址前冠以"I"和"Q"。模拟量 I/O 模块地址前冠以"AI"和"AQ"。

（2）数字量 I/O 模块以字节（B）为单元编址。模拟量 I/O 模块以字（W）为单元编址，但以字或双字开始首字节的编号为地址，编号以偶数递增。

（3）一般情况下，智能模块靠近主机安装。编址时以最靠近主机模块的数字量输入模块开始，从左到右，输入地址按字节连续递增。输入/输出地址可以重号，且为对应关系。模拟量模块从最靠近主机的模块开始，从左到右，地址按字（双字节）递增，且以每个字的首字节编址，输入/输出可以重号，且为对应关系。

（4）I/O 模块的 I/O 编址有两种方法。一是统一地对 I/O 点进行分配编址；二是对 I/O 点进行分组分配编址。

若把 I/O 点统一地按顺序分配编址时，一般是把主令控制量的 I/O 点分给主机模块。把分机控制量的 I/O 点分给扩展配置的 I/O 模块。

若把 I/O 点分组分配编址时，对同一台设备的 I/O 点要相对地集中在同一块 I/O 模块上。一般是把主令控制量 I/O 点分给主机模块，单独编址。把分机控制量的 I/O 点分给扩展配置的 I/O 模块，分组编址，地址编号在每一块模块上单独编址，模块间地址无连续关系。I/O 点分组分配编址，十分有利于程序的编写和调试以及运行维护。

（5）PLC 主机模块本身的 I/O 地址都是厂家出厂时设定在系统中，皆为默认值（或称缺省值），在系统手册中都有明确规定。

（6）S7-200 系列 I/O 分配表中的内容包括：

1）分配 I/O 地址的主机模块的型号。

2）输入/输出端子号。

3）对应于输入/输出端子号在输入/输出映像寄存器中的地址编号。

4）内部控制位的地址编号。

5）输入/输出信号名称。

6）输入/输出元器件名称。

6. 编制内存变量表

在 PLC 内部参与控制的量和控制结果的量之间都存在变化的逻辑关系，故称它们为变量。各种变量都存放在各自的存储区内，且有各自的存储地址和数据类型。

为了便于 CPU 调用处理，在编程时要指明各种变量的存储区和存放的单元地址以及数据类型，这一编程过程称为内存变量分配。编制内存变量分配表的内容包括：

（1）调用变量的顺序号。

（2）变量名称。

（3）变量存放地址。

（4）变量的数据类型。

（5）注释　一般为数据位数或控制功能说明等。

7. 选定编程方法

编程方法要因被控制对象的特性来选定。其中：

顺序控制一般是以顺序功能图（SFC）为基础。但是，顺序逻辑控制不仅要考虑条件，还要考虑时间性。所以，可以采用顺序功能图与时序图相结合的方法。

断续的开关量控制系统一般直接用梯形图编程。

时间特性要求比较突出的控制系统一般以时序图为基础来编制程序。

编程经验比较丰富的编程人员，多以解析法为基础，编制语句表程序。

8. 确定编程语言编排指令表

在完成"I/O 点分配"、"内存变量分配"和编程方法所确定的解析式、功能图、流程图或时序图之后，再依据这些表和图，根据个人的编程经验和受控对象的特性确定编程语言，确定需要的指令，编排指令表。

所选的指令能够调用需要的控制功能的全部程序。"内存变量顺序号"、"指令表中的指令号"应与被控制对象的工艺流程（或者说流程步，或者时序顺序）的逻辑步骤相匹配。

所用指令应全面周到，符合控制要求，满足逻辑规律。

9. 确定程序结构

确定程序结构则应了解该系列所用程序的结构形式，即是用主程序调用子程序，还是用组织块组织功能块、数据块组成新程序，程序结构化是编程的发展方向。

10. 编制应用程序

经过以上诸多步骤，已经完全具备了编程条件，编程人员则可以决定是用手工编程，还是借助计算机辅助设计系统编程。

手工编程，则依据"上述三表"将指令编制成应用程序。如果编制的是梯形图，则将指令组织成梯形网络。如果编制的是语句表，则用指令组成程序段。

计算机辅助设计则以"上述三表"为基础，用 PLC 配备的编程软件编程。

无论是手工编程还是计算机（或编程器）编程，都得经过离线和在线的方式，将编程的程序进行调试、修改，下载到 PLC 中。在绝对没有任何编程错误的条件下，方可投入试运行。

### 7.2.2 编程方法

根据编程人员的技术水平和生产过程中的工艺特性，应有针对地选择编程方法，如经验法、解析法、图解法和计算机辅助设计法。

1. 经验法

经验法是依靠个人的经验和吸取他人的经验，收集成功的典型的个人编制的程序，做自己编程的"样机"。

总结个人平时编程的经验，对编程的经验、编程要领、指令使用方法和编程规律加以总结，并在总结中不断提高个人的编程能力。

吸取他人经验，对于诸子百家编写的程序要认真学习，且应避免生搬硬套，发生逻辑笑话。认真地解读成功的程序，总结其中的编程技巧、指令的选用以及程序段间的组合，进行综合分析，吸取精华。总结别人的编程经验，这要经过一个理解、消化和吸收的过程。对成功的程序真正地读得进去，又走得出来，变成自己的知识。

2. 解析法

解析法主要的工具是逻辑代数中的逻辑函数解析式。逻辑函数解析式表明了逻辑函数式中的输出变量与输入变量间逻辑关系。而 PLC 主要的基本功能是逻辑控制，恰恰可以用逻辑函数解析式来揭示 PLC 应用程序的逻辑规律。

例如：

$$Y = A + B \qquad \text{或逻辑}$$
$$Y = A \cdot B \qquad \text{与逻辑}$$
$$Y = \overline{A} \qquad \text{非逻辑}$$
$$Y = \overline{A + B + C} \qquad \text{或非逻辑}$$
$$Y = \overline{A \cdot B \cdot C} \qquad \text{与非逻辑}$$
$$Y = \overline{ABC} + \overline{ABC} \qquad \text{与或非逻辑}$$
$$\vdots$$

在编写程序前，对输入变量与输入变量、输入变量与中间变量、中间变量与中间变量、中间变量与输出变量以及输出变量与输出变量之间的逻辑关系，进行综合分析，列出逻辑函数式。例如：

（1）触点并联是或逻辑 $Y=A+B$。

（2）触点串联是与逻辑 $Y=A \cdot B$。

（3）常开与常闭串联是非逻辑 $Y=\overline{A}$。

（4）相同触点并联是同或逻辑 $Y=A \odot B$。

（5）不相同触点并联是异或逻辑 $Y=A \oplus B$。

归纳相关变量之间的逻辑关系，列出对应的逻辑函数解析式，并应用逻辑代数中的公式、定律和定理，对其化简优化，得到最简单的逻辑函数的解析式。依据逻辑函数解析式画梯形图。

3. 图解法

图解法最常用的是梯形图。可是梯形图是以应用程序角度出现在 PLC 控制系统中。为了获得结构严谨，逻辑关系清晰明了的梯形图，往往以顺序功能图、时序图或流程图为基础，对所要编制的应用程序进行逻辑分析，结构上的定型，为编制梯形图程序奠定可靠的基础。

顺序功能图是以控制的流程步以及步与步之间的转换条件为元素，编制出顺序控制系统的功能图。因此，顺序功能图很适用于顺序控制程序的编制，能使顺序控制程序更加严谨、简洁、明了。

时序图：PLC 采用脉冲循环扫描的控制方法。因此，时序图能真实、实时地反映系统的运行状态和控制的全过程。时序图适应设计与时间有关的控制系统。编程前，先画出输入/输出信号的时序图，根据时序图确定各个时序参与控制的变量和变量对应的编程元素，列出编程的变量表，依据变量表编制应用程序。在 PLC 控制系统中，循环扫描控制过程中，各种信号发生的时序规律如下：

（1）输入信号或称启动信号的时序是对应脉冲方波的上升沿。

（2）信号停止传输的时序是对应脉冲方波的下降沿。

（3）传输信号的时序是对应脉冲的高电平阶段。

（4）中断发生信号和中断返回信号时序是对应脉冲方波的上升沿和下降沿。

（5）信号复位的时序是对应脉冲的低电平阶段。

（6）信号置位且保持运行状态对应脉冲波中的一条直线。

（7）两个相互转换的信号时序一致，是用两个断开的脉冲波表示。

总之，每一个控制信号的时序对应脉冲中的一个特定位置，扫描周期所控制的信号的时序分别用脉冲方波画出，共同组成时序图。

流程图：把控制过程和步骤用图表达出来，即把程序的进程用有向线段把对应的图形符号一一连接起来，所得到的图称为流程图。流程图是一种很好的程序结构设计方法，清晰直观，简单易懂，进程中带有判断框，控制中增加了逻辑判断，增强了程序的可靠性，设计计算机程序时经常使用流程图。流程图的基本图形符号见图 7-3。

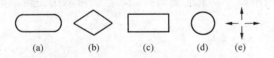

(a)　(b)　(c)　(d)　(e)

图 7-3　流程图的基本图形符号

(a) 椭圆框表示流程的开始和结束；(b) 菱形框为逻辑判断框；
(c) 矩形框为工作框（或称处理框）；(d) 圆框指示流程
之间的连接；(e) 有向线指示程序执行的顺序

流程图能够表示各种结构型式的程序，如顺序控制、分支程序、循环程序以及各种逻辑状态判断的程序。几种典型的流程图见图 7-4。

流程图绘制方法：绘制流程图前，要对编制的程序进行认真地分析，确定其控制过程和步骤。对每一步骤选定相应的图形符号，对其步骤之间确定其逻辑关系，用有向线连接起来，构成符合程序控制过程和步骤的流程图，其绘制方法：

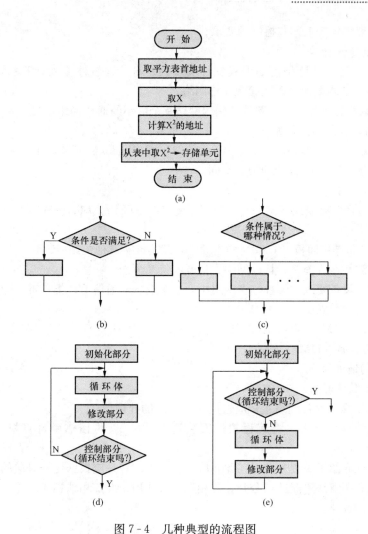

图 7 - 4  几种典型的流程图

（a）单序列流程图；（b）两路分支结构；（c）多路分支结构；（d）"先执行，后判断"的循环结构图；（e）"先判断、后执行"的循环结构图

（1）每一个流程图只能有一个开始框和结束框。

（2）有向线表示程序进程，且用文字（是、否）、符号（N、Y）或文字说明其功能作用。

（3）当程序中有输入信号时，应绘入 I/O 框，且与开始框连接。

（4）当程序中无有输入信号时，应在开始框后用有向线连接处理框。

（5）对输入信号需要判断时，在输入（I/O）框之后，应绘入判断框。当判断为是，用有向线连接处理框。当判断为非，用有向线连接下一个判断，或连接预定义框（对判定的错误进行处理的框）。

（6）在循环程序的流程图中，应在循环中绘入判断框，用于判断循环次数，当没有达到循环次数时，应继续循环将判断后的信号反馈给工作部分的输入端。如果已达到循环次数，则输出用有向线与结束框连接。

对各种流程图的图形符号框的使用没有硬性规定。对其的使用要面向实际，面向受控对象的控制程序，做到流程图所揭示的过程和步骤符合生产工艺所要求的逻辑规律。这需要深入调

**283**

查研究，真正地理解生产工艺和控制的要求。

4. 计算机辅助设计法

计算机（PC）辅助设计是借助编程软件实现的。将编程软件输入计算机，通过通信电缆（PC/PP1）与 S7-200 相连通，组成编程通信网络。

欲使 PC 能承担起编程工作，起码使编程网络有个最小的通信网络配置。例如：当给 S7-200 系列 PLC 编程时，其最小配置如下。

（1）操作系统。为 Windows 2000、Windows Me 或 Windows NT4 以上的版本。

（2）存储容量。500MB 以上的硬盘空间。

（3）最好用鼠标操作。

（4）当用 PC/PP1 电缆连接网络时，只能用配带有 STEP7 – Micro/WIN32 编程软件的 PC 做主站。

（5）当用 PC 和操作面板（T070）作主站时，就不能有其他主站。

（6）网络的波特率应统一，且以网络中最低波特率为准。

（7）网络中的设备要统一编址。在网络中，每个设备的通信地址都是唯一的。

（8）网络通信参数默认值：

1）配带 STEP7 – Micro/WIN32 的 PC 地址为 0。

2）人机界面设备（HM1）的地址为 1。

3）S7-200 的地址为 2。

4）传输速率默认值为 9.6KB/s。

（9）如为 PP1 多站通信网络主机应选用 400MHz 的处理器。

形成编程通信网络之后，将编程软件安装到 PC 中，就可以借助计算机辅助设计应用程序啦。

以上，简单地介绍了编程方法。在此，应说明两点。一是应根据受控对象的特性选择编程方法；二是解析法和图解法不能截然分开，应相互配合使用，发挥相辅相成的作用，使所编制的程序得到最大程度的优化。

## 7.3 编 程 技 巧

应用编程软件可以简便地为可编程序控制器编制应用程序。利用编程软件中丰富的软件资源，科学严谨的编程技巧，编制优质的应用程序。但是，由于条件限制，手头没有编程软件时，可采用一些较成熟的编程技巧。比如：借鉴一些"经验性技巧"；"结合继电器工作原理展开图编制梯形图"等，探讨编程技术，充实编程经验，夯实编程的技术基础。

### 7.3.1 经验性的编程技巧

经验性的编程技巧指的是人们在编程过程中积累的经验。并且实践证明这些经验是成功的，完全可以放心地借鉴。比如："用参考文献提供的经验数据编制 PLC 编程用的 I/O 表"；"用继电器控制中的约束条件提高程序的安全性"以及"运用编程规则与技巧优化程序"等。

1. 用经验数据编制 I/O 表

编制 PLC 应用程序用的输入/输出（I/O）表。它是一个构成程序的逻辑元素表，是编程工作不可缺少的技术依据。编制程序前，要根据控制中输入/输出的信号确定 I/O 点数，以便根据 I/O 点数和控制目的确定元素间的逻辑关系和编写程序的逻辑规律，这一点，对于初入编程人员，尤其在校的学生是有一定困难的。因此，可以借鉴参考文献提供的"典型传动设备及常用电器元件所需的 I/O 点数"，见表 7 - 6。

　　表 7 - 6 是编程专家们总结出来的，在编程时可以借鉴。对于同一种设备的控制，由于编程风格不同，采用的控制方式不同，所用的 I/O 点数可能与表 7 - 6 中的数据不一样，这是允许的。归根结底，只要符合控制要求，满足所需要的逻辑规律，能够实现控制目的，I/O 点数不是一成不变的。表 7 - 6 可作为参考。有了表 7 - 6 就有了编制 I/O 表的底数，对初入编程工作人员十分有利。

表 7 - 6　　　　　　　　　　典型传动设备及常用电器元件所需 PLC 的 I/O 点数

| 序号 | 电气设备、元件 | 输入点数 | 输出点数 | I/O 总数 |
|---|---|---|---|---|
| 1 | Y—△起动的笼型异步电动机 | 4 | 3 | 7 |
| 2 | 单向运行笼型异步电动机 | 4 | 1 | 5 |
| 3 | 可逆运行笼型异步电动机 | 5 | 2 | 7 |
| 4 | 单向变极电动机 | 5 | 3 | 8 |
| 5 | 可逆变极电动机 | 6 | 4 | 10 |
| 6 | 单向运行的直流电机 | 9 | 6 | 15 |
| 7 | 可逆运行的直流电机 | 12 | 8 | 20 |
| 8 | 单线圈电磁阀 | 2 | 1 | 3 |
| 9 | 双线圈电磁阀 | 3 | 2 | 5 |
| 10 | 比例阀 | 3 | 5 | 8 |
| 11 | 按钮开关 | 1 | — | 1 |
| 12 | 光电管开关 | 2 | — | 2 |
| 13 | 信号灯 | — | 1 | 1 |
| 14 | 拨码开关 | 4 | — | 4 |
| 15 | 三挡波段开关 | 3 | — | 3 |
| 16 | 行程开关 | 1 | — | 1 |
| 17 | 接近开关 | 1 | — | 1 |
| 18 | 抱闸 | — | 1 | 1 |
| 19 | 风机 | — | 1 | 1 |
| 20 | 位置开关 | 2 | — | 2 |
| 21 | 功能控制单元 | | | 20（16，32，48；64，128） |

　　2. 用约束条件提高程序的安全性

　　在继电器控制系统中，人们采用自锁、互锁以及得电优先或失电优先等约束条件，提高了设计图纸的科学性，控制过程的安全性，保障和实现了受控设备的安全运行。

　　PLC 控制技术是在继电器控制理论基础上演变、升华、发展起来的。PLC 把继电器控制技术中的硬元件变成了软信息，把硬逻辑变成软逻辑，把可见的控制过程变成了不可见的程序控制。在程序控制下，PLC 内部的电子电路按照控制信息的要求，遵守一定的逻辑规律，进行既定的逻辑组合，实现信息控制下的自动化。其中，相适应的约束条件提高了程序的安全性，保证了生产设备的安全运行。其中：

　　自锁　在梯形图的任意一个梯级中，将输出继电器的常开触点与输入信号的常开触点并联。从而，使输出元件在循环扫描过程中保持被激活状态，称为自锁。自锁能保持梯级中能流的连续性，使输出元件保持在置位状态，使受控设备实现了连续运行，提高了受控系统的安全性。自锁是自动控制下不可缺少的安全技术措施。

　　**互锁**　在两个或两个以上梯级的控制系统中，某一时刻只允许一个梯级工作，不允许其他梯级工作。即用相互间有制约关系的输出继电器的常闭触点去控制对方的梯级。能流一到，常闭打开，实现甲动乙不动，或乙动甲不动，这种相互约束联锁的控制方式称为互锁。比如，电动机正、反转控制的接触器，用常闭触点互锁，实现了你动我不动。

　　无论是继电器控制，还是PLC控制，采用互锁技术杜绝了受控系统三相电路的短路事故和某一时序只执行一种控制。

　　得电优先和失电优先，也称起动优先和停止优先。在梯形图中，如果输入继电器的常开触点直接与输出继电器连接称得电优先。如果输入继电器的常闭触点直接与输出继电器连接称失电优先。

　　得电优先或失电优先由程序设计决定。如果在扫描周期的某一时刻要求输出继电器保持在置位状态，应采用得电优先。如果在扫描周期的某一时刻要求输出继电器处于复位状态，则采用失电优先。从而，保证受控设置适应生产工艺的要求。

　　自锁、互锁、得电优先或失电优先见以下几个编程实例。

　　1）每个输出继电器必须用输入继电器启动，且用自身的常开触点（亦是一个继电器）自锁，用另一个输入继电器的常闭触点做失电条件，如下图：

　　2）当有两个或两个以上的内部标志位继电器同时启动时；可用一个输入继电器的常开触点和一个输入继电器的常闭触点，分别做启动得电和停止失电的条件，并用内部标志位继电器的常开触点自锁，如下图：

　　3）当梯级间互锁时，各梯级分别用输入继电器启动及本梯级输出继电器的常开触点自锁；用同一位输入继电器的常闭触点做各梯级失电的条件；用各输出继电器常闭触点做梯级间的互锁，如下图：

　　在上图3个梯级中，有一个输出继电器启动且自锁，其他两个梯级的输出继电器不能启动。

4）以梯级间互锁程序为基础，可推演出梯级间互控程序，如下图：

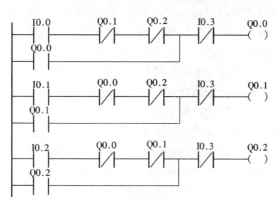

在互控程序中，梯级 1、2、3 分别用 I0.0、I0.1、I0.2 做输入继电器；Q0.0、Q0.1、Q0.2 做输出继电器；I0.3 常闭触点做输出继电器 Q0.0、Q0.1、Q0.2 的失电条件；Q0.0、Q0.1、Q0.2 的常闭触点做各输出继电器得电、失电的切换（互控）条件。

当使其中一个梯级的输出继电器工作，其他梯级都不能工作，如使所有梯级的输入继电器同时闭合，所有梯级都不能工作。

上述三项约束条件是继电器的控制中三把成功的钥匙，也是 PLC 控制编制梯形图离不开的宝贵经验，是必须继承和升华的编程技巧。从而，提高程序的安全性。

3. 运用编程规则与技巧优化程序

运用编程规则与技巧优化程序，是诸多编程专家在多年编程工作经验的总结。每一位编程人员则以精益求精的心态，认真地运用，深入探讨，力争使其更加完善。下面对"梯形图编程规则与技巧"、"编制语句表的规则与技巧"、"顺序功能图的编制规则与技巧"加以小结。

（1）编制梯形图的规则与技巧。梯形图同继电器控制电路相似，由左右两条母线、逻辑触点和逻辑线圈组成。并且，左母线为高电位，右母线为低电位。因此：

1）绘制梯形图应从左至右，从上向下，逐步和逐行（梯级）编制。其中，左母线必须画，右母线可以在逻辑意识中存在，画与不画都可以。

2）触点只能画在水平线上。只能用触点做输入元素。同样，只能用线圈做输出元素。

3）梯形图由多个逻辑行（或称梯阶）组成。每条逻辑行可有多条并联的输入端，经逻辑处理，必须汇集到同一个输出端，并且一条逻辑行只能有一个输出元素。

4）在同一个程序中，同一个存储位可以无数次地用做输入元素。但是，在同一个程序中，同一个存储位只能一次用做输出元素。

5）在同一个程序中，输入/输出端子号，输入/输出存储位号（或对应的通道号）应该相同。

6）在梯形图的竖直线上不能有触点，也不能画输入元素。

7）内部逻辑软继电器，如定时/计数器、中间继电器不能产生向外输出的信号，只能由逻辑最终结果（OUT）产生一个输出。

8）在反馈控制中，输出的存储位信号可以多次用做反馈的输入，既可以是常开触点，也可以是常闭触点，但绝不是输出线圈。输出线圈（或称输出继电器）只能用做输出元素。

9）凡是与运算触点较多的支路应放在梯形图上方。凡是或运算触点较多的支路应放在梯形图左边。这样，可以减少指令条数。

10）在或运算电路中，将分支到线圈之间无触点的支路放在上方，可使能流直接激活输出线圈。

11）对复杂的控制电路，如桥式的、与或混联的电路，可化简为比较简单的逻辑电路，或易于编程的多条等效的与逻辑运算电路，再将各支路与的结果相或后输出。

12）对于输入和内部继电器位可以反复使用多次，且注意程序的直观性和简化。

13）要使程序直观、简单、易懂，降低复杂程度。

14）要把较长的较复杂的程序化成一些较简单的较短的程序块。PLC是从上到下从左到右，连续扫描。因此，上一个逻辑行的输出肯定与下一级的输入相连接，上一级逻辑行的结果会影响下一级的输入状态。这一点是逻辑扫描控制最大的特点，必须考虑逻辑行（或者说梯阶）间输出和输入的逻辑关系，一般是一个转换关系，必须正确，不允许搞错。

15）编程元素的位号应在数据存储的范围内，且与设计的功能相对应。

16）编程数据的地址格式应符合所用的PLC的特定格式。

17）应注意所用PLC的特殊功能和特殊的技术规则。

（2）编制语句表的规则与技巧。语句表是用指令符号编程，与汇编语言相似。因此：

1）所用指令助记符要能体现指令的名称和功能。

2）一条指令或一个程序段由若干字符串组成。每一个字符串表示一个控制动作。因此，一条指令或一个程序段的各个字符串应真正体现程序所要求的功能和结构形式。

3）一个程序可能由若干段子程序组成，每一个子程序以程序段出现，其段号应按程序出现的顺序编排。

4）要化简、优化程序，尽量减少程序步，但不失原设计功能。

5）语句表程序一般要加注释，注释应简洁明了，说明其功能。

6）要遵循语句表书写规则。其中，间隔距离、所用逗点符号（，）应符合要求；语句表中的一条指令只有一个步序号。

7）按控制要求正确使用循环语句。

8）程序结束，应使用结束符END。

（3）顺序功能图（SFC）的编程规则与技巧。SFC编程是按照程序的控制顺序编制顺序功能图（SFC）。应遵循如下规则与技巧：

1）每一个顺序功能图至少应有一个初始步，初始步用双线矩形框表示。

2）步又分为前级步和后续步，步与步之间用转换隔开，即在有向线段上加一小横线。

3）转换和转换之间必须用步隔开。

4）说明步的命令框应与相对应步的矩形框连接。

5）应用双横线把一个步向多条并行分支转换，还应用双横线将多条并行分支汇合后，转换给某一个后续步。

6）步与转换之间用有向线段连接。其有向线段的方向是从上到下，从左到右。正常时，一般是不加箭头。

7）在步的序列中应对每一步加注步号。对每一转换也在小横线旁加注说明。

8）步的命令框是说明执行该步命令功能的，如控制功能、信号功能、自锁、互锁、定时、计数等功能，说明的文字要简洁恰当。

### 7.3.2 结合展开图编制梯形图

为了叙述上的简洁，把继电器工作原理展开图简称为展开图。

自动控制技术发展到今天，已经实现了数字化。机械加工使用上了数控机床，继电保护实现了数字保护。在科学研究、国防军工、农业生产，尤其工业控制大量地使用数控装置。

数控装置有的是用组装的PC或PLC，有的是用单板机（内装CPU芯片）。在自动化生产线上，PLC替代了继电器，已是无争的事实。但是，在操作PLC的技工中，尚有一部分只会操作，不懂原理，尤其在发生故障时，则感到是"一头雾水"。那么，继电器与PLC之间有什么样的关系呢？

1. 演变发展历程

数以千计的继电器产品，数以万计的继电器控制方案，开辟了自动控制的新纪元。在自动控制领域中，继电器曾有过辉煌的年代，做出不可磨灭的贡献。比如，电动机控制中心（MCC），直到今天仍是一种非常理想的控制模式，它是用继电器组合实现的。

半导体技术和集成技术使继电器产品实现了电子化、集成化。继电器由有触点变了无触点，由分立元件变了集成电路。超大型集成电路集成了亿万个电子元件，集成了亿万条控制信息，一块小巧玲珑的模块，使继电器件实现了微型化。为研发微型计算机奠定了基础。

微型计算机的问世，它采用CPU操控，对采集控制的信号存储记忆，对数字量（开关量）实施逻辑控制。当采集的是模拟量时，经过A/D、D/A转换，使微型机适应了各种领域的需要，成了无所不能的控制装置，计算机技术与继电器技术的触合，研制出PLC。PLC在工业控制中，表现出强大的功能，优良的特性成为一代新技术，新设备。

2. 二值逻辑

继电器接点的"接通"和"断开"及其组合是二值逻辑，呈现的是基本逻辑（与、或、非）和复合逻辑（与非、或非、与或非等）。它的逻辑规律是通过接点的串联、并联或混联实现的。

PC或PLC的数学模型是最简单的二值逻辑"1"和"0"。二值逻辑表达的是事物对立统一的逻辑规律，比如，真和假，大和小，高和低，黑和白，阴和阳，通和断等。

通过二值逻辑代码，组成基本逻辑或复合逻辑。对所有的控制，通过数字量和模拟量相互转换以及数制转换，都可以采用二值逻辑及其组合，实现其控制功能。

3. 梯形图与展开图的比较

由于PLC系统配置了CPU，具有了计算机功能。以继电器理论为基础，升华了继电器技术，继承了继电器成功的经验，使PLC既具有计算机功能，又能实施继电器控制技术的新型控制装置，实现了控制技术上的数字化、信息化和智能化。

本书第1章已对PLC与继电器进行过比较。在此，从软、硬件变换角度加以探讨。

继电器的技术语言之一是继电器工作原理展开图。无论是安装接线，还是维护检修都离不开展开图。它表达的是继电器的工作原理和控制中的逻辑规律，是通过导线连接实现的，故称其为硬逻辑控制。

梯形图是一种PLC的编程语言，是PLC应用中最简洁的技术软件。它表达的控制原理和逻辑规律，是通过编程实现的，故称其为软逻辑控制。

不管是绘制展开图，还是编制梯形图，都是在执行编程过程，只是编程方式不同。展开图是通过导线连接实施硬逻辑编程。这种编程，不能存储记忆，对接点不能多次使用，不能随意改动，且只适合控制一种设备。梯形图是通过信息传递实施软逻辑编程。这种编程，能够存储记忆，对接点可以重复调用。编制的程序可以根据需要，随意改动，随时可编，实施对输入信息的程序控制。

对同一受控设备而言，梯形图与展开图之间存在很多相同之处：

（1）图形符号相似。它们都是用接点和线圈来绘制展开图或编制梯形图，且图形符号相似。PLC继承了继电器接点和线圈控制理论。

（2）电路结构相似。它们都有两条母线。在展开图中母线表示电流源。在梯形图中，母线表示能流源。在展开图中，只要回路被导通，线圈就能励磁工作。在梯形图中，只要梯级被导通，能流就能激活线圈。

（3）工作原理相同。无论是展开图，或者是梯形图，它们回路中的元件、或梯级中的编程元素，都按预设的功能，完成预期的控制目的。对同一受控设备而言，展开图与梯形图基本的工作原理是相同的。比如，控制接点（或称编程元素）的导通（ON）或断开（OFF）及它们的组合，完成预期的控制目的。

（4）逻辑规律相同。无论是展开图，还是梯形图的控制过程，只要前提条件具备，就会得到预期的结果。对同一受控设备而言，在展开图中，是通过接点与接点或接点与线圈的连接和组合，体现基本逻辑或复合逻辑。如常开串联为与逻辑；常开并联为或逻辑；常开与常闭串联为非逻辑。在梯形图中，编程元素（存储位）的导通与断开及其组合，来实现基本逻辑或复合逻辑，其逻辑规律是相同的，其逻辑规律是通过程序控制实现的。

4. 编程技术

在结合展开图编制梯形图时，程序控制是把控制元件转换为控制信息，或称编程元素。

编程元素即编程中用到的存储位。存储位的导通（ON）或断开（OFF）及它们的组合，完成预期的控制目的。

将控制编程元素的程序编好，且输入 CPU 内存，由 PLC 系统执行。一些简洁短小的程序执行的过程：

1）输入信号映像存储后，由 CPU 调用。

2）CPU 对调用的信号进行加工处理，如是中间结果，将其信息给予暂存。

3）暂存的中间结果如需再加工，加工处理后须再存储。如不需要再加工，即可与 CPU 发出的时钟脉冲，控制信号合成输出信号，输入/输出映像存储区，给予缓存。

4）当 CPU 发出输出命令，缓存的信号被输出，去控制输出元件。

一些较好的程序段体现如下特点：

1）能很好地运用系统的默认设置。

2）用户设置符合所用 PLC 系统要求，正确合理。

3）一般是从输入存储器调用输入信号开始，到从输出存储区调出输出信号结束，层次明了，逻辑清晰。

4）I/O 存储位与 I/O 点数存在映像关系，点数相同，信号状态值一样。

5）凡是调用的信息，必须先存储后调用。也就是说，凡参与控制的元件，必须先转换为编程元素，编入程序，输入内存，才能参与控制。

因此，编 PLC 的应用程序必须很好地选用软件资源、系统的软件设置，注意 I/O 的映像关系，编程规则和编程技巧，全面细致地编排编程步骤，使编程工作有条不紊地进行。

5. 结合展开图编制梯形图的步骤和过程

（1）第 1 步：确定编程元素。在展开图图形符号旁标注输入/输出变量的名称符号和存储地址编号，以便对照展开图确定 I/O 点数和内部的编程元素。

（2）第 2 步：编制 I/O 表。依据水平展开的展开图确定输入/输出点数，编制 I/O 表。为了适应 PLC 内部的电子电路，输入信号应为 mA、μA 级电流，输入元件应为电子式自动开关。输入点数加上输出点数编制 I/O 表，供编程参考。

（3）第 3 步：等效转换。等效转换是结合展开图编制梯形图。把展开图中的硬元件转换为软信息，把工作回路转换为逻辑行，把控制参数传入内存，把所有的控制信息转换为编程元素。对 PLC 而言，编程元素必须先存储记忆，然后由 CPU 调用，按继电器控制原理编程。所以转换后的编程元素，既要适应 PLC 循环扫描控制，又要符合继电器控制原理，还要体现各元器件的工作特性和相互间的逻辑关系。在转换为梯形图时，应做到：

1）接点的使用。①用常开触点连接输入端的左母线；②开关类的常闭触点应用常开点代替；③受线圈控制的接点应保持在展开图中原来的状态；④逻辑行中串联的接点应尽量少，以便提高可靠性；⑤由于采用扫描控制，定期刷新，信号不走样，对任意一个触点都可以重复使用；⑥参与控制的外部受控设备的触点，如继电器保护跳闸回路中串联接的断路器的常开触点，应视为软继电器，转换为梯形图应通过单独的逻辑行给予存储和调用。

2）线圈的使用。在展开图中，每一个线圈都有它的工作回路，转换为梯形图应有它的逻辑行。在梯形图中，称线圈为逻辑结果（OUT）输出。逻辑结果分为中间结果和最终结果。

中间过程控制的结果称中间结果。它的输出没有控制外部负载的能力，只能通过程序给予暂存，等待调用，参与最终结果的逻辑控制。

中间结果的信息要存入适当的存储区，供 CPU 调用。不同系列的 PLC 对中间结果存储区的分配有些不同。比如，S7-200 将中间结果存入状态标志位置存储区（M）或顺序控制继电器存储区（S）中。因此，中间结果变量的名称符号为 M 或 S，存储地址为 M 或 S 的地址编号。

多数线圈有单独的工作回路，转换为梯形图时有对应的逻辑行。但是，个别的线圈是串接在其他线圈的工作回路中。如信号继电器的线圈是串接在跳闸线圈的工作回路中。在转换为梯形图时，应为它设计单独的逻辑行，以中间结果给予存储，以便调用其触点去控制信号装置。

继电保护起动元件（或称测量元件）线圈也是中间结果逻辑输出元件，它有起动保护的整定值，在梯形图中称预设值（SV），转换为梯形图时，应将预设值传入内存，通过预设值（SV）与当前值（PV）相比较来启动中间结果逻辑输出元件。

在梯形图中，控制最终输出的线圈称为最终结果逻辑输出。最终结果逻辑输出有控制外部负载的能力。它有独立的逻辑行。这个逻辑行的编程元素与原展开图工作回路的元器件有相同功能，逻辑行与工作回路的结构基本相似，但可以化简。

在编程中，不管是中间结果，还是最终结果，逻辑输出线圈只能使用一次。

3）时间继电器。时间继电器起延时控制作用。多数展开图是用一个时间继电器延时控制相关的回路。比如，Y—△变换起动电动机，线圈受电，延时闭合的常开触点和延时断开的常闭触点，按延时整定值将电动机绕组从 Y 形连接切换为△形连接，投入正常运行，从而起降压起动作用。

将展开图转换为梯形图用 3 个定时器等效替代一个时间继电器，其中，一个等效线圈，两个等效延时触点，对它们分设 3 个逻辑行。输入启动信号，启动等效线圈的定时器，再用前边定时器的常开起动后边的定时器。然后，用延时接点切换相关的逻辑行。

定时器按设计时基选用，延时控制的预设值按需要整定。

4）在展开图中用同一个接点控制多条分支电路，转换为梯形图时，该点可以重复使用控制多个逻辑行，起到与原工作回路相同的作用。但是，在不失原来功能的前提下，应注意优化所编的程序，使程序尽量简化。

5）加强程序控制的安全性。每一个逻辑行应采取自锁（有自锁功能的除外）。相互制约的逻辑行应采取互锁，用约束条件增强程序控制的安全性。

6）在梯形图中，名称符号相同、存储地址编号相同的线圈和接点应理解为同一个继电器的组合元件。只是为了适应循环扫描，才把它们分别地称为软继电器。而它们确实是单独的控制信息，故称之为软继电器。

（4）第 4 步：程序用"—（END）"结束。按照展开图工作回路的结构顺序把转换后的逻辑行编制成梯形图网络。值此，结合展开图编制梯形图结束，用"—（END）"表示。

（5）第 5 步：对程序中每一逻辑行加以注释。说明编程意图及逻辑功能等。

（6）第6步：纠错和进一步优化程序。将程序输入智能编程器或PC，进行离线监测，纠正语法错误，进一步优化，观测程序的逻辑输出是否符合原工作回路的技术要求。

（7）第7步：把纠错优化后的程序下载到PLC系统中，进行在线试运行。在线试运行前要把主电路受控负载的接线拆除，测试输出元件的工作状态。比如：用仪表或指示灯来测试输出继电器的工作状态。

（8）第8步：输出元件正常无误，接入负载，启动程序控制，记录运行参数，判断程序及运行参数是否符合设计。在此，明确以下两点：

1）编程指令必须采用所选PLC配备的指令系统。

2）所用编程器应为所选PLC生产厂家配置的。

6. 结合展开图编制梯形图实例（采用S7-200系列指令）

（1）单向起动电动机工作原理展开图转换为梯形图。

1）工作原理展开图见图7-5。

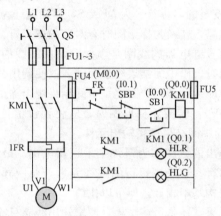

图7-5 单向起动电动机工作原理展开图

2）I/O表。单向起动电动机I/O表见表7-7。

表7-7 单向起动电动机I/O表

| 输 入 信 号 | | 输 出 信 号 | |
|---|---|---|---|
| 输入元件 | 地址 | 输出元件 | 地址 |
| 起动按钮 | I0.0 | 交流接触器 | Q0.0 |
| 停止按钮 | I0.1 | 红色信号灯 | Q0.1 |
| | | 绿色信号灯 | Q0.2 |

3）单向启动电动机I/O接线图如图7-6所示。

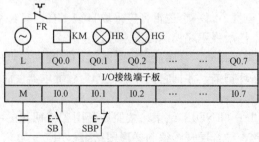

图7-6 单向启动电动机I/O接线图

4) 单向起动电动机梯形图如图 7-7 所示。

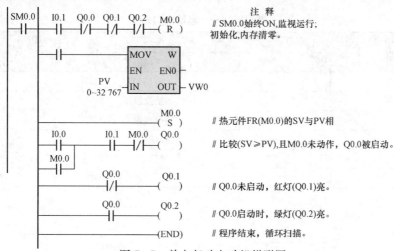

图 7-7 单向起动电动机梯形图

注：M0.0 等效于 FR；SV、PV 皆为实数；Q0.0 等效于 KM1；Q0.1 红灯；Q0.2
绿灯。0~32,767 是 CTU 的 PV 取值范围。

(2) 电动机 Y—△起动的展开图转换为梯形图。

1) 工作原理展开图如图 7-8 所示。

在图 7-8 中，输入信号元器件：SBP（停止按钮）、SB1（起动按钮）；输出信号元器件：
KM1（运行接触器）、KM2（△运行接触器）、KM3（Y起动接触器）、KT（时间继电器）。

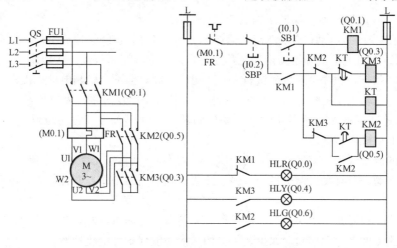

图 7-8 电动机 Y—△起动工作原理展开图

当按下起动按钮 SB1，运行接触器（KM1），Y 形起动接触器（KM3）、时间继电器（KT）
的控制回路导通，将电动机绕组接成星形起动。KT 则开始延时。

KT 按整定值（亦称预设值）$t_1$（s）时间延时，当达到预设值，其延时触点动作，断开
KM3 回路，接通 KM2 回路，电动机绕组从星接切换为角接，进入正常运行。

当按下停止按钮 SBP，断开控制回路电源，KM1、KM2 失电，电动机断电，停止运行。

该控制电路 KM1 和 KM2 的常开触点自锁和 KM2、KM3 常闭触点互锁。

293

2) I/O表。电动机 Y—△起动 I/O表见表7-8。

表7-8　　　　　　　　　　电动机 Y—△起动 I/O表

| 输　入　信　号 | | 输　出　信　号 | |
|---|---|---|---|
| 输入元件名称 | 地址 | 输出元件名称 | 地址 |
| 起动按钮 | I0.1 | 运行接触器（KM1） | Q0.1 |
| 停止按钮 | I0.2 | Y接接触器（KM3） | Q0.3 |
| | | △接接触器（KM2） | Q0.5 |
| | | 红信号灯（HLR） | Q0.0 |
| | | 黄信号灯（HLY） | Q0.4 |
| | | 绿信号灯（HLG） | Q0.6 |

3) 电动机 Y—△启动 I/O接线图如图7-9所示。

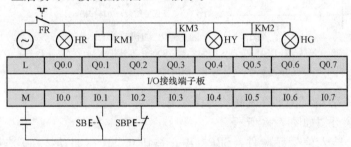

图7-9　电动机 Y—△启动 I/O接线图

4) 电动机 Y—△启动运行梯形图如图7-10所示。

5) 编程控制说明。电动机 Y—△起动运行是 KM3 将电动机绕组捏成星形，电动机起动，经一定的延时，KM2 将电动机绕组切换为三角形，转入正常运行，只经一次切换。

PLC是循环扫描，程序会反复地进行 Y—△切换控制，会不会影响电动机正常运行呢？

众所周知，电动机使用的是 50Hz 的交流电，每秒有 100 次过零。即电压和电流的矢量值有 100 次等于零。但是，电磁元件的惰性、电动机的转动惯性以及过零时间短暂（10ms），只听到电磁交变声，电动机仍继续运行。

循环扫描的速率远大于交流电过零的速率，时间为 μs 级，达几百次，电磁元件来不及切换，电动机仍继续转动。只有发出停机指令，停止按钮或热继电器动作，断开能流，电动机才能停止转动。

(3) 电流速断的展开图和梯形图。当线路或设备发生短路事故时，电流增大且超过保护动作值，保护的电流元件迅速动作起动保护装置，切除故障的保护称电流速断。

1) "电流速断工作原理图"如图7-11所示。

当电流继电器（KA）检测到故障电流且超过其动作的整定值，迅速动作，同时启动中间继电器（KC）。KC常开闭合，串联的信号继电器（KS）的线圈和跳闸线圈（YT）受电励磁，传动断路器（QF）跳闸，切除故障线路或设备。

该保护装置由电流互感器（TA）、电流继电器（KA）、中间继电器（KC）、信号继电器（KS）、断路器的常开辅助触点以及跳闸机构组成。

在此，应强调一下，为了适应 PLC 的电子电路，采集的电流信号应为 mA 或 μA 级。TA 应为电子式互感器，输入信号的外部元件应为电子式自动开关（I0.1）。

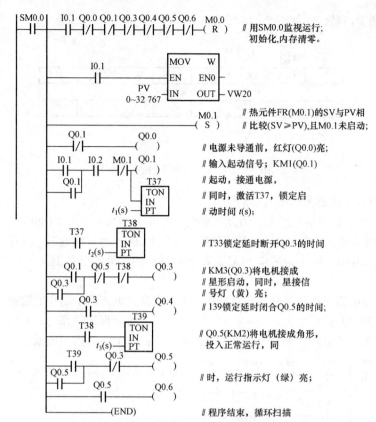

图 7-10 电动机 Y—△启动运行梯形图

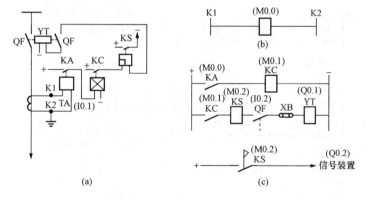

图 7-11 电流速断工作原理图

(a) 原理图；(b) 交流回路；(c) 展开图

2）I/O 表。电流速断 I/O 表见表 7-9。

表 7-9　　　　　　　　　　　　电流速断 I/O 表

| 输 入 信 号 | | 输 出 信 号 | |
|---|---|---|---|
| 输入元件 | 地址 | 输出元件 | 地址 |
| 信号输入（KA） | I0.1 | 跳闸线圈 YT | Q0.1 |
| 断路器（QF）动合 | I0.2 | 信号装置 | Q0.2 |

3) 电流速断 I/O 接线图如图 7-12 所示。

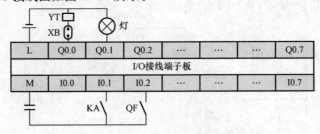

图 7-12　电流速断 I/O 接线图

4) 电流速断保护梯形图如图 7-13 所示。

由于采用 S7-200 系列指令编程。因此，将电流继电器（KA）、中间继电器（KC）、信号继电器（KS）、断路器常开接点（QF）、跳闸线圈（YT）都转换为软继电器，且存储在状态标志位存储区（M）中。其中，I0.1 为适应 PLC 的控制而增设的。即实际控制采集信号的电子式自动开关。

(4) 定时限过电流保护的展开图与梯形图。为了实现过电流保护动作的选择性，各相邻保护时间自负荷向电源方向逐级增大，按阶梯原则进行整定。每套保护动作时间是恒定不变的，与短路电流的大小无关，具有这种动作时限特性的过电流保护称为定时限过电流保护。

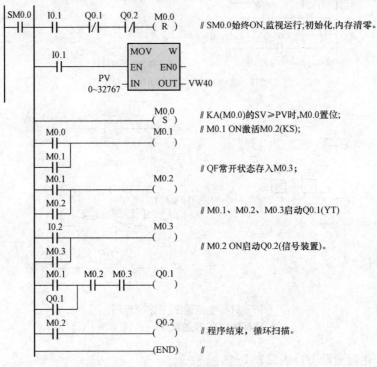

图 7-13　电流速断保护梯形图

注：如操作压板可做开入量。

1) 定时限过电流保护展开图如图 7-14 所示。

图 7-11 中，TA 二次侧 KA 检测到故障电流后，按整定的动作值和固定的延时动作：

①KA 常开闭合，使 KT 受电；②KT 的延时动合接点按规定的时限闭合，KS 和 YT 线圈受

电。KS发出信号，同时传动QF跳闸。

定时限过电流保护各级的时限相同且固定。过电流自负荷侧向电源整定值逐级增大。

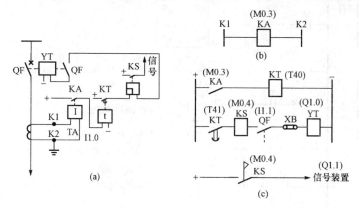

图7-14 定时限过电流保护展开图

(a) 原理图；(b) 交流回路；(c) 展开图

2）I/O表。

| 输 入 信 号 | | 输 出 信 号 | |
|---|---|---|---|
| 元件名称 | 存储地址 | 元件名称 | 存储地址 |
| 信号输入（KA） | I1.0 | 跳闸线圈 YT | Q1.0 |
| QF 常开 | I1.1 | 信号装置 | Q1.1 |

3）定时限过电流 I/O 接线图如图7-15所示。

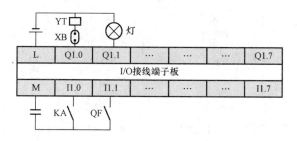

图7-15 定时限过电流 I/O 接线图

4）定时限过电流保护梯形图如图7-16所示。

（5）反时限过电流保护展开图和梯形图。定时限过电流保护的动作时间是恒定的，与短路电流大小无关，只需躲开本级可能出现的最大负荷电流，级间电流动作值相互配合。

反时限过电流保护与定时限过电流保护恰恰相反，动作时间由故障电流的大小决定。短路电流愈大保护动作时间愈短，反之愈长。为了实现反时限特性，一般选用感应型继电器或具有反时限特性的晶体管型的继电器。

1）反时限过电流保护的展开图如图7-17所示。

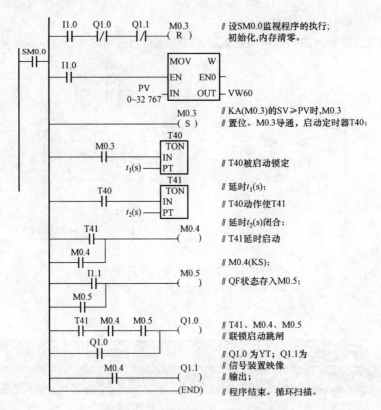

图 7-16　定时限过电流保护梯形图

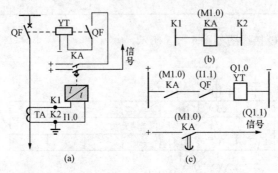

图 7-17　反时限过电流保护工作原理展开图

(a) 原理图；(b) 交流回路；(c) 展开图

2）I/O 表。

| 输　入　信　号 | | 输　出　信　号 | |
|---|---|---|---|
| 元件名称 | 地址 | 元件名称 | 存储地址 |
| 信号输入（KA） | I1.0 | 跳闸线圈 YT | Q1.0 |
| QF 动合 | I1.1 | 信号装置 | Q1.1 |

3）反时限过电流 I/O 接线图如图 7-18 所示。

4）反时限过电流保护的梯形图如图 7-19 所示。

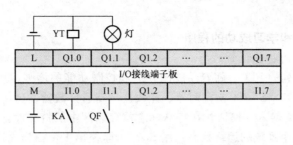

图 7-18　反时限过电流 I/O 接线图

```
SM0.0   I1.0   Q1.0   Q1.1        M1.0
├──┤├────┤├───┤/├───┤/├────────( R )          // SM0.0监视程序的运行;初始化,内存清零。
                            C50
  I1.0               ┌─────────────┐
├──┤├───────────────┤ MOV      W  │
                     │ EN      EN0 │
                PV   │             │
              0~32 767─┤IN      OUT├─ VW100
                     └─────────────┘
                             M1.0
│──────────────────────────( S )              // KA(M1.0)的SV≥PV时,M1.0置位;
  I1.1
├──┤├──────────────────────(M1.1)             // I1.1(QF)的状态存入M1.1。
  M1.1
├──┤├──┤
  M1.0   M1.1              Q1.0
├──┤├────┤├───────────────(   )              // M1.0(KA)、M1.1(QF)
  Q1.0                                         // 都导通(ON)、Q1.0(YT)
├──┤├──┤                                       // 被启动跳闸;
  M1.0                     Q1.1
├──┤├─────────────────────(   )              // M1.0导通也使信号装置(Q1.1)
  Q1.1                                         // 动作;
├──┤├──┤
│─────────────────────────(END)              // 程序结束,循环扫描。
```

图 7-19　反时限过电流保护梯形图

通过以上几个编程实例，可以看出结合展开图编制梯形图的理论依据。

其一，符合计算机控制技术。PLC 是应用计算机技术的电子控制装置。而计算机技术是把控制元素信息化，由 CPU 操控，加以存储记忆，加以逻辑判断，加以逻辑处理，且编制为程序，参与控制。在结合展开图编制梯形图过程中，将展开图中所有的元器件信息化。继电器线圈、触点视为软继电器；断路器的常开触点也视为软继电器；继电器保护动作的整定值，用传送指令以实数传入数据存储区，等等。这些，在过去的文献中没有明确地论述过。而这些必须信息化，变成编程元素，PLC 才能以扫描方式加以控制，才能体现出计算机的技术特性。

其二，体现继电器的工作原理。PLC 是在继电器理论基础上发展起来的。将展开图转换为梯形图的关键是仍按照继电器的控制逻辑组织逻辑行和编排梯形图网络；逻辑行间仍体现继电器线圈控制其触点以及继电器间的控制规律和技术规则，如自锁、互锁等。PLC 把继电器控制技术加以发展、升华，以信息形式适应了程序控制，适应了逻辑思维的智能化。

结合展开图编制梯形图是以计算机技术为核心，以继电器控制技术为基础，充分体现 PLC 的工作原理和技术特性。本文期望，结合展开图编制梯形图这一编程技巧，能起到抛砖引玉的作用，使编程工作变得轻松愉快，简便易行。

实践证明，控制技术是在发展中不断完善的，结合展开图编制梯形图也是如此。在上述的编程实例中，可能存在某些不当，甚至谬误之处，期望广大读者、尤其编程专家们给予指正，以利纠正，使其更加完善。

### 7.3.3 掌握特殊设置和学习成功的程序

**1. 掌握所用 PLC 的特殊设置**

不同品牌、不同系列的 PLC，随着品牌的升级和控制功能的增强，生产厂家对其产品都增加了一些特殊设置，比如，S7-200 对定时器、计数器、高速计数器、高速脉冲输出、中断控制、PID 控制以及通信控制在输入存储区、在特殊标志位存储区中的特殊设置。S7-200 用 SM0.0 在 PLC 启动伊始就监控整个系统的运行状态；用 SM0.1 监控第 1 个扫描周期，对系统初始化，等等。这些是编制应用程序不可缺少的，十分重要。所以在编制应用程序前要搞清所选用 PLC 的特殊设置，以便编程时使用，增强程序的控制功能。

**2. 学习成功的程序**

一些应用程序在实际运行中证明它是成功的。它是编程人员经验的积累，是心血和智慧的结晶，是不可缺少的技术资源。不管它是哪一种 PLC 的应用程序，除了特殊规定，它都有普遍的应用价值。它就像金子一样，永远是发光的。所以，学习成功的程序，从中吸取经验，从中吸取精华，丰富自己，提高编程能力，是不可缺少的途径。

## 7.4 S7-200 的应用程序

为了进一步熟悉 S7-200 的编程规律和编程方法，在本章节列举一些 S7-200 系统的应用程序，来提高编写程序的能力。

下面，运用 S7-200 的指令系统等软件资源，编制了定时器程序、计数器程序、中断控制程序、子程序、顺序控制程序、高速计数器程序、高速脉冲输出程序、PID 控制程序以及 S7-200 系列的通信程序。每一种程序都有它的编程规律以及对应的软件资源。比如，编程指令、数据存储区、数据类型等，尤其，S7-200 设置的特殊存储位，都有它的功能作用。从中掌握 S7-200 的编程技巧。从而，起到举一反三的作用，为熟悉其他品牌机应用程序的编写奠定基础。

### 7.4.1 定时器程序

在工业生产中，需要定时控制。在 S7-200 系列中，配置了三种定时器；接通延时定时器（TON）、断开延时定时器（TOF）和带记忆接通延时定时器（TONR），并设置了对应的定时器指令。

**1. 定时器的工作原理**

S7-200 设置了三种定时器。

其中接通延时定时工作前，TON 的启动信号端（IN）无有信号时，状态值为 0，当前值 SV 为 0。此时，TON 没有工作。当 TON 输入启动信号，输入状态值为 1，开始延时。每经过一个时基的时间，当前值 SV＝SV＋1。当前值大于等于设定值（SV≥PT）时，延时时间到，TON 的输出状态值由 0 转变为 1，停止计时，保持 SV≥PV 值不变。TON 定时的最大值为 32767 个时基。

断开延时定时器（TOF）输入启动信号端（IN）状态值为 1 时，TOF 输入状态值亦为 1（接通状态），TOF 没有工作，当前值为 0。当启动信号状态由 1 变为 0（断开状态）时，TOF 开始延时。每经过一个时基时间，SV＝SV＋1。当 SV≥PT 时，TOF 的延时到，TOF 的输出状态值由 1 转为 0，TOF 停止计时，且保持 SV 值不变。

TONR 的工作原理与 TON 的工作原理相同。但 TONR 对当前值能够记忆。当延时值达到 SV＝PT 前，启动信号输入端 IN 的状态值由 1 变为 0，将 SV 值保存下来。当 IN 端状态值再次由 0 变为 1，在保持的 SV 值上继续累积计时。

**2. 定时器的时基**

S7-200 设置三种定时器，且给定了每一个定时器的编号。对不同编号的定时器赋予了不同的时基，其中：

(1) 接通延时和断开延时定时器的时基。

1) 时基为 1ms 的有 T32、T96。

2) 时基为 10ms 的有 T33～T36、T97～T100。

3) 时基为 100ms 的有 T37～T63、T101～T255。

(2) 带记忆接通延时定时器的时基。

1) 时基为 1ms 的有 T0、T64。

2) 时基为 10ms 的有 T1～T4、T65～T68。

3) 时基为 100ms 的有 T5～T31、T69～T95。

**3. 定时器应用编程**

(1) 确定定时器指令启动信号输入端点，可为 I 区的任一点。

(2) 根据需要的计时方式和计时需要的时基选定 T 的编号 0～255。

(3) 根据工艺控制的时间确定 T 的设定值 PT。

(4) 定时器用于时序控制时，由于时序随脉冲波形变化而变化，应设状态继电器 M 监视时序状态的变化。所用定时器的时基应一致。

(5) S7-200 设有定时中断，故定时控制采用定时中断程序。

**4. 定时控制程序实例**

(1) 接通延时定时器的语句表和梯形图见图 7 - 20 (a)。

　　STL 程序

　　LD　　　　　　　　　　I2.0

　　TON　　　　　　　　　T33，3

(2) 断开延时定时器的语句表和梯形图见图 7 - 20 (b)。

　　STL 程序

　　LD　　　　　　　　　　I0.0

　　TOF　　　　　　　　　T33，3

(3) 有记忆接通延时定时器的语句表和梯形图见图 7 - 20 (c)。

1) STL 程序

　　LD　　　　　　　　　　I2.1

　　TONR　　　　　　　　T2，4

2) LAD 程序

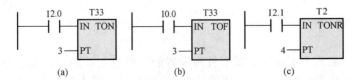

图 7 - 20　定时编程实例

(a) 接通延时定时器的梯形图；(b) 断开延时定时器的梯形图；

(c) 有记忆接通延时定时器的梯形图

7.4.2 计数器应用程序

S7-200中设置了0～255个计数器。可将它们设为增计数器（CTU）、减计数器（CTD）或增减计数器（CTUD）。

1. 计数器工作原理

增计数器（CTU）的复位端信号为1时，当前值等于0（SV=0），其状态值也为0，CTU没有计数。只有复位端的信号为0时，CTU才开始计数。每当输入一个脉冲，当前值增1（SV=SV+1）。当前值大于等于设定值（SV≥PV）时，CTU的状态值变为1，在脉冲作用下，继续计数，直至达到计数的最大值（SV=32767）停止计数。直到复位信号到来，将其复位，当前值为0，CTU状态值为0，输入脉冲，才又开始计数。总之，CTU必须清零，在脉冲作用下才能计数。

减计数器输入端的装载信号为1时，将设定值装入当前值寄存器。此时，当前值等于设定值（SV=PV），CTD的状态值为0，CTD开始计数，每输入一个脉冲，CTD的当前值减1（SV=SV-1），直到SV=0时，CTD的状态值变为1，停止计数。直到输入端装载信号为1，再次装入新的设定值（PV），CTD的状态值亦变为0，CTD再次从设定值开始，进行减计数。

增减计数器是增计数和减计数分别输入计数脉冲，分别体现增计数和减计数的特性。

2. 计数器应用编程

（1）应根据生产工艺的要求选用计数器，确定计数器编号0～255。

（2）要为计数器设置复位信号和装载信号及设定值，来控制其运行。

（3）计数器的各种控制参数信号输入的顺序不可颠倒，尤其在编写语句表式的程序时更应注意。

3. 计数器应用程序

（1）增计数器的语句表（STL）。

```
LD          I4.0
LD          I2.0
CTU         C3, 4
```

（2）减计数器的语句表（STL）。

```
LD          I3.0    //减计数输入
LD          I1.0    //装入输入
CTD         C50, 3
```

（3）增减计数器的语句表（STL）。

```
LD          I4.0    //增计数输入
LD          I3.0    //减计数输入
LD          I2.0    //复位输入
CTUD        C48, 4
```

（4）计数器的梯形图（图7-21）。

7.4.3 中断程序

中断控制是数字装置为了处理突发事件而设置的一种控制功能。S7-200设置了五种中断控制。其中，包括输入中断、定时中断、通信口中断、高速计数器中断和高速脉冲输出中断。PLC利用自诊断功能，发现突发事件，集中处理中断事件。

1. 输入中断

在扫描控制过程中，PLC的CPU监控输入映像寄存器（I）中的I0.0、I0.1、I0.2、I0.3位

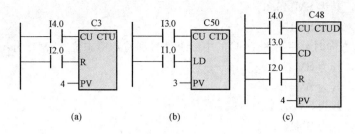

图 7-21 计数器应用程序

(a) 增计数器的梯形图；(b) 减计数器的梯形图；

(c) 增减计数器梯形图

输入信号的上升沿和下降沿的信号状态，发现有畸变走形，马上申请中断，这对提高控制功能的精确度十分重要。

2. 定时中断

S7-200 为定时控制设置了中断服务。是由于定时是一种要求比较严格的控制。并设置了两种定时中断方式，即定时中断 0 和定时中断 1。还为定时中断 0 和定时中断 1 在特殊标志存储区（SM）中设定了中断时间间隔寄存器。其中，定时中断 0 的中断时间间隔值存放在 SMB34 中，定时中断 1 的中断时间间隔值存放在 SMB35 中。

在定时器的当前值等于预设值时，一般要申请中断。在程序中，要将中断事件号与调用的中断程序连接起来。在定时中断中，中断事件与中断方式间的对应关系：

(1) 10# 中断事件与定时中断 0 对应，编程时应启动 SMB34。

(2) 11# 中断事件与定时中断 1 对应，编程时应启动 SMB35。

(3) 21# 中断事件为 T32 的 SV＝PT。

(4) 22# 中断事件为 T96 的 SV＝PT。

3. 通信口中断

在网络通信中，在如下操作中申请中断，执行中断服务。

(1) 通信端口 0 接收字符为 8# 中断事件。

(2) 通信端口 0 发送字符为 9# 中断事件。

(3) 通信端口 0 接收信息完成为 23# 中断事件。

(4) 通信端口 1 接收信息完成为 24# 中断事件。

(5) 通信端口 1 接收字符为 25# 中断事件。

(6) 通信端口 1 发送字符为 26# 中断事件。

4. 高速计数器（HSC）的中断事件及对应的特殊标志位

采用高速计数器对脉冲进行计数时，当预设值等于当前值、改变计数方向和采用外部信号复位都为中断事件，其状态位中的值都发生变化（或为 0，或为 1）。

六种高速计数器的上述 3 种中断事件都规定了对应的中断事件号和事件对应的特殊标志位。

(1) 当前值＝预设值时，每一种 HSC 的中断事件号和特殊标志位（SM）为：

HSC0 为 12#，其为 SM36.6。

HSC1 为 13#，其为 SM46.6。

HSC2 为 16#，其为 SM56.6。

HSC3 为 32#，其为 SM136.6。

303

HSC4 为 29#，其为 SM146.6。

HSC5 为 33#，其为 SM156.6。

（2）改变输入方向时，每一种 HSC 的中断事件号和特殊标志位（SM）为：

HSC0 为 27#，其为 SM37.4。

HSC1 为 14#，其为 SM47.4。

HSC2 为 17#，其为 SM57.4。

HSC4 为 30#，其为 SM147.4。

（3）外部复位时，每一种高速计数器的中断事件号和特殊标志位（SM）为：

HSC0 为 28#，其为 SM37.0。

HSC1 为 15#，其为 SM47.0。

HSC2 为 18#，其为 SM57.0。

HSC4 为 31#，其为 SM147.0。

5. 高速脉冲输出中断

高速脉冲 PLS0 的脉冲数完成为 19# 中断事件，SMD72。

高速脉冲 PLS1 的脉冲数完成为 20# 中断事件，SMD82。

6. 中断编程

发生中断事件，执行中断服务，必须用中断连接指令 ATCH 将中断程序号 INT0～127 与中断事件号 EVNT0～33 连接起来，之后，允许中断（EN1）。

其中，用 SM0.1 位启动子程序，即通过主程序调用子程序。然后用 SM0.0 启动并监控程序中各条指令，完成各种中断操作。

7. 中断程序实例

（1）输入中断程序见图 7 - 22（a）。

（2）定时中断梯形图见图 7 - 22（b）。

### 7.4.4　子程序

西门子公司把一些经常使用的程序段，经调试后，存放在程序区中，并将这些程序段称为子程序。一个较大的程序，可通过调用相关的子程序组成，随时调用，且自动地给子程序编号和控制子程序返回。

1. 子程序的调用

通过 S7-200 的编程软件用 STEP7 - Micro/WIN32 的编程菜单选择需要的子程序。每个子程序都有对应的局部变量表。在该表中表明局部变量存放的地址，输入输出参数名称、变量类型和数据类型。

一个子程序最多可调用 16 个输入输出参数，且是通过编程软件自动生成的。因此，采用编程软件编程变得简单易行。

2. 用子程序编程

（1）调用子程序编程，首先应指明子程序编号（SBR－n）。

（2）子程序不允许自己调用自己（称直接递归）。只允许间接递归，即只允许主程序、中断程序或子程序之间的相互调用。

（3）用子程序编程，不允许在程序中使用结束指令（END），允许用子程序返回指令。

（4）对带参数的子程序的要求：

1）参数必须与变量表中定义的变量完全匹配。

2）应注意参数输入的顺序。输入参数最先，中间参数次之，再其次是输出参数。

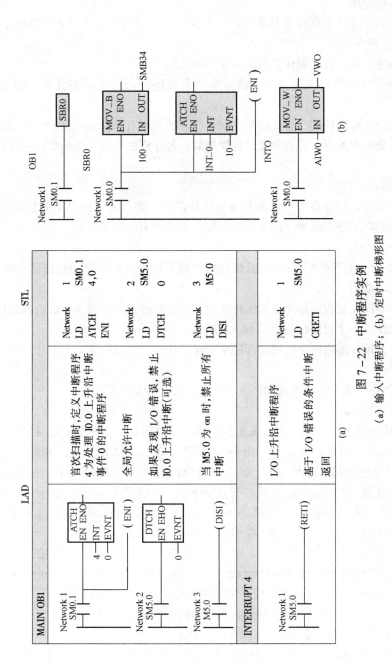

图 7-22　中断程序实例

(a) 输入中断程序；(b) 定时中断梯形图

（5）返回主程序　当输入信号值为 1（I0.1＝1）时，立刻返回主程序。被调用的子程序完成其功能后，达到预定条件都应返回主程序。

3. 子程序实例皆在 STEP7 - Micro/WIN32 中

### 7.4.5　顺序控制程序

S7-200 中设置了 256 个顺序控制继电器（SCR），通过顺序控制指令来编制顺序控制程序。

1. 顺序控制种类

（1）简单顺序控制　若干顺序排列的程序步组成的程序。

（2）并行分支顺序控制　每个分支的程序步是顺序的，而每一条分支之间又以并行关系组合。

（3）选择性分支顺序控制　对组成分支顺序控制的程序有选择地分别加以控制。

（4）并行汇集顺序控制　将各分支并行控制后，各分支的控制结果汇集在一起，再执行顺序控制。

2. 顺序控制功能图（SFC）

按照顺序控制步，用规定的图形符号将顺序控制步、步与步之间状态转换的流程绘制成控制过程图，作为编制顺序控制程序的依据，是编程中最得力的工具。

3. 编制顺序控制程序

（1）编制每一个顺序控制程序时，首先应启动相关的特殊标志位和状态位。在同一程序中，各程序步的状态不能相同。

（2）每一个顺序控制程序都是以 LSCR 开始，启动状态位。以 SCRT 进行状态转换，结束前一个程序步，启动后一个程序步，则以 SCRE 结束。

（3）在程序开始，使输出位置位。程序结束时，使输出位复位。

4. 程序实例

《步进控制程序》是一个步进式控制电磁阀顺序动作的程序。

（1）工作原理如下：

1）按下启动按钮 SB2（I0.1），系统在初始状态下被启动，中间继电器（M0.0）立即置位，其常开触点（M0.0）闭合，启动第一电磁阀 YV1（Q0.0）立即置位。同时，行程开关 SQ1（I0.3）被压合，则使中间继电器（M0.0）立即复位；中间继电器（M0.1）立即置位。

2）中间继电器（M0.1）置位后，其常开触点（M0.1）闭合，使第一个电磁阀 YV1（Q0.0）立即复位，第二个电磁阀 YV2（Q0.1）立即置位。同时，行程开关 SQ2（I0.4）被压合，则使中间继电器（M0.1）立即复位；中间继电器（M0.2）立即置位。

3）中间继电器（M0.2）置位后，其常开触点（M0.2）闭合，使第二个电磁阀 YV2（Q0.1）立即复位，第三个电磁阀 YV3（Q0.2）立即置位。同时，行程开关 SQ3（I0.5）被压合，则使中间继电器（M0.2）立即复位；中间继电器（M0.3）立即置位。

4）中间继电器（M0.3）置位后，其常开触点（M0.3）闭合，使第三个电磁阀 YV3（Q0.2）立即复位，中间继电器 KA4（Q0.3）立即置位。

5）按下停止按钮 SB1（I0.2），中间继电器（M0.0）和中间继电器 KA4（Q0.3）都立即复位断电，程序结束，返回初始状态。

综上，硬件按钮和行程开关的切换作为转换条件，激活 4 个中间（状态）继电器，其输出控制电磁阀一个一个地动作，构成典型的步进式的顺序控制程序。

（2）I/O 分配表见表 7-10。

表 7 - 10             I/O 分 配 表

| 输 入 信 号 | | 输 出 信 号 | |
| --- | --- | --- | --- |
| 启动按钮 SB2 | I0. 1 | 电磁阀线圈 YV1 | Q0. 0 |
| 停止按钮 SB1 | I0. 2 | 电磁阀线圈 YV2 | Q0. 1 |
| 行程开关 SQ1 | I0. 3 | 电磁阀线圈 YV3 | Q0. 2 |
| 行程开关 SQ2 | I0. 4 | 中间继电器 KA4 | Q0. 3 |
| 行程开关 SQ3 | I0. 5 | | |

（3）步进控制顺序功能图见图 7 - 23（a）。

（4）步进控制梯形图见图 7 - 23（b）。

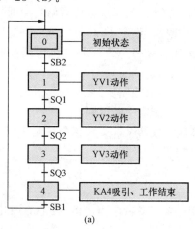

（a）

在初始状态下启动，M0.0 置 1

M0.0＝1，进入第一步序，Q0.0＝1

I0.3＝1，程序转换到第二步序，M0.0＝0，M0.1＝1

M0.0＝1，进入第二步序，Q0.0＝0，Q0.1＝1

I0.4＝1，程序转换到第三步序，M0.1＝0，Q0.2＝1

M0.2＝1，进入第三步序，Q0.1＝0，Q0.2＝1

I0.5＝1，程序转换到第四步序，M0.2＝0，M0.3＝1

M0.3＝1，进入第四步序，Q0.2＝0，Q0.3＝1、KA4 吸合

按停止按钮后，I0.2＝1，Q0.3＝0，KA4 断电，程序结束
返回初始状态

（b）

图 7 - 23 步进控制图

（a）步进控制顺序功能图；（b）步进控制梯形图

### 7.4.6 高速计数器（HSC）程序

为了控制和处理高速计数事件，S7-200 系列在其内存设置了 4～6 个高速计数器，并为其设定了 12 种工作模式、对应的控制字、状态字、当前值和预设值的寄存器，以及 14 种中断事件。以上参数见第 5 章。

1. 编制高速计数器程序的步骤

编写高速计数器程序一般是通过主程序（OB1）调用子程序和中断程序，组成 HSC 程序。其步骤：

（1）在主程序中，通过第一次扫描启动的特殊标志位 SM0.1 输入启动信号，调用子程序 SBR0 对 HSC 初始化。

（2）在 SBR0 中，通过特殊标志位 SM0.0（运行时始终导通）来装载十六进制的控制字，允许 HSC 计数，写入新当前值和预设值，设定 HSC 计数方向到对应的 SMD 中。

（3）调用中断程序。用中断连接指令（ATCH）将中断事件和中断程序连接起来，允许中断。

（4）执行 HSC 指令，进行高速计数控制。

（5）退出子程序。如还有其他控制应中断返回。

注意：在同一个程序中，高速计数器（HSC）指令只能使用一次。

2. 高速计数器程序

HSC1 初始化见图 7 - 24。

### 7.4.7 高速脉冲输出程序

为了控制高速事件，S7-200 设置了脉冲串生成器（PTO）和脉宽调制生成器（PWM），构成高速脉冲输出功能。

1. 特殊输出位 Q0.0 和 Q0.1

西门子公司的设计师将输出位 Q0.0 和 Q0.1 设计成 PTO/PWM 和输出映像共同使用。当系统设定为 PTO/PWM 控制时，Q0.0 和 Q0.1 为 PTO/PWM 的输出位，禁止输出映像使用。一般情况下，Q0.0 和 Q0.1 为输出映像寄存位。因此，启动 PTO/PMW 前，应对 Q0.0 和 Q0.1 清零。

Q0.0 和 Q0.1 分别对应于 PTO/PWM0 和 PTO/PWM1，且将它们的状态参数分别存入 SMB66 和 SMB76；控制参数分别存入 SMB67 和 SMB77；PTO/PWM 的其他参数分别存入 SMW68、 SMW70、 SMD72、 SMB166、 SMW168 和 SMW78、 SMW80、 SMD82、 SMB176、SMW178。

尤其有两点应在编程时特别注意：

（1）掌握多段 PTO 操作的包括表中给出 PTO 操作中的各种参数范围。

（2）熟悉 PTO/PWM 编程时用的十六进制的控制字，对编程十分有用。

2. PTO/PWM 编程步骤

PTO/PWM 生成器有几种单独操作程序。如：修改 PWM 输出脉宽、PTO 单段操作周期及脉冲数和多段脉冲串的操作，等等。它们有共同的编程规律，又有各自独有的编程特点。

（1）共同的编程规律：

1）用第一次扫描的特殊标志位 SM0.1 使第一个输出位 Q0.1 置位，调用初始化子程序 SBR0。

2）用特殊标志位 SM0.0（系统启动后始终导通）来启动并监控所有的编程指令，将 PTO/PWM 的控制字和控制参数装入对应的特殊内存中。

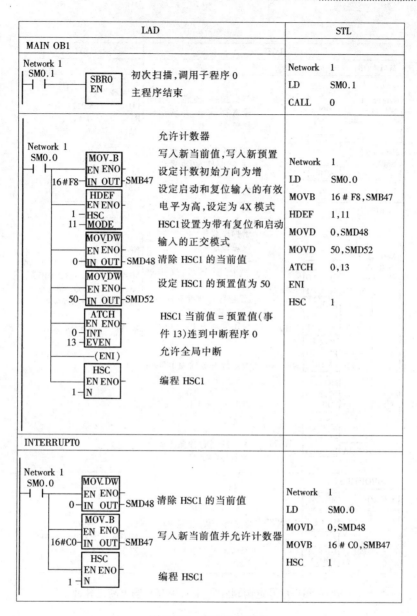

图 7-24 HSC1 初始化

3）当发生 PLS0 和 PLS1 脉冲数完成（19# 和 20#）中断事件时，用中断连接（ATCH）指令将中断事件与中断程序连接起来，允许中断。

4）应用高速脉冲输出（PLS）指令编程。执行相关的 PTO/PWM 操作。

（2）各自独有的编程特点。设置的参数不同，装载的十六进制控制字也不同，对应的特殊标志存储单元也不同。因此，应熟知 PTO/PWM14 个控制字的编程功能，即每一个十六进制控制字在程序中能表达哪几个参数，见表 5-19PTO/PWM 控制操作一览表。

3. 程序实例

（1）用脉宽调制发生器（PWM）输出高速脉冲见图 7-25。

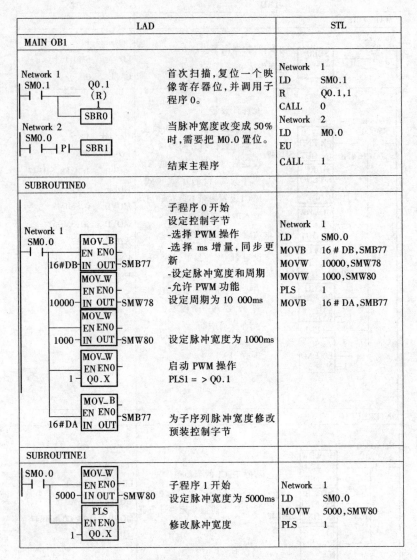

图 7-25  用脉宽调制发生器（PWM）输出高速脉冲

（2）单段脉冲串输出控制见图7-26。

| LAD | STL |
|---|---|
| **MAIN OB1**<br><br>Network 1<br>SM0.1　　Q0.0<br>┤├─────( R )<br>　　　　　　1<br>　　　　　SBR0<br>　　　　　EN<br><br>首次扫描，复位映像寄存器位，并调用子程序0 | Network 1<br>LD　SM0.1<br>R　Q0.0,1<br>CALL　0 |

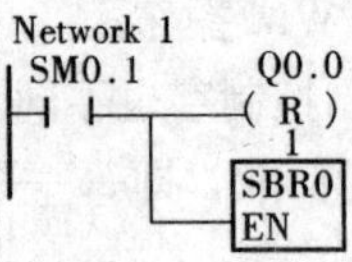

图 7-26  单段脉冲串输出控制（一）

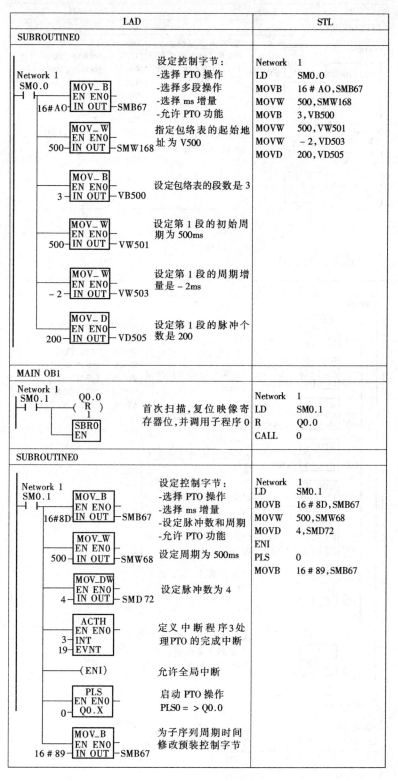

图7-26　单段脉冲串输出控制（二）

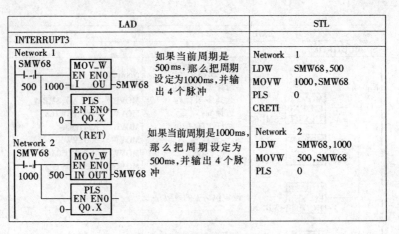

图 7-26 单段脉冲串输出控制（三）

（3）多段脉冲串输出控制见图 7-27。

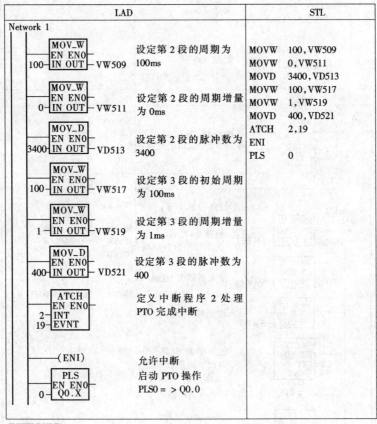

图 7-27 多段脉冲串输出控制

### 7.4.8 PID（比例、积分、微分）控制程序

在反馈控制中，要求输出值接近或等于设定值。也就是说，控制中的过程变量与设定值之间的差尽量的小。为此，则采用 PID 算法调节。

在 S7-200CPU 中设有 PID 控制器，对控制量进行循环调节，来保证输出值等于设定值。

#### 1. PID 的控制特性

PID 控制由 P（比例）、I（积分）、D（微分）回路组成。将计算好的控制参数，如给定值（SP）、比例系数（Kp）、积分系数（Kj）、微分系数（Ka）等输入 PID 控制器。在程序控制下，对受控量进行 PID 调整，使过程变量（PV）与设定值（SP）之差为零。

PID 的输出值（Mct）随时间的变化而变化，是时间的函数。其过程变量经 PID 算法调整，输出值与设定值之间的偏差始终为零。

为了适应 PLC 的功能，要将连续函数离散化。即对偏差值进行间断采样，PID 算法也进行间断调整，将连续的模拟量离散为数字量。之后，再将受控数据进行标准化转换。如，将整数转换为实数，再转换为 0.0～1.0 之间的浮点数，适应 PLC 存储和运算操作。

PID 由三种控制回路组成，可根据反馈控制的精度要求，选用一种、两种或三种。

PID 控制回路的数据存放在全局变量存储区（V）中的回路表里，又称数据表（TBL），是编写程序的依据，只有将控制参数编制成回路表并装入变量存储区（V）中，PID 指令才能调用。

当依据 TBL 为输入输出配置信息数据时，TBL 为 PID 指令提供了两个操作数。一是 TBL 在 V 区中存放数据的起始地址。二是回路号（LOOP）。LOOP 用常量 0～7 表示。

回路表中共有 36 个字节。9 个参数各占 4 个字节，它们以偏移地址存放在变量存储区（V）中。其偏移地址是相对于回路表的首地址而言，各参数存放的地址与首地址之间为 4 的倍数。

在 PID 的应用程序中，最多可使用 8 条 PID 指令，所调用的回路号不允许相同。

PID 控制要求有一定的采样速率。速率需要定时器控制，则可通过定时中断程序控制采样速率，为 PID 控制提供采样时间。

用 PID 指令编程时，要指明回路表（TBL）在 V 区存放参数的首地址和对应的回路号，且在定时中断程序中执行 PID 指令。

#### 2. PID 程序见图 7-28

| LAD | STL（IEC） |
|---|---|
| //主程序 | |

```
//VW100=过程变量（PV）输入量
//如果模拟模块已准备好，它将是一个模拟输入字，并假设该输入的最大范围是
//－2047～＋2047
//VW102=新控制差值（运行期间计算）E（n）
//VW104=为输出值而设计的计算缓冲器
//VW106=输出值
//VW108=设定值（在 CPU214 中，此值能够从模拟调节装置 POTS 中调入）
//VW110=预置定时中断个数，如果控制周期 Tc 大于 255ms，则在此内存字中置数
//计算 Tc 的公式：
//                    VW110×VB113=Tc（单位：ms）
//VW112=未用
//VW113=定时中断 0 的时间（单位：ms）
//注意：  若 VW110 是 0，则控制周期 Tc=VW113（ms）
//        若 VW110 大于 0，则控制周期 Tc=VW110×VB113（ms）
//
//VW114=控制周期 Tc（VW110 与 VB113 之积）
//VW116=未用
//VW118=比例增益。1…1000=0.0078～7.8
//      注意：例如，比例增益为 1，可由 VW118=128 得到
//      注意：比例增益用于 P、I、D 部分，并与这 3 部分的和相乘
```

图 7-28 PID 程序（一）

313

| LAD | STL (IEC) |
|---|---|

// 主程序

// VW120＝积分增益（1···1000＝0.001～1）
// VW122＝微分增益（1···1000＝0.001～1）
// VW124＝最大输出值（<＝＋2047），这是允许的最大输出值
// VW126＝最小输出值（>－2047），这是允许的最小输出值
// VW128＝输出上溢出，此值由启动时，VW124值加1得到
// VW130＝输出下溢出，此值由启动时，VW126值减1得到
// VW132＝旧的控制差值（缓冲值，启动时置0）E（n－1）
// VW134＝积分寄存器（缓冲值，启动时置0）
// VW136＝积分运算缓冲器
// VW138＝积分值
// VW140＝微分运算缓冲器
// VW142＝微分值
// VW144＝微分因子计算缓冲器
// VW146＝微分因子，启动时，由微分增益/控制周期［1/ms］得到
//       （此值实际用于控制器运算）
// VW148 至
// VW154＝用于启动运算的运算缓冲器
// VW156＝定时中断计数器
// VW200 至
// VD214＝用于反馈仿真

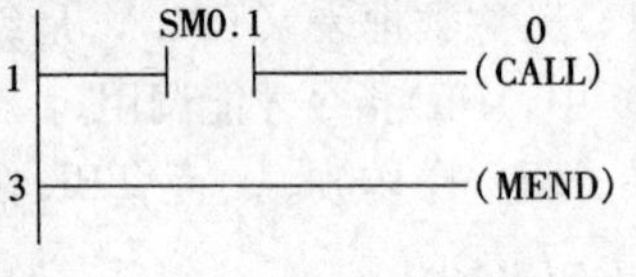

| | |
|---|---|
| 1 ┤ SM0.1 ├──────( CALL )──0 | LD    SM0.1   // 仅首次扫描时 SM0.1 才为 1 |
| | CALL   0      // 调用子程序0，进行启动运算，初始化，设置定时中断 |
| | // 用户程序码段 |
| 3 ──────( MEND ) | MEND          // 主程序结束 |

// 功能：启动子程序

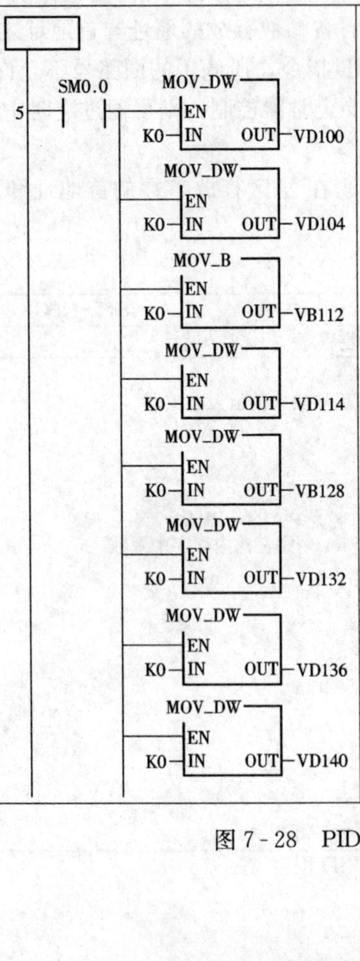

| | |
|---|---|
| | SBR    0      // 子程序0 |
| | // 对各变量进行正确复位 |
| 5 ┤ SM0.0 ├─ MOV_DW ─── EN ─ K0─IN  OUT─VD100 | LD    SM0.0   // SM0.0 总是为1 |
| | MOVD   0,VD100 |
| MOV_DW ─── EN ─ K0─IN  OUT─VD104 | MOVD   0,VD104 |
| MOV_B ─── EN ─ K0─IN  OUT─VB112 | MOVB   0,VB112 |
| MOV_DW ─── EN ─ K0─IN  OUT─VD114 | MOVD   0,VD114 |
| MOV_DW ─── EN ─ K0─IN  OUT─VB128 | MOVD   0,VD128 |
| MOV_DW ─── EN ─ K0─IN  OUT─VD132 | MOVD   0,VD132 |
| MOV_DW ─── EN ─ K0─IN  OUT─VD136 | MOVD   0,VD136 |
| MOV_DW ─── EN ─ K0─IN  OUT─VD140 | MOVD   0,VD140 |

图 7-28  PID程序（二）

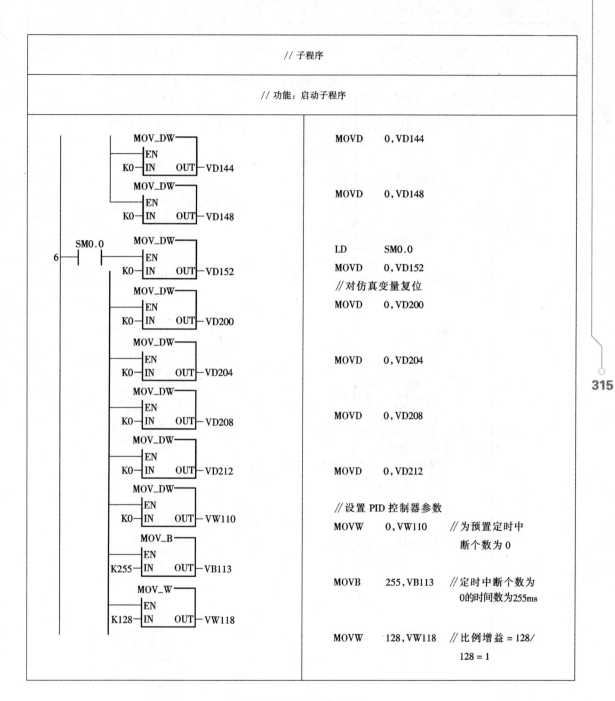

图 7 - 28  PID 程序（三）

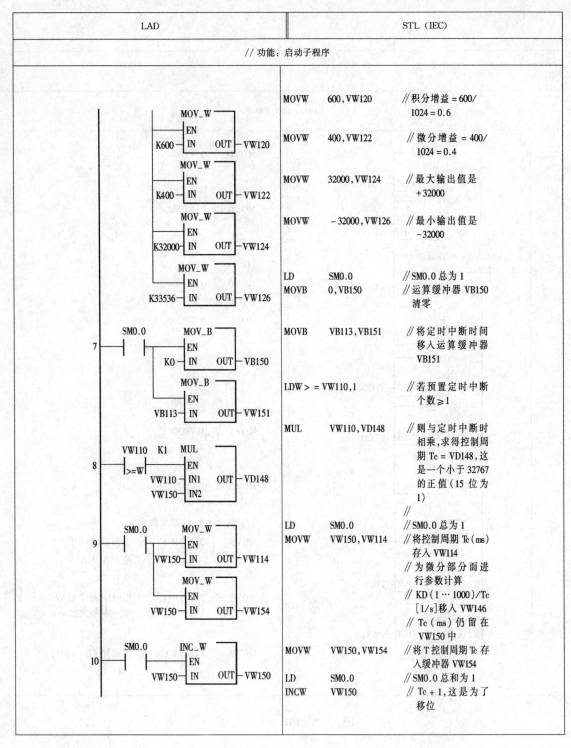

图 7-28　PID程序（四）

| LAD | STL（IEC） |
|---|---|

// 功能：启动子程序

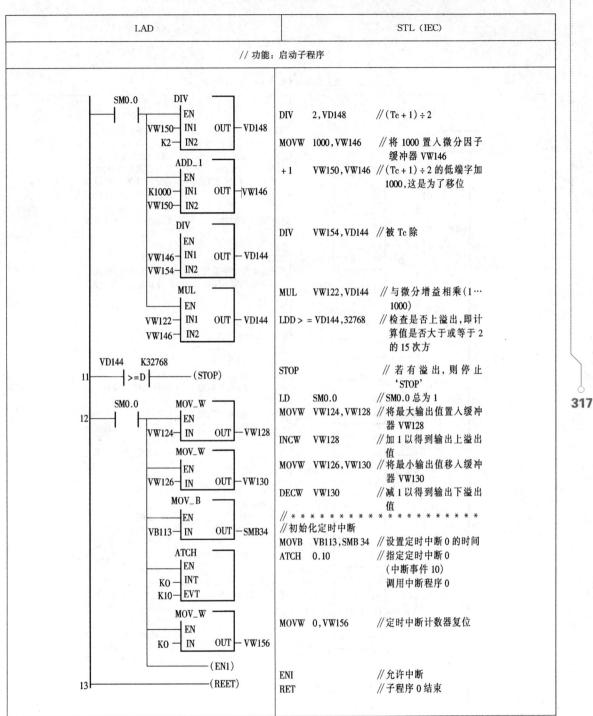

| | |
|---|---|
| | DIV 2,VD148 // (Tc + 1) ÷ 2 |
| | MOVW 1000,VW146 // 将 1000 置入微分因子<br>缓冲器 VW146 |
| | +1 VW150,VW146 // (Tc + 1) ÷ 2 的低端字加<br>1000,这是为了移位 |
| | DIV VW154,VD144 // 被 Tc 除 |
| | MUL VW122,VD144 // 与微分增益相乘(1…<br>1000) |
| | LDD > = VD144,32768 // 检查是否上溢出,即计<br>算值是否大于或等于 2<br>的 15 次方 |
| | STOP // 若有溢出,则停止<br>'STOP' |
| | LD SM0.0 // SM0.0 总为 1 |
| | MOVW VW124,VW128 // 将最大输出值置入缓冲<br>器 VW128 |
| | INCW VW128 // 加 1 以得到输出上溢出<br>值 |
| | MOVW VW126,VW130 // 将最小输出值移入缓冲<br>器 VW130 |
| | DECW VW130 // 减 1 以得到输出下溢出<br>值 |
| | // * * * * * * * * * * * * * * * * * *<br>// 初始化定时中断 |
| | MOVB VB113,SMB 34 // 设置定时中断 0 的时间 |
| | ATCH 0.10 // 指定定时中断 0<br>(中断事件 10)<br>调用中断程序 0 |
| | MOVW 0,VW156 // 定时中断计数器复位 |
| | ENI // 允许中断 |
| | RET // 子程序 0 结束 |

图 7-28　PID程序（五）

| LAD | STC（IEC） |
|---|---|

// 中 断 程 序

// 功能：由定时中断 0 调用的 PID 程序

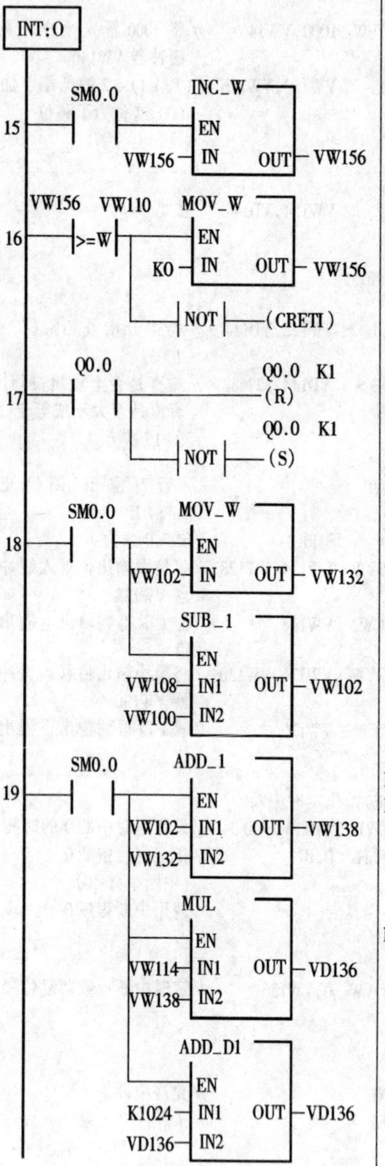

**LAD（左栏）：**

INT：0

15 ── SM0.0 ── INC_W
　　　　　　　EN
　　VW156 ── IN　OUT ── VW156

16 ── VW156 VW110 ── MOV_W
　　　>=W　　　　EN
　　　　　K0 ── IN　OUT ── VW156
　　　　　　── NOT ──（CRETI）

17 ── Q0.0 ──　　　　Q0.0 K1
　　　　　　　　　　　（R）
　　　　　　　　　　　Q0.0 K1
　　　　── NOT ──　　（S）

18 ── SM0.0 ── MOV_W
　　　　　　　EN
　　VW102 ── IN　OUT ── VW132
　　　　　　── SUB_1
　　　　　　　EN
　　VW108 ── IN1　OUT ── VW102
　　VW100 ── IN2

19 ── SM0.0 ── ADD_1
　　　　　　　EN
　　VW102 ── IN1　OUT ── VW138
　　VW132 ── IN2
　　　　　　── MUL
　　　　　　　EN
　　VW114 ── IN1　OUT ── VD136
　　VW138 ── IN2
　　　　　　── ADD_DI
　　　　　　　EN
　　K1024 ── IN1　OUT ── VD136
　　VD136 ── IN2

**STC（IEC）（右栏）：**

```
INT    0        //中断程序 0

LD     SM0.0    //SM0.0 总为 1
INCW   VW156    //定时中断计数器加 1
LDW > = VW156,VW110  //若定时中断计数器数
                 值≥预置定时中断个
                 数
MOVW   0,VW156   //则定时中断计数器复
                 位
NOT             //
CRET1           //否则返回
//下面 4 条指令是用来检查中断功能的，即在控
  制器的扫描时间内输出端 Q0.0 的指示灯 LED
  闪烁
LD     Q0.0
R      Q0.0,1
NOT
S      Q0.0,1
LD     SM0.0    //SM0.0 总为 1
MOVW   VW102,VW132  //保存旧的控制差值 E
                 (n-1)
MOVW   VW108,VW102  //设定值 SP 存入 VW102
 -1    VW100,VW102  //设定值 SP-过程变量
                 PV = 新的控制差值
                 PV = 新的控制差值 E
                 (n)
                 //E(n)存入 VW102
// * * * * * * * * * * * * * * *
//积分部分
LD     SM0.0    //SM0.0 总为 1
MOVW   VW102,VW138  //将新的控制差值 E(n)
                 置入缓冲器 VW138
 +1    VW132,VW138  //E(n-1) + E(n) =
                 VW138
                 //注：除以 2 由随后的移位实现
MUL    VW114,VD136  //与控制周期 Tc 相乘
                 （因为控制周期 Tc 单
                 位是毫秒，乘积也许
                 会是双字值!），即[E
                 (n-1) + E(n)]×
                 Tc = VD136
 + D   1024,VD136  //为了更好的移位而加
                 1024
```

图 7-28　PID 程序（六）

| LAD | STC (IEC) |
|---|---|

//中　断　程　序

// 功能：由定时中断 0 调用的 PID 程序

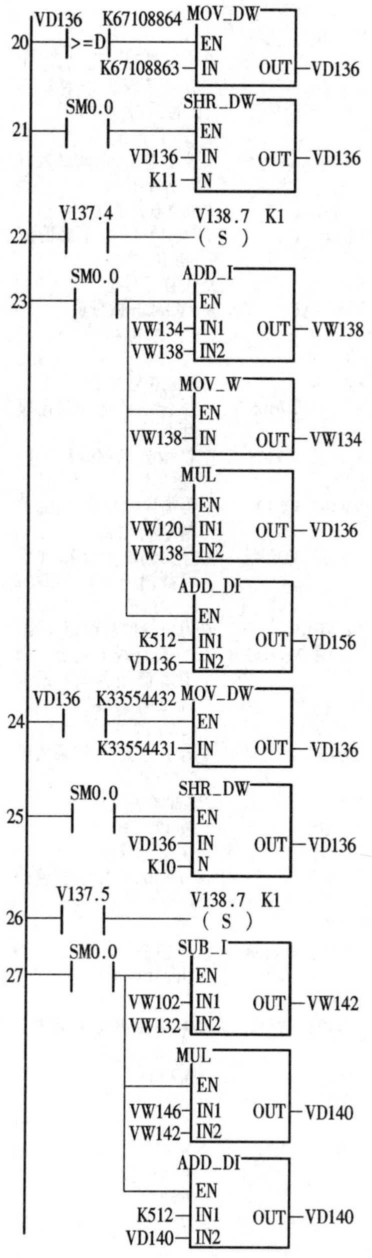

<table>
<tr><td>

20　VD136 >=D K67108864 — MOV_DW<br>　　EN<br>　K67108863 — IN　OUT — VD136

21　SM0.0 — SHR_DW<br>　　EN<br>　VD136 — IN　OUT — VD136<br>　K11 — N

22　V137.4 —— V138.7 K1<br>　　　　　　( S )

23　SM0.0 — ADD_I<br>　　EN<br>　VW134 — IN1　OUT — VW138<br>　VW138 — IN2

　　　　— MOV_W<br>　　EN<br>　VW138 — IN　OUT — VW134

　　　　— MUL<br>　　EN<br>　VW120 — IN1　OUT — VD136<br>　VW138 — IN2

　　　　— ADD_DI<br>　　EN<br>　K512 — IN1　OUT — VD156<br>　VD136 — IN2

24　VD136 K33554432 — MOV_DW<br>　　EN<br>　K33554431 — IN　OUT — VD136

25　SM0.0 — SHR_DW<br>　　EN<br>　VD136 — IN　OUT — VD136<br>　K10 — N

26　V137.5 —— V138.7 K1<br>　　　　　　( S )

27　SM0.0 — SUB_I<br>　　EN<br>　VW102 — IN1　OUT — VW142<br>　VW132 — IN2

　　　　— MUL<br>　　EN<br>　VW146 — IN1　OUT — VD140<br>　VW142 — IN2

　　　　— ADD_DI<br>　　EN<br>　K512 — IN1　OUT — VD140<br>　VD140 — IN2

</td><td>

LDD > = VD136,67108864

//检查是否上溢出,即计算值是否大于或等于 2 的 26 次方<br>//(27 位为 1)

MOVD　67108863,VD136

//若有上溢出,则取最大值 67108863

LD　SM0.0　//SM0.0 总为 1<br>SRD　VD136,11　//除以 1024 * 2,即求得 [E(n-1) + E(n)] × Tc ÷ 2 = VD136

LD　V137.4　//注意符号位<br>S　V138.7,1

LD　SM0.0　//SM0.0 总为 1<br>+1　VW134,VW138　//求积分部分累加值

MOVW　VW138,VW134　//将新的积分部分值存入缓冲器 VW134

MUL　VW120,VD136　//与积分增益相乘(0…1000)

+ D　512,VD136　//为更好的移位而加 512

LDD　　> = VD136,33554432

//检查是否上溢出,即计算值是否大于或等于<br>//的 25 次方(26 位为 1)

MOVD　33554431,VD136

//若上溢出,则取最大值 33554431

LD　SM0.0　//SM0.0 总为 1<br>SRD　VD136,10　//被 1024 除(正确值应是 1000)

LD　V137.5　//注意符号位<br>S　V138.7,1　//VW138 = 积分值<br>// * * * * * * * * * * * * * * * * * *

//积分部分<br>LD　SM0.0　//SM0.0 总为 1<br>MOVW　VW102,VW142　//把新的控制差值 E(n)存入 VW142

－1　VW132,VW142　//E(n) - E(n-1) = VW142

MUL　VW146,VD140　//与微分因子相乘

+ D　512,VD140　//为更好的移位而加 512

</td></tr>
</table>

319

图 7 - 28　PID 程序（七）

| LAD | STC（IEC） |
|---|---|

//中 断 程 序

// 功能：由定时中断 0 调用的 PID 程序

| LAD | STC（IEC） | |
|---|---|---|
| 28 VD140 K33554432 >=D / MOV_DW EN K33554431-IN OUT-VD140 | LDD >= VD140,33554432 | //检查是否上溢出,即计算值是否大于或等于 2 的 25 次方 //(26 位为 1) |
| 29 SM0.0 / SHR_DW EN VD140-IN OUT-VD140 K10-N | MOVD 33554431,VD140 | //若上溢出,则取最大值 33554431 |
| | LD SM0.0 | //SM0.0 总为 1 |
| | SRD VD140,10 | // 被 1024 除(正确值应是 1000) |
| 30 V141.5 / V142.7 K1 ( S ) | LD V141.5 | //注意符号位 |
| | S V142.7,1 | //VW142 = 微分值 |
| | // * * * * * * * * * * * * * * * * * * * * | |
| 31 SM0.0 / ADD_I EN VW138-IN1 OUT-VW106 VW142-IN2 | //比例部分及总和 LD SM0.0 | //SM0.0 总为 1 |
| | MOVW VW138,VW106 | //积分结果送入输出缓冲器 |
| ADD_I EN VW102-IN1 OUT-VW106 VW106-IN2 | +1 VW142,VW106 | //将微分和积分结果相加 |
| | +1 VW102,VW106 | //再加比例部分(新的控制差值 E(n) |
| MUL EN VW118-IN1 OUT-VD104 VW106-IN2 | MLU VW118,VD104 | //与比例增益相乘,比例增益,1…100 = 0.0078 ~ 7.8 |
| ADD_DI EN K64-IN1 OUT-VD104 VD104-IN2 | + D 64,VD104 | //为更好的移位而加 64 |
| | LDD >= VD104,2097152 | //检查是否上溢出。即计算值是否大于或等于 2 的 21 次方 //(22 位为 1) |
| 32 VD104 K2097152 / MOV_DW EN K2097151-IN OUT-VD104 | MOVD 2097151,VD104 | //若上溢出,则取最大值 2097151 |
| | LD SM0.0 | //SM0.0 总为 1 |
| | SRD VD104,7 | //被 128 除 |
| 33 SM0.0 / SHR_DW EN VD104-IN OUT-VD104 K7-N | LD VD104.0 | //注意符号位 |
| | S V106.7,1 | //VW106 = 控制器输出 |
| | // * * * * * * * * * * * * * * * * * * | |
| 34 V104.0 / V106.7 K1 ( S ) | //对输出值限幅 LDW >= VW106,VW128 | //若控制器输出值上溢出,即 VW106 >= VW128 |
| 35 VW106 VW128 >=W / MOV_W EN VW124-IN OUT-VW106 | MOVW VW124,VW106 | //则将输出置为最大允许输出,即 VW106 = VW124 |
| | LDW <= VW106,VW130 | //若控制器输出值下溢出,即 VW106 ≤ VW130 |
| 36 VW106 VW130 >=W / MOV_W EN VW126-IN OUT-VW106 | MOVW VW126,VW106 | //则将输出置为最小允许输出,即 VW106 = VW126 |
| | //控制器中断程序结束,在过程仿真求反馈输出期间此程序休息 | |

图 7 - 28   PID 程序（八）

| LAD | STC（IEC） |
|---|---|
| // 中 断 程 序 | |
| // 功能：由定时中断 0 调用的 PID 程序 | |

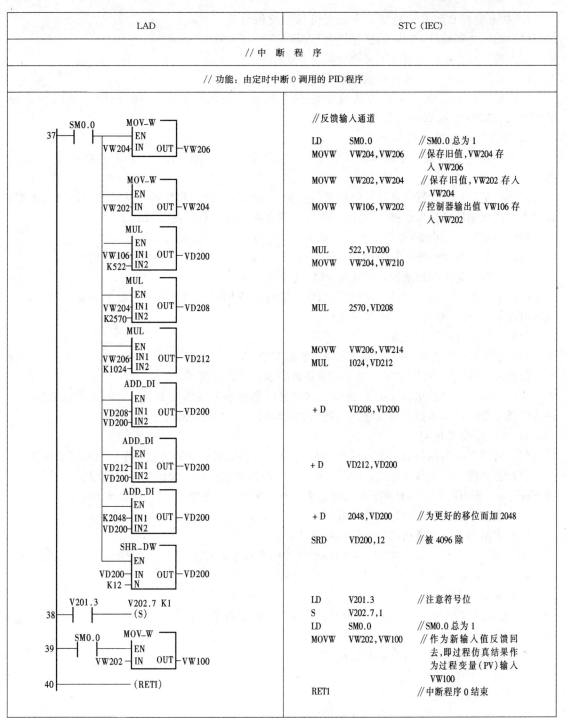

| LAD | STC（IEC） |
|---|---|
| | // 反馈输入通道 |
| 37 SM0.0 — MOV-W（EN, VW204 IN OUT VW206） | LD　SM0.0　// SM0.0 总为 1 |
| | MOVW　VW204, VW206　// 保存旧值，VW204 存入 VW206 |
| MOV-W（EN, VW202 IN OUT VW204） | MOVW　VW202, VW204　// 保存旧值，VW202 存入 VW204 |
| | MOVW　VW106, VW202　// 控制器输出值 VW106 存入 VW202 |
| MUL（EN, VW106 IN1 OUT VD200, K522 IN2） | MUL　522, VD200 |
| | MOVW　VW204, VW210 |
| MUL（EN, VW204 IN1 OUT VD208, K2570 IN2） | MUL　2570, VD208 |
| MUL（EN, VW206 IN1 OUT VD212, K1024 IN2） | MOVW　VW206, VW214 |
| | MUL　1024, VD212 |
| ADD_DI（EN, VD208 IN1 OUT VD200, VD200 IN2） | + D　VD208, VD200 |
| ADD_DI（EN, VD212 IN1 OUT VD200, VD200 IN2） | + D　VD212, VD200 |
| ADD_DI（EN, K2048 IN1 OUT VD200, VD200 IN2） | + D　2048, VD200　// 为更好的移位而加 2048 |
| | SRD　VD200, 12　// 被 4096 除 |
| SHR_DW（EN, VD200 IN OUT VD200, K12 N） | |
| 38 V201.3 — V202.7 K1 (S) | LD　V201.3　// 注意符号位 |
| | S　V202.7, 1 |
| 39 SM0.0 — MOV-W（EN, VW202 IN OUT VW100） | LD　SM0.0　// SM0.0 总为 1 |
| | MOVW　VW202, VW100　// 作为新输入值反馈回去，即过程仿真结果作为过程变量（PV）输入 VW100 |
| 40 —（RETI） | RETI　// 中断程序 0 结束 |

图 7-28　PID 程序（九）

### 7.4.9　S7-200 通信程序

通信是 PLC 系统很重要的功能。多数控制是基于通信实现的。如程序的编写、调试和下载，集散系统的分布控制等。

1. 自由端口 0 和自由端口 1 的通信信息存放的地址

（1）端口 0 和端口 1 接收信息存放在 SMB86～94/SMB186～SM194。

（2）端口 0 和端口 1 接收字符缓冲器为 SMB2。

（3）端口 0 和端口 1 接收奇偶错误存放在 SMB3。

（4）端口 0 和端口 1 中断排队溢出信息存放在 SMB4。只有在中断程序中使用状态位 SMB4.0、SMB4.1 和 SMB4.2。

2. 通信指令和通信数据表

S7-200 系列 PLC 设置了网络写（NETW）、网络读（NETR）、接收（RCV）和发送（XMT）指令。

网络读是从远程设置（从站）收集通信数据。网络写是向远程设备（从站）写入通信数据，皆为主站对从站的操作。通过网络读/写操作，建立网络通信数据表（TBL）。

网络通信数据表由 23 个字节组成。其中：

（1）字节 0 为状态码，每一位或几位中的"0"和"1"表示通信中各种信息的状态。

（2）字节 1 为远程站地址，即从站 PLC 的地址。

（3）字节 2、3、4、5 为远程站数据指针，是对从站 PLC 内数据间接寻址的地址指针，其存储区可在从站 PLC 的 I、Q、M 或 V 区中。

（4）字节 6 存放数据长度。

（5）字节 7～字节 32 存放数据字节 0～数据字节 15。

简言之，通过网络读/写指令建立起通信数据表，供通信使用。

接收（RCV）和发送（XMT）指令是启动接收数据表和发送数据表，来传送通信数据。执行这两条指令时，都要指出通信端口（端口 0 或端口 1）和 TBL 的起始位。

3. 编写通信程序须知

（1）要用首次扫描导通一个扫描周期的 SM0.1 脉冲触点启动初始化程序，对系统初始化。

（2）正确使用时钟脉冲触点。SMB0.4 为分时钟脉冲触点，当通信空间时间以分钟计算，启动 SMB0.4。SMB0.5 为秒时钟脉冲触点，当通信空间时间以秒钟计算，启动 SMB0.5。

（3）通信字符采用十六进制 ASCII 码。

（4）主站和从站的通信端口、通信协议应一致。

（5）S7-200 中设有通信中断，调用相对应的中断程序编程。

4. 编制通信程序的步骤

（1）编制网络读/写程序

1）建立主站和从站间通信网络确定通信端口及其通信协议。

2）建立网络通信数据表将通信数据输入数据表缓冲区。

3）用读/写指令编写程序进行读/写操作。

（2）编写发送程序

1）建立发送数据表。

2）用 SMB30/SMB130 进行发送初始化。

3）用发送指令编写程序，进行发送操作。

（3）编写接收程序

1）用 SMB30/SMB130 进行接收初始化。

2）用 SMB87/SMB187 接收控制字。

3）用 SMB94/SMB194 存放最多字符数。

4）用 SMB88/SMB188 存放通信起始字符。

5）用 SMB89/SMB189 存放通信结束字符。

6）用接收指令（RCV）编写程序，进行接收操作。

在此，应强调的是：当端口 0 和端口 1 接收信息完成和端口 1 接收字符、发送字符时都发生中断事件。因此，要将对应的中断服务程序和中断事件，通过 ATCH 指令连接起来，编入中断程序。

5．通信程序

（1）网络读（NETR）和网络写（NETW）程序见图 7-29。

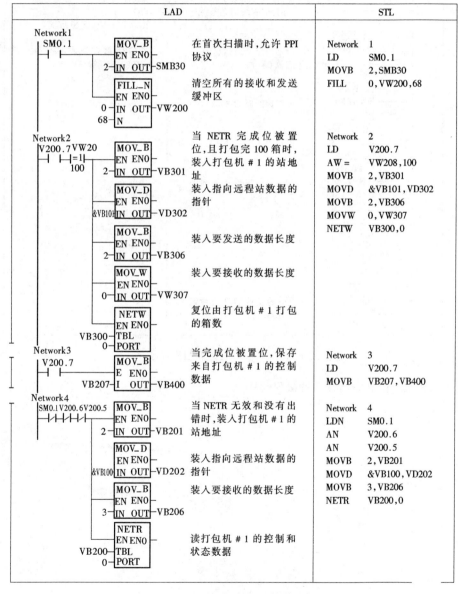

图 7-29　网络读和网络写程序

(2) 接收和发送控制主程序见图 7-30。

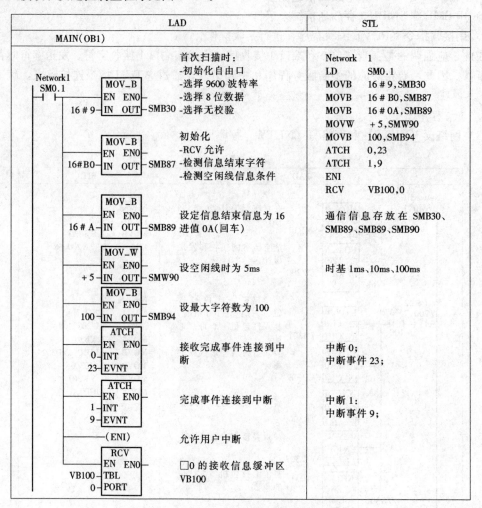

图 7-30　接收和发送控制主程序

(3) 接收和发送控制中断程序见图 7-31。

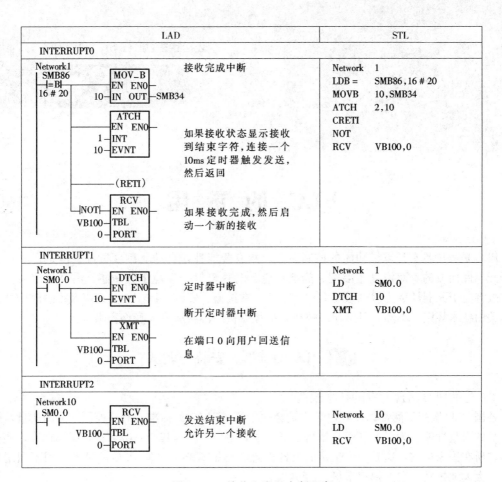

图 7-31　接收和发送中断程序

# PLC 的 选 用

PLC 是一种具有计算机功能的控制装置，具有智能性，自动化程度很高。但是，PLC 是由电子元器件构成的，对温度、湿度、静电感应、电磁辐射等环境十分敏感，易受外部强信号干扰，故将电子元器件称为静电敏感元件。因此，在选型、安装、调试、运行以及维护时应严格遵守相关的技术规则。不然，可能出现停机，损坏设备，甚至造成人身伤害事故。

## 8.1 PLC的选型、安装与调试

### 8.1.1 选用 PLC 时应遵守的技术规范

各国 PLC 生产厂商都以国际电工委员会颁布的《IEC68》标准，严格控制产品的质量，保证其产品的质量性能。为了扩展产品销售市场，占有用户，明确其产品必须符合国际标准，还应符合用户所在国家标准，这是一个全新的设计理念和营销策略，这使 PLC 满足了各国不同用户的需要，大大地拓宽了它的销售市场。

本书编写的宗旨是以典型说明一般，则以 S7-200 为样机，结合 S7-200 执行的技术规范，熟悉 PLC 采用的技术标准。

"电磁辐射"、"电磁防护"、"传导和辐射"、"高压绝缘测试"等技术规范是西门子公司和各国 PLC 生产厂商共同遵循的技术规范。"S7-200 系列技术规范"见表 8-1。

表 8-1                          S7-200 系列技术规范

| 环境条件——运输和存储 | |
| --- | --- |
| IEC68-2-2，Test Bb，干热<br>IEC68-2-1，Test Ab，低温 | −40～+70℃ |
| IEC68-2-30，Test Db，湿热 | 25～55℃，95%湿度 |
| IEC68-2-31，倒下 | 100mm，4 次倒下，未包装 |
| IEC68-2-32，自由落下 | 1mm，5 次，运输包装 |
| 环境条件——工作 | |
| 控制柜温度范围<br>（单元下部 25mm 进入的空气） | 0～55℃水平安放<br>0～45℃垂直安放<br>95%非冷凝湿度 |

| 环境条件——工作 | |
| --- | --- |
| IEC68－2－14，Test Nb | 5～55℃，3℃/min |
| IEC68－2－27，机械振动 | 15G，11ms脉冲，每轴向（3轴）振动6次 |
| IEC68－2－6，正弦波振动 | 峰-峰值0.30mm，频率10～57Hz；2G/面板安装，1G/导轨安装，57～150Hz；每轴向10次振动，1倍频程/分 |
| EN 60529，IP20 机械保护 | 防止高压指状物接触设备。需要外部保护，以防止灰尘、污物、水和直径小于12.5mm的异物造成破坏 |
| 电磁兼容性——抗干扰按照 EN500882－2 | |
| EN 61000－4－2（IEC801－2）<br>静电放电 | 对所有的面和通信接口8kV空气放电 |
| EN50140（IEC801－3）<br>辐射电磁场 | 80MHz～1GHz　10V/m，用1kHz信号80％调制 |
| EN50141<br>传导干扰 | 0.15～80MHz 10V RMS<br>1kHz下80％调幅 |
| EN50204<br>数字电话防护 | 900MHz±5MHz，10V/m，50％作用周期，200Hz重复频率 |
| EN61000－4－4（IEC801－4）<br>瞬间冲击 | 对AC和DC电源系统的连接网络，2kV，5kHz；<br>对数字量I/O和通信口的连接端子，2kV，5kHz |
| EN61000－4－5（IEC801－5）<br>浪涌防护 | 2kV非对称，1kV对称<br>5正/5负脉冲，0°，＋90°相角<br>（24VDC电路要求外部浪涌保护） |
| VDE0160非周期过电压 | 对85VAC线，90°相角，允许峰值390V，1.3ms脉冲<br>对180VAC线，90°相角，允许峰值750V，1.3ms脉冲 |
| 电磁兼容性——传导和辐射按照 EN50081－1[2] 和－2 | |
| EN55011，ClassA，Group1，传导[1]<br>0.15～0.5MHz<br>0.5～5MHz<br>5～30MHz | ＜79dB（μV）准峰值；＜66dB（μV）平均值<br>＜73dB（μV）准峰值；＜60dB（μV）平均值<br>＜73dB（μV）准峰值；＜60dB（μV）平均值 |
| EN5501，ClassA，Group1，辐射[1]<br>30～230MHz<br>230MHz～1GHz | 30dB（μV/m）准峰值；30m测量<br>37dB（μV/m）准峰值；30m测量 |
| EN55011，ClassB，Group1，传导[2]<br>0.15～0.5MHz<br><br>0.5～5MHz<br>5～30MHz | ＜66dB（μV）准峰值按对数频率减少到56dB（μV）<br>＜56dB（μV）准峰值按对数频率减少到46dB（μV）<br>＜56dB（μV）准峰值＜46dB（μV）平均值<br>＜60dB（μV）准峰值＜50dB（μV）平均值 |
| EN5501，ClassA，Group1，辐射<br>30～230MHz<br>230MHz～1GHz | 30dB（μV/m）准峰值；10m测量<br>37dB（μV/m）准峰值；10m测量 |
| 高压绝缘测试 | |
| 24V/5V额定值电路<br>115/230V电路对地<br>115/230V电路对115/230V电路<br>230V电路对24V/5V电路<br>115V电路对24V/5V电路 | 500VAC（光电隔离限制）<br>1,500VAC<br>1,500VAC<br>1,500VAC<br>1,500VAC |

### 8.1.2 PLC 的选型

选择 PLC 时，既要考虑生产自动化的实际需要，又要考虑 PLC 系列产品的功能特性，还应考虑经济成本和未来的发展。立足当前，着眼未来。

PLC 是以硬件为基础，用软件控制硬件，且程序是随机可编。选型时，首先确定软件资源能否满足程序控制需要的前提下，则以硬件系统为主，综合考虑"电源单元"、"CPU 单元"、"输入/输出单元"、"扩展功能"、"编程设备"以及"人机界面"等。

#### 1. 电源单元

PLC 的工作电源是决定其能否正常工作的决定因素。它必须符合"3C"标准，选用国家质量认证的产品，质量优良，具备规定的各种功能。它不单能提供标准的 AC，还能提供标准的 DC，同时具备完善的电磁兼容性。选择电源时，要先参阅厂家提供的 PLC 各种组合元件的电压等级和电流消耗值，来计算整机系统需要的功率容量，留有余地。所具备的电压等级和电流级次应满足需要。

#### 2. CPU 单元

微处理器（CPU）是 PLC 系统的核心。不同厂家为 PLC 配置的 CPU 完全不同。同一厂家同一系列不同型号的 PLC 配置的 CPU 功能组件也不一样。选择 PLC 时，对 CPU 应考虑的重点事项：

(1) I/O 容量。即在内存中设置的 I/O 点数的总和是否能满足需要。

(2) 存储区的分配。CPU 内存是存储程序和数据的存储器。配置的存储区的种类和容量应满足需要。

(3) 通信功能。CPU 是否内置串行通信端口 RS-232C，支持网络通信。

(4) 控制扩展功能模块（板）的能力。通常是 PLC 主机的 CPU 与扩展功能模块中的 CPU 是主从关系。由扩展功能的 CPU 实施现场控制，主机 CPU 负责统一管理，协调工作。主站 CPU 应具备统一管理的能力，定期与从站 CPU 通信，调度系统有条不紊地工作。

#### 3. I/O 单元

I/O 单元应注意 I/O 点数、接点容量、信号转换元件以及 I/O 通道结构。

I/O 点数要满足输入/输出的需要，且留有 20% 的余量。接点容量要考虑输入/输出接点的电流级次和电压等级，应符合 I/O 信号的要求。信号转换元件是指输入侧的传感器能准确地将采集的物理信号转换为标准的电信号，通过光电隔离将信号输入。I/O 的通道结构应视输入、输出信号是开关量，还是模拟量。如果是开关量，通道是一位构成。如果是模拟量通道是八位（字节）、十六位（字）或 32 位（双字）构成的，通道宽度应满足输入/输出信号的需要。

#### 4. 扩展功能

扩展功能是指通信、PID 计算、高速脉冲输出、高速计数、语音功能、温度控制以及一些智能控制。要依据需要加以选择。但是，应与主机的控制能力和负载能力相匹配。

#### 5. 编程设备

编程是 PLC 应用中关键的一环。PLC 生产厂商配套提供的编程器和编程软件是选型中不可忽视的组件。智能性的编程器和包含有丰富的软件资源的编程软件，对用户的重要性是不言而喻的。

#### 6. 人机界面（HMI）

编程或运行时的键盘、鼠标、触摸屏、显示器等功能和质量是构成友好的人机界面不可缺少的。

综上，要想选择一款理想的 PLC，就要对各国 PLC 产品进行全面地研究和探讨，择优选用合适的产品。在一个生产企业应选用同一厂家的产品。从而，便于编程，便于元件替代，便于通信组网，更简化了对技术工人的培训，在总结运行经验，加强维护保养方面也带来一定的好处。

### 8.1.3 PLC 的安装

1. 环境要求

安装环境的温度应在 0～55℃。低于 0℃或高于 55℃时应采用空调等调温措施，应避开阳光直接照射，避开高温环境，尽量保持恒温，防止电子元器件产生不应有的热量。

相对湿度不能超过 85%，不允许有结露现象。

应避开易燃、易爆及腐蚀性气体场所。不允许有大量铁屑、尘埃、形成铁磁效应和尘埃导电。

应避开频繁振动、噪声分贝数较高的场所。应与加热元器件隔开，按规范要求，留有足够的空间，有效地隔离。

应远离高电压、大电流的强磁场，采用防电磁干扰的技术措施，至少应有 200mm 的距离，切实防止静电感应。如屏蔽接地。

将 PLC 的 CPU 主机模块、扩展模块安装在控制柜中，防止油污、水溅和尘埃的侵蚀。但是，应通风良好，温度适宜，元器件或模块间应有足够的散热空间。模块四周留有 35mm 以上、前后留有 75mm 以上的通风散热间隙。

2. 安装施工工艺要求

元器件应绝缘性能良好，交流为 24/5V 的光电隔离电路绝缘测试不低于 500V AC。交流电压为 115/230V，或 24/5V 的非光电隔离电路的绝缘电压不低于 1500V AC。

各种模块安装位置应合理。水平安装时，从左至右，智能模块紧挨主机模块，一般的 I/O 模块安装在智能模块后边，依次排列，对模块统一编址或分组编址。

用线槽配线时，应按信号性质分开使用配线槽。如交流线、大电流的直流线和小电流的信号线分开；数字信号线和模拟信号线分开；尤其，开关频率较高的直流信号线应设计在同一个配线槽中。

PLC 的输入输出都需要外接的驱动电源，为了防止反向电流冲击输出，应采用二极管或其他隔离措施。在接线时，不要将外接电源与直流输出点并联作输出负载。

PLC 的外接电源分交流和直流两种。无论是交流电源，还是直流电源，在其一次侧或二次侧都要设置断路刀闸，可随时将电源或主机与电源接入线断开，以保障装拆、检修和维护的安全。

为了防止控制设备失灵，造成事故，应在电源侧设紧急停机、过载保护、过电压保护、浪涌电流抑制以及配置冗余保护。

S7-200 外接电源接线规律是：在输入侧，直流正极为公共端，负极接地，在输出侧直流负极为公共端且直接接地。

为了保护电源端子与 I/O 点端子之间有足够的绝缘电压，一要设接地端子；二要在两种接线端子之间留有 2～3 个空闲端子。

PLC 电路之间应有足够的隔离电压，具体规定如下：

(1) 逻辑电路与地之间的隔离电压为 AC 500V。

(2) 直流数字输入输出电路与 CPU 逻辑电路之间的隔离电压为 AC 500V。

(3) 直流数字 I/O 组件中，I/O 点之间的隔离电压为 AC 500V。

(4) 交流输入/输出和继电器输出与 CPU 逻辑电路之间的隔离电压为 AC 1500V。

(5) 继电器输出组件中，I/O 点间的隔离电压为 AC 1500V。

（6）交流电源相线和零线与地、与 CPU 逻辑电路以及所有的 I/O 点之间的隔离电压为 AC 1500V。

PLC 安装使用的导线一般为 0.5~1.5mm² 铜导线。因此，不要将连接器上的螺钉拧得过紧，最大的扭矩不能超过 0.36N·m。所用导线应尽量短。其中，屏蔽线不得超过 500m。非屏蔽线不得超过 300m，采用槽或管配线。非屏蔽线应穿入金属管，实施总体屏蔽接地。

3. 接地屏蔽及参考点的选用

PLC 是数字化的电子装置，为了使其能排除外界的电磁干扰、静电干扰，安全运行，对其实施安全接地。因其使用交流/直流两种电源，控制的是数字量和模拟量。所以，PLC 系统有多种名目不同的接地。如直流地、交流地、数字地和模拟地，工作地和屏蔽地等。其中，直流的负极接地称直流地。交流的中性点接地称交流地。无论是交流，还是直流构成工作回路的地都称为工作地。排除电磁或静电干扰的接地，且将屏蔽与大地相接，称屏蔽地或保护地。而数字地和模拟地是为了实现数字量或模拟量逻辑关系的参考电位称数字地或模拟地。

PLC 的基本功能是逻辑控制。为了保证其逻辑功能，必须正确判断其逻辑参考点。各种元器件的逻辑参考点之间的关系是：

（1）CPU 的逻辑参考点与直流传感器的参考点相类似。

（2）CPU 的通信端口与 CPU 逻辑口（DP 口除外）具有相同的参考点。

（3）CPU 的逻辑参考点与采用直流电压供电的 CPU 输入电压的参考点相类似。

明确了 PLC 系统的各种接地和各种参考点之间的关系，则要正确地识别和使用 PLC 接线连接器的接线端子，实施正确地接地。其中，应重点注意：

（1）不同电位的参考点不能接在一起。不然，将产生不应有的电流。

（2）数字地和模拟地要分开接地，保证 PLC 系统的逻辑功能。

（3）输入端和输出端的接地线应认真识别，分开接线。

（4）专用接地点和动力接地点应分开。

（5）同一种接地线应连接在同一根接地母线上，实现一点接地。

（6）接地电阻应不大于 100Ω。接地线截面积应大于 2.0mm²。屏蔽接地线长度不大于 1.8m。接地线愈短愈好。

4. 安装时应注意的细节问题

（1）安装用的端子螺丝和电缆连接器的螺丝应按规定的力矩拧紧。

（2）接线时应将回路标号套在接线回路上，保证接线的正确性。

（3）严禁将杂物、尤其金属杂物留在接线单元中。

（4）使用压接端子接线，不要将裸绞线直接与端子连接，必须通过接线端子压接与裸绞线连接。

（5）接通电源前，要检查所有接线和开关的设定，直到确认正确，才能接通电源。

（6）电子元件是静电敏感元件。所以，在给电子元件单元接线前，务必先接触接地的金属物体，将接线人身上的静电放掉，免除对电子元件的干扰。

（7）务必使设有锁定装置的端子板、存储器单元、扩展电缆和其他项目正确地锁入位置。

（8）要使控制屏中的每一根电缆，每一根芯线要整齐，不许有交叉混乱现象存在。

## 8.1.4  S7-200 的安装工艺

1. S7-200CPU 模块，即主机的安装

当将 S7-200 主机安装在面板上时，要参照说明书中的定位安装尺寸打眼，将固定孔定位，且用相当于美国标准的 8 号螺钉定位。

当通过导轨 DIN M4 安装 S7-200 主机时，将 DIN 导轨每隔 75mm（3.0in）一个固定在安装面板上，打开位于模块底部的 DIN 夹子，将模块背面嵌在 DIN 导轨上。合上 DIN 夹子，仔细检查模块与 DIN 导轨是否紧密的固定好。

2. S7-200 扩展模块的安装

当将扩展模块安装在面板上时，要按照说明书中的定位安装尺寸打眼，将固定孔定位，且用相当于美国标准的 8 号螺钉定位。

当通过 DIN M4 安装扩展模块时，将 DIN 导轨按规定的尺寸固定在面板上。打开 DIN 夹子，紧靠 CPU 为智能模块，把需要扩展的模块背挂到导轨上。合上 DIN 夹子，把扩展模块固定到导轨上。仔细检查模块上的 DIN 夹子与导轨接触是否紧密，固定好。把 I/O 模块放到 CPU 或扩展模块的侧面，并固定好。把扩展模块的电缆插到 CPU 前盖下的连接器上，要保证电缆的连接方向正确，即相同的端口相接，引脚使用正确。

当模块周围可能有振动源，或模块需要垂直安装时，要增加 DIN 导轨卡子，予以加固。

务必按设计选用各种模块，按工艺安装模块，并正确选用和安装模块间的连接电缆。另外，还应注意以下几点：

（1）装拆各种模块，务必断开电源，切实注意安全。

（2）选用电缆要注意规格型号，注意连接方向，PLC 主机与扩展模块间连接只能使用一条扩展电缆，分清阴极连接器和阳极连接器，连接方向正确，不能超过规定的长度。例如：PC/PPI 电缆。

（3）DIP 开关至 RS-232 的端口为 0.3m；DIP 开关到 RS-485 的端口为 4.6m。注意 DIP 开关对通信参数的设定。RS-232、RS-485 引脚必须按功能连接。

（4）对逻辑参考点的选择和接线必须正确。只能相同的参考点连接在一起。不然，不同的参考点连接在一起会产生不应有的电流，会损坏设备，甚至造成对人的伤害。

（5）S7-200 必须安装在接地的金属架上，并将其地线直接连接到接地金属架上。电缆要沿金属架敷设布线。

（6）S7-200 整体设备必须安装在接地的金属壳内，对交流（AC）电源必须接有一个《A30滤波器》或具有等效滤波功能的设备。其滤波器与 S7-200 间的导线长度不能超过 250cm。对 24V 直流（DC）供电线和传感器供电线必须屏蔽。

3. I/O 端子连接器的接线

S7-200 系列每一型号的 PLC 在安装使用说明书中都给出 I/O 端子连接器的接线图。其中，M 表示接地的参考点或逻辑电位参考点；L 表示交流的相线；N 表示交流的中性线；（＋）直流正极；（－）直流负极；1M 或 2M 为每一汇点接线的参考点。

输入/输出端子的接线方式有两种。一种是汇点式，另一种是分隔式。汇点式是将若干个输入或输出元器件的某一端连接在一起，再与外接电源的某一极连接，构成这些元器件工作回路。分隔式是各个输入或输出元器件单独地与电源连接构成工作回路，且各回路间留有间隔的空闲端子。

无论是汇点式，还是分隔式，其电源容量、电压等级必须满足所有 I/O 元器件的需要，相互匹配。

为了保证输入/输出电路逻辑参考点的极性。在 S7-200 的输入侧，直流的正极为公共端，负极接地；在其输出侧，直流负极为公共端且直接接地。

为了保障外接电源的接线端子与 I/O 点的接线端子间的绝缘电压，在连接器上的电源线与 I/O 线间，一要设接地端子，二要在两种端子间留有 2～3 个空闲端子。

331

输入端接线。输入信号与输入点数相对应。对于同一个程序段而言，输入点数可以是若干个。因此，输入信号的接线顺序必须符合逻辑规律，每条信号线与对应的端子连接。可编程序控制器的输入元器件是按钮、行程开关、电子接近开关、限位开关、传感器等。各种开关元器件的一端接在连接器的一个端子上，另一端通过公共端（或者说参考点）与连接器的另一个专用端子相接。

PLC 每一个输入元器件与内部 24V 电源能够构成工作回路，供出约 7mA/点电流，其工作回路是自动切换的。

输出端接线。对同一个程序段而言，只能有一个输出元素。但是，输出侧的同一个外接电源可能供出一个或几个电压等级。受控元器件应按其额定电压接在对应的电压等级上。将电源的负极（或中性线）与外部元器件的公共端连接。输出侧的受控元器件可能是晶体管、晶闸管或继电器。而它们控制的可能是接触器、电磁铁或照明装置，或信号灯。

如果输入/输出的外接电源既有 AC，又有 DC，应分别接线，不能使用同一根电缆。输入/输出皆有公共端。不可将二者的公共端接在一起，更不可接错。

输出端的保护措施应考虑如下几方面：

（1）输出回路应有短路保护，其定值不允许超过 PLC 的允许值。

（2）当负载电流小于保护的最小值，应并联阻容吸收电路（其电阻约 $50\Omega$ 左右，电容约为 $0.1\mu F$）。

（3）当为感性负载时，为防止自感特性造成断流，电感线圈上应并联一只续流二极管。

（4）为清除交流噪声，可在负载线圈上并联一个 RC 浪涌吸收电路。为了消除直流的噪声，可在负载线圈上并联一个反接的隔直二极管。

外部受控元器件能够工作的条件是由输出端子、外部电源、受控元器件共同构成工作回路。

4. A/D 转换单元接线

为了适应 PLC 的控制功能，应将模拟量转换为数字量。PLC 的 A/D 转换单元输入方式分电压输入方式和电流输入方式，输入的都是弱信号，应采用防干扰的带屏蔽的双绞线电缆。

电压输入方式时，双绞线的一根接在 A/D 单元的模拟电压输入端 "V" 上，另一根接在接地的公共端上，这个公共端一般是接到接地的金属框架上或直接接地。

电流输入方式时，要把 A/D 的模拟电压输入端与电流输入端连接在一起。然后，从此端输入电流信号，电流输入方式时，一般应把电压范围选择端开路。

输入的模拟信号应远离高电压、大电流的强磁场，加以妥善地屏蔽接地。

5. D/A 转换单元接线

为了在输出端对模拟量元器件的控制，应在输出侧将数字量转换为模拟量。D/A 转换亦分为电压输出方式和电流输出方式。

电压输出方式时，用双绞屏蔽电缆将转换后的模拟电压输出端 "V$_+$、V$_-$" 与它的负载连接起来。且通过选择开关将电压选择端与 "V$_-$" 并联，电压选择范围为 $+5V$ 或 $+10V$。

电流输出方式时，用双绞屏蔽电缆将转换后的模拟电流输出端 "I$_+$、I$_-$" 与它的负载连接起来。电压选择端开路不接线。

6. 输入/输出链接单元接线

输入/输出链接单元接线是 PLC 与链接单元间的通信线。须用带屏蔽的通信电缆接线，链接单元间接线端口应相同，极性一致。

### 8.1.5 通信网络元器件的安装

选用 S7-200 系列通信元器件可以构成"单主站 PPI 网络"、"多主站 PPI 网络"、"复杂的 PPI

网络"、"MPI网络"、"总线（PROFIBUS）网络"等形式的通信网络。对于上述网络，S7-200系列是选用专用电缆做通信媒介，特定的通信端口以及通信元器件。因此，在网络元器件安装上有一定的规律。

1. 最简单的单主站网络

最简单的单主站网络只用一台计算机，一台S7-200PLC和一根PC/PPI电缆，构成网络时：

（1）把PC/PPI电缆标有"PC"的RS-232端连接到计算机的RS-232通信口（COM1或COM2），把标有RS-485端连接到S7-200PLC的任一个RS-485通信端口，拧紧端口定位螺栓。

（2）用DIP开关设置通信参数 PC/PPI电缆上带有DIP开关，要根据计算机支持的传输速率（波特率）和帧模式，用DIP开关设定如下通信参数。

1）用DIP开关中的1、2、3开关设定波特率。

2）用DIP开关中的4开关选定数据传输的位数（10位或11位）。

3）用DIP开关中的5开关将通信端口RS-232设置为数据通信设备（DCE）模式或数据终端设备（DTE）。

4）设置设备的通信地址，一般为出厂时设定的默认值。

（3）在上述硬件安装好后，安装通信软件，参见第6章，在控制程序中，将网络元器件连接起来。

2. 通信网络元器件安装规律

（1）通信电缆的规格、结构与通信网络结构型式及其通信协议相对应。即由通信协议决定通信电缆的规格型号。

（2）用通信电缆连接网络元器件时，只能相同的对应的接口相对接。

（3）正确地使用DIP开关来设定通信中的网络地址、传输信息的波特率和元器件的工作模式。一般以默认值设定。

（4）在复杂的网络中选用调制解调器、中继器和交换机等扩展网络范围，增强网络传输信息的功能。

（5）触摸屏、多功能操作板等人机界面（HMI）的安装应参照其安装说明书，进行安装。

（6）网络硬件安装之后，要安装相应的软件，如网络元器件名称，规格型号，通信网站地址，工作模式及通信速率（波特率）的设置和安装，即把这些参数编入通信程序。

## 8.1.6 PLC系统的调试

前面较系统地总结了PLC元器件的接线规律，按照接线规律可核对输入/输出元器件的接线的正确性。对错误的接线加以纠正。在此基础上进行PLC系统的调试。

可编程序控制器系统的调试包括可编程序控制器输入/输出端子的测试和可编程序控制器系统调试。

1. PLC的I/O端子测试

PLC的I/O端子测试可采用模拟的方法。

（1）输入端子的测试。模拟方法是手动开关的接通、断开的状态信号代替输入信号。测试接线是将输入端子、手动开关、直流电源和公共端（COM）接成临时回路。当手动开关闭合，输入端子指示灯亮，输入正常。若不亮，先检查指示灯是否正常。如指示灯完好，可能是可编程序控制器内部电路有故障。

（2）输出端子的测试。先对输出端电源及接线进行检查。在其都正常的情况下，选择一个最简单的小程序，如步进控制程序，在输入端输入步进控制信号，如输出端信号全亮，说明正常。如有的不亮，先查发光二极管是否完好，再查接线是否正确。如都正确完好，则说明内部电路有问题。

### 2. PLC 系统的调试

PLC 系统调试要按控制要求将电源、外部电路与输入/输出端子连接好。再将控制程序输入 PLC 后,且将 PLC 切换为运行状态,对整个系统进行运行调试。其步骤:对每个现场信号和控制量作单独测试,对现场信号和控制量作模拟实况组合测试和对系统整体综合调试。

对于一个控制系统要有若干个现场信号和控制量。但可人为地满足一个一个现场信号或控制量的要求,进行单独测试。当任一个现场信号或控制量的要求得到满足时,其输出端或受控对象的运行状态信号及状态是否符合系统要求。如不符合,要查接线、查程序、予以修改,直到每一个信号和控制量都满足系统要求为止。

对一个一个的现场信号或控制量测试后,可按逻辑关系或控制要求将两个或多个现场信号或控制量进行组合,进行调试。当满足两个或多个控制用的现场信号或控制量的要求时,观察其输出端及受控元器件的状态信号及运行状况是否符合系统要求。这时,如出现不正常现象,多数是程序问题,或逻辑错误,或程序语句等方面错误,对其加以修改,直到满足系统要求为止。

在完成上述两步的测试后,对 PLC 系统整体进行综合调试。整体综合调试就是对各个现场信号或控制量按实际控制要求进行模拟运行。一般是在不带被驱动的负载,按程序组态,输入控制信号,检查输出端信号状态值及受控元器件的状态,是否达到程序控制的目的,是否达到输出端的性能指标的要求。

倘若未达到要求,应对系统的硬件、软件进行综合分析,调整硬件参数,优化程序,使系统的控制功能满足要求。

对于 PLC 的系统调试,亦称总装调试。总装调试是使用 PLC 生产厂商配备的编程器对 PLC 系统进行调试。迄今为止,对系统调试多数厂商采用编程器。

总装调试是通过编程器上相应的功能键,调用 PLC 系统的监视子程序、纠错子程序、调试子程序、驱动子程序对用户新编的用户程序进行监视、纠错、调试,分区存储,以及固化。

现代的 PLC 产品,对总装调试都配置调试软件,对调试规则、方法及其控制都由执行程序完成。对此,PLC 产品的《操作手册》或产品说明书都有具体说明。由此,可使调试工作简单易行,十分快捷。

在 S7-200 的编程软件 STEP7 - Micro/WIN32 中,使用"书签"和"交叉参考表"检查程序,对程序进行编辑,等等,十分方便地进行总装调试。

## 8.2 PLC 系统的运行

PLC 运行的时候,涉及一系列的技术问题。比如,仔细地观察系统输入/输出状态,各类信号是否正常,显示屏上显示的信息是否符合预期的设定。尤其,必须执行如下工作程序。

检查缺省的运行参数。在 PLC 产品出厂前,厂家要以缺省的方式,给"CPU"、"通信元件"等功能模块设置工作参数,同时将这些工作参数设置在相应的存储区,供系统调用。来编制程序和控制系统运行。

由于运行的需要,用户要执行一些操作。比如,工作模式的设置和切换,输入数字量时设置滤波时间,输入模拟量时设置相关的参数,等等。

执行运行中的监测和保护。比如,输入/输出位状态的监测,扫描周期时间的监测,工作电压高低的监测以及电压高低的保护和数据的写保护等。

当运行时,系统随时都会发生故障。有的是致命的错误引起的,有的是非致命错误引起的,都要及时地加以处理，予以排除。

### 8.2.1 检查默认的运行参数

缺省的运行参数是生产厂商设置的，是 PLC 系统运行时必备的工作参数。无论是西门子，还是欧姆龙，或者其他厂商，对所生产的 PLC 产品，在出厂前都以缺省的方式对 PLC 系统配置的功能元件设置工作参数，并将这些工作参数设置在专门的存储区中。比如，S7-200 系列将其大多数工作参数设置在特殊标志位存储区（SM）中。（见本书 4.3.2 中的内容）。而欧姆龙 CQMH1 系列将其工作参数大多数设置在数据区（DM）中。选用 PLC 后，应仔细阅读产品使用说明书（或称用户手册），熟悉其存储区的划分和工作参数设置的存储区域的具体地址，熟悉工作参数的结构形式及其代码，以便检查核对。

这些工作参数一旦错了或丢失，多数会发生非致命错误，使一些程序段失去控制功能。因此，在开机运行时，首先应检查缺省的运行参数，保证 PLC 系统的正常运行。

### 8.2.2 S7-200 的运行操作

**1．S7-200 工作模式的设置**

S7-200 的工作模式分为运行（RUN）、停止（STOP）和编程（TERM）三种模式。设置 S7-200 的工作模式，既要用硬件，还要用软件。其操作是：S7-200 主机前面板下边有个模式开关，通过模式开关设置工作模式后，再通过软件将其转入相应的工作模式，切换为运行（RUN）或编程（TERM）工作模式的操作步骤：

（1）先将 S7-200 的模式开关设置为 RUN 或 TERM。

（2）单击工具条中的运行图标，或在命令菜单中选择 PLC＞RUN。

（3）点击 Yes 切换模式。

当转入运行模式后，Q0.0 的指示灯时亮时灭。

**2．设置数字量输入滤波时间**

在 PLC 的输入电路中设有滤波电路，有助于滤除输入的噪声。为此，要设置数字量输入滤波延迟时间。滤波电路输入延迟时间默认值为 6.4ms。并且，同一组输入点的滤波延迟时间相同。从而，确保输入的数字量信号的精确度。设置滤波延迟时间的操作：

（1）在命令菜单中，选择 View＞Component＞System Block，单击输入滤波器标签。

（2）为每一组数字输入量设定延迟时间。

（3）将改变后的系统块下载到 S7-200 中。

**3．设置数字量输出状态**

设置数字量输出状态一般是在 S7-200 的 STOP 模式下进行。其操作：

（1）在命令菜单中，选择 View＞Component＞System Block，单击输出表标签。

（2）如保持 S7-200 停止之前的数据状态，选择 Freeze Outputs 复选框。

（3）如果要把输入表中的值复制到输出点上，则要填写输出表。

（4）在 RUN 到 STOP 转换后置的相应位置上点击。

（5）点击 OK，保存选择。

（6）将改变后的系统块下载到 S7-200 中。

**4．设置模拟量输入参数**

模拟量输入参数包括多个模拟量输入采样值的平均值、滤波器采样次数和死区。这些参数对所有的输入的模拟量是相同的，其操作步骤：

（1）在命令菜单中，选择 View＞Component＞System Block，单击脉冲捕捉标签。

（2）选定需要的模拟量输入采样值的平均值、滤波器采样个数和死区等参数，单击"OK"。

（3）将改变后的系统块下载到 S7-200 中。

5. 设置捕捉窄脉冲

S7-200 以高速扫描方式捕捉脉冲信号，且把宽的、窄的脉冲信号全部输入，一点也不遗漏。具体操作步骤：

（1）在命令菜单中，选择 View＞Component＞System Block，单击脉冲捕捉标签。

（2）点击相应的复选框并点击"OK"。

（3）将改变后的系统块下载到 S7-200 中。

6. 设置掉电保存区

S7-200 可以利用一些存储区在掉电时保存一些数据。掉电数据保存区可设在 V、M、C、T 区中。其中，M 区中的前 14 个字节（MB0～MB13）和保持型定时器（T）/计数器（C）可设为掉电数据保护区。且只能保存 T/C 的当前值。M 区中的数据在 CPU 掉电时，会自动保存到 EE-PROM 中。设置掉电保存区的操作：

（1）在命令菜单中，选择 View＞Component＞System Block，单击掉电保存区标签。

（2）设置掉电保存区单元地址范围，单击"OK"。

（3）将改变后的系统块下载到 S7-200 中。

7. 设置通信参数

PLC 的控制过程实际上就是通信控制，尤其形成编程的或集散分布式网络时，更是如此。

当确定用个人计算机做编程主站，S7-200 做编程从站时，则将采用 PC/PPI 电缆，其 RS-232 的一端连接到 PC 的串行端口，如 COM1 上，把 PC/PPI 电缆上的 RS-485 的一端连接到 S7-200 的编程口上，用地址开关（或称波特率开关）设置通信参数后，再通过编程软件 STEP7-Micro/WIN32 将通信参数设置到程序中，一般以默认值。操作步骤：

（1）打开编程软件 STEP7-Micro/WIN32，点击通信图标。

（2）在通信对话框中，双击刷新图标，搜索并显示连接的 S7-200CPU 的图标，选择 S7-200 站，并点击"OK"。

（3）设置 S7-200 的通信时间，其操作：

1）在命令菜单中，选择 View＞Component＞System Block，单击背景时间标签。

2）改变通信背景时间的值并单击"OK"。

3）将改变后的系统块下载到 S7-200 中。

8. 设置密码

S7-200 系统可以通过设置密码规定访问系统资源的权限。对系统资源保密可设 3 个等级。一是不设密码，缺省值为等级 1。二是部分资源设密码，为等级 2。三是所有资源只允许用户访问，为等级 3。设密码者，只有输入密码，才能访问。设置密码的操作：

（1）在命令菜单中，选择 View＞Component＞System Block，单击密码标签。

（2）确定访问等级。

（3）输入密码并确认密码，单击"OK"。

（4）将改变后的系统块下载到 S7-200 中。

9. 恢复密码

一旦忘记密码，又要访问系统资源，需要恢复密码。具体操作：

（1）清理下载到 S7-200 中的资源。

（2）在命令菜单中，选择 PLC＞Clear 来显示清除对话框。

（3）选择应清除的块，并点击确认。

（4）在编程软件 STEP7 – Micro/WIN32 上显示密码，在授权的对话框中输入"CLEARPLC"，可清除全部操作，将程序和新密码重新写入储存卡。

10．设置模拟电位器

S7-200 主机模块中设计有模拟电位器。通过模拟电位器可以将定时器、计数器等逻辑元器件的当前值、预置值或限定值等数据进行设置或修改，并存放在特殊标志存储器（SM）中，其操作方法：

（1）通过硬件设置时，用小螺丝刀调整 S7-200 主机前盖下面的模拟电位器。顺时针拧增大，反时针拧减小。

（2）通过程序将模拟电位器的位置转换为 0～255 之间的数字值，然后，存入特殊标志存储器中，对模拟电位器 POT0 的值存入 SMB28 中，对模拟电位器 POT1 的值存入 SMB29 中。

之后，根据需要，通过主程序或子程序，对 POT0 或 POT1 加以控制，完成定时器或计数器功能。在 S7-200 系统手册中附有模拟电位器应用程序方案。

以上是 S7-200 系列在运行时，经常遇到的一些操作，会对 S7-200 系列的应用有所帮助。

### 8.2.3　S7-200 PLC 的运行监视及其测控

正如第 1 章中所述"PLC 工作原理和控制过程"那样，S7-200PLC 系统的运行过程中设置了功能齐全的监视测控功能。从而，使其智能性更强，自动化程度更高，可靠性更理想。

1．初始化

初始化 PLC 投入运行伊始，立即使 CPU 恢复到原始状态。使所有的功能元器件，如定时器、计数器等复位。使所有的存储单元进行清零，恢复到原来的设定状态，检查输入/输出单元的连接情况，以便使 CPU 及其控制系统适应新的控制功能的需要。

2．自诊断

自诊断 PLC 在每个扫描周期都要进行 CPU 自诊断。对电源、I/O 总线、内部电路、用户程序的语法和逻辑检查、监控定时器（WDT）的定时复位，等等。从中，检查硬件和软件系统，检查程序存储器是否正常。一旦发现错误，则根据错误情况，发出报警或停止 PLC 的运行。

3．运行时间实施监控

PLC 的每一个扫描周期都有 6 个控制过程。每个控制程序一经下载到 PLC 中，各个控制过程及扫描的周期时间就被设定，则输入监控定时器，又称看门狗"WDT"中。如上电初始化过程 $T_0$、自诊断过程 $T_1$、通信服务过程 $T_2$、外部设备服务过程 $T_3$、执行程序过程 $T_4$ 和输入/输出刷新过程 $T_5$。所以，整个扫描过程占用的时间为

$$T = T_0 + T_1 + T_2 + T_3 + T_4 + T_5$$

对于扫描周期时间 $T$ 及各个时间 $T_0 \sim T_5$ 都在 WDT 的监控之中。一旦超时，通过特殊标志位给出标示，同时给出报警信号，或通过中断处理，或停止 PLC 运行。

4．掉电后备

对于存放在 PLC 系统中的程序，尤其动态数据，一旦失去电源可能丢失。PLC 内部备有 24VDC 的锂电池，使数据能够保存相当长一段时间，保障了信息的可靠性。

5．设置特殊标志存储器（SM）

（1）将某些控制功能的启动信号或控制信号存放在 SM 区中的某些位中。如 SM0.0 运行时始终为 1，监视 PLC 运行的全过程。

（2）用 SM 区中的存储位存放且监视指令执行的结果。

（3）将输入中断、定时中断、通信中断、高速计数器中断以及高速脉冲输出中断的中断队列溢出、中断奇偶校验结果存放在 SM 区的存储位中，如 SMB4 为中断队列溢出。

（4）在 SM 区中设置高速计数器、高速脉冲输出、PID 控制等控制寄存器，状态寄存器，用来存放其运行参数，监控其运行。如 SMB66～SMB85、SMB131～SMB165、SMB166～SMB194…。

（5）设置错误代码，并将发生的致命错误、编程规则错误、运行中的程序错误的代码存入SM 中，等等，并通过指令的"ENO"端输出显示。

S7-200PLC 的运行监控功能是全面细致且很强大。因此，使其运行时具有很好的可靠性。

## 8.2.4 PLC运行故障处理及其维护

PLC 系统具有自诊断、自我监控功能。一旦出现自身故障由自诊断程序加以判断分析，或由程序处理，或告诉用户，由维护人员处理，是一种可靠性很高、稳定性很强的控制系统。

但是，也可能出现产品元器件质量欠佳，其电气寿命缩短，元器件损坏，还可能因疏于定期的调试和维护，造成定值不正确、接点松动，接触不良等。更可能由于用户维护不当、操作失误、交叉配线，尤其接地不正确或失去屏蔽接地，外部强信号干扰等，则产生电源故障、通信故障、输入输出故障以及系统电路等方面的故障。

1. 电源故障

（1）电源指示灯不亮的原因。

1）电源损坏；

2）指示灯坏；

3）保护熔丝熔断；

4）无输出电压。

（2）故障处理方法。检查电源的接线及其元器件有无松动、接触不良、元器件是否损坏，对其加以处理或更换。如电压过高，应将其调整在规定的范围内。

2. 主机 CPU 故障

（1）不能启动的原因及处理方法。

1）供电电压过高或过低，应调整到规定的范围内。

2）内存自检系统出了毛病，清理内存，运行伊始进行初始化。

3）CPU、内存电路板毛病，不能处理者则更换。

（2）频繁死机的原因及处理方法。

1）供电电压高于上限或低于下限，应调整到规定的范围内。

2）主机模块接触不良　整理接线、插接牢靠。

3）CPU 及内存板内元器件松动　清理配线、将元器件插牢。

4）当 CPU 或内存模块出毛病应予以更换。

（3）程序不能下载的原因及处理方法：

1）内存没有初始化　清理内存，重新下载。

2）当 CPU 及其内存故障应予以更换。

3. 通信系统故障

（1）与 PC/PG 不能通信的原因及处理方法：

1）通信电缆插接松动　用其紧固螺栓定位好，接触紧密后再联机；如为通信电缆或接口、插座故障应予更换。

2）内存自检出毛病　拔掉停电记忆后备电池几分钟，内存清零后再联机。

3）通信端口参数设置不正确　检查波特率开关，核对参数，有错时重新设定。如波特率、站地址、电缆设置和通信端口设置不正确等。

4) 主机、编程器通信端口故障，不能修整的更换。

(2) 某一个模块不通信的原因及处理方法：

1) 插接不好时，将其重新插接好。

2) 模块有毛病时应更换。

3) 通信系统组态不对，应按规定重新组态。

(3) 从站不通信的原因及处理方法：

1) 分支通信电缆故障　应拧紧插接件或更换。

2) 通信处理器插接松动应插牢。

3) 通信处理器的通信地址设置错了，应重新设置。

4) 通信处理器模块故障应更换。

(4) 主站不通信的原因及处理方法：

1) 通信电缆故障处理不好的应更换。

2) 调制解调器故障，先进行试验性断电再启动，无效者应更换。

3) 通信处理器故障，清理其接线后再启动，无效者应更换。

(5) 虽通信正常，但通信故障信号灯亮。其中某个模块插接不良，将其插紧，接触应良好。

4. 输入故障

(1) 输入的某一点不通。该点损坏，可能由于过电压或过电流损坏，消除过电压或过电流之源。

(2) 输入点全不通的原因及处理方法：

1) 无外部输入电源，将外部电源接上。

2) 外部输入电压过低，将其调整至额定电压范围内。

3) 端子连接器螺钉松动拧紧。

4) 连接器接触不良　除去氧化膜，将端子拧紧或更换。

(3) 输入全部断电，输入回路不良，更换输入模块。

(4) 某一输入地址编号位不接触的原因及处理方法：

1) 输入回路、输入器件不良或端子板连接器接触不良，处理或更换。

2) 输入线断线或接线端子螺钉松动，查找予以排除。

3) 输入信号接通时间短，未达到脉冲的上升沿，调整输入器件。

4) 输入输出接反或输出 OUT 指令用了输入信号，修改程序，更正接线。

(5) 某一输入地址编号位不关断的原因及处理方法：

1) 输入回路不良，更换模块。

2) 输入输出接反或输出 OUT 指令用了该输入信号，修改程序，更正接线。

(6) 输入发生不规则的通、断的原因及处理方法：

1) 外接电源电压过低，调整至额定范围内。

2) 外部噪声干扰严重，引起误动作，采取必要的抗干扰措施。

3) 端子螺钉松动，紧固。

4) 端子连接器接触不良，将端子板拧紧或更换。

(7) 输入点地址编号位异常连续的原因及处理方法：

1) 输入模块公共端螺钉松动，应拧紧。

2) 端子连接器接触不良，拧紧使其接触良好或更换。

3) CPU 有病了，应更换。

(8) 输入动作但信号灯不亮，指示灯损坏应更换。

5. 输出故障

(1) 输出某一点损坏，过电压或过电流所至，消除故障源。

(2) 输出全不通，与输入全不通类似。

(3) 输出全不关断，与输入全不关断类似。

(4) 某一输出地址编号位不接通，与输入某一地址编号位不接通相类似。

(5) 某一输出地址编号位不关断。与输入某一地址编号位不关断相类似。

(6) 输出不规则地通、断，与输入不规则地通、断相类似。

(7) 输出点地址编号位异常连续与输入点地址编号位异常连续相类似。

(8) 输出动作，但信号灯不亮，与输入动作，但信号不亮相类似。

PLC 的正常运行，关键在于维护。对于 PLC 的维护则应注意：

(1) 定期检查，定期维修；修必修好，一丝不苟。

(2) 维护修理应达到质量标准。要保证更换元器件的质量标准。要保证经常检查和定期检修有机结合。对存在的隐患要及时排除，使系统在正常条件下运行，应保证：

1) 系统工作电压正常，符合标准。

2) 系统运行环境正常，温度、湿度在允许范围内。振动、冲击及噪声干扰应有防范措施。

3) 接线正确，接点紧固，无发热现象和损坏缺陷。

4) 要保证屏蔽接地良好。

5) 要保证所选择的地电位参考点正确。只有相同电位的参考点才能相接。

6) 要保证系统保护元器件正常运行，且齐全完好。

7) 要勤于巡视，勤于检查，勤于记录，善于总结设备运行规律。

8) 要做好备品备件工作，对易损件做到心中有数，重点维护检查。

### 8.2.5 应用 PLC 时应注意的事项

(1) 应在规定的温度、湿度等环境条件下，保管、运输、安装和运行电子电器装置，要用抗静电材料包装电子器件。

(2) 运行前，应对 PLC 系统应用程序的数据进行备份。

(3) 严格选用外部接线用的导线，其绝缘强度高，无老化、无破损或绝缘水平下降的现象。

(4) 选用稳压效果、电磁兼容性理想的电源单元，能为系统提供规定的标准电压、频率和功率。当系统电压发生波动能提供理想的电压，能自动调整，且有可靠地过电压保护。

(5) 不能随意拽拉或弯曲配装的电缆，或将一些物品放在电缆上，容易损坏电缆。安装的电缆要按规定敷设，等距离地加装定位卡子。

(6) 维修时更换的零部件的额定参数要符合系统要求，要与原设计一致。

(7) 不要用赤手去摸或安装电子电路板，以防电路板受静电作用。赤手操作前，要使身体充分放电，使积集于身体上的电荷泄入大地。

(8) 进行例行试验时，尤其进行绝缘耐压试验时，应将工作接地回路拆开，防止感应电压加到工作回路上，损坏回路中的电子元件。

(9) 对 PLC 系统设置监测装置。比如，对运行状态设置监测位，自系统启动后，自始至终监视系统运行状态。

(10) PLC 启动后，首先应做的工作：

1) 检查缺省设置的工作参数。

2) 检查 DIP 开关设置的参数是否正确。

3）检查程序是否能正确执行。

4）系统要进行的任何一项操作，尤其功能性操作时，必须先把需要的数据传送给 CPU 内存后，才能进行操作。

(11) 在传送数据，尤其读、写存储器时，不要断开 PLC 系统电源，防止数据丢失。

(12) 当 I/O 保持位接通时，不能随意切换运行方式。因为这时 PLC 的输出仍保持先前的状态，会使外部负载发生危险。

总之，应遵守有关运行操作规范和安全工作规范，确保 PLC 系统正常工作，发挥其自动控制功能。

# 附录　S7-200 语句表指令表

| 布　尔　指　令 | | |
|---|---|---|
| LD | N | 装载 |
| LDI | N | 立即装载 |
| LDN | N | 取反后装载 |
| LDNI | N | 取反后立即装载 |
| A | N | 与 |
| AI | N | 立即与 |
| AN | N | 取反后与 |
| ANI | N | 取反后立即与 |
| O | N | 或 |
| OI | N | 立即或 |
| ON | N | 取反后或 |
| ONI | N | 取反后立即或 |
| LOBx | N1,N2 | 装载字节比较的结果<br>$N1(x:<,<=,=,>=,>,<>)N2$ |
| ABx | N1,N2 | 与字节比较的结果<br>$N1(x:<,<=,=,>=,>,<>)N2$ |
| OBx | N1,N2 | 或字节比较的结果<br>$N1(x:<,<=,=,>=,>,<>)N2$ |
| DWx | N1,N2 | 装载字比较的结果<br>$N1(x:<,<=,=,>=,>,<>)N2$ |
| AWx | N1,N2 | 与字比较的结果<br>$N1(x:<,<=,=,>=,>,<>)N2$ |
| OWx | N1,N2 | 或字比较的结果<br>$N1(x:<,<=,=,>=,>,<>)N2$ |
| LDDx | N1,N2 | 装载双字比较的结果<br>$N1(x:<,<=,=,>=,>,<>)N2$ |
| ADx | N1,N2 | 与双字比较的结果<br>$N1(x:<,<=,=,>=,>,<>)N2$ |
| ODx | N1,N2 | 或双字比较的结果<br>$N1(x:<,<=,=,>=,>,<>)N2$ |
| LDRx | N1,N2 | 装载实数比较的结果<br>$N1(x:<,<=,=,>=,>,<>)N2$ |

| 布 尔 指 令 | | |
|---|---|---|
| ARx | N1,N2 | 与实数比较的结果<br>N1(x:$<,<=,=,>=,>,<>$)N2 |
| ORx | N1,N2 | 或实数比较的结果<br>N1(x:$<,<=,=,>=,>,<>$)N2 |
| NOT | | 堆栈取反 |
| EU<br>ED | | 检测上升沿<br>检测下降沿 |
| =<br>=E | N<br>N | 赋值<br>立即赋值 |
| S | S_BIT,N | 置位一个区域 |
| R | S_BIT,N | 复位一个区域 |
| SI | S_BIT,N | 立即置位一个区域 |
| RI | S_BIT,N | 立即置位一个区域 |
| LDSx | IN1,IN2 | 装载字符串比较结果 |
| ASx | IN1,IN2 | IN1(x:$=,<>$)IN2 |
| QSx1 | IN1,IN2 | 与字符串比较结果 |
| | | IN1(x:$=,<>$)IN2 |
| | | 或字符串比较结果 |
| | | IN1(x:$=,<>$)IN2 |
| ALD | | 与装载 |
| OLD | | 或装载 |
| LPS | | 逻辑压栈(堆栈控制) |
| LRD | | 逻辑读(堆栈控制) |
| LPP | | 逻辑弹出(堆栈控制) |
| LDS | | 装载堆栈(堆栈控制) |
| AEN0 | | 与EN0 |
| 数学、增减指令 | | |
| +1 | IN1,OUT | 整数、双整数或实数加法 |
| +D | IN1,OUT | IN1+OUT=OUT |
| +R | IN1,OUT | |
| −1 | IN1,OUT | 整数、双整数或实数减法 |
| −D | IN1,OUT | OUT−IN1=OUT |
| −R | IN1,OUT | |
| MUL | IN1,OUT | 整数或实数乘法 |
| *R | IN1,OUT | IN1*OUT=OUT |

| 数学、增减指令 | | |
|---|---|---|
| * D,* I | IN1,OUT | 整数或双整数乘法 |
| DIV | IN1,OUT | 整数或实数除法 |
| /R | IN1,OUT | IN1/OUT=OUT |
| /D/I | IN1,OUT | 整数或双整数除法 |
| SORT | IN1,OUT | 平方根 |
| LN | IN1,OUT | 自然对数 |
| EXP | IN1,OUT | 自然指数 |
| SIN | IN1,OUT | 正弦 |
| COS | IN1,OUT | 余弦 |
| TAN | IN1,OUT | 正切 |
| INCB | OUT | 字节、字和双字增 1 |
| INCW | OUT | |
| INCD | OUT | |
| DECB | OUT | 字节、字和双字减 1 |
| DECW | OUT | |
| DECD | OUT | |
| PID | Table,Loop | PID 回路 |
| 定时器和计数器指令 | | |
| TON | Txxx,PT | 接通延时定时器 |
| TOF | Txxx,PT | 关断延时定时器 |
| TONR | Txxx,PT | 带记忆的接通延时定时器 |
| CTU | Cxxx,PV | 增计数 |
| CTD | Cxxx,PV | 减计数 |
| CTUD | Cxxx,PV | 增/减计数 |
| 实时时钟指令 | | |
| TODR | T | 读实时时钟 |
| TODW | T | 写实时时钟 |
| 程序控制指令 | | |
| END | | 程序的条件结束 |
| STOP | | 切换到 STOP 模式 |
| WDR | | 看门狗复位(300ms) |
| JMP | N | 跳到定义的标号 |
| IBL | N | 定义一个跳转的标号 |
| CALL | N[N1,…] | 调用子程序[N1,…可以有 16 个可选参数] |
| CRET | | 从 SBB 条件返回 |

| 程序控制指令 | | |
|---|---|---|
| FOR | INDX,INIT | For/Next 循环 |
| NEXT | FINAL | |
| LSCR | N | 顺控继电器段的启动、转换, |
| SCRT | N | 条件结束和结束 |
| CSCRE | | |
| SCRE | | |
| 传送、移位、循环和填充指令 | | |
| MOVB | OUT | 字节、字、双字和实数传送 |
| MOVW | OUT | |
| MOVD | OUT | |
| MOVR | OUT | |
| BIR | IN,OUT | |
| BIW | IN,OUT | |
| BMB | IN,OUT,N | 字节、字和双字块传送 |
| BMWI | IN,OUT,N | |
| BMD | IN,OUT,N | |
| SWAP | IN | 交换字节 |
| SHRB | | 寄存器移位 |
| DATA, | | |
| S_BIT, | N | |
| SRB | OUT,N | 字节、字和双字右移 |
| SRW | OUT,N | |
| SRD | OUT,N | |
| SLB | OUT,N | 字节、字和双字左移 |
| SLW | OUT,N | |
| SLD | OUT,N | |
| RRB | OUT,N | 字节、字和双字循环右移 |
| RRW | OUT,N | |
| RRD | OUT,N | |
| RLB | OUT,N | 字节、字和双字循环左移 |
| RLW | OUT,N | |
| RLD | OUT,N | |
| FILL | IN,OUT,N | 用指定的元素填充存储器空间 |
| 逻 辑 操 作 | | |
| ALD | | 与一个组合 |

| 逻 辑 操 作 | | |
|---|---|---|
| OLD | | 或一个组合 |
| LPS | | 逻辑堆栈(堆栈控制) |
| LRD | | 读逻辑栈(堆栈控制) |
| LPP | | 逻辑出栈(堆栈控制) |
| LDS | | 装入堆栈(堆栈控制) |
| AEN0 | | 对 EN0 进行与操作 |
| ANDB | IN1,OUT | 对字节、字和双字取逻辑与 |
| ANDW | IN1,OUT | |
| ANDD | IN1,OUT | |
| ORB | IN1,OUT | 对字节、字和双字取逻辑或 |
| ORW | IN1,OUT | |
| ORD | IN1,OUT | |
| XORB | IN1,OUT | 对字节、字和双字取逻辑异或 |
| XORW | IN1,OUT | |
| XORD | IN1,OUT | |
| INVB | OUT | 对字节、字和双字取反(1 的补码) |
| INVW | OUT | |
| INVD | OUT | |
| 字符串指令 | | |
| SLEN | IN,OUT | 字符串长度 |
| SCAT | IN,OUT | 连接字符串 |
| SCPY | IN,OUT | 复制字符串 |
| SSCPY | IN,INDX,N,OUT | 复制子字符串 |
| CFND | IN1,IN2,OUT | 字符串中查找第一个字符 |
| SFND | IN1,IN2,OUT | 在字符串中查找字符串 |
| 表、查找和转换指令 | | |
| ATT | TABLE,DATA | 把数据加到表中 |
| LIFO | TABLE,DATA | 从表中取数据 |
| FIFO | TABLE,DATA | |
| FND= | SRC,PATRN,INDX | 根据比较条件在表中查找数据 |
| FND<> | SRC,PATRN,INDX | |
| FND< | SRC,PATRN,INDX | |
| FND> | SRC,PATRN,INDX | |
| BCDI | OUT | 把 BCD 码转换成整数 |
| IBCD | OUT | 把整数转换成 BCD 码 |

续表

| 表、查找和转换指令 | | |
|---|---|---|
| BTI | IN,OUT | 将字节转换成整数 |
| ITB | IN,OUT | 将整数转换成字节 |
| ITD | IN,OUT | 把整数转换成双整数 |
| DTI | IN,OUT | 把双整数转换成整数 |
| DTR | IN,OUT | 把双字转换成实数 |
| TRUNC | IN,OUT | 把实数转换成双字 |
| ROUND | IN,OUT | 把实数转换成双整数 |
| ATH | IN,OUT,LEN | 把 ASCII 码转换成十六进制格式 |
| HTA | IN,OUT,LEN | 把十六进制格式转换成 ASCII 码 |
| ITA | IN,OUT,FMT | 把整数转换成 ASCII 码 |
| DTA | IN,OUT,FM | 把双整数转换成 ASCII 码 |
| RTA | IN,OUT,FM | 把实数转换成 ASCII 码 |
| DECO | IN,OUT | 解码 |
| ENCO | IN,OUT | 编码 |
| SEG | IN,OUT | 产生 7 段格式 |
| 中　　断 | | |
| CRETI | | 从中断条件返回 |
| ENI | | 允许中断 |
| DISI | | 禁止中断 |
| ATCH | INT,EVENT | 给事件分配中断程序解除事件 |
| DTCH | EVENT | |
| 通　　信 | | |
| XMT | TABLE,PORT | 自由口传送 |
| RCV | TABLE,PORT | 自由口接受信息 |
| TODR | TABLE,PORT | 网络读 |
| TODW | TABLE,PORT | 网络写 |
| GPA | ADDR,PORT | 获取口地址 |
| SPA | ADDR,PORT | 设置口地址 |
| 高　速　指　令 | | |
| HDEF | HSC,Mode | 定义高速计数器模式 |
| HSC | N | 激活高速计数器 |
| PLS | X | 脉冲输出 |

347

# 参 考 文 献

[1] 吴中俊，黄永红主编. 可编程序控制器原理及应用. 北京：机械工业出版社，2004.

[2] 谢克明，夏路易主编. 可编程序控制器原理与程序设计. 北京：电子工业出版社，2002.

[3] 殷洪义主编. 可编程序控制器选择设计与维护. 北京：机械工业出版社，2003.

[4] 刘敏主编. 可编程序控制器. 北京：机械工业出版社，2002.

[5] 西门子公司网站（www. ad. siemens. com. cn）下载的参考资料.